Martin Dall

Sicher präsentieren – wirksamer vortragen

Martin Dall

Sicher präsentieren – wirksamer vortragen

REDLINE | VERLAG

Bibliografische Information der Deutschen Nationalbibliothek
Die Deutsche Nationalbibliothek verzeichnet diese Publikation in der Deutschen Nationalbibliografie. Detaillierte bibliografische Daten sind im Internet über http://dnb.d-nb.de abrufbar.

ISBN 978-3-86881-028-8

Unsere Web-Adresse:
www.redline-verlag.de

Redaktion: Karina Matejcek, Wien
Umschlaggestaltung: Jarzina Kommunikations-Design, Holzkirchen
Vorlagen und Werkzeuge © HPS – nur zum persönlichen Gebrauch
Satz: Sandra Wilhelmer, Landsberg am Lech
Printed in Germany

Inhalt

Vorwort von Prof. Emil Hierhold

1989 habe ich die erste Auflage von „Sicher präsentieren – wirksamer vortragen“ geschrieben – und bis 2005 mehrfach überarbeitet, erweitert, lebendig und aktuell gehalten. Ich freue mich, dass es damit fast 20 Jahre lang der anerkannte Bestseller auf diesem Gebiet geblieben ist. Jetzt war es Zeit, dass jüngere Kräfte diese Aufgabe übernehmen. Wer ist dazu besser in der Lage als Martin Dall, der vor einigen Jahren das von mir gegründete Trainingsinstitut HPS übernommen hat, es höchst erfolgreich leitet und zur europäischen Marktführerschaft gebracht hat? Wer könnte mehr praktische Erfahrung beitragen als über zwei Dutzend spezialisierte Präsentationstrainer, die europaweit Konzerne und Kleinunternehmen betreuen? Und von wem kann man mehr lernen als von den tausenden Teilnehmern unserer Seminare und Coachingsessions?

Die Bedeutung der „Präsentation“ ist in diesen Jahren dramatisch gewachsen. „Präsentation“ deshalb unter Anführungszeichen, weil wir damit weit mehr meinen als bunte Slides made by PowerPoint. In einem Umfeld, das von Zeitdruck, Informationsflut und Orientierungslosigkeit geprägt ist, haben Sie als Führungskräfte und Fachleute eine heikle Kommunikationsaufgabe: Einfach und verständlich zu sein – ohne zu simplifizieren. Professionell aufzutreten und rasch zum Punkt zu kommen – ohne Ihre Persönlichkeit zu verlieren. Engagement und Entschlossenheit zu zeigen – ohne peinliche Politiker zu imitieren. Dabei helfen Ihnen die Techniken und Tipps, die HPS entwickelt und erprobt hat. Klar: Kein Buch kann ein Seminar ersetzen, aber mit diesem sind Sie so nahe dran wie möglich!

Was Sie sofort feststellen werden: Hier schreibt ein Experte, der genau weiß, wie es in der Praxis zugeht. Bei allem Interesse für das geradezu lebenswichtige Thema „Präsentation“ gibt es Momente, in denen Teilnehmer wegdriften, oberflächlich zuhören, etwas missverstehen. Da hilft nur eines: Immer wieder wiederholen! Und zwar nicht hochgestochen, in künstlicher Sprache, sondern eben so, wie man zu sprechen hat, damit die anderen es verstehen. In diesem Sinn halten Sie ein durch und durch authentisches Werk in der Hand, mit bewusst viel Redundanz und Nachdruck. Ja, man spürt richtig die Sorge des Autors, dass Sie hier eine Warnung nicht ernst nehmen, dort einen wertvollen Tipp überlesen könnten – „BITTE, pass auf", höre ich Martin Dall beschwörend sagen.

Auch war es Zeit, ein paar aktuelle Techniken in den Brennpunkt zu rücken: die virtuelle Präsentation – also das gemeinsame Durchgehen eines Präsentations-Files – visuell am Bildschirm, akustisch via Telefon. Die Präsentation vor großem Publikum, mit entsprechend großer Projektionsfläche. Und – als eine typische Antwort auf die Hektik des Alltags – den „Elevator Pitch", also die Überzeugung während der Dauer einer Liftfahrt.

Ich freue mich, dass sich jemand an mein „Erbe" gewagt hat, mit dem festen Vorsatz, es für alle die lebendig zu erhalten, denen dieses Know-how enorme Dienste leisten kann. Ihnen, liebe Leserin, lieber Leser, wünsche ich, dass Sie damit sowohl persönlich als auch beruflich kommunikativ noch erfolgreicher werden!

Einleitung

Täglich finden weltweit über 40 Millionen PowerPoint-Präsentationen statt, Führungskräfte sehen bis zu 7.000 Slides pro Jahr. Das zeigt deutlich, wie Präsentationen als Kommunikationsinstrument den Businessalltag beherrschen. Mehr noch, Präsentationen sind zum Standard für Informationsvermittlung geworden, sowohl in der Wirtschaft als auch in sämtlichen Fachgebieten der Wissenschaft. In einer von HPS zu diesem Thema durchgeführten Studie quer durch alle Branchen und Hierarchieebenen geben 65 Prozent der Befragten an, dass die Zahl der Präsentationen in Zukunft noch weiter ansteigen wird.

Mit dem Erscheinen von PowerPoint im April 1987 und der Integration von PowerPoint in das Office-Paket von Microsoft im Jahr 1994 hat sich die Informationsvermittlung dramatisch verändert. Visuelle Kommunikation wurde demokratisiert: Es ist für jeden jederzeit möglich, mit wenig Aufwand Informationen professionell aufzubereiten und damit Inhalte und Botschaften zu verstärken.

Doch es gibt auch kritische Stimmen und bedenkliche Effekte der Präsentationslawine: In einer amerikanischen Studie geben 71 Prozent der befragten Führungskräfte an, schon einmal während einer Präsentation eingeschlafen zu sein, und 43 Prozent haben andere beim „Präsentations-Schläfchen" ertappt. Die pauschale Aburteilung von PowerPoint gehört schon seit einigen Jahren bei frustrierten Führungskräften zum guten Ton, und sogar die beiden Entwickler von PowerPoint meinten in einem Interview: „Wenn Sie eine gegnerische Armee außer Gefecht setzen wollen, schicken Sie ihr PowerPoint."

Was dabei aber gerne vergessen wird: PowerPoint und jede andere Präsentationssoftware sind nur Werkzeuge, genau wie jede andere Software, und keineswegs schuld daran, dass sie falsch oder ineffizient genutzt werden. Die Verantwortung trägt der Anwender und nicht das Werkzeug! Technik kann den Menschen niemals ersetzen.

Zudem besteht eine Präsentation nicht nur aus einer PowerPoint-Show, sondern diese ist nur ein Hilfsmittel. Wesentlich wichtiger sind der Inhalt und die

Zehn Präsentationstypen						
		Dauer	**Zuhörer**	**Medien**	**Informieren**	**Überzeugen**
1	**Arbeitssitzung**	30	3–10	NB / FC	✓	✓
2	**Projektmeeting**	30	3–10	NB / FC / PPT	✓	✓
3	**Fachvortrag**	45	> 10	PPT / HO	✓	✓
4	**Verkaufspräsentation**	15	3–10	PPT / FC / HO		✓
5	**Informationsveranstaltung**	30	> 10	PPT / HO	✓	
6	**Virtuelle Präsentation**	15	≥ 1	NB / PPT	✓	✓
7	**Schulung**		> 5	PPT / FC / HO	✓	
8	**Elevator Pitch**	3	2–5	PPT / FC		✓
9	**Managementpräsentation**	10	3–10	PPT / FC		✓
10	**Rede**	20	> 15	PPT	✓	✓

FC: Flipchart – PPT: PowerPoint – NB: Notebook – HO: Handouts

Übersicht: Die zehn häufigsten Anlässe für Präsentationen und Vorträge mit deren typischen Rahmenbedingungen

Person, die diesen Inhalt vermittelt! Und immerhin gibt es ja auch genügend Vortragende, die es schaffen, hervorragende, interessante und lohnende Präsentation zu halten.

Die sechs Präsentationssünden

Sicher haben auch Sie schon vielen Präsentationen und Vorträgen beigewohnt: guten und schlechten, kurzen und langen, inspirierenden, motivierenden, aber zweifelsohne auch nichtssagenden oder langweiligen.

An wie viele können Sie sich noch erinnern, weil sie inhaltlich hervorragend waren? Wie viele waren richtig überzeugend und von wie vielen haben Sie selbst profitiert? Denken Sie einen Moment darüber nach. Keine Sorge, Sie befinden sich in bester Gesellschaft, wenn Sie meinen, dass dies nur sehr wenige sind.

Aber woran liegt das? Weshalb haben Zuhörer und Vortragende das Gefühl, eine Präsentation hätte nichts gebracht, war umsonst oder gar schlecht und Zeitverschwendung?

Bei der Analyse vieler tausender Präsentationen durch das HPS-Trainerteam in den letzten Jahren haben sich sechs dominierende Präsentationssünden herauskristallisiert.

Sünde Nummer 1: Kein klares Ziel

Die Zuhörer fragen sich bereits während und vor allem nach der Präsentation, worum es eigentlich geht beziehungsweise ging. Wie oft sind Sie selbst schon lange in einer Präsentation gesessen und haben sich zum Schluss gefragt: „Okay, und was war nun eigentlich der Zweck dieser Präsentation?"

Sünde Nummer 2: Kein Nutzen für die Zuhörer

Berge an Informationen und Inhalten, Aufzählungen von Eigenschaften und Ideen sind zu wenig, das Publikum verlangt nach konkretem Nutzen und verwertbaren Informationen. Wenn die Präsentation es nicht schafft, diesen Nutzen an die Zuhörer zu vermitteln, wird das Publikum sich am Ende fragen: „Und? Was habe ich nun davon? Was mache ich mit dieser Information?"

Sünde Nummer 3: Keine Logik und kein roter Faden

Das präsentierte Material wird entweder durcheinander oder ohne Zusammenhang dargestellt, oft fehlt eine klare und nachvollziehbare Struktur. Sie haben das bestimmt auch schon erlebt, dass Sie sich während einer Präsentation plötzlich verwundert fragten: „Nanu? Wie sind wir jetzt zu diesem Punkt gekommen? Habe ich etwas versäumt?"

Sünde Nummer 4: Zu viel Information

Ganz gleich, ob wichtig oder unwichtig, beiläufig oder zentral – wenn zu viel Information in zu kurzer Zeit serviert wird, löst das mehr Verwirrung als Verständnis aus. Stellen Sie sich überladene Charts mit einer Unmenge an Zahlen und Fakten vor, bei denen Sie sich nach dem Aufblenden des Datenprojektors schockiert fragen: „Um Gottes Willen! Was soll ich mit diesem Zahlenfriedhof?"

Sünde Nummer 5: Zu lang

Sie sitzen in einer endlosen Präsentation, langweilen sich aber bereits nach zwei Minuten und blicken ständig auf die Uhr, wann es denn endlich zu Ende ist. Bekannt? Andersherum gefragt: Haben Sie sich schon einmal gedacht, dass eine Präsentation zu kurz war? Oder dass sie so spannend und interessant war, dass Sie sich wünschten, sie würde noch länger dauern? Eben!

Sünde Nummer 6: Verwirrendes visuelles Material

Was der Präsentator erzählt, hat oft nichts mit dem zu tun, was er projiziert. Sie sind daher ständig gefordert, entweder zu lesen oder zuzuhören. Wenn Sie versuchen, beides zu tun, löst das nur noch mehr Verwirrung aus. Daher lesen manche Präsentatoren den Inhalt der Slides gleich vor – was für die Zuhörer die absolute Katastrophe bedeutet.

Das Problem: Alles, was wir wissen, wollen wir erzählen

Diese sechs Sünden gilt es also zu vermeiden, und zwar konsequent und rechtzeitig – am besten bereits während der Vorbereitung und Planung. Stellen Sie sich vor, Sie stehen kurz vor einer Präsentation, haben nicht viel Zeit, um sich vorzubereiten, und möchten einen professionellen Eindruck hinterlassen. Sie wissen genau, was Sie an Präsentationen anderer immer stört (die sechs Sünden!), und nehmen sich vor, es selbst besser zu machen. Aber wie gehen Sie es an? Stimmen Ihre Strategie und Ihre Vorgehensweise bei der Erstellung der Präsentation und Ihr Verhalten beim Auftritt?

An dieser Stelle passiert meist bereits der erste, entscheidende Fehler:

Daten, Zahlen und Inhalte werden recherchiert, Grafiken erstellt und alles wird auch gleich der Reihe nach (aber ohne Struktur!) und mit möglichst vielen Details in PowerPoint-Slides gepfercht – es ist ja schließlich alles so wichtig, oder? Und dann wird das Publikum damit gnadenlos überrollt ...

Informationsattacken führen zu Infoschocks

Diesen Frontalangriff auf die Zuhörer bezeichnen wir als „Informationsattacke". Sie führt zwangsläufig zu einem traumatischen „Informationsschock" bei den überforderten, frustrierten und schließlich resignierenden Zuhörern. Dieser bedauerliche Zustand blockiert die Informationsaufnahme beim Publikum und macht es entscheidungsunfähig, bewirkt also genau das Gegenteil von dem, was Sie erreichen wollten. Es gehört daher zur obersten Pflicht von Präsentatoren und Vortragenden, Info-Attacken unbedingt zu vermeiden. – Wenn jemand mit randvollen Slides Berge an Information präsentiert, war er vermutlich nur zu faul, zu planen, zu reduzieren und sich richtig vorzubereiten.

Weniger ist mehr – Konzentration auf das Wesentliche

Die richtige Lösung ist: Konzentration auf das (für das Publikum) Wesentliche, eine einfache und prägnante Struktur und ein Auftritt, der so lange als nötig, aber so kurz wie möglich ist. Trennen Sie sich von Inhalten, die für die Kernbotschaft nicht notwendig sind. Reduzieren Sie auf das Essentielle und verankern Sie das dafür so gut wie möglich – am besten mehrfach – in den Köpfen Ihrer Zuhörer.

Je kürzer Ihre Präsentation, umso gründlicher muss die Vorbereitung sein.

Wenn Sie, wie in der Praxis üblich, ohnehin nur wenige Minuten Zeit haben, Ihr Anliegen der Zielgruppe zu vermitteln, muss wirklich jede Information gut überlegt sein und präzise auf den Punkt kommen. Denken Sie bitte immer daran, dass nicht nur Sie als Vortragender Zeit für eine Präsentation „opfern“, sondern auch das Publikum.

Nur die eigene Planung sichert den Erfolg

Falls Sie Ihre Präsentation nicht allein vorbereiten, achten Sie bitte auf ein exaktes Briefing. Die Struktur sollte immer von Ihnen selbst und nicht von Dritten kommen – zu viele Präsentatoren habe ich gesehen, die trotz ausgezeichnet aufbereitetem Material gescheitert sind, weil sie Inhalte, Story und Abläufe nicht im Detail kannten. Das ist nicht nur unprofessionell, sondern auch peinlich. Daher empfehle ich, jede Präsentation – ob kurz oder lang – professionell zu planen und vorzubereiten, sich mit den Inhalten bestmöglich vertraut zu machen, das potenzielle Publikum genau zu analysieren, das Ziel klar zu definieren und den Ablauf, wenn irgendwie möglich, vorher zu testen. Die dazu nötigen Werkzeuge finden Sie in diesem Buch. Ihr Publikum wird es Ihnen danken, und Sie werden Ihre Ziele bedeutend leichter erreichen.

Optimale Vorbereitungszeit für eine Präsentation Von der Idee bis zur fertigen Präsentation	
Stunden	
3–24	Material sammeln, sichten und ordnen Quellen: Unternehmen, Kollegen, Branche, Internet, Literatur
1	präzise Zielgruppenanalyse + Zieldefinition
1	Erstellen der Grobstruktur mit Bauplänen und/oder Post-its
1	Ausarbeiten der Infoblöcke, Argumente und Details
1	Medienwahl, Präsentationsdesign und Erstellung der Slides
1	Vorbereitung auf Fragerunde oder Diskussion, Erarbeiten der wichtigsten Argumente für eventuelle Fragen
1–8	Üben! Den Auftritt testen, die Struktur durchsprechen, die Argumente einprägen
9–37	ein Tag bis eine Woche

Übersicht: Unterschätzen Sie den Zeitaufwand für eine professionelle Vorbereitung nicht. Diese Angaben beziehen sich auf die komplette Ausarbeitung inklusive Informationssammlung und visuelle Umsetzung.

Von der Wichtigkeit der Information überzeugen

Präsentationen dienen meist nicht dazu, sämtliche verfügbare Information in der vorgegebenen Zeit zu präsentieren – dafür gibt es Dokumente, Handouts und Fragerunden –, sondern dazu, der Zielgruppe zu vermitteln, wie wichtig diese Daten sind und wozu sie gebraucht werden. Das bedeutet, Ihr Publikum muss von der Richtigkeit und Wichtigkeit Ihrer Fakten und Zahlen, Ihren Argumenten und Ihren Schlüssen überzeugt werden. Und überzeugen können Sie nur jemanden, der ein gutes Gefühl von Ihnen und Ihrer Präsentation hat.

Psychologen lehren seit Jahrzehnten, dass der weitaus größte Teil aller Entscheidungen zwar emotional getroffen, aber im Nachhinein rational begründet wird. Wissenschaftliche Studien gehen dabei von mindestens 90 Prozent aller Entscheidungen aus. Wenn also Ihre Zielgruppe während und nach Ihrer Präsentation ein gutes Gefühl zu Ihrem Thema hat und dieses gute Gefühl mit den Fakten und Inhalten, die von Ihnen präsentiert wurden, auch noch nachvollziehen, belegen und beweisen kann, haben Sie eine perfekte und wirkungsvolle Kombination mit hoher Erfolgschance.

Information braucht eine attraktive „Verpackung"

Ein brillanter Inhalt allein macht noch keine Präsentation. Allerdings ist auch eine hervorragende Verpackung für eine gelungene Präsentation zu wenig.

Vorsicht beim Verpacken: Wenig Inhalt und viel Gerede, Plattitüden und unzählige bunte und komplizierte Slides – das ergibt auch trotz hohem Aufwand nur eine leere Blase – eine „Bubble". Eine Blase voll heißer Luft, oder, wie Shakespeare schrieb, „viel Lärm um nichts". Ein kritisches Publikum wird allerdings jederzeit in der Lage sein, aus einer Präsentations-Bubble die Luft auszulassen und den Präsentator als Blender oder Schaumschläger zu identifizieren. Damit das nicht passieren kann: Sagen Sie, was Sie zu sagen haben – nicht mehr!

Blender mit ihren Bubbles sind das Gegenteil fachlich brillanter Redner, die manchmal keine Ahnung von den Möglichkeiten, oft aber auch gar keine Lust haben, einen Vortrag für die Zuhörer professionell aufzubereiten. Ganz unter dem Motto: Fakten reichen, wer sich nicht auskennt, soll fragen. Aber auch für diesen Typ Redner gilt: Inhaltliche Substanz mit professioneller Verpackung, präzise und auf den Punkt gebracht, ist genau das, was Ihre Zuhörer schätzen werden!

Zu diesem Zweck muss der Inhalt für das Publikum richtig aufbereitet – also verpackt – werden, denn die Verpackung trägt einen großen Teil zur Attraktivität einer Präsentation bei. Verpackung hat dabei nichts mit „Verzierung" oder „Verschönerung" zu tun, sondern sie ist ausschließlich Mittel zum Zweck.

Sie haben drei hervorragende Mittel, um Informationen, Inhalte und Argumente interessant, spannend und attraktiv zu verpacken:

1. Eine glasklare Struktur gibt den roten Faden

Dabei geht es um die Logik, die Reihenfolge Ihrer Informationen, Argumente und die Geschichte, die Sie erzählen wollen. Wenn diese Struktur und damit der rote Faden fehlt, ist es nur eine Aneinanderreihung von Bildern und Worten, die keine zwingende Logik hat. Das Ganze hat dann möglicherweise zwar Show-Charakter, wird den Ansprüchen einer professionellen Businesspräsentation oder eines Fachvortrags aber nicht gerecht und entwickelt keine Überzeugungskraft.

2. Optimale Visualisierung verschafft Durchblick

Manche Inhalte sind komplexer und müssen mit schnell erfassbaren Diagrammen und Bildern unterstützt werden. Der richtige Einsatz von visuellen Hilfsmitteln und der Aufbau Ihrer visuellen Argumentation unterstützen den Inhalt. Das hilft nicht nur dem Präsentator bei der Erklärung, sondern auch dem Publikum bei der Aufnahme und dem Verständnis. Diese Bilder müssen dann noch auf geeignete Art und Weise aufbereitet und transportiert werden, zum Beispiel mit PowerPoint-Slides oder mit dem Flipchart.

3. Der persönliche Faktor: Sie als Vortragender

Natürlich ist auch der Präsentator mit seinem Auftritt und seiner Rhetorik entscheidend. Manche Themen könnte man durchaus auch als E-Mail oder Fax an die Zielgruppe versenden, doch viel interessanter, „lebendiger" wird es, wenn ein Mensch hinter diesen Inhalten steht. Durch einen gelungenen persönlichen Auftritt tragen Sie zum Wert Ihrer Informationen bei. Und nur so ist es möglich, ein vorher definiertes Ziel zu erreichen – was ja der Sinn einer Präsentation ist. Überzeugungskraft, Glaubwürdigkeit und Professionalität hängen nun einmal entscheidend von der Person ab.

Sieben Faktoren für Ihren Präsentationserfolg

Die sieben Erfolgsfaktoren enthalten sämtliche Schritte, die zur Erstellung und Abhaltung von professionellen Präsentationen und Vorträgen erforderlich sind. Sie bilden seit über 20 Jahren das Fundament des HPS-Präsentationstrainings mit bisher mehr als 30.000 Absolventen. Halten Sie keine Präsentation und keinen Vortrag, gleich welchen Typs, ohne die sieben Faktoren geprüft und je nach Bedarf vorbereitet zu haben – so wie ein verantwortungsvoller Pilot sein Flugzeug niemals ohne vollständig geprüfte Checkliste starten würde.

Dieses Buch führt Sie Schritt für Schritt durch die sieben Faktoren und liefert Ihnen zu jedem Thema die wichtigsten Informationen, Hilfsmittel, Werkzeuge, Tipps und Tricks für Ihre Praxis. Viele Beispiele zeigen deren Anwendung und dienen als Vorbilder für den eigenen Einsatz. Wir beschäftigen uns aber auch mit Stolpersteinen, Fallen und Risiken, um Fehler von vornherein so gut wie möglich zu vermeiden und Ihnen Ratschläge an die Hand zu geben, wie Sie auf Missgeschicke und Unvorhergesehenes reagieren können.

Die sieben Faktoren für eine erfolgreiche Präsentation

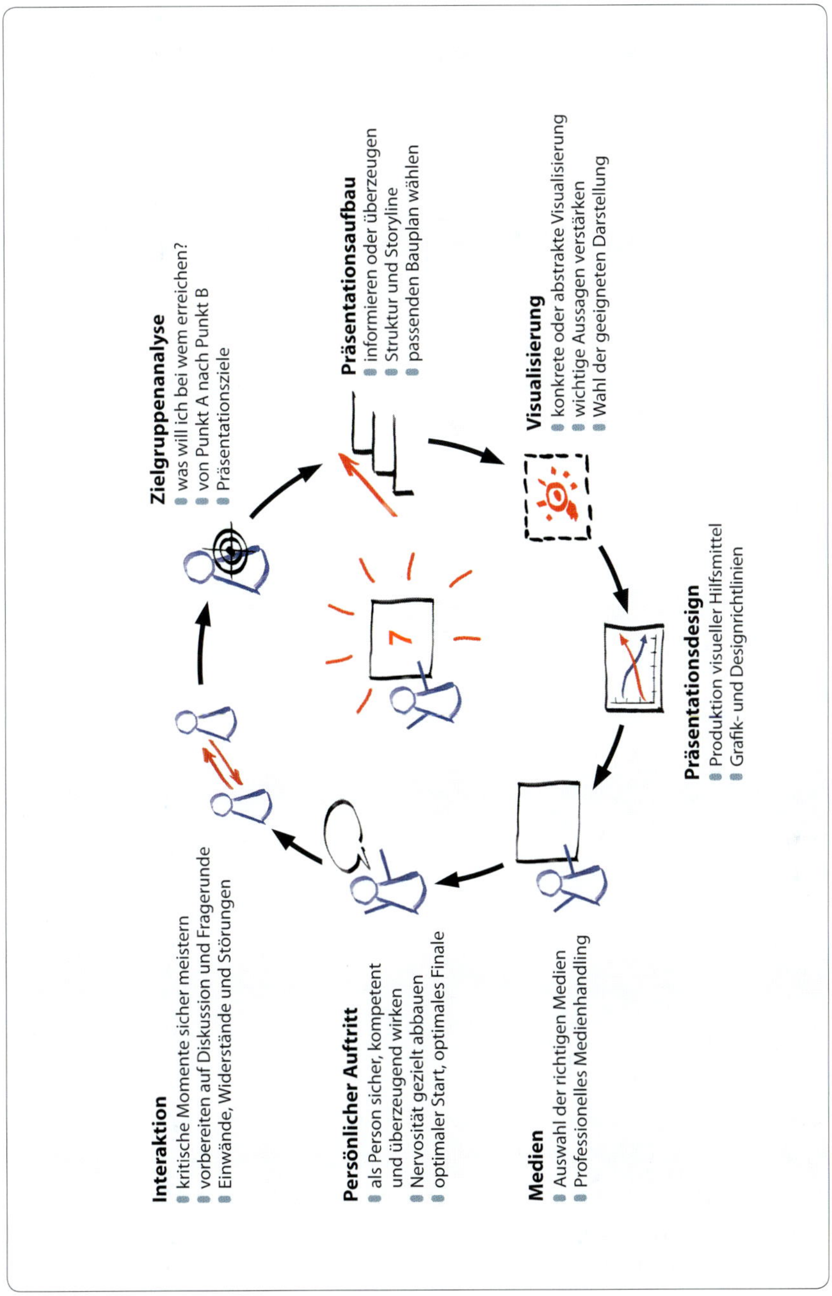

Abb.: Die sieben Erfolgsfaktoren haben entscheidenden Einfluss auf Ihre Präsentationen und Vorträge.

Kapitel 1

Erfolgsfaktor 1: Zielsetzung und Zielgruppenanalyse

1.1 Von Punkt A nach Punkt B

1.2 Der „Na und?“-Faktor

1.3 Ziele setzen: Mit System zum Punkt B

1.4 Zielgruppenanalyse mit dem FOCUS-Finder

1.5 Zielgruppenanalyse in schwierigen Fällen

Für den Erfolg einer Präsentation oder eines Vortrags unerlässlich: die rechtzeitige Beschäftigung mit der Zielgruppe und mit Ihren Präsentationszielen. In diesem Kapitel widmen wir uns diesen Themen und legen damit das Fundament für die weitere Vorgangsweise und eine gelungene Präsentation.

1.1 Von Punkt A nach Punkt B

Ihre wichtigste Aufgabe bei Präsentationen und Vorträgen: die Zuhörer von einem Ausgangspunkt, dem Punkt A, zu einem Endpunkt, dem Punkt B, zu bringen. Der Ausgangspunkt A ist die Situation, in der sich das Publikum zu Beginn der Präsentation befindet: uninformiert, passiv, skeptisch, vielleicht freundlich und höchst gespannt, jedenfalls aber relativ ahnungslos, was kommt und was erwartet wird. Auch wenn das Publikum schon Vorwissen hat, kann dieses unvollständig, interpretierend und mit Vorurteilen oder Erfahrungen belastet sein.

Der Punkt B ist das Ziel Ihrer Präsentation: Zustimmung, ein Beschluss, eine Veränderung, ein Lernerfolg, der Start eines Projekts, das Ergreifen einer Chance oder was auch immer Sie als Ziel definieren. Der Zweck der Präsentation ist, Ihnen dabei zu helfen, die Zuhörer zu diesem Punkt B – Ihrem Ziel – zu bringen.

Sie müssen bereits mit diesem Ziel vor Augen in die Präsentation gehen und Sie brauchen eine glasklare Vorstellung davon, wie das Ziel aussieht. Wie ein Sportler, der am Start hochkonzentriert sein Ziel anpeilt, oder ein Schütze beim konzentrierten Blick durch sein Zielfernrohr. Dieses Konzept kannten bereits die alten Griechen, die ja heute noch Vorbild für unsere Rhetorik sind. Aristoteles nannte dieses Prinzip „Teleologie“. Das bedeutet, etwas zu studieren oder zu tun und bereits zu Beginn zielgerichtet den genauen Zweck und das anvisierte Ende im Kopf zu haben – den Punkt B! Man muss nun glücklicherweise nicht gleich die alten Philosophen studieren, um einen Vortrag zu halten, doch hat es sich als zielführend und äußerst wirkungsvoll herausgestellt, dieses Prinzip auch in Präsentationen anzuwenden.

Mit dem Publikum zum Punkt B

Wenn Sie von Anfang an wissen, was Sie erreichen möchten, und das auch präzise ansprechen, kann es nie mehr passieren, dass Ihr Publikum nach einer Präsentation hilflos fragt: „Wozu haben Sie uns das erzählt? Was sollen wir jetzt damit?" Das wäre ein klares Indiz dafür, dass der Punkt B, also das Präsentationsziel, unbekannt ist, die Präsentationssünde Nummer 1 also.

Doch leider passiert genau das in vielen Präsentationen. Die Gründe dafür sind vielfältig: Manche trauen sich nicht, klar und deutlich zu sagen, was sie wollen, und andere wissen es gar nicht so genau. Sie denken, es ginge ohnehin nur um unverbindliche Information und sie könnten ja einfach einmal beginnen und würden dann schon sehen, wie das Publikum reagiert. Ein fataler Fehler! Das wäre etwa so, als würde ein Formel-1-Pilot sich erst auf der Strecke entscheiden, ob er gewinnen oder einfach nur wegen des olympischen Gedankens mitfahren möchte. Der olympische Gedanke ist im Business und bei Fachvorträgen allerdings fehl am Platz und sicher zu wenig.

Teilen Sie von Anfang an mit, was Sie wollen. Statt „Wir reden heute über das Projekt ‚Business-Lunch'" sagen Sie auf den Punkt gebracht:

> *Das Ziel der heutigen Präsentation ist, eine Entscheidung zu treffen, ob wir das Projekt „Business-Lunch" weiterverfolgen oder ob wir es stoppen.*

Somit ist klar, worauf Sie hinauswollen und unter welchem Aspekt Ihr Publikum die Präsentation betrachten soll.

Definieren Sie immer Ihren Punkt B – Ihr Präsentationsziel – und steuern Sie ihn von Beginn weg an. Damit ist auch für das Publikum klar, was das Ziel ist. Und nur so können Sie später messen, ob Sie Ihr Ziel auch erreicht haben. Und niemand braucht sich mehr zu wundern, wozu er Ihnen eigentlich zugehört hat.

Punkt A	Punkt B
Zuhörer ist uninformiert	Zuhörer versteht
Zuhörer ist skeptisch	Zuhörer akzeptiert
Zuhörer ist passiv	Zuhörer handelt

Übersicht: Ausgangspunkt vor der Präsentation und das angestrebte Ziel

Erst wenn die Zuhörer verstanden und akzeptiert haben, weshalb, sind sie bereit zu handeln. Hier einige Beispiele aus der Praxis:

Punkt A	Punkt B
Danke, kein Interesse.	Sehr interessant und wichtig für uns, bitte um mehr Informationen und einen Folgetermin.
Eine weitere aus hunderten Geschäftsideen.	Diese Idee bietet eine große Chance, ich werde näher prüfen, ob ich investiere.
Das Budget für die Logistik ist ausreichend.	Die Logistik braucht unbedingt ein höheres Budget, weil Engpässe drohen.
Unsere Maschinen funktionieren bestens.	Wir brauchen neue Maschinen wegen besserer Produktivität und Qualität.
Diese Hypothese ist Unsinn.	Diese Hypothese birgt eine große Chance, wir müssen sie prüfen.
Das Thema dieses Vortrags ist langweilig.	Dieses Thema ist faszinierend, ich möchte gerne noch mehr Information darüber.

Übersicht: Was müssen Sie Ihrem Publikum während der Präsentation erzählen, damit Sie den Punkt B erreichen?

Was wirklich zählt: Interessen und Bedürfnisse des Publikums

Sprich über *dich* und *dein* Anliegen und du langweilst mich – sprich über *mich* und *meine* Interessen und du faszinierst mich! – Bringen Sie die Interessen und Anliegen Ihrer Zuhörer in direkten Zusammenhang mit Ihrem Präsentationsziel. Bevor Sie sich überlegen, was Sie präsentieren wollen, fragen Sie sich, was Ihre Zuhörer interessieren könnte. Denn das Publikum ist viel wichtiger als der Präsentator – eine entscheidende und leider ebenso wie die Definition des Punktes B gern vernachlässigte Voraussetzung für eine gelungene Präsentation.

Aristoteles nannte diesen Aspekt „Pathos“ und beschrieb damit die emotionale Ausrichtung einer Rede auf das Publikum – und zwar wieder von Beginn an. Das bedeutet, Sie betrachten bei der Vorbereitung Ihrer Präsentation sämtliche Inhalte und Argumente mit den Augen und Interessen Ihres Publikums. Dazu gehören vor allem die Bedürfnisse, Anliegen, Sorgen und Ängste Ihrer Zuhörer. Je besser Sie diese Interessen und Bedürfnisse kennen und integrieren, desto wertvoller wird Ihre Präsentation.

Fragen Sie sich, was Ihren Chef interessiert, was Ihre Kollegen wollen, was Ihren Kunden Sorgen bereitet oder wovor Ihr Projektteam Angst hat. Nehmen Sie die Antworten auf diese Fragen in Ihren Vortrag auf. Ihre Zuhörer bekommen dadurch das Gefühl, dass ihre speziellen Interessen und Anliegen von Ihnen berücksichtigt werden. Damit sichern Sie sich deren Aufmerksamkeit und legen das Fundament zum gemeinsamen Erreichen von Punkt B.

	Bekannt?	Berücksichtigt?
Wünsche		
Anliegen		
Interessen		
Ängste		
Probleme		
Fragen		
Sorgen		
Bedürfnisse		

Tabelle: Beschäftigen Sie sich intensiv mit dem Publikum: Was wissen Sie über die Zuhörer und wie können Sie das während Ihres Vortrags berücksichtigen? Jede zur Verfügung stehende Information kann interessant und wichtig sein.

1.2 Der „Na und?"-Faktor

Stellen Sie sich vor, Ihr Publikum würde Sie während Ihrer Ausführungen schulterzuckend fragen: „Na und, was habe ich davon?“ Wenn Sie als Präsentator auf diese Frage keine befriedigende Antwort liefern können, werden die Zuhörer in Gedanken eher ihren nächsten Urlaub planen als Ihnen weiter zuzuhören. Warum sollten sie auch zuhören? Sie haben ja nichts davon.

Die Frage „Na und?“ zwingt Sie, Ihre Ausführungen zu spezifizieren und auf das Publikum abzustimmen. Sagen Sie am Beginn Ihrer Präsentation zum Beispiel: „Dieses Projekt ist das spannendste, das unsere Abteilung bisher gestartet hat!“, wird der Teilnehmer aus der Finanzabteilung sich zu Recht denken: „Na und, was habe ich da davon?“ Er ist mit der Information, die Sie ihm gegeben haben, noch nicht zufrieden, denn sie nützt ihm nicht. Wenn Sie nun im nächsten Satz ergänzen:

> *Und dieses spannende Projekt wird unsere Produktivität innerhalb der nächsten zwölf Monate um 6 Prozent steigern, was so viel bedeutet wie ein Gewinnwachstum von 1,3 Millionen Euro,*

wird der Finanzer wahrscheinlich freudestrahlend sagen: „Aha, das klingt gut!“

Ein spannendes Projekt ist also nicht unbedingt auf den ersten Blick von Nutzen für Ihre Zielgruppe. Wenn dieses Projekt aber die Rendite erhöht, neue Kunden bringt, neue Einblicke eröffnet oder Ähnliches, kann es für Ihre Zielgruppe sehr wohl von Nutzen sein. Es gilt daher, die Vorteile eines für Sie spannenden Projekts für die Zielgruppe herauszustreichen.

Das Damoklesschwert über jeder Präsentation

Die Frage „Na und?“ schwebt wie ein Damoklesschwert über jeder Präsentation. Sobald Sie vergessen, das „Na und?“ Ihrer Zielgruppe – auch wenn dieses „Na und?“ für Sie nur imaginär ist – zu beantworten, verlieren Sie die Zuhörer auf dem Weg zum Ziel.

Darin liegt auch das Geheimnis exzellenter Redner: Sie beantworten in ihren Reden automatisch und ständig die Fragen ihres Publikums und gehen auf dessen Interessen und Bedürfnisse ein. Und geben dadurch jedem einzelnen Zuhörer das Gefühl, mit ihm persönlich zu sprechen und sich auf ihn einzustellen.

„Na und“-Fragen

Hier nun einige hilfreiche „Na und?“-Fragen, die Ihnen helfen, Ihr Thema optimal für Ihre Zielgruppe aufzubereiten, indem Sie Eigenschaften in Nutzen verwandeln. Testen Sie mit diesen „Na und?“-Fragen Ihre Argumentation oder ersuchen Sie einen Kollegen, Sie während Ihres Probelaufs damit zu „quälen“:

- Na und? Was bringt mir das?
- Wieso soll ich das tun?
- Das kann jeder sagen! Was bedeutet das?
- Warum ist das wichtig?
- Wen kümmert es?
- Wie soll das gehen?
- Welche Auswirkungen hat das?
- Warum sollte ich Ja sagen?
- Wozu?
- Häh?

Grundsätzlich gilt: Vergessen Sie, was Sie selbst für wichtig halten, und sprechen Sie über das, was für Ihre Zielgruppe wichtig ist!

Die Zuhörer verlangen nach Nutzen

Um den „Na und?"-Faktor optimal zu berücksichtigen, muss der Nutzen des Publikums in den Vordergrund gestellt werden. Leider werden in der Praxis oft nur Eigenschaften aufgezählt und der Nutzen wird dabei außer Acht gelassen. Ihr Job als Präsentator ist die Übersetzung von Eigenschaften in Nutzen, denn nur dieser ist für die Zuhörer interessant und relevant – und nur so können Sie diese bewegen. Was an Ihren Ausführungen ist für das Publikum tatsächlich wichtig und interessant, wovon profitiert es?

Wenn Sie Ihren Zuhörern stolz erzählen, dass Sie die breiteste Palette aller Anbieter haben, werden diese zwar wohlwollend nicken, sich insgeheim aber vielleicht denken: „Na und? Was soll ich damit? Ich brauche doch nur einen Artikel!" Die breite Palette ist eine Eigenschaft Ihres Angebotes und muss daher erst für die Zuhörer übersetzt werden:

Und diese breite Produktpalette ist für Sie deshalb wichtig, weil sie Ihnen absolute Bewegungsfreiheit in Ihrem Sortiment erlaubt und Sie auch bei Änderungen sofort das passende Ersatzteil von uns erhalten.

Tragen Sie wissenschaftlich vor, ist die Interpretation von Informationen, Daten und Ergebnissen wichtig. Ergänzen Sie daher stets deren Bedeutung für das Publikum und Ihr Spezialgebiet, denn manche Interpretationen und Schlüsse sind für Sie völlig logisch – für Ihr Publikum aber neu:

Die Langzeitstudie hat keine signifikante Abweichung von unseren Erwartungen gebracht. Das bedeutet im Detail, dass …

Zielgruppenorientierung – der Schlüssel zum Erfolg	
Was Ihre Zuhörer schätzen	**Was Ihre Zuhörer ablehnen**
bedürfnisorientierte Präsentationen	fehlender Nutzen, kein Bezug zu Bedürfnissen
einfache, leicht verständliche Informationen	komplizierte und mit Details überladene Informationslawinen
neue, interessante Tatsachen und Gedanken	aufgewärmte und unerhebliche Informationen
mit Fakten untermauerte Aussagen	unbewiesene Behauptungen und als Tatsachen hingestellte Meinungen
notwendige Fachausdrücke – mit Erklärungen	Fachchinesisch und unverständliche Abkürzungen
knappe, präzise Informationen	langatmige, vage und nichtssagende Ausführungen
übersichtliche Strukturen und Inhaltsangaben	fehlende Gliederung, rätselhafte Zusammenhänge

Zusammenfassungen und Wiedereinstiegshilfen	einen ungegliederten Informationsfluss mit abruptem Ende
klare Entscheidungsgrundlagen, Vorschläge oder Anweisungen	schwammige Aussagen und unausgegorene Ideen
emotionale Anregung und Inspiration	Langeweile und Peinlichkeiten
ehrliche Wertschätzung	Schmeichelei und Arroganz
den DIALOG – MIT jedem Partner über SEINE Anliegen (auch, wenn nur Sie sprechen)	einen MONOLOG – ZU einer Masse („Publikum") über IHRE eigenen Interessen (auch, wenn Sie nur an fünf Personen präsentieren)

Übersicht: Es ist nicht schwierig, das Publikum zufriedenzustellen, wenn Sie sich an dessen Anliegen orientieren und Informationen mit echtem Nutzen bringen.

Eigenschaften in Nutzen übersetzen

Das bringt uns auf eine der wichtigsten Unterscheidungen, wenn es um Inhalte von Präsentationen geht, nämlich den Unterschied zwischen Eigenschaften und Nutzen:

Eigenschaften sind bestimmte Merkmale oder Fakten wie Qualität, Menge und Zeitspannen. Der Nutzen hingegen besagt, wie genau diese Eigenschaft dem Publikum helfen kann.

Ein Beispiel: Angenommen, Sie sind Marketingleiter eines Produzenten für Mineralwasser und präsentieren Ihr neuestes Produkt an die Manager einer Handelskette. Nur wenn Sie es schaffen, einen Nutzen für den Konsumenten zu kommunizieren, wird die Handelskette Ihr neues Wasser ins Sortiment aufnehmen und verkaufen.

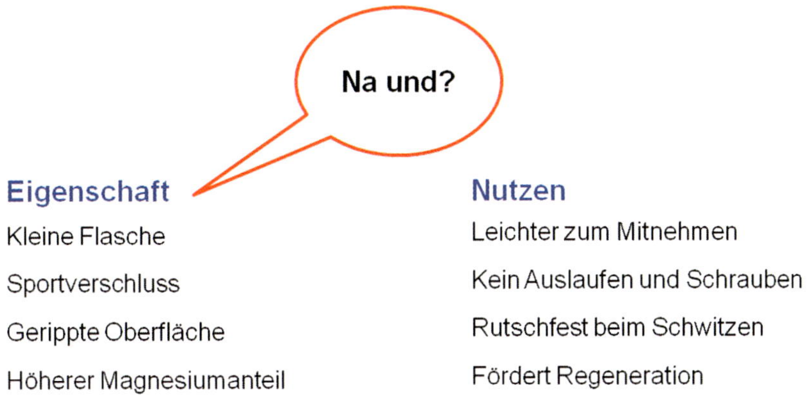

Abb.: Der Präsentator als Übersetzer: Was bedeutet die jeweilige Eigenschaft für Ihre Zielgruppe?

Wenn Ihnen das sehr verkaufs- oder marketingorientiert vorkommt, liegen Sie richtig. Gerade im wissenschaftlichen Bereich haben aber viele Präsentatoren Bedenken, ihre Ausführungen nach diesem Prinzip auszurichten. Ist das nicht zu „marktschreierisch" oder zu „verkäuferisch"? Ich kann Sie beruhigen, im Normalfall ist es das nicht (außer, Sie übertreiben hemmungslos). Eine Präsentation soll nun einmal Inhalte „verkaufen", „vermarkten" oder „bewerben". Bedenken Sie: Sie geben Ihrem Publikum damit ja nur das, was es – zu Recht – haben möchte, nämlich einen echten Nutzen aus Ihrer Präsentation. Und auch Fachvorträge werden durch die Integration von Nutzen für die Zuhörer zusätzlich aufgewertet.

Das Feedback der Gruppe – der „Aha-Effekt"

Wissen Sie von Beginn an, was Sie sagen möchten, kennen Sie also Ihren Punkt B, haben Sie sich mit Ihrer Zielgruppe beschäftigt und wissen Sie, was diese interessiert, konzentrieren Sie sich auf Nutzen und nicht auf Eigenschaften und haben Sie Ihre Vorbereitung und Ihre Inhalte mit dem „Na und?"-Faktor getestet, sind Sie auf dem besten Weg zum „Aha!" der Zuhörer.

Stellen Sie sich den „Aha-Effekt" als kleine leuchtende Glühbirnen über den Köpfen Ihrer Zuhörer vor, genau wie in Comic-Strips, wenn Figuren „ein Licht aufgeht". Die Aufgabe des Präsentators ist es, bei den Zuhörern ein Licht aufgehen zu lassen, damit diese immer wieder erfreut feststellen: „Aha, jetzt kenne ich mich aus", „Aha, daher kommt das", „Aha, deshalb muss ich das tun", „Aha, so funktioniert das also!"

Je öfter diese kleine Glühbirne über den Köpfen auftaucht, desto besser versteht Ihr Publikum, was Sie wollen. Sagen die Zuhörer am Ende Ihrer Präsentation „Okay, packen wir es an! Wann starten wir?" oder „Toll, jetzt kenne ich mich wirklich aus!", haben Sie es geschafft, die Glühbirne oft genug leuchten zu lassen und Ihrem Publikum „Ahas" zu vermitteln. Sie sind gemeinsam am Punkt B angekommen!

1.3 Ziele setzen: Mit System zum Punkt B

„Was ist das genaue Ziel Ihrer Präsentation?"

Ich stelle immer wieder fest, dass viele Klienten diese Frage zu oberflächlich beantworten: „Ich möchte nur, dass meine Mitarbeiter etwas wissen", „Die Kunden sollen erfahren, dass wir ein neues Produkt haben", „Ich habe da eine Idee, darüber möchte ich sprechen", „Der Chef hat mich ersucht, etwas zum Thema X zu sagen" et cetera.

Das sind sicher alles löbliche Absichten – aber keine Ziele! Bohre ich dann nach, um eine präzisere Formulierung zu bekommen, erhalte ich ausweichende Antworten oder die Annahme „Eigentlich gibt's kein so fix zu definierendes Ziel". Interessant. Kein zu definierendes Präsentationsziel – wozu dann der ganze Aufwand?

Viele sind der Meinung, dass ihre Präsentationen ausschließlich informativen Charakter haben und somit kein messbares Ziel erreicht werden muss. Sie behaupten: „Ich muss niemanden überzeugen" oder „Ich muss nichts verkaufen. Ich muss einfach nur Informationen weitergeben". Die logischen Fragen sind dann:

- Was soll mit oder aufgrund dieser Information passieren?
- Weshalb ist diese Information wichtig für die Zuhörer?
- Was passiert, wenn das Publikum diese Information nicht erhält?

Mit der Beantwortung dieser Fragen wird auch schnell klar: Natürlich gibt es ein Ziel – es wurde nur noch nicht klar definiert!

Keine Präsentation und kein Vortrag ohne Ziel

Ein Ziel ist eine geplante und überprüfbare Veränderung bei Ihrer Zielgruppe: von Punkt A nach Punkt B. Ohne klar definiertes Ziel können Sie nicht feststellen, ob etwas Bestimmtes erreicht wurde. Außerdem stellt ein klares Ziel sicher, dass Sie es von Anfang an immer wieder ansprechen – Punkt B! – und Ihre Präsentation danach ausrichten.

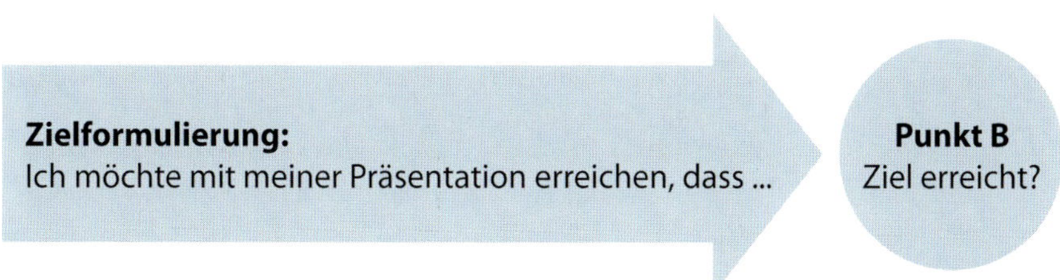

Abb.: Nur wenn Ihr Ziel korrekt formuliert ist, können Sie später feststellen, ob es erreicht wurde. Es erleichtert Ihnen zudem die Argumentation während des gesamten Vortrags.

Reine Informationsweitergabe ist natürlich auch möglich, ohne dass nachher damit etwas getan oder verändert werden muss. Es ist daher ein gravierender Unterschied, ob Sie vor Ihrer Präsentation sagen:

„Ich werde meine Zielgruppe über das Projekt XY informieren",

oder ob Sie sagen:

„Ich möchte, dass meine Zielgruppe dem Projekt XY zustimmt."

Die erste Formulierung beinhaltet als Ziel, Zuhörer zu informieren, die zweite ist ein definiertes Ziel: Es soll jemand überzeugt werden. Dieses Ziel ist einfach zu überprüfen: Stimmt das Publikum am Ende dem Projekt zu, wurde es erreicht. Der Fall 1 ist schon schwieriger zu überprüfen, es sei denn, Sie lassen die Zuhörer am Ende Ihrer Information einen Wissenstest ablegen. Trotzdem lassen sich auch für Informations- und Fachvorträge Ziele festlegen, zumindest persönliche; zum Beispiel „als Fachexperte akzeptiert werden" oder „die Zuhörer sollen begreifen, wie das Experiment funktioniert".

Präsentationsziel 1: Ergebnisorientierte Ziele definieren

Ergebnisorientierte Ziele formulieren Sie, indem Sie eine einfache Frage beantworten:

Was soll das Ergebnis meiner Präsentation oder meines Vortrags sein?

Damit Sie diese Antwort in eine bestimmte Form bringen, ergänzen Sie bei der Planung einer Präsentation folgenden Satz:

Ich will mit meiner Präsentation erreichen, dass ...

Mit dieser Formulierung zwingen Sie sich, schon vorher an ein Ergebnis zu denken.

Nehmen wir an, Sie sind Manager eines kleinen Unternehmens und wollen dieses einem Interessenten oder Investor mittels einer Präsentation vorstellen. Formulieren wir für diesen Zweck drei unterschiedliche Ziele:

Zielformulierung 1

„Ich will unsere Firma, ihre Entwicklungen und Leistungen darstellen."

Zielformulierung 2

„Ich will den Interessenten überzeugen, dass unser Erfolg vor allem auf unserer Qualität beruht."

Zielformulierung 3

„Der Interessent soll sich bereit erklären, an einem gemeinsamen Projekt, das in einem Monat startet, teilzunehmen."

Die Zielformulierung 1 ist gar kein Ziel, sondern lediglich Ihre Absicht. Sie führt daher zu keiner Veränderung und ist keineswegs überprüfbar. Formulierung 2 ist besser, da Sie zumindest etwas Konkretes anstreben, nämlich eine Überzeugung des Interessenten. Es bleibt allerdings die Frage, wozu er überzeugt werden soll. Formulierung 3 ist in Ordnung, denn Sie können später feststellen, ob Sie das Ziel erreicht haben und Ihr Interessent tatsächlich am Projekt teilnehmen wird. Das ist Ihr Punkt B, den Sie von Anfang an verfolgen müssen.

Zielformulierung	Punkt B
Vorstand soll das Budget für Projekt ABC genehmigen.	Vorstand genehmigt Budget.
Kollegenschaft soll am Forschungsprogramm mitwirken.	Kollegenschaft gibt Einverständnis dazu.
Mitarbeiter sollen ab Montag neue Abläufe ausführen.	Mitarbeiter führen neue Abläufe aus.
Studenten müssen die Vorgangsweise verstehen und umsetzen.	Studenten verstehen und setzen die Vorgangsweise um.

Übersicht: Beispiele für gute Formulierungen und den jeweils angestrebten Punkt B

Übrigens können Sie hier auch mit Teilzielen, Minimalzielen oder Maximalzielen arbeiten, zum Beispiel:

Minimalziel: Minibudget für erweiterte Forschungen

Maximalziel: volles Budget für Entwicklung erster Maßnahmen

Präsentationsziel 2: Der persönliche Eindruck

Das Präsentationsziel 1, Ihr Punkt B, ist also formuliert. Doch das ist noch nicht alles. Nun geht es um Ihre persönlichen Ziele und den Eindruck, den Sie als Person hinterlassen.

Persönliche Präsentationsziele	
Ich möchte als Person ... wirken:	**Das bedeutet für mich:**
kompetent	Eigene einschlägige Erfahrungen möglichst früh bekanntmachen: sich vorstellen oder entsprechend vorstellen lassen
	Beispiele wählen, in denen ich als Problemlöser vorkomme
	Exakte Daten zitieren, verfügbar haben
	Verständnisfragen ausdrücklich jederzeit zulassen
	Komplexe Zusammenhänge einfach erklären (aufzeichnen) können
gründlich	Sitzordnung mit Namensschildern oder nach sichtbarem Konzept
gut organisiert	Tabellen verwenden (signalisiert Vollständigkeit)
	Weniger Punkte, aber diese vollständig behandeln, „abhaken“
gut vorbereitet	Sichtbares Reservemedium (Ordner mit Folien)
	Backup-Slides (für Fragen in der Diskussion) rasch und sicher finden
	Alle Medien voll einsatzbereit, störungsfreier Wechsel
dynamisch	Das Gesprächsthema und Ziel im ersten Satz ansprechen
	Verstärkt Fragen und Aufforderungen einsetzen (weniger Behauptungen)
	Ideen, Fragen und Anregungen aufgreifen und festhalten, aber nicht ablenken lassen
	Verschiedene Medien einsetzen: PowerPoint, Flipchart, wenn nötig auch Handouts
glaubwürdig	Informationsdichte reduzieren
	Hohe Transparenz vermitteln: zwischendurch zusammenfassen
	Geplanten Vortragsinhalt bekanntgeben und demonstrativ abhaken
	Exakte Daten und genaue Quellenangaben
	Tatsachen und Interpretationen (meine Meinung) klar trennen

Übersicht: Um die gewünschte Wirkung als Person zu unterstreichen, müssen Sie entsprechend vorbereitet sein. Aber bitte keine Schauspielerei – das Publikum würde es bestimmt bemerken!

Als Präsentator stehen Sie im Mittelpunkt des Interesses und werden natürlich mit Argusaugen beobachtet. Die Informationen, die Sie Ihrem Publikum vermitteln, sind zum einen sachlicher Natur, zum anderen persönlicher Natur.

Sie senden fortlaufend Signale über sich selbst. Mit jedem Wort, das Sie sprechen, jedem Bild, das Sie zeigen, aber auch mit Äußerlichkeiten und mit Ihrem Auftreten. Sie definieren sich selbst und damit auch die Beziehung zu Ihren Zuhörern. Davon sprach Paul Watzlawick, als er formulierte: „Man kann nicht *nicht* kommunizieren." Wie Sie sich vor der Gruppe verhalten, so werden Sie auch wahrgenommen. Liefern Sie Ihre Präsentation eher gelangweilt und desinteressiert ab, wird das auf den Inhalt abfärben und diesen entsprechend abwerten. Treten Sie hingegen engagiert und kompetent auf, wird Ihr Inhalt entsprechend aufgewertet.

Wenn Sie jetzt sagen: „Aber es geht doch gar nicht um mich, nur die Fakten zählen. Der Eindruck, den ich hinterlasse, ist Nebensache", täuschen Sie sich ganz gewaltig. Der Eindruck ist definitiv mit erfolgsentscheidend. Daher mein Rat: Treffen Sie eine bewusste Entscheidung, welchen Eindruck Sie machen wollen, und unterschätzen Sie dessen Wirkung nicht. – Damit sind wir bei einer weiteren Frage, die Sie sich vor jeder Präsentation stellen sollten:

Welchen Eindruck will ich als Präsentator hinterlassen?

Denken Sie an eine bestimmte Vortragssituation und überlegen Sie, welchen Eindruck Sie in dieser Situation gerne machen würden. Hier einige Beispiele:

entscheidungsfreudig, innovativ, humorvoll, entschlossen, verständnisvoll, kompetent, erfinderisch, gründlich, genau, überzeugend, pragmatisch, originell, diszipliniert, intellektuell, streitbar, kreativ, vertrauenswürdig, objektiv, erfahren, weitblickend.

Eigenschaften, die überhaupt nicht Ihrer Person entsprechen, die Sie aber gerne zeigen würden, vergessen Sie bitte. Denn wer ein eher ernsthafter und seriöser Typ ist, sollte sich nicht als Ziel setzen, lustig und humorvoll zu wirken. Das würde wahrscheinlich in einem peinlichen Auftritt münden. Keine Schauspielerei! Konzentrieren Sie sich auf jene Eigenschaften, die Sie bereits haben, und kehren Sie diese hervor. Anders gesprochen: Stärken Sie Ihre Stärken! Nehmen Sie sich vor, bestimmte Facetten Ihrer Persönlichkeit bewusst einzusetzen. Natürlich nicht alle auf einmal und nicht alle bei jeder Präsentation und immer auch abhängig von der Zielgruppe. Präsentieren Sie zum Beispiel vor Ihrem Topmanagement und sind die Bosse daran interessiert, zielstrebige, selbstverantwortungsvolle Mitarbeiter zu haben, können Sie genau diesen Aspekt Ihrer Persönlichkeit herausstreichen. (Tipps zum persönlichen Auftritt finden Sie im Kapitel „Erfolgsfaktor 6".)

Präsentationsziel 3: Geheime Ziele – die Hidden Agenda

Wir gehen jetzt ausnahmsweise weg von der Zielgruppe und definieren das dritte Präsentationsziel:

Was wollen Sie zusätzlich persönlich für sich selbst erreichen?

Dies ist Ihre „Hidden Agenda", Ihre versteckte Tagesordnung, Ihr geheimes, ganz persönliches Ziel.

Die „Hidden Agenda" ist äußerst wichtig. Dazu gehören zum Beispiel Auswirkungen auf die persönlichen Beziehungen von Personen, mögliche strategische Interessen Ihrerseits oder auch das Ausschalten von Gegnern oder Mitbewerbern durch besonders gefinkelte Argumentation.

Indem Sie zum Beispiel besonders gut präsentieren, können Sie nicht nur Ihr Präsentationsziel erreichen und sich selbst als Profi präsentieren – was bereits eine Erreichung der Ziele 1 und 2 mit sich bringen würde, Sie könnten auch Ihre in zwei Wochen anstehende Gehaltsverhandlung positiv beeinflussen. Genau das wäre ein versteckter Tagesordnungspunkt: sich eine gute Ausgangsposition für die nächste Gehaltsverhandlung zu schaffen.

Persönliche Ziele, die nicht offen angesprochen werden	
Außerdem möchte ich ...:	**Daher muss ich Folgendes vermitteln:**
mehr Budget erhalten	Ich investiere nur, wenn die Organisation einen Nutzen davon hat.
	Ich unterschreite meine Budgets immer trotz hervorragender Ergebnisse.
	Ich behandle meine Budgets mit unternehmerischer Verantwortung.
einen zusätzlichen Mitarbeiter bewilligt erhalten	Was ich von deinen Lieblingsideen noch verwirklichen könnte, wenn ich von administrativer Arbeit entlastet wäre
	Welche imagefördernden Untersuchungen wir anstellen könnten, wenn wir jemanden für die Auswertung hätten
	Welche Gefahren deiner Sicherheit, deiner Macht, deinem Prestige drohen, wenn wir auf diesem Gebiet nicht mehr tun

meine Position für die nächste Gehaltsrunde verbessern	Welche finanzielle Bedeutung meine (erfolgreiche) Tätigkeit hat
	Was meine Abteilung (im Vergleich zu anderen) netto erwirtschaftet, einspart, produziert …
	Wie viele persönliche Probleme du bei mir gut aufgehoben weißt
	Wie ich dir helfe, die Mitarbeiter in deinem Sinn zu Höchstleistungen zu motivieren
als Vortragender eingeladen werden	Ich bin ein Vortragender, mit dem du als Veranstalter keine Probleme hast: gut vorbereitet, gut organisiert, pünktlich.
	Durch mich gewinnst du selber an Ansehen: Ich beziehe dich nach Kräften in meinen Vortrag ein.
	Ich sorge für eine angenehme Atmosphäre: Du brauchst keine Sorgen betreffend unerfreulichen Konfrontationen zu haben.
	Alle Medien voll einsatzbereit, störungsfreier Wechsel

Übersicht: Bestimmte Botschaften helfen Ihnen beim Erreichen persönlicher „versteckter" Ziele, auch wenn sie nicht direkt ausgesprochen, sondern nur „vermittelt" werden.

Weitere mögliche „Hidden Agenda"-Punkte sind zum Beispiel, mehr Mitarbeiter zu bekommen, höhere Budgetverantwortung zu erhalten, als neues Teammitglied akzeptiert zu werden, in einen interessanteren Bereich versetzt zu werden, als Vortragender zu einem Kongress eingeladen zu werden, einen größeren Aufgabenbereich mit mehr Verantwortung zu erhalten oder die Beziehung zum Chef zu stärken.

Gerade hinsichtlich der politischen Fäden in Unternehmen oder in der Tagespolitik sind diese versteckten Ziele sehr wertvoll. Eine einzige exzellente Rede oder Präsentation kann ausreichen, bei den Drahtziehern im Unternehmen oder anderen Netzwerken einen nachhaltigen Eindruck zu hinterlassen. Diese werden sich zum Beispiel wohlwollend an den kompetenten Redner erinnern, wenn es darum geht, eine neue wichtige Position zu besetzen.

Hüten Sie sich davor, diese Ziele offen anzukündigen, denn es sind Ihre persönlichen Ziele, die niemanden etwas angehen. Zudem ist die Erreichung dieser Ziele nicht unmittelbar nach der Präsentation überprüfbar und damit sind sie auch keine Präsentationsziele wie Ziel 1 oder Ziel 2. Trotzdem sind sie sehr wichtig, denn gerade diese Ziele können eine hohe Anziehungskraft auf Sie ausüben und Ihnen helfen, sich zu 100 Prozent auf die Situation zu konzentrieren.

Die Definition der drei Präsentationsziele hat also einen positiven Effekt auf Ihre Präsentation, hilft Ihnen bei der Zielerreichung und bringt einen zusätzlichen Motivationsaspekt für Sie ins Spiel.

Ziele überprüfen mit dem „Reality-Check"

Sie haben zwar nun noch nicht mit der Vorbereitung der Präsentation begonnen, aber bereits wesentliche Grundlagen erarbeitet und Weichen gestellt:

- Sie haben den Punkt B und den „Na und?"-Faktor berücksichtigt.
- Sie haben Ihre Präsentationsziele definiert.

Überprüfen Sie nun zur Sicherheit auch gleich, ob diese Ziele realistisch sind: Machen Sie den „Reality-Check". Das ist deshalb notwendig, weil die Realität sich oft anders darstellt, als man sich das in der Vorbereitung auf eine Präsentation oder einen Vortrag erhofft oder wünscht. So ist es unrealistisch, wenn Sie eine Idee für ein neues Produkt haben, schon beim Erstgespräch mit dem Management Ihres Unternehmens ein Budget von 20 Millionen Euro zu fordern, um dieses Produkt zu entwickeln. Vielmehr wird es in dieser ersten Präsentation darum gehen, das Management über Ihre Idee zu informieren und sich das Okay für eine weitere Evaluation, also zum Beispiel eine Kostenanalyse für Ihr Projekt, zu holen.

Kann oder darf Ihre Zielgruppe überhaupt ein Budget genehmigen oder Ihrem Vorschlag zustimmen, selbst wenn es Ihnen gelungen ist, sie davon zu überzeugen? Wie sieht es mit der Kompetenz dieser Personen aus? Und selbst wenn sie diesen Entscheidungsspielraum haben: Ist es realistisch, dass sie bereits nach einer ersten Präsentation positiv entscheiden werden? Der „Reality-Check" hilft Ihnen, realistische Ziele zu formulieren, um nicht bereits in der Vorphase an überzogenen Wünschen oder Träumen zu scheitern.

Sie könnten also statt der Genehmigung für ein Millionenbudget bei der ersten Präsentation folgende Präsentationsziele (Teilziele) haben: das Okay dafür zu holen, dass die Idee gut ist und weiterverfolgt werden kann; eine Genehmigung zu bekommen, dieses Projekt bis zu einem gewissen Termin detaillierter auszuarbeiten; ein Budget von 2.000 Euro für eine kleine Marktforschung zu erhalten.

Machen Sie nach der Formulierung Ihrer Präsentationsziele unbedingt den „Reality-Check", denn nur realistische Ziele sind auch erreichbar.

Präsentationsziele		
1.	**Punkt A – Start**	**Punkt B – Ziel**
	Definition der Ausgangssituation	„Ich will mit meiner Präsentation erreichen, dass …"
2.	**Persönliche Ziele**	
	„Ich möchte als Person … wirken!"	
	Wählen Sie maximal drei aus!	
	innovativ, humorvoll, integer, kompetent, kreativ, intellektuell,	
	streitbar, pragmatisch, originell, objektiv, erfahren, gründlich, genau,	
	überzeugend, diszipliniert, sympathisch …	
3.	**Hidden Agenda**	
	Persönliche Ziele, die nicht offen angesprochen werden.	
	„Außerdem möchte ich erreichen, dass …!"	
4.	**Reality-Check**	
	Sind meine Ziele realistisch und meine Erwartungen erfüllbar?	
	Mit dem FOCUS-Finder prüfen!	

Übersicht: Hohe und ehrgeizige Ziele sind beflügelnd und herausfordernd – aber nur, wenn sie realistisch und erreichbar sind.

Persönliche Interessen der Zuhörer ansprechen

Bei allem, was wir tun, bei allem, was wir hören und erfahren, suchen wir instinktiv nach unserem persönlichen Vorteil oder auch Nutzen. Finden wir diesen, ist alles in Ordnung. Finden wir ihn nicht oder sehen sogar das Gegenteil, nämlich Nachteile oder gar Gefahr, schlägt unser Instinkt Alarm.

Sprechen Sie in Ihren Präsentationen diesen Instinkt kontinuierlich an und servieren Sie Ihrer Zielgruppe immer wieder Vorteile und Nutzen. Das ist manchmal relativ einfach, wenn dieser Nutzen messbar ist, also in Prozent, in Geld oder in Zeitspannen angegeben werden kann. Doch es sind nicht nur harte Fakten, auf die wir ansprechen, vielmehr gibt es auch eine Menge an psychologischen Bedürfnissen, die Sie als Präsentator erfüllen müssen.

Wenden wir uns einmal diesen typischen persönlichen Interessen der Zuhörer abseits der Hard Facts zu. Da geht es zum Beispiel um Erfolg, Macht,

Sicherheit, Image und Anerkennung. Dinge, die für die meisten von uns interessant sind. Und alles, was für Menschen interessant ist, kann auch für Organisationen interessant sein. So wird aus der persönlichen Macht die Marktmacht, die Expertenmacht oder die Macht gegenüber Lieferanten oder Konkurrenten. Beim Geld zählt nicht nur das persönliche Einkommen, sondern auch die Dividende, der Cashflow, der Return on Invest oder der Shareholder-Value.

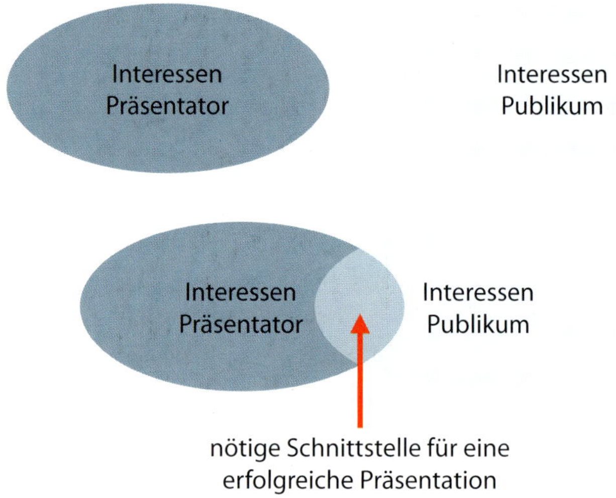

Abb.: Für eine erfolgreiche Präsentation brauchen Sie Überschneidungen zwischen Ihren Interessen als Vortragender und den Interessen des Publikums. Je mehr Sie finden und in den Vortrag integrieren, desto besser wird die Präsentation funktionieren.

Beim Erfolg können Sie unterscheiden zwischen dem persönlichen Erfolg Ihrer Zuhörer und dem Erfolg des Unternehmens. Es zahlt sich daher auf jeden Fall aus, immer beide Seiten zu betrachten, die des Unternehmens und die der Individuen. Wenn Sie es schaffen, die Zuhörer so anzusprechen, dass diese einen Nutzen für sich persönlich erkennen können, helfen Sie damit auch dem Unternehmen. Man kann also auch sagen: Wer andere bewegen will, muss zuerst wissen, wodurch sie zu bewegen sind. Also deren Interessen herausfinden.

Diese intensive Auseinandersetzung mit Ihrer Zielgruppe führt zwangsläufig zu der Erkenntnis, dass nicht alles, was einem selbst wichtig erscheint, auch für die Zielgruppe wichtig ist. Ihr Publikum bewegt nur jener Teil Ihrer Information, der sich aus dessen Sicht als wichtig und nützlich erweist.

Gibt es zwischen Ihren Interessen und den Interessen der Zuhörer Überschneidungen, haben Sie die optimale Voraussetzung für eine erfolgreiche Präsentation. Je mehr dieser Schnittstellen es gibt und je größer sie sind, desto besser.

1.4 Zielgruppenanalyse mit dem FOCUS-Finder

Stellen Sie sich vor, Sie bekommen vor Ihrer Präsentation eine Liste ausgehändigt, auf der die Interessen der Zielgruppe und die persönlichen Interessen jedes Gruppenmitglieds stehen. Und dann würden Sie nichts anderes tun als diese Interessen von Anfang an immer wieder anzusprechen, mit einem persönlichen Nutzen zu versehen und direkt mit dem Punkt B zu verbinden. Da könnte kaum noch etwas schiefgehen, oder? Mit dem FOCUS-Finder, einem praktischen Hilfsmittel zur Zielgruppenanalyse, können Sie genau das erreichen.

Für die Arbeit mit dem FOCUS-Finder nehmen Sie sich einen für das Publikum typischen Zuhörer – den Sie kennen oder sich gut vorstellen können – heraus und stellen sich vor, dass Sie Ihre Präsentation an diese Person richten. Wenden Sie den FOCUS-Finder auf Ihr Publikum an, sollte dieses möglichst homogen sein, also gleiche oder sehr ähnlich gelagerte Interessen haben. Besteht Ihr Publikum aus zwei oder mehreren unterschiedlichen Interessengruppen, bereiten Sie zwei FOCUS-Finder vor – für jede Gruppe einen. Geht es vor allem um einen Entscheidungsträger, füllen Sie den FOCUS-Finder mit Angaben zu ihm aus.

Der FOCUS-Finder erleichtert Ihnen zwei wichtige Tätigkeiten bedeutend:

- die Vorbereitung auf die Präsentation und deren Inhalte selbst,
- die Vorbereitung auf eine Fragerunde oder eine Diskussion im Anschluss daran.

Sollten Sie befürchten, dass das Ganze zu aufwendig oder komplex ist, darf ich Sie an dieser Stelle beruhigen: Der FOCUS-Finder lässt sich innerhalb weniger Minuten vollständig ausfüllen – Stichworte reichen. Diese Zeit ist gut investiert und mit ein wenig Übung geht es auch recht rasch. Gehen Sie davon aus, dass Ihre Gesprächspartner es sofort spüren, wenn Sie sich ernsthaft mit ihnen beschäftigt haben. Das wiederum vermittelt Ihren Zuhörern das benötigte positive Gefühl Ihnen und Ihrer Präsentation gegenüber, das Ihnen hilft, Ihr Präsentationsziel zu erreichen.

FOCUS-Finder

1. Thema – Projekt – Idee

……………………………………………

……………………………………………

……………………………………………

……………………………………………

2. Ziel maximal – minimal, Punkt B

……………………………………………

……………………………………………

……………………………………………

……………………………………………

3. Einstellung, Meinung zu

Thema Person Firma

4. Einwände, Fragen

……………………………………………

……………………………………………

……………………………………………

……………………………………………

……………………………………………

Zuhörer Publikum

5. Interessen

a) beruflich

……………………………………………

……………………………………………

……………………………………………

……………………………………………

……………………………………………

b) persönlich

……………………………………………

……………………………………………

……………………………………………

……………………………………………

……………………………………………

6. Begrenzungen

a) beruflich

……………………………………………

……………………………………………

……………………………………………

……………………………………………

……………………………………………

b) persönlich

……………………………………………

……………………………………………

……………………………………………

……………………………………………

……………………………………………

Sehen wir uns nun an, wie Sie den FOCUS-Finder so ausfüllen, dass er zu einer wertvollen Hilfe für Sie wird:

So füllen Sie den FOCUS-Finder aus:

1 Thema, Projekt, Idee

Notieren Sie hier, worum es geht und was Sie präsentieren oder vortragen werden.

2 Ziele – Punkt B

Schreiben Sie in dieses Feld Ihre Zielformulierungen und die exakte und nachvollziehbare Definition Ihres Punktes B. Formulieren Sie ein Maximalziel und ein Minimalziel.

3 Einstellungen zu Thema, Person, Firma

Wie wird die Einstellung der Zielgruppe zu Ihrem Thema, Ihnen selbst und Ihrer Firma sein? Machen Sie sich rechtzeitig Gedanken darüber, wie die Atmosphäre sein könnte, denn falls es zu einer kritischen Situation kommt, trifft Sie das weniger überraschend. Umgekehrt können Sie aber auch bewusst Personen zur Unterstützung hereinnehmen, bei denen Sie vermuten oder wissen, dass sie positiv eingestellt sind.

4 Fragen und Einwände

Mit welchen Reaktionen werden Sie mit hoher Wahrscheinlichkeit rechnen müssen? Was wird für die betreffende Person schwierig, unglaubwürdig, neu oder kritisch sein? Meiner Erfahrung nach sind 80 Prozent aller Publikumsfragen vorhersehbar. Wenn Sie sich also bereits vorab mit potenziellen Fragen auseinandersetzen, sind Sie nicht nur psychologisch abgesichert, sondern können die richtigen Antworten und Fakten vorbereiten.

5a Interessen beruflich

Was bewegt den Menschen in seiner Funktion in einer Organisation, als Einkäufer, als Qualitätsmanager, als Teamleiter? Es sind Interessen, die sich aus der Position und der Stellenbeschreibung ableiten lassen, Entscheidungskriterien und Eigenschaften, auf die man achten muss, um seinen Job zu erfüllen. Was gehört daher in dieses Feld?

- Kosten-Nutzen-Relationen, also Preis-Leistungs-Verhältnis
- Funktion – funktioniert das, was wir anbieten, auch tatsächlich?
- Wettbewerbsvorteile – werden wir damit unsere Marktführerschaft behalten? Werden wir zur Nummer 1?
- Qualität – hilft diese Maßnahme, unsere Qualität zu steigern oder zumindest zu halten?
- Rentabilität – rechnet sich diese Investition?
- Vorschriften – erfüllen wir damit rechtliche Rahmenbedingungen und gesetzliche Auflagen?
- Image – passt das Projekt zu unserem Unternehmen, zu unserer Unternehmenskultur und ist es unserem Image förderlich?

Reicht es aus, sämtliche beruflichen und wirtschaftlichen Interessen des Gesprächspartners zu erfüllen? Abgesehen davon, dass es wahrscheinlich gar nicht möglich ist, alle zu erfüllen, reicht es auch nicht aus, denn Menschen treffen Entscheidungen nicht ausschließlich auf rationaler Basis oder wie ein Computerprogramm, in das Sie Fakten eingeben und dann auf „Return" drücken. Wir entscheiden, wenn wir ein gutes Gefühl haben, das mit entsprechenden Fakten abgesichert werden kann.

5b Interessen persönlich

Zudem stecken hinter beruflichen Entscheidungen sehr oft auch persönliche Interessen der handelnden Personen. Diese beeinflussen bewusst und unbewusst jede Entscheidung.

Mehr als 90 Prozent aller Entscheidungen werden auf emotionaler Basis gefällt. Demzufolge gehört in dieses Feld:

- die Steigerung des eigenen Ansehens, die Verbesserung des Images;
- „ein guter Mitarbeiter" oder „ein guter Chef" zu sein;
- die Sicherheit, seinen Job und sein Einkommen zu behalten;
- sein Einkommen zu erhöhen oder Prämien und Belohnungen zu kassieren;
- Macht zu erreichen oder Macht zu verteidigen, interne Konkurrenten zu blocken;
- das Gewissen – was werden die Kollegen sagen?

6a Begrenzungen beruflich

Wirtschaftliche und persönliche Interessen bewegen Ihren Gesprächspartner, und eine gezielte Ansprache dieser Interessen wird Ihnen helfen, dass Ihr Gesprächspartner sich Ihren Argumenten anschließt. Doch bevor wir zu euphorisch nur noch die Interessen der Zielgruppe ansprechen, sehen wir uns einmal an, welche beruflichen Faktoren es gibt, die genau das verhindern können.

Angenommen, der Entscheider, dem Sie Ihr Konzept präsentieren, ist begeistert von Ihrer Präsentation und möchte Ihr Konzept gerne umsetzen. Ihm gefällt der Auftritt, die Idee und die komplette Ausarbeitung und außerdem findet er Ihren Preis in Ordnung. Da er innovativ ist, reizt es ihn, etwas Neues auszuprobieren, und er weiß auch, dass sein Ansehen in der Branche mit dieser Kampagne steigen würde.

Seine wirtschaftlichen und persönlichen Interessen sind also abgedeckt und er ist auf Ihrer Seite. Doch leider hapert es am Punkt 6, den beruflichen Begrenzungen, denn er hat für dieses Jahr kein Budget mehr für ein derart teures Projekt oder er kann diese Entscheidung nicht allein treffen. Wirtschaftliche Begrenzungen sind daher:

- kein Geld,
- beschränktes Budget,
- keine entsprechende Kompetenz,
- Rahmenverträge mit anderen Lieferanten,
- rechtliche Beschränkungen, die eine Auftragsvergabe unmöglich machen,
- Wettbewerbsverbote.

6b Begrenzungen persönlich

Es gibt aber nicht nur berufliche Begrenzungen, sondern jeder Mensch hat auch persönliche Begrenzungen. Auch diese müssen natürlich von Ihnen berücksichtigt werden. Was hindert jemanden daran, Ihnen das Okay zu geben, selbst wenn er der Meinung ist, Ihr Projekt wäre wirtschaftlich in Ordnung?

- Vorurteile – „Das haben wir noch nie so gemacht!“
- Rollenverständnis – als Betriebsrat kann ich das nicht verantworten;
- schlechte Erfahrungen mit Neuerungen, ethische Vorurteile;
- Beziehungen und Verflechtungen, zum Beispiel die Tradition mit dem bisherigen Lieferanten;
- Berufspessimist – „Das funktioniert sowieso nicht!“

FOCUS-Finder

1. Thema – Projekt – Idee

2 Jahres-Studien zum Thema PT genehmigen

2. Ziel maximal – minimal, Punkt B

Maximal: Forschungsbudget um 50% erhöhen, Zusage vom Management erhalten

Minimal: zumindest Teilbudget für 1 Jahr sichern

3. Einstellung, Meinung zu

4. Einwände, Fragen

Kein Budget mehr für heuer.

Wie rechnet sich das?

Wer steht dafür ein?

Zuhörer Publikum

5. Interessen

a) beruflich

Kosten-Nutzen Rechnung?

Vorteile für Kunden, Mehrumsatz?

b) persönlich

möchte gerne als innovativ gelten, Machtstreben, wenig Risiko

6. Begrenzungen

a) beruflich

kann nicht alleine entscheiden, hat nur 100.000.- Pouvoir

b) persönlich

Schlechte Erfahrung mit Forschung, will keine Verantwortung übernehmen

1.5 Zielgruppenanalyse in schwierigen Fällen

Unbekannte und inhomogene Gruppen

Sind Sie mit der Aufgabe konfrontiert, vor einer größeren Zahl von Menschen zu sprechen, die Ihnen nicht persönlich bekannt sind und wo es auch unmöglich ist, vorher Informationen darüber zu erhalten, kommen Sie mit den vorgestellten Werkzeugen nur begrenzt voran. Eines werden Sie aber immer wissen, nämlich aus welchem Bereich oder welchen Berufen die Zuhörer kommen. Eine Beschäftigung in eingeschränktem Maße mit der Zielgruppe ist Ihnen also immer noch möglich.

Wissen Sie zum Beispiel, dass Ihre Zuhörerschaft aus 150 Ärzten besteht, so ist es klar, dass Sie in Ihren Argumenten die persönlichen und wirtschaftlichen Interessen der Berufsgruppe der Ärzte ansprechen werden. Im Normalfall haben Sie auch noch spezifischere Informationen, etwa dass es sich um Internisten handelt, und so können Sie Ihre Aussagen noch eine Spur direkter auf diese spezielle Zielgruppe abstimmen.

Falls Sie vorher nichts wissen – Zielgruppenanalyse „live"

Tritt der seltene Fall ein, dass Sie wirklich gar nichts über die Zielgruppe wissen oder vorab in Erfahrung bringen können, sollten Sie die Präsentation damit starten, Informationen über Ihre Zielgruppe zu erarbeiten. Dazu eignet sich eine Abfrage, die Ihnen in letzter Minute Hinweise oder auch Warnungen geben kann.

In Kleingruppen eignen sich dazu am besten Pinnwände oder Flipcharts, auf denen ganz einfache Fragen mit Klebepunkten oder Markerstrichen beantwortet werden.

Geben Sie bei Fragen, etwa nach dem Vorwissen der Teilnehmer, eine gewisse Bandbreite für die Antworten vor, zum Beispiel eine Skala von eins bis zehn. Dann sehen nicht nur Sie selbst anhand der Punkteverteilung, welcher Wissensstand oder welche Interessen im Publikum gegeben sind. Auch die Teilnehmer verstehen später, warum Sie einen offensichtlich einfachen Punkt ausführlich erklären – weil zwei Drittel der Anwesenden ihren Strich in der Spalte „Anfänger" oder bei der Zahl 1, „keine Vorkenntnisse", gemacht haben. Umgekehrt akzeptieren diese Anfänger einen oder mehrere Fachhinweise für Experten, denn sie sehen, dass auch einige Personen mit Vorwissen anwesend sind.

In Großgruppen können Sie diese Technik mit dem simplen „Hand heben" ausführen, indem Sie zu Beginn Ihrer Präsentation vor 150 Leuten fragen:

Wer von Ihnen ist schon länger als fünf Jahre in der Branche? Bitte Hand hoch!

Gehen nur vereinzelt Hände hoch, ermöglicht Ihnen das Rückschlüsse auf den Erfahrungsstand Ihrer Zuhörer. In diesem Fall könnten Sie weiterfragen:

Wer schon länger als drei Jahre?

Achten Sie bei Abfragen darauf, niemanden bloßzustellen oder zu exponieren. Fragen Sie lieber nach Dingen, die jeder gerne, vielleicht sogar stolz, beantwortet. Halten Sie Abfragen am Start auch immer kurz, damit Sie so rasch wie möglich in Ihr Thema einsteigen können.

Abfragen mit technischer Unterstützung

Mit technischer Unterstützung sind auch komplexere Abfragen möglich, zum Beispiel mit elektronischen Abstimmungsgeräten, wie Sie sie aus Fernseh- und Quizshows kennen. Damit lassen sich etwa Statistiken erstellen und während der Präsentation live in Ihre PowerPoint-Show integrieren – eine beeindruckende, aber auch aufwendige Form der Live-Zielgruppenanalyse, die vor allem bei Großveranstaltungen sinnvoll sein kann.

In der virtuellen Präsentation über Internet bietet sich das „Polling" an. Polling ist eine Abfrage, die Ihnen Rückschlüsse auf die an der Webpräsentation oder am Webinar teilnehmenden Personen ermöglicht. Eine hilfreiche Funktion, gerade weil die Teilnehmer oft über die ganze Welt verstreut sind und es mühsam oder unmöglich ist, vorab Informationen über sie zu erhalten. (Mehr zu diesem Thema finden Sie unter 6.9 „Virtuell präsentieren".)

Im Notfall: Blitzanalyse

Sollte der Fall eintreten, dass Sie überhaupt keine Zeit für eine Zielgruppenanalyse haben und die Präsentation ohnehin nur ein einziges Mal halten werden, überlegen Sie sich zumindest – und das geht wirklich schnell – Antworten auf folgende drei Fragen:

- Was wissen meine Zuhörer bereits?
- Warum sind meine Informationen für die Zuhörer wichtig?
- Welche Interessen und Bedürfnisse hat das Publikum im Hinblick auf das Thema?

Mit den Antworten auf diese Fragen sollten Sie in der Lage sein, eine für die Zuhörer interessante Präsentation zu halten. Gelingt es nicht, diese Fragen zu beantworten, holen Sie sich unbedingt Unterstützung von jemandem, der die Zuhörerschaft kennt. Ist auch das nicht möglich, überlegen Sie sich ernsthaft, die Präsentation abzusagen oder zumindest zu verschieben. Denn lässt sich nicht absehen, ob jemand davon profitiert („Na und?"-Faktor), sondern riskieren Sie, dass etwas schiefgeht, ist es besser, auf eine Präsentation zu verzichten.

Was, wenn die Zuhörer nicht freiwillig hier sind?

Gerade bei firmeninternen Präsentationen gibt es viele „zwangsverpflichtete" Teilnehmer, die von einem Meeting und einer Präsentation zum/zur nächsten pilgern. Diese Zuhörer sind naturgemäß ungeduldig, nur mäßig interessiert und oft unkonzentriert. Die Einstellung zu Ihnen und Ihrem Thema kann darunter leiden, und Sie sollten sich dessen bewusst sein, dass ein gewisses Frustpotenzial vorhanden ist. Berücksichtigen Sie das in Ihrer Zielgruppenanalyse und signalisieren Sie Verständnis für die Situation. Das Publikum wird sich von Ihnen verstanden fühlen und sich eher auf Ihr Thema einlassen.

Ist die Einstellung Ihnen gegenüber eher negativ, betonen Sie sachlich Ihre Rolle als Experte. Ist die Einstellung gegenüber dem Unternehmen negativ, lösen Sie Ihr Thema aus der Organisation und machen Sie es zu einer Angelegenheit zwischen Ihnen und dem Publikum. Wählen Sie dafür eine passende Interaktion (locker, aktuell) zum Start aus. (Eine Auswahl möglicher Interaktionsformen finden Sie im Kapitel „Erfolgsfaktor 7".)

Checkliste Erfolgsfaktor 1: Zielsetzung und Zielgruppenanalyse

Checkliste für Ihre Vorbereitung

- ❏ Punkt A definieren: Wo steht das Publikum jetzt, was weiß es und was braucht es?
- ❏ Punkt B definieren: Was soll nachher anders sein, was muss das Publikum wissen, tun, beschließen?
- ❏ Ergebnisorientierte und persönliche Ziele definieren und mit dem Reality-Check prüfen
- ❏ Zielgruppe mit dem FOCUS-Finder analysieren: Einstellung, Interessen, Fragen und Einwände des Publikums
- ❏ Schnittstellen von Interessen finden und ansprechen
- ❏ Eigenschaften in Nutzen umwandeln, um Aha-Effekte zu erzielen

Was Ihr Publikum schätzt	Was Ihr Publikum frustriert
Informationen, die für es wichtig und nutzvoll sind	Dinge, mit denen es nichts zu tun hat
Vortragende, die speziell auf diese Präsentation vorbereitet sind	Vortragende, die nur Standardinfos und spontane Einfälle erzählen
Antworten auf die Frage „Na und, was habe ich davon?“	Informationen, bei denen unklar ist, wozu sie dienen
Einfache, leicht verständliche und prägnante Information	Verbale und visuelle Infoschocks
Wertschätzung und Achtsamkeit	Schmeichelei, Arroganz oder Gleichgültigkeit
Einen Dialog über die Interessen des Publikums	Ein Monolog über die Interessen des Präsentators
Einen kompetenten Experten	Ein Blender oder Möchtegern-Star

„Sprich über dich und dein Anliegen und du langweilst mich – sprich über mich und meine Interessen und du faszinierst mich!“

Kapitel 2

Erfolgsfaktor 2: Präsentationsaufbau für strukturierte Information

2.1 Kein erfolgreicher Auftritt ohne Story

2.2 Der Aufbau der Präsentation in sieben Schritten

2.3 Top-down – mit Bauplänen zur Profi-Präsentation

2.4 Fünf Profitipps für Ihren Bauplan

2.5 Informieren oder überzeugen – wo liegt der Unterschied?

2.6 Wirkungsvoll überzeugen mit dem Bauplan „Problem – Lösung“ und ARGU-Strukt

2.7 Spezialfälle und besondere Anlässe

1
2
3

Der rote Faden, die Logik und der Aufbau der Präsentation – wie strukturiert man ein Thema eigentlich richtig? Wie erreicht man mit Hilfe der Struktur das Präsentationsziel, und zwar so, dass der Vortrag, die Präsentation für das Publikum nachvollziehbar, klar und logisch ist? Im Kapitel „Erfolgsfaktor 2“ erfahren Sie, wie Sie Ihre Präsentation aufbauen.

2.1 Kein erfolgreicher Auftritt ohne Story

„Ich habe nächste Woche eine sehr wichtige Präsentation vor hundert Personen. Investoren, Bankdirektoren, Forscher. Die Präsentation ist schon fast fertig und ich möchte sie mit Ihnen trainieren, damit wirklich alles funktioniert.“

So klingt eine typische Anfrage für ein persönliches Training durch unser Institut. Kein Problem, ein Termin wird vereinbart und wir arbeiten einige Stunden, oft auch einen ganzen Tag zusammen an der Präsentation.

Wir beginnen damit, in dem Berg von Informationen, Fakten und PowerPoint-Slides eine Struktur zu finden, und bringen diese dann in eine nachvollziehbare Ordnung und Reihenfolge. Wir überlegen, welche Elemente der Präsentation die wirklich wichtigen sind und welche gestrichen werden können. Dann arbeiten wir an einer Dramaturgie, damit die Kernbotschaften spannend aufgebaut werden können und in einen Abschluss münden – alles aufeinander aufgebaut und mit logischen Übergängen. Dass hierzu auch eine Zielgruppenanalyse mit Zieldefinition gehört, ist klar. Wir legen den Punkt B fest und arbeiten mit dem „Na und?“-Faktor den Nutzen heraus.

Aber: Was der Klient eigentlich wollte, nämlich am Auftritt und an der Rhetorik feilen, dazu kommen wir nicht. Thema verfehlt? Nein, keineswegs, denn oft stellt sich während dieser intensiven Arbeit heraus, dass der Präsentator sein Material gar nicht so gut kennt, wie er es eigentlich kennen sollte. Entweder weil er die Inhalte und Slides nicht selbst zusammengestellt hat und diese erst ein paar Tage vorher oder sogar erst am gleichen Tag erhalten hat. Oder weil er seine Präsentation selbst rasch aus einigen aktuellen Charts und Infos „zusammengestöpselt“ hat.

Läuft die Vorbereitung so ab, ist es für den Vortragenden natürlich sehr schwer, eine zusammenhängende Struktur mit rotem Faden und klarem Punkt B zu präsentieren und das Präsentationsziel zu erreichen. Versucht man, eine derartig aufgebaute Präsentation zu halten, darf man sich nicht wundern, dass man Probleme mit dem Redefluss und dem persönlichen Auftritt hat.

Die Story rettet den Auftritt und damit die Präsentation

Haben wir schließlich die „Story" für die Präsentation gefunden und den „roten Faden" konstruiert und lassen wir die Präsentation probeweise durchlaufen, passiert etwas Wunderbares: Obwohl wir noch immer nicht an Auftritt, Rhetorik oder Körpersprache gearbeitet haben, funktionieren diese drei Dinge plötzlich wesentlich besser als zuvor. Das ist eine große Überraschung für den Klienten, aber eigentlich auch ganz logisch:

Haben Sie Ihr Ziel und Ihre Story definiert, fällt es Ihnen um ein Vielfaches leichter, selbstbewusst vor Ihr Auditorium zu treten, mit ihm Kontakt aufzunehmen und flüssig über Ihre Themen und Anliegen zu sprechen. Ein Wunder? Natürlich nicht, denn was wirklich zählt, ist der Aufbau, die Geschichte, die Sie über Ihre Fakten und deren Bedeutung für das Publikum erzählen. Erzählen statt aufzählen oder vorlesen!

Der gelungene persönliche Auftritt, den wir später behandeln, ist natürlich auch sehr wichtig, kann aber niemals eine überzeugende Story ersetzen. Allein durch eine strukturierte und funktionierende Story für den Vortrag wird aus einem unbeholfenen und unsicheren Präsentator einer, der kompetent und überzeugend wirkt.

Inhalte in die richtige Reihenfolge bringen

Im Kapitel „Erfolgsfaktor 1" haben wir uns mit der Analyse der Zielgruppe auseinandergesetzt und die Ziele für die Präsentation formuliert. Nun geht es darum, den Inhalt, alle Informationen, Argumente und Ideen, so zu ordnen und aneinanderzureihen, dass am Ende eine klar nachvollziehbare, informative und überzeugende Präsentation herauskommt. Mit dieser Vorgangsweise vermeiden wir die dritte der erwähnten sechs Präsentationssünden: keine Logik und kein roter Faden.

Warum das so wichtig ist, zeigt ein Vergleich einer Präsentation mit einem Schriftstück, einem Prospekt oder einer Website. Deren großer Vorteil ist, dass der Leser querlesen, von vorne nach hinten springen, Sätze doppelt lesen oder wieder von vorne beginnen kann, wenn er etwas nicht verstanden hat. In einer Präsentation hingegen ist der Zuhörer dem Tempo und vor allem der Reihenfolge und Struktur ausgeliefert, die der Präsentator vorgibt. Er ist gezwungen, sich mit dem Inhalt in jener Reihenfolge auseinanderzusetzen, in der dieser präsentiert wird. Das heißt, es gibt ausschließlich linearen Zugriff auf Informationen, also ein Slide, ein Argument und ein Thema nach dem anderen.

Für Sie und das Publikum nachvollziehbar zu Punkt B

Eine glasklare und nachvollziehbare Struktur der Präsentation ist sowohl für das Publikum als auch für den Präsentator unerlässlich. Fehlt diese, haben die Zuhörer große Schwierigkeiten, mit Ihnen gemeinsam das Präsentationsziel – Punkt B – zu erreichen, obwohl sie viele Informationen und wertvolle Fakten erhalten.

Die Zuhörer werden einem Infoschock erliegen, entscheidungsunfähig werden oder resignieren und irgendwann aus der Präsentation aussteigen. Oder sie unterbrechen ständig und fordern Wiederholungen und Erklärungen ein, was den Ablauf der Präsentation empfindlich stören würde, falls dies nicht vorgesehen ist. Oder die Zuhörer versuchen selbst, die einzelnen Teile aneinanderzubauen, was sie wiederum davon abhalten wird, Ihren weiteren Ausführungen zu folgen.

Keine dieser Optionen ist akzeptabel, denn Ihre Zuhörer sollten während Ihrer Präsentation nicht nachdenken müssen, sondern zuhören, zusehen und begreifen. Um zu verstehen und zu begreifen, muss aber mehr vorhanden sein als eine zufällige Ansammlung von Information und Inhalten. Der Zuhörer braucht einen roten Faden zur Orientierung, eine Struktur oder eine nachvollziehbare Story. Denn es sind nie die Daten und Fakten allein interessant, es ist stets die Story dieser Daten, die Geschichte dazu und dahinter.

Um diese Story zu bauen und zu erzählen, ist man auf verlässliche Hilfsmittel angewiesen, auf „Baupläne". Diese Baupläne helfen Ihnen, die Informationen in eine bestimmte Ordnung und Richtung zu bringen. Sie stellen den „roten Faden" dar, der Ihre Story für das Publikum nachvollziehbar, leicht merkbar und begreifbar macht.

Erst eine Struktur macht aus Informationen eine „Story"

Historisch gesehen kam die Erzählung lange vor der Schrift. Bevor es die ersten Schriftzeichen gab, verständigten sich die Menschen mit Geschichten und gaben auch ihr Wissen mittels Geschichten weiter. Erst viel später war es durch Schriftzeichen, zuerst Zeichnungen, möglich, Wissen über Generationen hinweg weiterzugeben. Und diese Reihenfolge halten wir auch ein: erst die Story, dann die Details.

In der Praxis machen leider viele den Fehler, mit der Erstellung einer Präsentation direkt in PowerPoint zu beginnen und Slide für Slide mit

Inhalten zu füllen, ohne zuerst Ordnung in die Informationsmenge zu bringen und den Ablauf der Story zu planen. Beim Aufbau einer Präsentation startet man jedoch nicht immer vom gleichen Ausgangspunkt. Manchmal hat man schon eine Idee für den Ablauf im Kopf, manchmal ergibt sich dieser auch zwingend aus den Fakten oder dem Thema.

Es wird aber auch Fälle geben, wo Sie mit einem neuen Thema konfrontiert werden und wenig oder noch gar kein Vorwissen und keine Fakten haben. Vielleicht noch nicht einmal eine Idee, was am Ende des Vortrags überhaupt herauskommen soll. Das macht die Sache natürlich bedeutend schwieriger und erfordert einen anderen Ansatz.

Damit Sie in Zukunft mit diesen Ausgangssituationen umgehen können, sehen wir uns nun das Vorgehen beim Aufbau und bei der Strukturierung einer Präsentation im Detail an.

Die drei Teile einer guten Story

Erinnern Sie sich noch an Ihre ersten Aufsätze im Deutschunterricht in der Grundschule? Damals haben Sie gelernt, dass die Gliederung einer Geschichte zumindest drei Teile haben muss: eine Einleitung, einen Hauptteil und ein Finale. Auch in Theater und Film sind drei Akte (Teile) die ideale und gebräuchlichste Anzahl für eine funktionierende Dramaturgie.

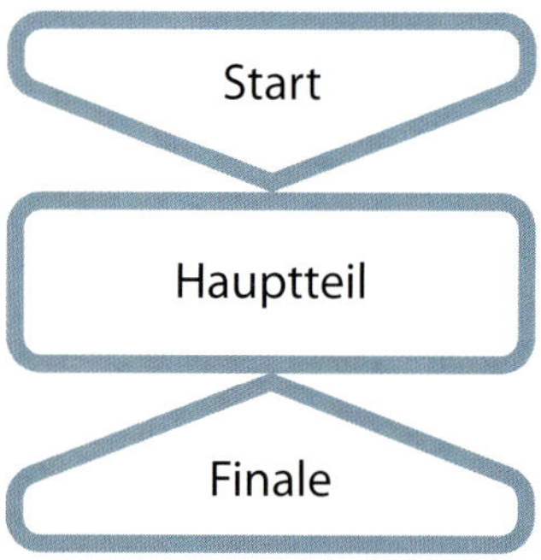

Abb.: Der einfachste Bauplan für Präsentationen

Wir übernehmen dieses Prinzip und haben damit nicht nur eine Ausgangsbasis, sondern gleichzeitig auch eine erste, einfache Gliederung, mit der Sie für spontane und sehr kurze Präsentationen oder Vorträge gerüstet sind: den Start für die Einleitung der Präsentation, den Hauptteil für die Inhalte und Fakten und das Finale für das Ergebnis und die Schlussworte.

Den Hauptteil in kleine Informationseinheiten aufteilen

Um zu vermeiden, dass der Hauptteil zur unstrukturierten Infoattacke gerät, muss dieser ebenfalls weiter in sich gegliedert werden. Dazu werden der Inhalt und die Information, die Sie in Ihrer Präsentation vermitteln möchten, in „mundgerechte“ Stücke – „Chunks“ – aufgeteilt.

Abb.: Kleine Brocken sind leichter verdaubar – das gilt bei Schokolade genauso wie bei Information.

„Chunks“ sind Stücke oder Brocken, kleine Informationseinheiten, die sich flexibel in eine bestimmte Reihenfolge bringen lassen, die intellektuell gut verdaubar und einfach präsentierbar sind. Sie bilden die Einzelteile Ihrer Story.

Selbst sehr kurze Präsentationen benötigen diese Chunks, denn aus ihnen wird die komplette Story „zusammengebaut“. Sie sind eine große Hilfe für den Präsentator beim Gliedern und Strukturieren der Präsentation sowie für das Publikum bei der Informationsaufnahme. Vergleichbar ist dies etwa mit dem Merken von Telefonnummern: So ist 015204050 viel schwerer zu merken, als wenn Sie diesen „Ziffernwurm“ in kleine Grüppchen mit zwei oder drei Ziffern, also Chunks, teilen: 01 – 520 – 40 – 50.

Dieses Prinzip wenden wir auch beim Aufbau der Präsentation an, denn Information ohne Ordnung überfordert Redner und Zuhörer gleichermaßen. Auch Zuhörer, die zwischendurch kurz abgeschaltet haben – Hand aufs Herz: Wem ist das noch nicht passiert? –, finden durch die kleinen Chunks und damit verbundenen kurzen Zwischenzusammenfassungen wieder leichter zurück ins Thema.

2.2 Der Aufbau der Präsentation in sieben Schritten

Sie sind Schulungsleiter in einem Unternehmen und werden ersucht, auf einer internen Veranstaltung zum Thema „Betriebliche Weiterbildung“ Ideen und Anregungen in Form einer Präsentation zu geben. Obwohl Sie sich mit dem Thema aufgrund Ihrer Tätigkeit natürlich gut auskennen, haben Sie es noch nie zuvor für eine Präsentation aufbereitet. In Situationen wie dieser besteht die Schwierigkeit darin, das vorhandene Wissen über das Thema zu ordnen, zu strukturieren und in relativ kurzer Zeit – zum Beispiel zwanzig Minuten – gut verständlich vorzutragen. Die Fragen lauten also:

- Was erzählen Sie?
- Welche Schwerpunkte setzen Sie?
- Wo beginnen Sie?
- Wie bauen Sie die Präsentation auf?

Bevor wir mit dem Aufbau beginnen, klären wir die in diesem Zusammenhang wichtigsten Begriffe und deren Bedeutung:

Story: Mit dem Begriff Story bezeichnen wir, was die Zuhörer erleben und verstehen, also die ganze „Geschichte“ vom Start bis zum Ende.

Struktur: Diese bildet das Gerüst einer Story, also die Gliederung beziehungsweise den Aufbau des Inhalts aus einzelnen Modulen.

Infoblöcke: Das sind die Module, aus denen sich die Struktur zusammensetzt. In diesen befinden sich alle Inhalte: Informationen, Zahlen, Daten, Argumente, Bilder.

Bauplan: Mit Hilfe des Bauplans werden Inhalte professionell strukturiert, in Infoblöcke gegliedert und verpackt und ergeben dann, logisch aneinandergereiht, die Story.

Slide: Eine PowerPoint-„Seite“ wird als Slide bezeichnet. (Der Begriff stammt vom Dia ab, im Gegensatz zur „Folie“ am Overhead-Projektor.)

Erst die Inhalte, dann die Story

Schritt 1: Inhalte sammeln

Abb.: Ihr Werkzeug: Stifte und Post-its. Mehr benötigen Sie nicht, um eine Präsentation aufzubauen.

Nehmen Sie einen Stapel Post-its (die kleinen, gelben, selbstklebenden Notizzettel) und schreiben Sie alle Begriffe und Stichwörter, die Ihnen zu Ihrem Thema einfallen, darauf – jeweils ein Begriff pro Post-it. Arbeiten Sie ganz spontan, ohne Ordnung, ohne Struktur, ohne Überbegriffe, ohne Gliederung. Schreiben Sie jeden Begriff auf, über den Sie etwas sagen möchten oder von dem Sie denken, er könnte zum Thema und in den Vortrag passen: Zahlen, Daten, Fakten, Zitate, Beispiele, Methoden et cetera. Kleben Sie die beschrifteten Post-its vor sich auf den Tisch oder auf ein leeres Blatt Papier.

Schritt 2: Begriffe und Inhalte gruppieren

Sobald Sie das Gefühl haben, die wichtigsten Themen erfasst zu haben, oder Ihnen nichts mehr einfällt, beginnen Sie mit dem Gruppieren der Begriffe. Kleben Sie Begriffe, Wörter oder Themen, die irgendwie zusammengehören oder zusammenpassen, jeweils in einer Gruppe untereinander. Fahren Sie fort, bis keine einzelnen Begriffe mehr übrig oder alle Begriffe einer Gruppe zugeordnet sind. Bleiben Post-its übrig, die nirgends dazupassen, überlegen Sie, ob diese wirklich notwendig, passend (dann vielleicht umformulieren?) oder ohnehin verzichtbar sind. Die so entstandenen Gruppen nennen wir „Infoblöcke". Sie bilden die Einzelteile unserer Struktur.

Abb.: Schritt 1 – Brainstorming: Schreiben Sie alles auf, was Ihnen zum gewählten Thema einfällt. Pro Stichwort ein Post-it.

Abb.: Schritt 2 – Gruppieren Sie alle Begriffe, die zusammenpassen, in eine Reihe und bilden Sie damit erste Infoblöcke.

Abb.: Schritt 3 – Suchen Sie passende Überbegriffe für die Gruppen.

Abb.: Schritt 4 – Bringen Sie die Gruppen in eine logische Reihenfolge.

Schritt 3: Infoblöcke mit Überbegriffen benennen

Als Nächstes versehen Sie die Infoblöcke mit passenden Überbegriffen und schaffen damit klar voneinander getrennte Kategorien. Finden Sie jeweils einen Überbegriff, der die darunterliegenden Stichwörter benennt oder zusammenfasst, zum Beispiel:

„Pufferzeiten“, „Wochenende“, „3 x Woche“ erhalten als Überbegriff „Zeitplanung“.

Nun zeigt sich der große Vorteil der Arbeit mit den Post-its: Sie können Ihre Begriffe beliebig zwischen den Kategorien verschieben, Gruppen verschmelzen oder sogar neue Infoblöcke bilden, wenn Sie merken, dass gewisse Inhalte nicht oder nicht mehr zusammenpassen. So könnten Sie zum Beispiel aus „Wochenplanung“, „Monatsplanung“, „Jahresplanung“ einen eigenen Infoblock mit dem Überbegriff „Zeitplanung“ erstellen. Sie können aber auch jederzeit einen neuen Infoblock erstellen oder wegnehmen, ganz nach Belieben. Am Ende sollten Sie jedenfalls drei bis fünf Infoblöcke mit jeweils einem passenden Überbegriff gebildet haben.

Benötigen Sie wesentlich mehr Gruppen, können Sie zu jedem der bereits bestehenden drei bis fünf Infoblöcke zusätzlich drei bis fünf Untergruppen bilden. Der Sinn dieser Limitierung liegt darin, dass eine Anzahl von drei bis fünf Gruppen oder Überbegriffen optimal erfassbar, gehirngerecht und damit auch leichter merkbar für Ihre Zielgruppe – und auch für Sie – ist.

Schritt 4: Infoblöcke logisch reihen

Jede Präsentation und jeder Vortrag braucht eine logische Struktur, anhand derer Sie Ihren Inhalt an das Publikum vermitteln. Bereits jetzt sind Sie in der Lage, aufgrund der Vorarbeit mit den Post-its und der Erstellung von Infoblöcken einen einfachen Präsentations-Hauptteil aus drei bis fünf Teilen (je nach Anzahl der Infoblöcke) in deren Grundgerüst fertigzustellen. Überprüfen Sie jetzt, ob die Infoblöcke logisch hintereinandergereiht sind, und falls nicht, verschieben Sie diese, bis die Reihenfolge sinnvoll ist.

Beispiel: Präsentieren Sie ein Projekt, kommt der Zeitplan idealerweise erst am Ende, ist der erste Infoblock auf Ihrer Übersicht „Zeitplan“, verschieben Sie diesen einfach nach hinten.

Schritt 5: Inhalte ausarbeiten und Slides produzieren

Alle weiteren Inhalte und Details können Sie nun entweder auf Papier oder auch gleich in PowerPoint ausarbeiten. Dazu öffnen Sie das Programm und geben jeweils einen Überbegriff Ihrer Infoblöcke als Überschrift pro Slide ein. Ihr erstes Slide betiteln Sie mit „Start“ und Ihr letztes mit „Finale“, so landen Sie bei vorerst fünf bis sieben Slides, wieder abhängig von der Anzahl der Infoblöcke im Hauptteil. Als Überschriften lassen Sie vorläufig einfach die Überbegriffe stehen, diese werden später in passende Titel für die einzelnen Module umgewandelt.

Handelt es sich um eine kurze Präsentation, wird meist ein Slide pro Infoblock ausreichend sein. Bei längeren Präsentationen bildet der Überbegriff den Titel eines Infoblocks, der dann auch aus mehreren Slides mit Inhalten und Details bestehen kann.

Das bildet nun bereits das Gerüst Ihrer Story am PC, am besten erkennbar, wenn Sie in die „Foliensortierungsansicht“ wechseln und alle Überschriften hintereinander lesbar sind. Diese befüllen Sie nun mit Ihren Inhalten, deren visuelle Umsetzung wir ausführlich in den Kapiteln „Erfolgsfaktor 3 – Visualisieren“ und „Erfolgsfaktor 4 – Präsentationsdesign“ behandeln werden.

Abb.: Klassische Vorgangsweise: Übertragen Sie die Begriffe aus den Infoblöcken auf leere PowerPoint-Handzettel und skizzieren Sie erste Inhalte und Details.

Arbeiten Sie lieber zuerst „klassisch“ mit Papier und Bleistift, können Sie sich auch eine Blankoversion der „Handzettel“ aus PowerPoint ausdrucken und diese händisch beschriften und erste Skizzen machen. Drucken Sie entweder ein Slide pro Seite oder die Ansicht mit drei Slides pro Seite aus. Diese zwei Varianten bewähren sich in der Praxis am besten, weil sie genug Platz bieten, um bereits grobe Visualisierungsentwürfe hinzuzufügen. Damit haben Sie eine praktische Anleitung zum Ausarbeiten und außerdem eine realistische Orientierung für Platzbedarf und Umfang.

Abb.: Raschere Vorgangsweise: Übertragen Sie Ihre Überbegriffe als Titel auf PowerPoint-Slides und beginnen Sie mit dem Hinzufügen von Inhalten und Details.

Schritt 6: Einen für die Zuhörer packenden Start erstellen

„Guten Tag, ich möchte etwas über ‚Qualitätskontrolle' sagen, und dazu habe ich einige Folien vorbereitet ... " Kommt Ihnen so etwas bekannt vor? Nicht gerade spannend und zielgruppenorientiert, oder?

Viele Präsentationen sind „Rohrkrepierer". Schon der Start oder die Einleitung beinhaltet nichts Besonderes für das Publikum. Das ist die denkbar schlechteste Voraussetzung für eine gelungene Präsentation oder das Erreichen Ihres Präsentationsziels. Denn wenn Ihre Zuhörer schon nach ein paar Sekunden wegschalten, weil sie nichts Neues, Spannendes oder Interessantes erfahren, haben Sie einen schweren Job vor sich.

Ihr Publikum sollte bereits am Start erfahren, worum es geht und aus welchem Grund Sie hier sind. „Etwas über Qualitätskontrolle" ist jedenfalls zu wenig, zu allgemein und zu langweilig. Besser ist eine spannende Frage wie zum Beispiel:

Kann unsere Qualitätskontrolle noch mit den gesetzlichen Vorschriften mithalten?

Von Beginn an sicher und professionell mit ARA

Wenden wir uns nun einer professionellen Methode zu, die Ihr Publikum am Start für Ihr Thema aufrüttelt und interessiert. Denn genau das ist für viele Präsentatoren in der Praxis das größte Problem:

- Was sage ich zu Beginn?
- Wie hole ich mein Publikum ab?
- Wie finde ich den Einstieg in das Thema?

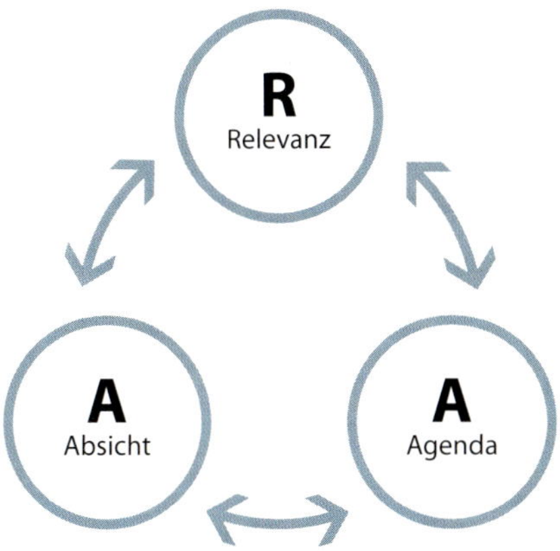

Abb.: Diese drei Komponenten bilden die Zutaten für Ihre professionelle Präsentationseröffnung.

Für diesen Zweck ist ARA – Absicht, Relevanz, Agenda – hervorragend geeignet. Es kann rasch und einfach an den Anfang Ihres Bauplans gestellt werden und gibt dem Publikum das Gefühl, die Zeit, die es Ihrer Präsentation widmet, sei eine gute Investition.

ARA

Beginnen wir mit dem ersten A, der **Absicht**. Teilen Sie Ihren Zuhörern gleich zu Beginn mit, weshalb Sie diese Präsentation halten. Diese Information ist besonders wichtig, weil sie direkt auf den Punkt B verweist und das Präsentationsziel klar darstellt.

Verwenden Sie Formulierungen wie zum Beispiel:

Der Zweck dieser Präsentation ist ...

Wir müssen heute entscheiden, ob wir ...

Sie werden in den nächsten 30 Minuten sehen ...

Das Ziel dieses Workshops ist ...

Heute geht es um ...

ARA

Das R steht für die **Relevanz**. Betonen Sie, weshalb dieses Thema und diese Präsentation für Ihr Publikum relevant ist, und Sie nehmen damit direkt auf den „Na und?"-Faktor Bezug. Dazu verwenden Sie Formulierungen wie:

Sie als (Finanzberater, Techniker, Führungskräfte) interessiert sicher, wie ...

Sie wollen wissen, ...

Dieses Thema ist für Sie wichtig, weil ...

Sie werden von dieser Information profitieren, weil ...

Die Angelegenheit ist deshalb so dringend, weil ...

Das Publikum merkt sofort, dass Sie sich mit seinen Interessen auseinandergesetzt haben. Das verschafft Ihnen nicht nur einen persönlichen Pluspunkt, sondern holt die Zuhörer direkt beim „Na und?" ab und hebt schon zu Beginn Ihre Kompetenz.

ARA

Nun kommen wir zum dritten Teil einer professionellen Eröffnung, zur **Agenda**. Eine Agenda gibt den Zuhörern einen kurzen Überblick darüber, was in den nächsten Minuten auf sie zukommen wird. Das ist deshalb so wichtig, weil Sie damit das Grundbedürfnis nach Orientierung erfüllen, neugierig machen und Ihre Präsentationsstruktur bekanntgeben. Die einzelnen Punkte der Agenda entsprechen den Titeln Ihrer Infoblöcke. Halten Sie sich hier an die Regel „drei bis fünf" (Agendapunkte), sonst wird die Agenda zu lang und umfangreich. Formulierungen, die sich dazu eignen, sind:

Wir beginnen mit einem Überblick, sehen uns dann die drei aktuellen Probleme näher an und beschäftigen uns anschließend mit potenziellen Lösungsvorschlägen.

Nachdem wir analysiert haben, welche Chancen der Markt bietet, werden Sie vier neue Konzepte zur Nutzung dieser Chancen sehen. Danach werden wir in einer kurzen Diskussion die weitere Vorgangsweise klären.

Zuerst erhalten Sie eine Analyse über den aktuellen Stand der Forschung, danach unsere Arbeitshypothese und dann die einzelnen Ergebnisse unseres Tests. Abschließen werden wir mit einem Ausblick und einer kurzen Fragerunde.

Wählen Sie aus mehreren ARA-Startvarianten

Sie können die drei Elemente von ARA beliebig kombinieren, was insgesamt sechs Varianten für Ihren Start ergibt, die Sie auf das Publikum maßschneidern. Fragen Sie sich dazu: Was wollen die Zuhörer wahrscheinlich als Erstes hören?

Praxisbeispiel

Drei unterschiedliche „ARA"-Starts zum Thema „Präsentationen erfolgreich starten mit ARA" könnten wie folgt lauten:

Variante 1 – ARA

Absicht: *Sie werden heute erfahren, wie Sie Ihre Präsentationen professionell und zielgruppenorientiert eröffnen können.*

Relevanz: *Das ist ganz besonders wichtig für Sie, weil Sie als Abteilungsleiter in den nächsten Wochen die Halbjahresergebnisse vor dem Vorstand präsentieren werden.*

Agenda: *Dazu werden wir uns in der nächsten Stunde drei hilfreiche Schritte im Detail ansehen.*

Variante 2 – RAA

Relevanz: *Sie als Abteilungsleiter werden in den nächsten Wochen Ihre Halbjahresergebnisse vor dem Vorstand präsentieren müssen.*

Agenda: *Daher sehen wir uns in der nächsten Stunde drei hilfreiche Schritte zur Eröffnung Ihrer Präsentation im Detail an.*

Absicht: *Diese drei Schritte werden Ihnen helfen, Ihre Präsentationen professionell und zielgruppenorientiert zu eröffnen.*

Variante 3 – AAR

Agenda: *Wir werden uns in der nächsten Stunde mit drei hilfreichen Schritten für Ihre Präsentationseröffnung im Detail beschäftigen.*

Absicht: *Diese drei Schritte helfen Ihnen bei der professionellen und zielgruppenorientierten Eröffnung Ihrer Präsentation.*

Relevanz: *Das ist deshalb für Sie wichtig, weil Sie als Abteilungsleiter bald die Halbjahresergebnisse vor dem Vorstand präsentieren müssen.*

Es lohnt sich, diese Eröffnungssätze schriftlich vorzubereiten, damit die Aussagen möglichst klar formuliert und auf den Zuhörernutzen abgestimmt sind.

Tipp
In der Präsentation zeigen Sie während der Formulierung von ARA, wenn Sie mit „Absicht" oder „Relevanz" beginnen, Ihr Start-Slide und danach das Agenda-Slide. Wenn Sie mit der „Agenda" beginnen, natürlich gleich das Agenda-Slide, das Sie dann stehenlassen, bis Sie ins Thema einsteigen.

Tipp
Die Überschrift Ihres Agenda-Slides enthält den Titel der Präsentation und nicht nur „Agenda", „Überblick" oder „Inhalt". Das ist nämlich ohnehin auf den ersten Blick zu sehen.

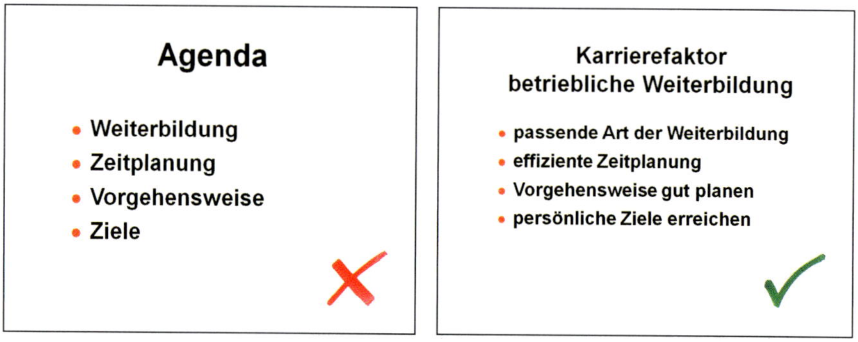

Abb.: Schlechte Agenda – gute Agenda: Ein aussagekräftiger Titel und interessante Agendapunkte schlagen die simple „Stichwort-Agenda" bei Weitem. Zudem erleichtern sie dem Vortragenden die Präsentation dieses wichtigen Punktes am Beginn.

Auch beim hoch spezialisierten Fachvortrag mit ARA starten!

Im wissenschaftlichen Bereich und bei Fachvorträgen können die beiden „A“ aus ARA durch zwei andere Begriffe ersetzt werden, „Relevanz“ bleibt gleich:

- „Motivation“ ersetzt die Absicht.
- „Fragen“ ersetzt die Agenda.

Mit den Fragen wird die Präsentation inhaltlich eingeleitet, indem etwa die Ausgangssituation oder die Arbeitshypothese vorgestellt wird:

Motivation: *Ziel unserer Arbeit war, eine Möglichkeit zur Verringerung der stationären Betreuung bei diesem spezifischen Krankheitsbild zu finden.*

Relevanz: *Das ist deshalb so wichtig, weil damit die Kosten um 20 Prozent pro Jahr verringert werden können und der Patient um 35 Prozent rascher als bisher wieder mobil wird.*

Fragen: *Drei Fragen sind in diesem Zusammenhang relevant: Erstens, bei welcher Indikation kann ausschließlich ambulant behandelt werden? Zweitens, ...*

Schritt 7: Punktgenaue Landung mit EssA

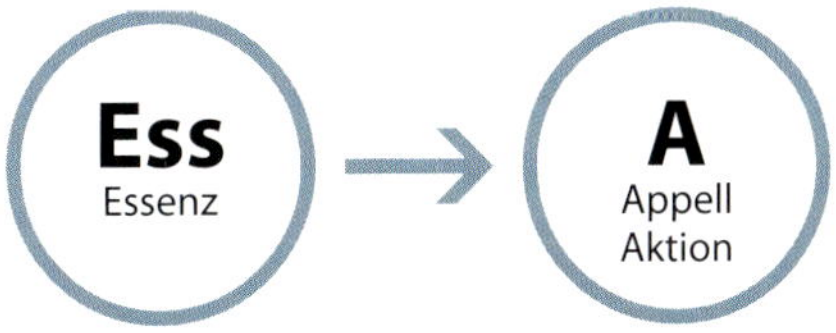

Abb.: Erst die Essenz, dann der Appell, die Aktion oder der Ausblick

Ebenso wichtig wie ein interessanter und zielgruppenorientierter Start ist ein professionelles Ende mit einem Abschluss-Statement, also dem Finale, das noch einmal die Wichtigkeit Ihrer Präsentation für die Zuhörer hervorhebt.

Auch hier sind viele Präsentatoren in der Praxis unsicher: Wie beende ich ohne peinliche Pause oder Standardfloskel und steige sicher und elegant aus der Präsentation aus?

Ein gelungenes Finale besteht aus zwei einfachen Komponenten:

Ess – Essenz des Gesagten

A – Appell oder Empfehlung an Ihre Zuhörer, Ausblick

Die Essenz ist das Wichtigste aus Ihrem Inhalt in verdichteter Form – für Geübte ist das durchaus auch in nur einem Satz möglich. Der Appell sagt, was nun aufgrund dieser Essenz zu tun ist.

Essenz: *Am Ende Ihrer Präsentation haben Sie noch einmal die Möglichkeit, durch ein professionelles Schlussstatement Ihr Anliegen an die Zielgruppe zu vermitteln.*

Appell: *Ich empfehle daher die konsequente Verwendung von EssA für den Abschluss Ihrer Präsentation.*

Essenz: *Die Energiepreise steigen weiter und immer rascher und werden sich innerhalb der nächsten zehn Jahre verdoppeln.*

Appell: *Wir empfehlen daher den schnellen Umstieg auf natürliche Energiequellen wie Solar, Wind und Wasser.*

Essenz: *Unsere Branche wird sich innerhalb von zwei Jahren völlig verändern. Neue Geschäftsmodelle werden die alten ersetzen und mit einem Bruchteil der Kosten ein Vielfaches an Erträgen ermöglichen.*

Appell: *Geben Sie das notwendige Budget für das Projekt „Biz-Fit" so rasch wie möglich frei, damit wir mit den neuen Entwicklungen Schritt halten können.*

Falls es keinen Appell gibt, kann an dieser Stelle auch eine professionelle Zusammenfassung mit einem Ausblick auf die Zukunft stehen. Denn oft geht es nach einer Präsentation thematisch weiter, entweder mit einem weiteren Vortrag zum Thema oder einer Diskussion. Die Präsentation ist dann nur ein Teil in einer Reihe von Ereignissen zwischen Ihnen und Ihren Zuhörern, zum Beispiel ein Projekt, ein gemeinsames Anliegen oder der Start einer Entwicklung. Das Finale sollte daher signalisieren, dass es nun mit den nächsten Schritten weitergeht und sich alle auf die Zukunft oder die weitere Zusammenarbeit vorbereiten oder freuen können.

Tipp
Die Agenda von ARA eignet sich auch gut als Basis für die Essenz oder die Zusammenfassung. Dann aber unbedingt schon mit den präsentierten Inhalten und Ergebnissen gefüllt und nicht nur als Wiederholung des Starts.

EssA hängt direkt vom Punkt B ab

Sie werden natürlich schon bemerkt haben, dass der Punkt B in der Formulierung Ihres EssA eine zentrale Rolle spielt. Das Finale ist die letzte Gelegenheit, den Punkt B noch einmal gezielt anzusprechen und zu verankern.

Was Sie bei EssA sagen, haben Sie im Prinzip während Ihrer gesamten Präsentation angesteuert. Das bedeutet, dass Sie die Formulierung zu EssA bereits dann festlegen können, wenn Sie Ihren Punkt B bestimmt haben: Das ist mein Punkt B, was muss ich daher am Ende sagen, damit ich mein Ziel erreiche?

Wenn Sie so vorgehen, werden Sie Ihre Zielrichtung garantiert nicht mehr aus den Augen verlieren. Liefern Sie bei Präsentationen ab circa zehn Minuten vor der Essenz eine kurze Zusammenfassung, und fassen Sie ab 20 Minuten den Inhalt anhand der Agenda noch einmal etwas ausführlicher zusammen, weil nach diesem Zeitraum bereits vieles nicht mehr bei Ihren Zuhörern präsent sein wird.

EssA beim Fachvortrag

Im wissenschaftlichen Bereich und bei Fachvorträgen können Essenz und Appell ersetzt werden: durch Conclusio und Outlook, also Schlussfolgerung und Ausblick.

Schlussfolgerung: *Daraus lässt sich also schließen, dass die ambulante Behandlung ab sofort einen Teil der stationären Behandlung ersetzen und dadurch die anvisierten Einsparungen in der Höhe von 20 Prozent per anno realisieren kann.*

Ausblick: *Nach einem Beobachtungszeitraum von 12 Monaten mit anschließender Auswertung der gewonnenen Daten ist wahrscheinlich eine weitere Reduktion um 10 Prozent möglich.*

Fertig für den Probelauf

Diese sieben Schritte führen Sie zu einer fertigen Präsentation nach einem einfachen Bauplan. Das Ergebnis ist ein Interesse weckender Start mit ARA, ein strukturierter Hauptteil mit drei bis fünf Infoblöcken und ein professionelles Finale mit EssA.

Der komplette Bauplan beruht auf der dreiteiligen Grundstruktur Start – Hauptteil – Schluss und wurde Schritt für Schritt aus dieser entwickelt, indem wir zuerst die Inhalte festgelegt und danach die Story und den Ablauf erstellt haben.

2.3 Top-down – mit Bauplänen zur Profi-Präsentation

Die oben beschriebene Vorgangsweise mit den Post-its zum Präsentationsaufbau wird auch als „Bottom-up"-Methode bezeichnet, also vom Boden (Bottom) aufwärts (up). Zuerst werden relevante Begriffe, Daten und Inhalte mittels Brainstorming gesammelt (Bottom), diese Informationen werden sortiert und danach wird mittels eines Bauplans eine Story entwickelt und die passenden Headlines dazu werden erstellt. Diese Vorgangsweise heißt daher auch Seven-up-Strategie: sieben Schritte, Bottom-up ausgeführt.

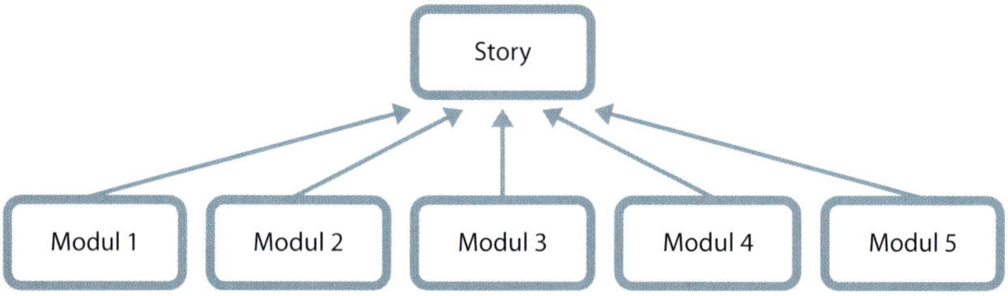

Abb.: Nachdem die Module festgelegt wurden, wird daraus die Story erstellt.

Es gibt aber auch noch eine zweite Möglichkeit, Präsentationen und Vorträge zu bauen, nämlich nicht mit den Inhalten beginnend, sondern gleich mit der Story. Diese umgekehrte Vorgangsweise verläuft „Top-down", also von oben nach unten. Zuerst wird der Ablauf, also die Story (Top) mit ihren Überschriften, erstellt. Dann werden die dazu passenden Infoblöcke und Inhalte erarbeitet (down).

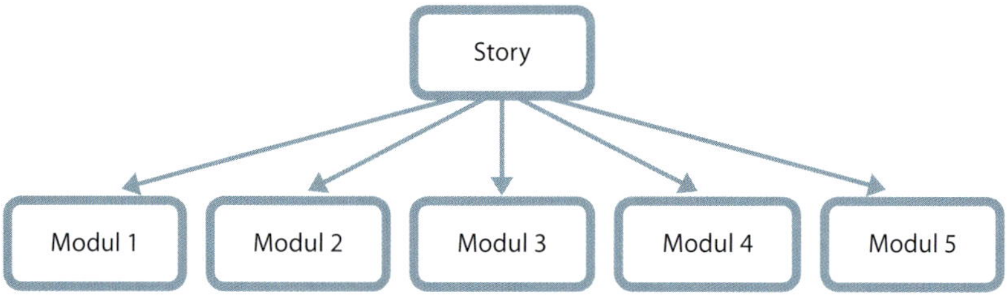

Abb.: Zuerst wird die Story (der Ablauf der Präsentation) festgelegt und danach werden die Module und deren Inhalte erarbeitet.

Beide Vorgangsweisen funktionieren und sind abhängig von Ihrem Vorwissen oder bereits vorhandenen Vorstellungen und Ideen über die zu erstellende Präsentation, Ihren persönlichen Vorlieben, also Ihrer Arbeitstechnik und Ihrer Erfahrung beim Erstellen von Präsentationen. (Anfängern empfehle ich, mit der einfacheren Methode, der Seven-up-Strategie – von unten nach oben –, zu beginnen.) Sehen wir uns nun die Top-down-Methode näher an.

Acht Baupläne für Ihre Präsentation

Wenn Sie im Kapitel „Erfolgsfaktor 1" Ihre Zielgruppenanalyse gewissenhaft durchgeführt, den Punkt B bestimmt, den „Na und?"-Faktor herausgefunden und Ihre Ziele definiert haben, können Sie gleich direkt mit dem Erstellen der Story und den Überschriften der Infoblöcke beginnen. Erst wenn alle Überschriften formuliert sind, erarbeiten Sie die dazugehörigen Inhalte.

Nachstehend finden Sie acht bewährte Baupläne für Präsentationen, die den Hauptteil Ihrer Präsentation bilden und jeweils mit ARA eingeleitet und EssA abgeschlossen werden. Jeder dieser Baupläne bringt Ihre Präsentation in eine geordnete und strukturierte Form und macht es den Zuhörern einfacher, Ihren Ausführungen inhaltlich zu folgen. Denn alles, was nicht glasklar ist, behindert Sie in Ihrer Präsentation, erschwert dem Publikum die Informationsaufnahme und somit das Erreichen von Punkt B.

Die Wahl eines passenden Bauplans kann sich in manchen Fällen auch automatisch ergeben, zum Beispiel, wenn Sie die Entwicklung eines Unternehmens über die letzten 20 Jahre – also eine Chronologie – darstellen oder einen Projektplan in seinen einzelnen Teilen beschreiben. Manchmal ist es aber auch gar nicht so einfach oder eindeutig, und dann heißt es, gut zu überlegen, welcher Bauplan am besten zu Ihrem Thema, Ihrem Publikum und Ihrem Ziel passt und Ihr Anliegen unterstützt.

Bauplan Nummer 1: Problem – Lösung

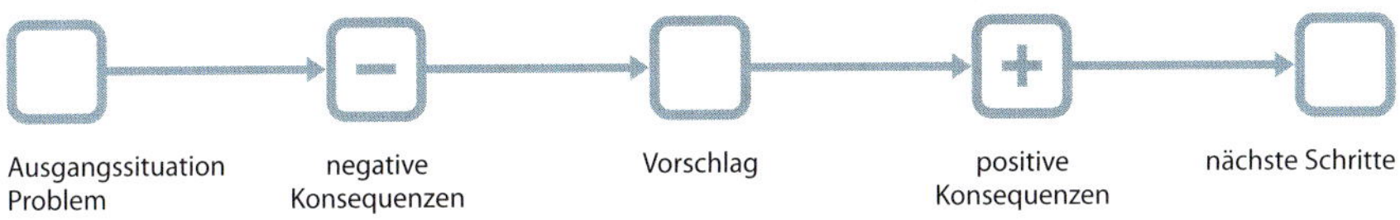

Abb.: Die fünf Module bilden den roten Faden und eignen sich hervorragend zum Überzeugen und für starke Argumentation.

Dies ist einer der wichtigsten Baupläne überhaupt, daher werden wir diesen als Spezialfall mit dem ARGU-Strukt (siehe Seite 95 ff.) ausführlich behandeln. Mit diesem Bauplan stellen Sie eine Ausgangssituation oder ein Problem mit entsprechenden Folgen und Konsequenzen dar und präsentieren dann eine wohlüberlegte Lösung oder einen Vorschlag mit Vorteil und Nutzen für die Zielgruppe oder für das Unternehmen.

Dieser Bauplan ist gerade im Business hervorragend geeignet, weil er Spannung aufbaut, durch die Darstellung des Problems mit seinen Konsequenzen den Weg für Ihre Lösung aufbereitet und sehr überzeugend wirkt.

Beispiel-Story

Wir haben bereits viel erreicht, trotzdem bleibt ein großes Problem, nämlich …

Was wir daher brauchen, ist eine Offensive im Kundenservice, damit …

Wenn wir das rasch umsetzen, profitieren wir …

Bauplan Nummer 2: Struktur

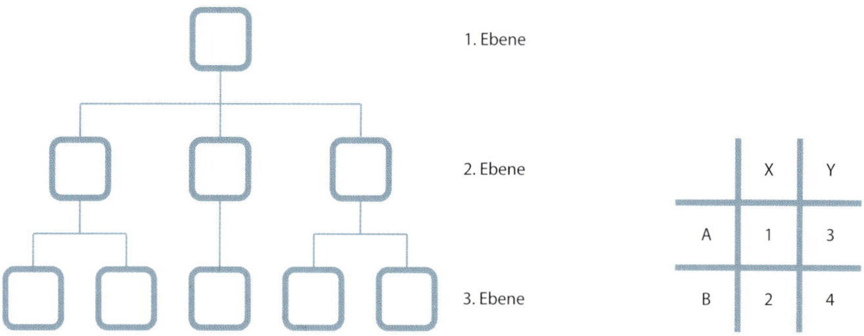

Abb.: Die einzelnen Teile einer vorhandenen und zusammengehörenden Struktur bilden die Module der Story.

Ausgangspunkt ist eine vorhandene Struktur, die in ihren Einzelteilen präsentiert wird. Dazu ordnen Sie Ihre Präsentation oder Argumente zum Beispiel nach geografischen Regionen, Bereichen, Körperteilen, Funktionen oder Bauteilen eines Gerätes. Wählen Sie einen Startpunkt und gehen Sie dann die Struktur in einer logischen Reihenfolge durch.

Beispiele

- Ein Architekt präsentiert seinen Entwurf von der Außenansicht über den Grundriss, dann die einzelnen Gebäudeteile bis in die Räumlichkeiten mit ihren Details.

- Ein Gerät wird in Bauteile und Funktionen zerlegt und dann in der Reihenfolge des Zusammenbaus – Teil für Teil – präsentiert.
- Europa: Reihenfolge der Mitgliedsstaaten nach Eintritt, Größe, Bruttoinlandsprodukt et cetera;
- Gehirn: nach Funktion oder Anordnung, zum Beispiel Vorderhirn, Mittelhirn, Rautenhirn, Wirbelsäule;
- Organigramm: Unternehmensbereiche nach Größe, Mitarbeiter et cetera: Logistik, Marketing, Forschung, Controlling;
- Matrix: Die Matrix bietet mit ihren Zeilen und Spalten bereits eine komplette Strukturierung, zum Beispiel die Entwicklung von unterschiedlichen Märkten unter der Berücksichtigung unterschiedlicher Einflussfaktoren. Die Matrix ist sehr übersichtlich und gut nachzuvollziehen, allerdings auch aufwendig zu erklären.

  Beispiele
  - Vergleiche unterschiedlicher Bereiche und deren Zahlen,
  - Entwicklungen und Benchmarks als Gegenüberstellung,
  - Methoden, Erfahrungen, Wirkungen in einzelnen Bereichen,
  - Wirkstoffe für unterschiedliche Anwendungen mit Chancen und Risiken.

Beispiel-Story

Sehen wir uns die unterschiedlichen Bereiche des Labors an: Unit A – hier haben wir die größte …, Unit B – die Grundlagenforschung wird hier …

Bauplan Nummer 3: Analogie

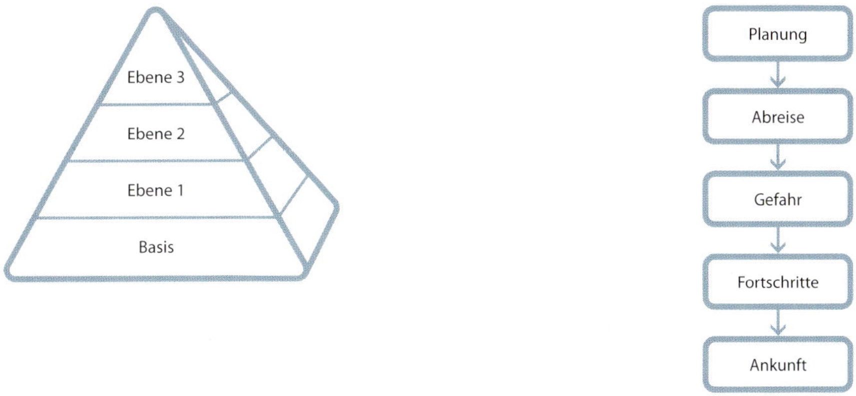

Abb.: Eine Analogie – hier eine Pyramide und eine Expedition – bildet die Struktur des Inhalts und schafft damit gut vorstellbare Zusammenhänge.

Für eine Präsentation anhand einer Analogie verwenden Sie bildlich leicht vorstellbare Strukturen aus allen möglichen Lebensbereichen wie zum Beispiel Gebäude, Pflanzen, Technik und Natur. Ziel ist die Nutzung eines dem Publikum bekannten Bildes, die Verankerung des Inhalts anhand visueller Vorstellungskraft und somit auch das Schaffen von einfach vorstellbaren Zusammenhängen.

Beispiele

- Baum: eine Organisation verglichen mit Stamm, Ästen, Zweigen und Blättern;
- Gebäude, wie ein Haus: das Fundament (Mitarbeiter), die Säulen (Produkte) und das schützende Dach (Marke) der Firma;
- Pyramide: Maslows Bedürfnisse von unten nach oben: Grundbedürfnisse, Sicherheitsbedürfnisse, soziale Bedürfnisse, Bedürfnis nach Anerkennung und nach Selbstverwirklichung et cetera;
- Schiffsreise: Abfahrt (neues Geschäftsjahr), Reise (Jahresziel), Navigation (Strategie), Kompass (Bereichsziele), Stürme (Mitbewerb) und Seegang (Preiskampf), Hafen (Ergebnis);
- Expedition: Forschungsprojekt anhand der Planung, Abreise, Gefahren, Entdeckungen, Rückkehr;
- Berg: schwieriges Projekt – Überhänge, Stürme, Lawinen, Gletscherspalten, Basislager, Gipfelsieg;
- Kochen, zum Beispiel Brot backen: unterschiedliche Zutaten, Ofen, Backform et cetera.

Beispiel-Story

> *Unsere Organisation ist wie ein Baum, ein Organismus für uns alle. Hier die Wurzeln, diese müssen gedüngt werden …, die Zweige müssen manchmal geschnitten werden …, dann die Früchte …*

Bauplan Nummer 4: Kern und Satelliten

Informationen werden rund um ein Zentrum beziehungsweise einen Kern angeordnet wie Satelliten um die Erde. Im Zentrum steht zum Beispiel eine wissenschaftliche Methode, eine Geschäftsidee oder eine bestimmte Technologie. Um das Zentrum herum befinden sich als Satelliten die Anwendungsbereiche der Methode, die Chancen der Geschäftsidee in verschiedenen Märkten oder die Auswirkungen der neuen Technologie. Es wird immer wieder von der zentralen Idee weg zu den Satelliten oder von den Satelliten auf den Kern zugearbeitet.

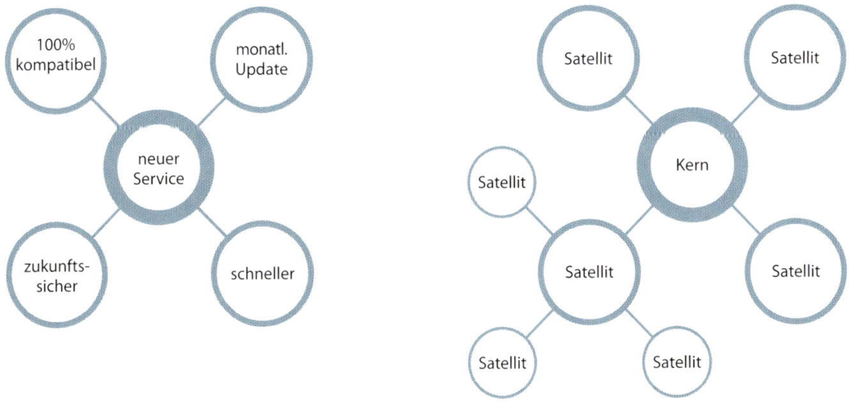

Abb.: Im Zentrum befindet sich der Kern des Themas, Informationen werden rund um das Zentrum angeordnet und hängen damit direkt zusammen.

Beispiele

- Portfolio-Management: Kerninvestition als Basis und zusätzliche Einzelinvestitionen;
- Krankheiten mit unterschiedlichen Symptomen und Behandlungsmethoden;
- eine Ursache mit mehreren Wirkungen beziehungsweise Auswirkungen;
- eine wichtige Maßnahme und mehrere Gründe für die Umsetzung ebendieser;
- Vergleiche von Lösungen/Produkten/Projekten nach jeweiligen Merkmalen;
- Alternativszenarien unterschiedlicher Methoden in verschiedenen Fachgebieten (Recht, Wirtschaft, Naturwissenschaften et cetera).
- Eigenschaften und Nutzen: *Der neue Internetservice bietet fünf Innovationen, die wir uns jetzt im Detail mit den jeweiligen Vorteilen für Ihre Kunden ansehen werden …*

Beispiel-Story

> *Hier ist unser Hauptbereich und diese vier zusätzlichen Bereiche müssen nun um den Hauptbereich aufgebaut werden: Erstens …, zweitens …, drittens …*

Bauplan Nummer 5: Ablauf/Prozess

Anhand eines konkreten Beispiels wird ein Prozess oder ein Projektablauf präsentiert. Dieser Bauplan funktioniert auch anhand von Flussdiagrammen und Projektplänen, die Schritt für Schritt präsentiert werden.

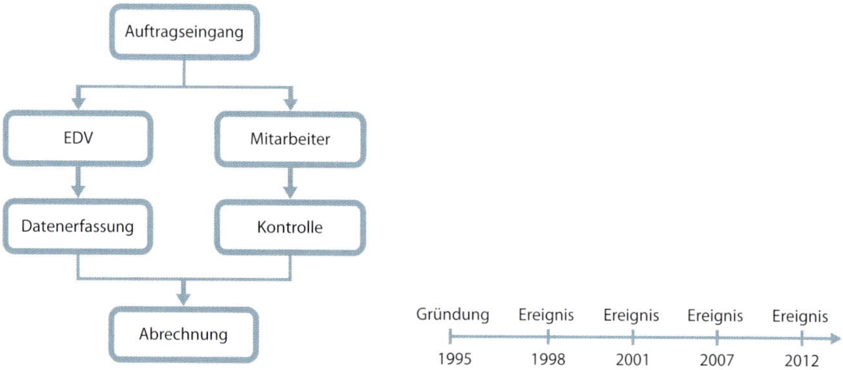

Abb.: Abläufe und Prozesse werden als zusammengehörende Struktur präsentiert. Die Abbildungen zeigen ein klassisches Flussdiagramm für einen betrieblichen Prozess und einen Zeitstrahl für einen chronologischen Aufbau.

Beispiele

- Auftragseingang: Welche Prozesse werden hier automatisch ausgelöst, in der EDV und bei den Mitarbeitern, und wie werden die einzelnen Schritte abgewickelt und kontrolliert?
- Projektmanagement: Terminlisten, Balkenplan, Netzplan;
- Zertifizierungsprozesse und Normen;
- Qualitätssicherungsmaßnahmen und Controlling als Ablauf;
- Chronologischer Ablauf: Sie nehmen Ihre Zuhörer an der Hand und führen sie an einer Zeitlinie entlang. Diese kommt entweder aus der Vergangenheit – *Vor 15 Jahren …*, oder *Im Jahr 1984 startete …* – und führt zur Gegenwart, vielleicht auch in die Zukunft, oder sie beginnt im Jetzt und führt in die Zukunft: *In zehn Jahren werden wir … sehen wir uns an, wie wir dahin kommen …*

  Dieses Konzept ist sehr beliebt, funktioniert ausgezeichnet und ermöglicht die Identifikation der Zielgruppe mit Ihrem Inhalt, wenn sie die Historie begreifen und ein Stück des Weges gemeinsam gehen kann.

  Chronologien können auch in der Zukunft beginnen und nach hinten führen, zum Beispiel: *Wir schreiben das Jahr 2050 und das erste Heilmittel gegen Krebs ist auf dem Markt. Welche Meilensteine haben diese Entwicklung möglich gemacht? – 1960 wurde das Unternehmen gegründet, 1968 wurde das erste marktführende Produkt entwickelt, 1975 erfolgte der Gang an die Börse, 1982 wurde Mitbewerber XY übernommen …*

  Die dazugehörigen Infoblöcke heißen dann zum Beispiel: Erfolgreicher Startschuss – Weg zur Marktführerschaft – Ein erfolgreicher IPO.

Strategischer Ablauf

Es gibt eine bestimmte Ausgangslage und ein definiertes Ziel. Um das Ziel zu erreichen, gibt es gewisse Ressourcen, die eingesetzt werden müssen, erwartete Widerstände, vorbereitete Taktiken, Reserven und Ausweichpläne, falls etwas schiefgeht. Der strategische Bauplan ist nicht nur spannend, er beleuchtet auch sämtliche Eventualitäten, mit denen zum Beispiel bei der Umsetzung eines neuen Projekts zu rechnen ist.

Beispiele

- Unternehmensstrategie in ihren Einzelschritten,
- militärische Planung,
- Versuchsanordnungen für (chemische, physikalische, medizinische et cetera) Experimente in detaillierter Form.

Beispiel-Story

> *Das Ziel des Projektes ist die Eroberung eines Marktanteils von 25 Prozent innerhalb von drei Jahren. Und jetzt werden wir uns genau ansehen, wie wir dieses Ziel erreichen können …*

Bauplan Nummer 6: Chancen nutzen

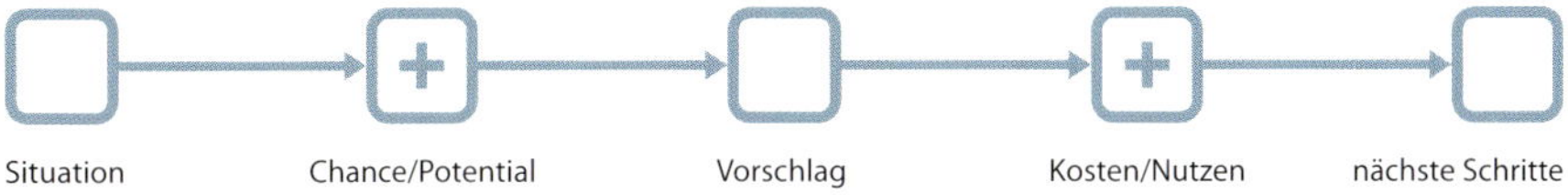

Abb.: Die fünf Module entwickeln die benötigte Logik für die Präsentation von Chancen und künftigen Entwicklungen.

Diese leicht abgewandelte Form des Bauplans „Problem – Lösung“ bietet sich an, wenn Chancen für Geschäfte, positive Entwicklungen, neue Forschungen und Entdeckungen oder Zukunftschancen aller Art genutzt werden sollen.

Beispiel

- *Es gibt eine große Chance im Bereich der industriellen Nutzung von Sonnenenergie und heute werden Sie erfahren, warum wir diese unbedingt nutzen müssen …;*
- Eintritt in neue Märkte;
- Entwicklung neuer Produkte;

- Forschung in neuen/zusätzlichen/unbekannten Bereichen;
- Erschließung neuer Ressourcen.

Für diesen Bauplan eignen sich folgende Infoblöcke sehr gut: Situation oder Chance, Potenzial, Vorschlag, Kosten/Nutzen, Nächste Schritte.

Beispiel-Story

> *Die Fakten A, B, C weisen auf eine sehr gute Gelegenheit hin. Diese könnten wir nutzen, weil wir drei Vorteile haben … Davon profitieren wir wie folgt …*

Bauplan Nummer 7: Liste

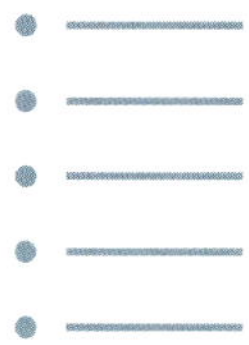

Abb.: Die Liste ist eine simple Struktur, die sich durch die wiederkehrende Leitziffer gut beim Publikum einprägt: „Fünf gute Gründe für die Verwendung einer Struktur".

Anhand der Anzahl Ihrer Infoblöcke bestimmen Sie eine Leitziffer, auf die Sie laufend zurückkommen. Indem Sie diese Ziffer immer wieder wiederholen, prägt sie sich bei der Zielgruppe ein.

Beispiele

- fünf wichtige Gründe für unsere Expansion: *Unser Kooperationspartner interessieren meistens die folgenden fünf Fragen: Erstens, wie kommt …, zweitens …* ;
- vier Kernfragen für besseres Management: *Bei unseren Studien haben sich die folgenden vier Kernfragen herauskristallisiert: Erstens …, zweitens …* ;
- sechs Sünden bei Präsentationen;
- sieben zentrale Anliegen der Rechtsanwaltskammer;
- der Klassiker: die zehn Gebote.

Beispiel-Story

> *Unsere Gesellschaft steht in den nächsten zehn Jahren vor drei gravierenden Veränderungen: Erstens …, zweitens …, drittens …*

Bauplan Nummer 8: Fünfsatz

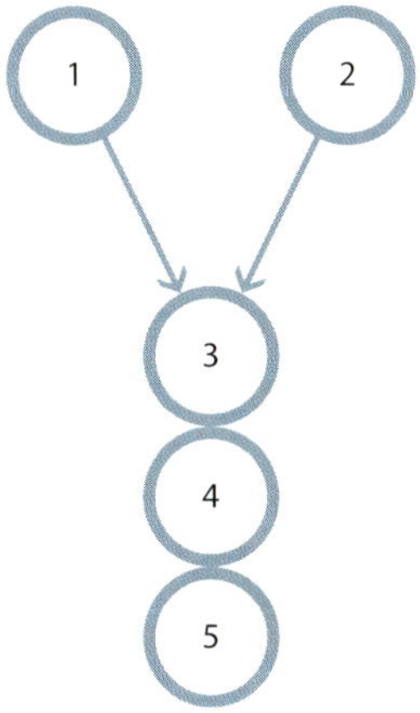

Abb.: Der Fünfsatz ist vielfach und flexibel einsetzbar und ermöglicht eine logische und rasche Strukturierung Ihrer Inhalte.

Fünfsatz-Strukturen sind hilfreich beim Gliedern von Fachwissen und Fachinformationen, weil sie eine logische Argumentationskette bilden. Sie finden hier vier geeignete Varianten für Ihren nächsten Fach- oder Informationsvortrag, basierend auf den Schritten des klassischen Fünfsatzes. Dieser wurde 1968 von Hellmut Geißner in mehreren Varianten beschrieben, es hatten aber bereits die alten Griechen mit dem Fünfsatz argumentiert, dessen Wirkung daher seit Jahrtausenden erprobt und bewährt ist. Auch Fachvorträge haben als grundlegende Struktur des Inhalts drei Teile, auf denen der Fünfsatz aufgebaut wird.

Je nach Inhalt und Ziel des Vortrags wählen Sie aus folgenden drei Grundstrukturen:

- Ausgangslage – Vorgehensweise – Ergebnis,
- Problem – traditionelle (bisherige) Lösung – neue Lösung,
- These – Antithese (Gegenthese) – Synthese (Ergebnis).

So verwenden Sie diese vier Baupläne in der Praxis:

- Wählen Sie eine passende Grundstruktur aus – je nach Inhalt und Ziel des Vortrags.
- Überlegen Sie sich Umfang und Grobinhalt der einzelnen Punkte.
- Bauen Sie den gewählten Bauplan nach der Profi-Methode auf und füllen Sie die fünf Schritte mit Inhalten.

Linearer Fünfsatz

1 Situation, Hintergrund, Ausgangslage

2 spezielles Problem, Herausforderung

3 Vorgangsweise, Strategie

4 führt zu Ergebnis, Daten, Lösung

5 die Konsequenz daraus, Interpretation

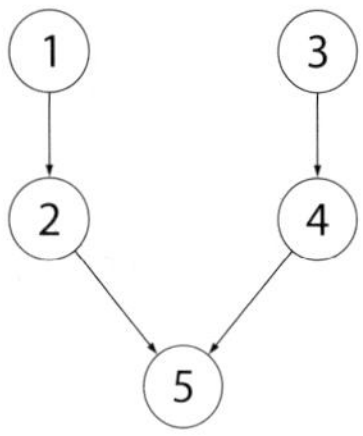

Paralleler Fünfsatz

1 Abteilung 1 stellt folgende Forderung

2 mit dieser Begründung

3 Abteilung 3 stellt diese Forderung

4 mit dieser Begründung

5 unsere Synthese, Begründung, Lösung

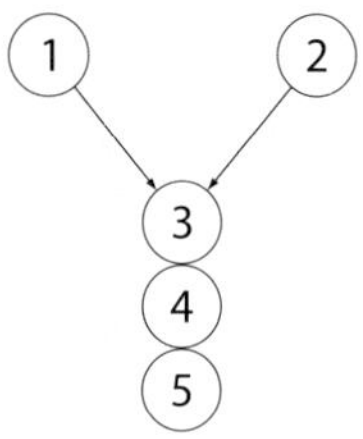

Diskrepanz-Fünfsatz

1 Meinung A besagt Folgendes …

2 Meinung B besagt Folgendes …

3 das ergibt folgende Diskrepanz …

4 wir haben herausgefunden; sind der Meinung …

5 das bedeutet; weist in folgende Richtung …

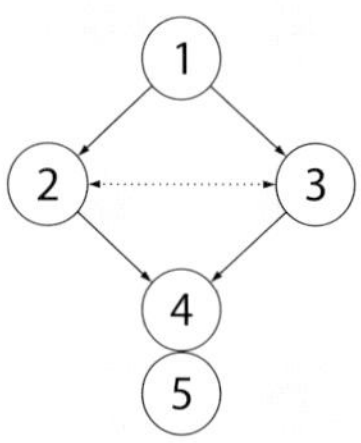

Divergierender Fünfsatz

1 Problemstellung, Ausgangssituation …

2 Meinung A oder Daten A besagen …

3 Meinung B oder Daten B besagen …

4 ergibt neue Sichtweise, Interpretation …

5 Konsequenz daraus …

Abb.: Der klassische Fünfsatz in vier Varianten zur Strukturierung von Fachwissen und Fachinformation. Er ermöglicht eine rasche Gliederung und fundierte Argumentation.

Beispiel für die Umsetzung eines Themas in acht verschiedenen Bauplänen		
Kurze Präsentation eines Mitarbeiters zum Thema: Betriebsausflug		
	**Problem – Lösung**	Die letzen beiden Jahre war der Ausflug einen Tag, das kostet viel Reisezeit und wenig „Quality-Time", sehr schade und nicht optimal. Daher heuer lieber zwei Tage nach Tirol mit einem gemeinsamen Abend und gemütlicher Rückreise, das ist entspannender, etc.
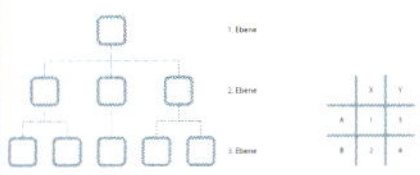	**Struktur (geografisch)**	Für unseren Betriebsausflug sehen wir uns heute die fünf Stationen der Reihe nach mit ihren Sehenswürdigkeiten an, die erste Station führt uns nach …
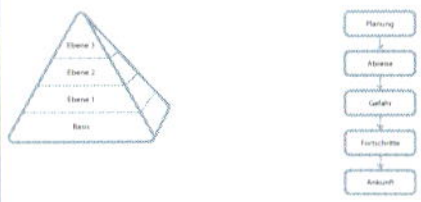	**Analogie**	Expedition: Zwei Tage Ausflug für 22 Personen bedeutet, gute Planung wie bei einer Everest-Expedition nötig: Abreise und Abholung aller Mitreisenden, Organisieren von Unterkünften, Buchung der Besichtigungen und Reservierung der Gastronomie bis zu gemeinsamer Rückreise …
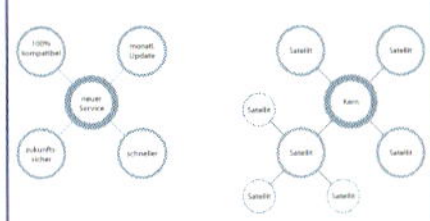	**Kern – Satelliten**	Betriebsausflug naht, daher sehen wir uns vier wichtige Bereiche an, damit alles klappt: Zeitplanung, Organisation, Kosten und Schwerpunkte. Und jetzt gehen wir alle im Einzelnen durch …
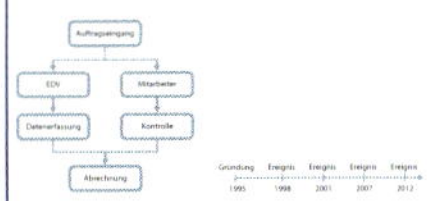	**Ablauf/Prozess**	Ziel ist, dass alle 22 Personen eine perfekt organisierte Reise erleben, und jetzt gehen wir von der Anmeldung weg Schritt für Schritt durch diesen Prozess, was alles nötig ist, um dieses Ziel zu erreichen.
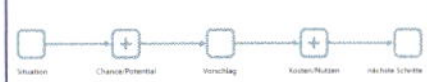	**Chancen nutzen**	Es gibt nur ein mögliches Zeitfenster für den Zweitagesausflug an unser Wunschziel. Wenn wir das verpassen, können wir nur einen Tag fahren: Daher schlage ich vor, wir planen rasch und genau und organisieren die folgenden Punkte, dann geht sich alles aus …
	**Liste**	Fünf gute Gründe für einen Zweitagesausflug nach Tirol: Erstens: Zeit für einen geselligen Abend, zweitens: Besichtigung von …, drittens: …
	**Fünfsatz**	Manche wollten einen Tag, andere zwei Tage, da gibt es unterschiedliche Ansichten. Wir haben herausgefunden, dass zwei Drittel zwei Tage fahren möchten, und weil das die Mehrheit ist, haben wir uns für Folgendes entschieden …

Übersicht: Dieses Beispiel zeigt, dass es grundsätzlich möglich ist, ein beliebiges Thema in jedem der acht Baupläne umzusetzen. Das wird in der Praxis nicht mit jedem Thema gelingen, einer der acht Baupläne wird aber mit Sicherheit immer optimal passen.

Tipps zur Wahl und Ausführung des richtigen Bauplans

Unterstützen Sie Ihren persönlichen Stil

Wählen Sie einen Bauplan, der sich für Sie gut „anfühlt“ und mit dem Sie sich identifizieren können. Wenn Sie denken, eine gewisser Bauplan kommt Ihnen und Ihrem Inhalt entgegen, wenden Sie diesen an. Das Publikum wird merken, dass Sie sich mit dem Ablauf wohl fühlen, und Ihnen daher gerne auf dem Weg von Punkt A nach Punkt B folgen.

Wenn Sie allerdings einen Bauplan gewählt haben, mit dem Sie schon während der Ausarbeitung nicht so richtig zurechtkommen, wechseln Sie lieber rechtzeitig auf einen anderen, sonst wird Ihre Story „eckig“ und Ihre Präsentation damit unsicher.

Berücksichtigen Sie die Interessen der Zuhörer

Den „Na und?“-Faktor kennen Sie bereits. Fragen Sie sich immer wieder: Warum ist diese Information für die Zuhörer wichtig, warum brauchen sie diese Information? Welche Aha-Effekte streben Sie an?

Wenn Sie sich ausreichend mit Ihrer Zielgruppe beschäftigt haben, kennen Sie deren Interessen. Ist das Interesse der Zielgruppe nicht die chronologische Entwicklung Ihres Unternehmens, sondern die Beweisführung, dass eine Investition in Ihr Unternehmen gut ist, brauchen Sie einen dementsprechenden Bauplan, also zum Beispiel „Problem – Lösung“ oder „Chancen nutzen“.

Unterschiedliche Zielgruppen erfordern unterschiedliche Baupläne

Es kann auch vorkommen, dass Sie ein und dasselbe Thema für unterschiedliche Zielgruppen nach verschiedenen Bauplänen aufbauen. Wenn Sie etwa ein neues Produkt aus der Forschungsabteilung an den Vorstand präsentieren, werden Sie anders agieren als bei der Vorstellung dieses Produkts an die Kollegen oder gar an Kunden.

Sehen wir uns als Beispiel dafür die Einleitung in ein Thema – die neue Kunststoffmischung „Ultra-Mix“ – für drei Zielgruppen an. Die drei Elemente von ARA kennen Sie bereits. Hier deutet nun die **Absicht** den jeweils gewählten Bauplan für Ihre Zuhörer an:

Beispiel Vorstand

Finanzzahlen des Produkts mit Bauplan „Kern und Satelliten"

Thema: *Heute lernen Sie die neue Mischung „Ultra-Mix" kennen.*

Agenda: *Zuerst sehen wir uns an, welche Probleme mit Mix-Produkten in der Anwendung auftreten und was das in der Praxis für Folgen haben kann. Dann lernen Sie das neue Produkt in allen Funktionen kennen und anschließend erhalten Sie die Zahlen.*

Relevanz: *Ich weiß, dass für Sie als Vorstände in erster Linie die finanziellen Aspekte interessant sind …*

Absicht: *… daher streife ich den Entwicklungsprozess nur soweit, wie zum Verständnis der Zahlen nötig ist, und komme dann rasch zu sämtlichen finanziellen Details.*

Beispiel Kollegen (Chemiker)

Entwicklungsprozess mit Bauplan „Ablauf/Prozess"

Thema: *Heute lernen Sie die neue Mischung „Ultra-Mix" kennen.*

Agenda: *Wir starten mit einem Überblick über die Probleme mit Mix-Produkten in der Anwendung und deren Folgen in der Praxis. Dann lernen Sie das neue Produkt kennen – in allen Funktionen.*

Relevanz: *Natürlich ist für Sie als Wissenschaftler vor allem der Entwicklungsprozess interessant …*

Absicht: *… daher werden Sie den finanziellen Teil nur ganz kurz als Überblick erhalten, den chemischen Aufbau und die Erzeugung aber detailliert kennenlernen.*

Beispiel Kunde (Händler)

Produktvorstellung mit Bauplan „Problem – Lösung"

Thema: *Heute geht es um die neue Mischung „Ultra-Mix".*

Agenda: *Zuerst sehen wir uns an, welche Probleme oft mit Mix-Produkten in der Anwendung auftreten und was das in der Praxis für Folgen haben kann. Dann lernen Sie das neue Produkt kennen – in allen Funktionen. Danach das Wichtigste: welche Möglichkeiten „Ultra-Mix" Ihnen konkret bringt.*

Relevanz: *Sie als Händler wollen ein Top-Produkt mit hohem Deckungsbeitrag, …*

Absicht: *... deshalb werde ich mich ganz auf die Vertriebschancen und -möglichkeiten konzentrieren und die Entwicklung nur ganz kurz anreißen.*

Informieren Sie Ihre Zuhörer über Ihre Struktur

Der Aufbau und die Logik Ihrer Präsentation ist nicht nur eine Arbeitstechnik für Sie, sondern auch Orientierung für Ihre Zuhörer. Indem Sie diese beim Start mit ARA bekanntgeben, signalisieren Sie gute Vorbereitung und Souveränität.

Beispiel

> *Sie lernen heute den allerneuesten, supersparsamen Wasserstoffmotor kennen. Wir werden diesen Schritt für Schritt auseinandernehmen und Sie werden zu jeder Baugruppe die wichtigsten Neuerungen und Funktionen erfahren. Für Sie ist das deshalb so wichtig, weil Sie damit Ihren Konkurrenten sofort um eine Generation voraus sind und Ihren Absatz entsprechend steigern können.*

Ausnahme: Wenn Sie aus dramaturgischen Gründen Überraschungseffekte einbauen möchten, geben Sie die entsprechenden Punkte natürlich nicht vorweg bekannt.

Denken und planen Sie logisch

Manche Themen geben den Bauplan bereits vor, das heißt, Sie müssen sich gar nicht erst entscheiden. So funktioniert zum Beispiel eine Marketing-Portfolio-Analyse selbstverständlich am besten mit der „Matrix“ und eine geografische Analyse von China mit dem Bauplan „Geografisch–Physikalisch“. In solchen Fällen nehmen Sie natürlich gleich die naheliegendste und logische Lösung.

Halten Sie sich an Vorgaben oder die „eingefahrene“ Agenda

In meiner Beratungstätigkeit für verschiedenste Unternehmen stelle ich immer wieder fest, dass es vorgegebene interne Strukturen gibt. So müssen zum Beispiel sämtliche Abteilungsleiter bei einem führenden Automobilhersteller in den Management-Meetings nach der gleichen Struktur präsentieren. Das ermöglicht leichtere Verständlichkeit für das Topmanagement und der Vergleich zwischen den Kennzahlen der Abteilungen wird vereinfacht.

Wenn Sie als Redner zu einer Konferenz eingeladen sind, ein Seminar halten oder in einem Meeting präsentieren, wo gewisse Strukturen immer und von allen angewendet werden, weil sie funktionieren und jeder sich damit auskennt, sollten auch Sie sich an diese Strukturen halten. Außer Sie möchten als Freigeist oder Rebell auffallen – und möglicherweise untergehen.

Ein guter Bauplan braucht einen Zeitplan

Als Anhaltspunkt empfehle ich Ihnen, den Hauptteil der Präsentation keinesfalls für länger als 80 Prozent der geplanten Sprechzeit zu planen, den Rest investieren Sie in Start und Finale. Im Übrigen können Sie damit rechnen, dass es ohnehin immer 10 bis 20 Prozent länger dauert, als Sie in Ihrer Vorbereitung geplant haben. Das sollten Sie in Ihrer Zeitplanung ebenfalls berücksichtigen. Einige Anhaltspunkte für eine realistische Planung Ihrer Vortragszeit:

- Die normale Sprechgeschwindigkeit liegt zwischen 130 und 160 Wörtern pro Minute.
- Ein Stichwort reicht für zwei bis drei Sätze, vier Stichwörter bedeuten circa eine Minute Sprechzeit.
- Ein gut verständlicher Satz hat acht bis 16 Wörter, das bedeutet circa 10 Sätze pro Minute.

Hinweise zum Timing der Visualisierung erhalten Sie im Kapitel „Erfolgsfaktor 3".

Flexible Infoblöcke zur Anpassung an das Publikum

Wenn höchste Flexibilität notwendig ist, weil die Präsentation interaktiv oder im kleinen Kreis geführt wird, kann es notwendig sein, die Infoblöcke in abweichender Reihenfolge oder nur als einzelne Module, losgelöst von den anderen, zu präsentieren. Das funktioniert natürlich nur dann, wenn Sie eine übersichtlich vorbereitete Struktur haben.

Beispiele

- Verkaufspräsentationen vor mehreren Entscheidern am runden Tisch, wenn Sie nicht sicher sind, was die einzelnen Personen jeweils interessiert, und das erst am Präsentationsstart erfahren. In diesem Fall würde die Agenda aus ARA so lauten: *Herr Kunde, Sie haben gesagt, dass Sie vorrangig am Nutzen des Projekts für Ihr Unternehmen interessiert sind. Ich beginne daher gleich mit diesem Abschnitt und danach sehen wir uns an, was passiert, wenn Sie darauf verzichten, und wie der Vorschlag im Detail aussieht.*

- Diskussion unterschiedlicher Budgets mit mehreren strategischen Alternativen (die dann in sich jeweils als kurze Darstellung „Problem – Lösung“ aufgebaut sind): *In Ordnung, zuerst also die Budgets von Meier und Kerner und erst danach das von Huber.*
- Mehrere Themen werden am Präsentationsstart aus Zeitmangel nach Priorität gereiht werden (zum Beispiel per Publikumsabfrage), präsentiert werden daraus dann nur die zwei Wichtigsten.

Entscheidend ist nicht, welche, sondern dass Sie eine Struktur verwenden!

Was Sie hier finden, ist eine komplett ausgestattete Werkzeugkiste für Präsentationen und Vorträge in Ihrer beruflichen Praxis. Wählen Sie einige für Sie passende Strukturen und Baupläne aus und Sie werden damit im Alltag gut auskommen.

Manchmal ist auch die Kombination mehrerer Baupläne für eine Präsentation sinnvoll und notwendig. Wählen Sie einen Hauptplan und für die einzelnen Punkte der Agenda einen jeweils passenden Bauplan in kürzerer Form.

Beispiel

Sie präsentieren ein Change-Management-Projekt und wählen als Hauptstruktur den Bauplan „Problem – Lösung“. Für Ihre einzelnen Themen wählen Sie jeweils den Bauplan „Ablauf/Prozess“, und am Ende bringen Sie den Bauplan „Chancen nutzen“, um zur Umsetzung zu motivieren.

Kombinieren Sie, experimentieren Sie und vor allem: Trauen Sie sich! Sie werden sehen, es ist gar nicht so schwierig. Und das Schöne daran ist: Erfolge stellen sich rasch ein und sind äußerst lohnend.

2.4 Fünf Profitipps für Ihren Bauplan

Profitipp 1: Sprechende Überschriften – „Talking Headlines“

Überschriften von Slides bestehen oft nur aus einem einzigen Wort oder einem simplen allgemeinen Titel (Thementitel), der kaum interessant und ohne Informationsgehalt ist, zum Beispiel: Ziel, Zeitplan, Strategie, Planung, Indikationen.

Die Titelzeile ist aber ein äußerst kostbarer Platz – sie ist das Erste, was gelesen wird. Daher ist sie viel zu schade für einen simplen Thementitel. Treffen Sie hier gleich Ihre erste Aussage mit einer Talking Headline („sprechende Überschrift") die, wie der Name sagt, „sprechend" formuliert ist. Eine Talking Headline kann zum Beispiel eine Behauptung, eine Ankündigung oder eine inhaltliche Aussage sein, die durch entsprechende Inhalte am Slide bewiesen, bestätigt, ergänzt oder auch widerlegt wird. Die Talking Headline bildet somit die wichtigste Botschaft des gesamten Slides in konzentrierter Form.

Beispiele für die Umwandlung von Überschriften in Talking Headlines

Thementitel	„Sprechende Überschrift"
Mitbewerb	Der Mitbewerb dominiert weiter
Umweltbelastung	Die Umweltbelastung muss um 35 % reduziert werden
Finanzübersicht	Abwärtstrend im dritten Quartal gestoppt
Forschungsergebnis	Zwei überraschende Ergebnisse der Studie
Heilungsprozess	Heilungsprozess bei den Probanden um 30 % beschleunigt
Der Markt	Unser Markt ist heiß umkämpft
Planung 2010	Planung 2010 mit dem Fokus auf zwei Probleme

Übersicht: Vom simplen Thementitel zur „sprechenden Überschrift" mit einer klaren Aussage über den Inhalt

Talking Headlines sind aus folgenden Gründen hilfreich:

Vier Vorteile für den Präsentator

- Sie ergeben hintereinander gelesen die komplette Storyline und damit eine Übersicht über die Logik.
- Sie sind die Vorgabe für die Gestaltung und Aussage des Slides: Beweis einer Aussage in der Überschrift durch Zahlen, Bilder, Information!
- Sie helfen während der Präsentation als Erinnerung an die „Kernaussage".
- Sie erleichtern dem Präsentator den sprachlichen „Einstieg" in das Slide (Headline einfach wiederholen und dann mit dem Inhalt beantworten oder in eine Frage umformulieren und dann die Antwort ausführen).

Vier Vorteile für das Publikum

- Sie sind dramaturgisch wichtig, erzeugen Interesse und Spannung.
- Sie ermöglichen Orientierung im Handout nach der Präsentation.
- Sie enthalten eine klare, überprüfbare Aussage.
- Sie sind die gut merkbare Botschaft jedes Slides als „Take-away".

Genug gute Gründe also, um Ihre Überschriften als Talking Headlines zu formulieren – der minimale Aufwand lohnt sich ganz bestimmt!

Profitipp 2: Präsentationstitel mit Zugkraft suchen

Der Titel Ihrer Präsentation soll beim Publikum das Thema ankündigen und Interesse und Neugierde wecken.

Ein guter Titel trägt einen bemerkenswerten Teil dazu bei, wie interessiert und engagiert das Publikum am Beginn Ihrer Präsentation ist. Ist der Titel langweilig und pauschal, wird das Publikum wenig Interesse zeigen. Klingt der Titel spannend, lohnend, interessant, ist auch die Aufmerksamkeit groß.

Bei Topmanagement-Präsentationen vor dem Vorstand kann der Titel auch das komplette Thema als „Summary", also Kurzversion, enthalten. Ich empfehle daher für Ihre Präsentationstitel je nach Publikum, Thema und Ziel die Verwendung einer der drei Varianten Schlagzeile, Frage oder Summary.

Schlagzeile

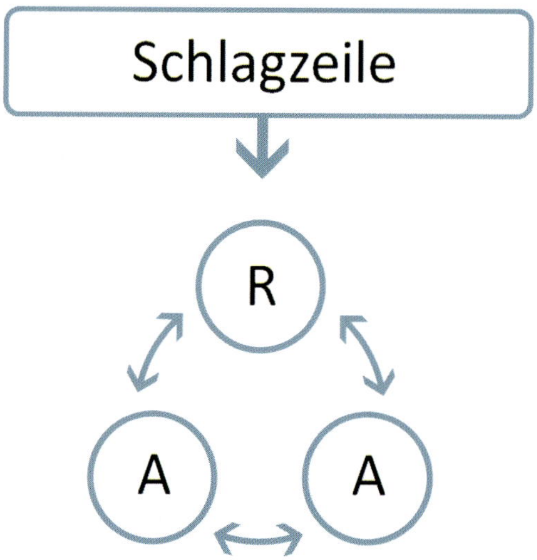

Abb.: Mit der Schlagzeile wecken Sie Interesse, danach formulieren Sie Ihr ARA und starten damit die Präsentation.

Hervorragende Beispiele für Schlagzeilen finden Sie in Zeitungen oder den Headlines der Kurznachrichten im abendlichen Fernsehen.

Beispiele

UNO bangt um friedliche Lösung in der Krisenzone
Klarofix endlich wieder in der Gewinnzone
Neue Methode zur Gewebeentnahme bei Säugetieren
Präsentation durch ARGU-Strukt gerettet
Versorgungsnetz um 45 Kilometer ausgebaut

Fragen

Präsentationstitel in Form von Fragen dürfen ruhig kritisch und provokant sein, sollten aber keine Katastrophenszenarien malen und die Zuhörer damit gleich zu Beginn frustrieren. Es geht vorrangig um das Wecken von Interesse, um das Abholen der Publikums am Punkt A und durchaus auch um (gemäßigte) Provokation.

Beispiele

Haben Waffel-Eistüten noch Zukunft?
Ist unsere Papierfabrik ein Umweltsünder?
Welches Potenzial bieten die BRIC-Staaten für uns?
Ist die Erdbebengefahr schon gebannt?
Reicht unser Versorgungsnetz noch aus?

Summary: Tipps zur Formulierung finden Sie im Kapitel 2.7.

Profitipp 3: Schlagzeile mit Auflösung

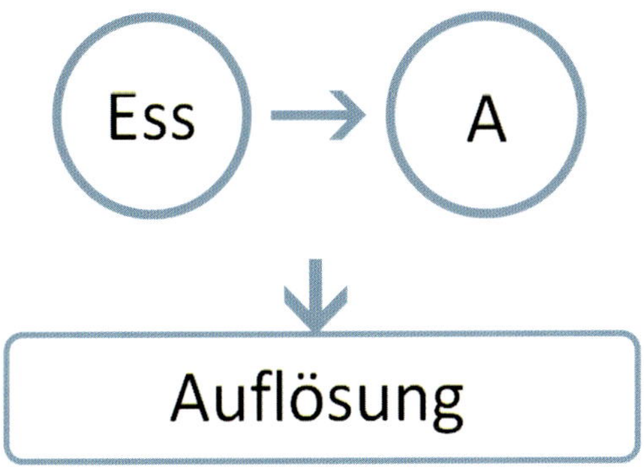

Abb.: Mit oder im Anschluss an Ihr EssA beantworten Sie eingangs gestellte Frage oder beziehen sich auf die Schlagzeile.

Starten Sie Ihre Präsentation mit einer Schlagzeile oder Frage, eröffnet das die wunderbare Möglichkeit, diese im Finale der Präsentation – bei EssA – aufzulösen oder zu beantworten und den Spannungsbogen damit zu schließen.

Weil die Formulierung in der Praxis immer wieder Probleme mit sich bringt, finden Sie hier einige Beispiele für die Umwandlung des Themas in eine aussagekräftige Schlagzeile oder Frage mit abschließender Auflösung.

Schlagzeile	Auflösung
Qualitätskontrolle nicht mehr up to date	Qualitätskontrolle ist veraltet, muss ersetzt werden!
Millionengrab IT	Unsere IT ist unbezahlbar!
Präsentationsfrust	Präsentationslust!
Das Ende des Gesundheitssystems	Neues Gesundheitssystem startklar!
Unternehmen mit Existenzangst	Unternehmen mit Zukunftsperspektive!
Schlagzeile als Frage	**Auflösung**
Qualitätskontrolle noch up to date?	Qualitätskontrolle ist veraltet, muss ersetzt werden!
Unsere IT – ein Millionengrab?	Unsere IT ist unbezahlbar!
Präsentationsfrust?	Präsentationslust!
Gesundheitssystem am Ende?	Neues Gesundheitssystem startklar!
Unternehmen mit Existenzangst?	Unternehmen mit Zukunftsperspektive

Übersicht: Praktische Beispiele für Schlagzeile und Auflösung für noch mehr Dramaturgie in Ihrem Vortrag

Profitipp 4: Die ausführliche Agenda im längeren Vortrag

In längeren und ausführlicheren Fachreferaten und Präsentationen (ab 20 Minuten) dient eine ausführliche Agenda nicht nur beim Start, sondern auch noch während des Vortrags zur Orientierung der Zuhörer in den einzelnen Detailpunkten. Diese ausführliche Agenda kann zum Beispiel eine Flipchartseite oder Pinnwand sein, die eine Auflistung aller Inhalte und Themen enthält, oder auch ein PowerPoint-Slide, das nach den einzelnen Modulen immer wieder zurückkehrt, bei einer kurzen Zusammenfassung unterstützt und den jeweils nächsten Punkt ankündigt und einleitet. Die Agenda ist daher während des ganzen Vortrags hilfreich:

Beim Start: Sie macht neugierig auf den Inhalt und ermöglicht einen professionellen Einstieg.

Im Hauptteil: für kurze Zusammenfassungen zur Orientierung und zur Verankerung Ihrer Botschaften.

Im Finale: für die Zusammenfassung und Abrundung der Präsentation.

Tipps zur visuellen Umsetzung einer ausführlichen Agenda finden Sie im Kapitel „Erfolgsfaktor 3 – Visualisierung“.

In der flexiblen Präsentation im kleinen Kreis können Sie es auch Ihren Zuhörern überlassen, mit welchem Punkt Sie starten, wie Sie fortsetzen oder auch, ob Punkte gestrichen werden könnten. Das Publikum ist meist sehr dankbar, wenn es die Möglichkeit zur Mitgestaltung erhält. Somit bietet die ausführliche Agenda eine begleitende und flexible Struktur, die ganz auf die Wünsche Ihres Publikums abgestimmt werden kann und immer präsent ist.

Die ausführliche Agenda kann natürlich auch nach den Modulen eines Bauplans, zum Beispiel „Problem – Lösung“, aufgebaut sein und den Zuhörern damit einen ersten Überblick über die Struktur (und Wichtigkeit!) des Themas geben. Verwenden Sie aber maximal 5 bis 10 Prozent Ihrer Vortragszeit dafür, der Rest ist für den Hauptteil reserviert.

Profitipp 5: Bumper-Slides als visuelle Puffer

In Büchern sind Kapitel häufig durch fast leere Seiten getrennt, auf denen nur der Name oder die Nummer des nächsten Kapitels steht. Diese Seiten haben durch die deutliche Abgrenzung von den anderen Seiten die Funktion eines „Puffers“ und helfen dem Leser dabei, Übersicht zu bewahren und sich besser zu orientieren. Diese Methode können Sie auch bei Ihrer (längeren) Präsentation einsetzen, um die einzelnen Teile klar voneinander abzugrenzen.

Vorteil für den Präsentator: Sobald das Bumper-Slide kommt, wissen Sie sofort: Teil eins zu Ende, jetzt eine kurze Zwischenzusammenfassung, dann kündige ich Teil zwei an.

Vorteil für das Publikum: inhaltliches Abschließen von Teil eins und mental auf Teil zwei vorbereiten. Das erleichtert den Überblick und gibt zusätzliche Struktur.

Als Bumper-Slide geeignet: das Agenda-Slide mit dem jeweils aktuellen Kapitel visuell verstärkt (Farbe, Pfeil) oder ein komplett schwarzes Slide, das Zusammenfassung und Ankündigung in freier Rede ermöglicht.

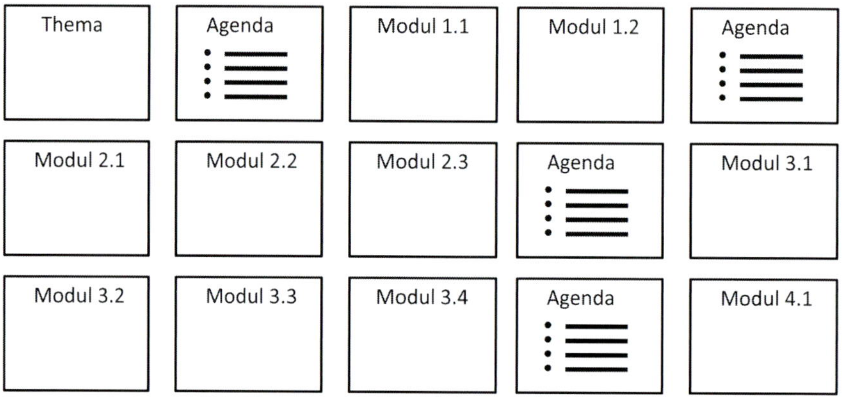

Abb.: Bumper-Slides trennen die einzelnen Teile der Präsentation, ermöglichen Orientierung, kurze Zusammenfassungen und erleichtern den Überblick über komplexere Themen.

2.5 Informieren oder überzeugen – wo liegt der Unterschied?

Möchten Sie Ihre Zielgruppe mit Ihrer Präsentation und Ihrem Bauplan informieren oder möchten Sie Ihre Zielgruppe von etwas überzeugen? In vielen Fällen werden Sie sagen: „Natürlich beides!", denn oft folgt zuerst eine Information und aufgrund dieser Information soll die Zielgruppe zu etwas bewegt, also zu Punkt B gebracht werden.

Natürlich lässt sich niemand von etwas überzeugen, wenn er nicht die dazu notwendigen Informationen erhalten hat. Außerdem wissen wir aus der Psychologie, dass jede Form der Kommunikation – also auch Information – bereits eine Beeinflussung des anderen mit sich bringt.

Trotzdem höre ich an dieser Stelle sehr oft von Seminarteilnehmern und Klienten: „Nein, nein, ich muss niemanden überzeugen. Ich möchte die anderen nur über dieses Thema informieren." Auf hartnäckiges Nachfragen hin – „Na und? Was sollen denn die Zuhörer mit dieser Information anfangen?" – ergibt sich aber dann doch in der Mehrheit der Fälle, dass es darum geht, die Zuhörer zu etwas zu bringen, zu bewegen oder von etwas Bestimmtem zu überzeugen. Geben Sie sich also nicht vorschnell mit „reine Information ohne Absicht" zufrieden, sehr oft dient die Information einem bestimmten Zweck – und auch in Fachvorträgen gibt es einen Punkt B!

Die Informationspräsentation

Klassische Informationspräsentationen sind zum Beispiel Fachvorträge oder Referate von Spezialisten zu bestimmten Themen. Meist sind diese objektiv und informativ gehalten, sehr sachlich in der Argumentation und oft mit wissenschaftlichem Hintergrund. Trotzdem braucht auch eine Informationspräsentation eine Story, denn sie soll interessant sein und den Zuhörern Nutzen bieten.

Mit einer Präsentation überzeugen

Eine der spannendsten Fragen in der zwischenmenschlichen Kommunikation lautet: „Wie kann man andere Menschen überzeugen?" In unserem Fall, auf Präsentationen angewandt: „Wie kann man mit einer Präsentation die Zuhörer überzeugen?"

Dabei geht es nicht nur darum, Information zu vermitteln, also rationale Argumente und Fakten zu liefern, sondern hier wollen wir auch begeistern, überzeugen und motivieren – unsere Zielgruppe also vor allem emotional gewinnen. Bei Businesspräsentationen und Fachvorträgen bleiben wir natürlich trotzdem seriös und mit fundiertem Hintergrund. Überzeugungskraft braucht jeder, der seine Ideen, Projekte, Budgets und Produkte intern und extern an andere „verkaufen" oder vermitteln möchte.

Der klassische Bauplan für Überzeugungspräsentationen ist „Problem – Lösung". Aufgrund seiner universellen Einsetzbarkeit werden wir uns nun ausführlicher damit beschäftigen.

Informieren und überzeugen ist mit (fast) jedem Bauplan möglich

Der wesentliche Unterschied liegt in der Ausführung und Formulierung von ARA und EssA, weil hier Ziele, Anliegen, Aufforderungen und nächste Schritte konkret angesprochen werden. Der Hauptteil könnte theoretisch sogar exakt gleich ausgeführt sein – natürlich wird er beim Überzeugen zusätzlich und verstärkt Nutzenargumente beinhalten und immer wieder auf Punkt B verweisen. Gerade die Baupläne „Problem –Lösung" und „Chancen nutzen" eignen sich hervorragend zur Überzeugung von (kritischen) Zuhörern, weil die einzelnen Infoblöcke bereits in „logisch überzeugender" Reihenfolge angeordnet sind und aufeinander aufbauen.

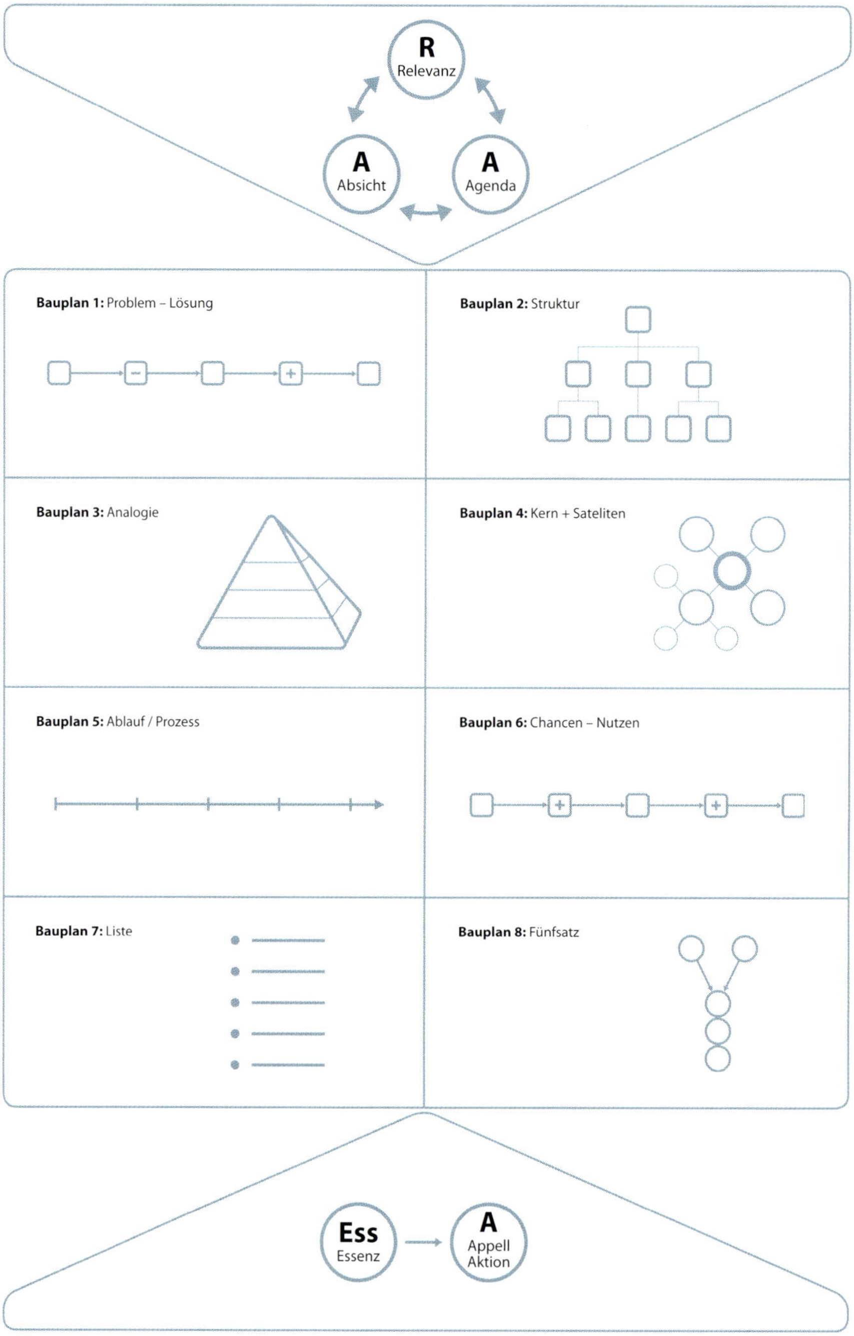
R
Relevanz
A
Absicht
A
Agenda
Bauplan 1: Problem – Lösung
Bauplan 2: Struktur
Bauplan 3: Analogie
Bauplan 4: Kern + Sateliten
Bauplan 5: Ablauf / Prozess
Bauplan 6: Chancen – Nutzen
Bauplan 7: Liste
Bauplan 8: Fünfsatz
Ess
Essenz
A
Appell
Aktion

© HPS

Bauplan	Informieren	Überzeugen
Problem – Lösung		✓
Struktur	✓	✓
Analogie	✓	
Kern – Satelliten	✓	✓
Ablauf/Prozess	✓	
Chancen nutzen		✓
Liste	✓	
Fünfsatz	✓	✓

Übersicht: Der vorrangige Einsatzzweck der acht Baupläne für Informations- und Überzeugungspräsentationen

2.6 Wirkungsvoll überzeugen mit dem Bauplan „Problem – Lösung" und ARGU-Strukt

Angenommen, Sie brauchen eine Genehmigung für Ihr Budget, möchten ein Projekt freigeben, eine Investition tätigen oder einer Idee zum Durchbruch verhelfen. Anders formuliert: Sie befinden sich an einem Ausgangspunkt, möchten gerne etwas verändern und Ihr Publikum deshalb zum Punkt B bringen. Für diese Veränderung brauchen Sie aber die Zustimmung Ihrer Zuhörer und mit Ihrer Präsentation möchten Sie genau diese Zustimmung gewinnen. Dann greifen Sie zum Bauplan „Problem – Lösung".

Der Zielgruppe muss bewusst werden, dass Handlungsbedarf besteht

Reicht es aus, in einer Präsentation einfach einen guten Vorschlag oder eine Lösung für ein gewisses Problem zu präsentieren? Es kann reichen, meistens ist es aber zu wenig, noch dazu, weil die Zielperson oder Zielgruppe sich des Problems oft gar nicht bewusst ist.

Sie müssen sich zuerst auf die Ebene der Zielgruppe begeben, um ihr zu vermitteln, dass es ein Problem oder eine Ausgangssituation mit Handlungsbedarf gibt. Diese Argumentation macht es wesentlich einfacher, das Ziel zu erreichen, als direkt mit dem Vorschlag und somit mit der Tür ins Haus zu fallen.

Leider passiert in Präsentationen aber oft genau das: Die Zuhörer werden ohne Vorwarnung überfallen: „Ich habe einen Vorschlag, wir müssen jetzt Folgendes machen ... ". Weil aber die Gesprächspartner zu diesem Zeitpunkt meist überhaupt noch nicht wissen, worum es geht, reagieren sie zuerst einmal mit Vorsicht, Zurückhaltung oder gar Ablehnung – sehr zum Frust des Ideenlieferanten. So wird man natürlich kaum sein Ziel erreichen, denn man überfährt die Gesprächspartner, die noch nicht sensibilisiert genug sind, um schon eine Lösung zu akzeptieren.

Zuerst das Problem und erst dann die Lösung

Viele Produkte, die auf den Markt kommen, lösen Probleme oder befriedigen Bedürfnisse, die es vorher noch gar nicht gab: Sie erschaffen also erst ein Problem, um es danach lösen zu können. In dieser Disziplin erweist sich die Werbung als besonders kreativ: Als um die Jahrtausendwende der Markt für Hautkosmetik nur noch schwache Zuwachsraten verzeichnete, entdeckten die Werbestrategen die Männer als neue Zielgruppe. Kaum ein Mann dachte zuvor daran, dass er Hautkosmetik nötig hätte, solange, bis die Männer von der Werbung vom Gegenteil überzeugt wurden. Die von Natur aus starke und widerstandsfähige Männerhaut wurde offiziell zur pflegebedürftigen Schwachstelle des Mannes erklärt und dadurch zu einem Problem. Verlust der Attraktivität und damit der weiblichen Aufmerksamkeit wären die unvermeidliche Folge mangelnder Pflege und voilà: Der Markt begann mit jährlichen Zugewinnen im zweistelligen Prozentbereich zu wachsen – und wächst noch immer! In diesem Fall wurde ein Problem entdeckt, bewusst gemacht, dramatisiert und eine optimale Lösung dafür präsentiert – mit großem Erfolg.

Auf Präsentationen angewendet bedeutet das, dass man dem Publikum zuerst etwas bewusst machen muss, was es vielleicht in dieser Tragweite oder Ausprägung vorher gar nicht wahrgenommen hat. Und je dringlicher und wichtiger ein Problem erscheint, desto empfänglicher ist die Zielgruppe für Vorschläge und Lösungen.

Kritische Ausgangssituationen und Probleme haben Konsequenzen

Jedes Problem bringt Konsequenzen mit sich und funktioniert nach dem Prinzip Ursache – Wirkung. Es ist in der Praxis daher nicht ausreichend, ein Problem zu beschreiben und unmittelbar dazu eine Lösung anzubieten. Denn es kann durchaus sein, dass Ihr Publikum die Ausgangslage zwar versteht, nicht aber deren – unangenehme – Konsequenzen. Nehmen Sie sich daher ausreichend Zeit, die Folgen des Problems zu analysieren und diese dann detailgenau auszuführen:

Beispiel

> *Wenn wir die erhöhten Kosten in der Produktion nicht rasch in den Griff bekommen, wird das auf unser Ergebnis durchschlagen (Problem). Und wenn sich das Ergebnis verschlechtert, sind nicht nur die Jobs in der Produktion in Gefahr, sondern auch unsere Stellen im Vertrieb, denn die Produktivität pro Verkäufer wird sinken und die Teams werden sich in der jetzigen Zusammensetzung nicht mehr rechnen (Konsequenzen des Problems). Das Problem betrifft daher uns alle und nicht nur eine Abteilung, wie manche vielleicht dachten!*

Handlungsbedarf gibt es aber nicht nur bei bereits präsenten Problemen, auch in folgenden Situationen sind Vorschläge und Lösungen gefragt:

- Situation, die verändert werden muss (es besteht noch kein unmittelbares Problem)
  Wenn wir diese Situation nicht ändern, verlieren wir ...
- Interessen, die es zu wahren gilt (damit kein Problem entstehen kann)
  Diese Position aufzugeben bedeutet, dass unser Mitbewerb ...
- Ideen, die es wert sind, sie zu verfolgen (um vor künftigen Problemen zu schützen)
  Diese Idee ermöglicht uns ... und bewahrt uns vor ...

Nicht der Vorschlag entscheidet, sondern dessen Nutzen!

Um Ihre Zielgruppe von Ihrem Vorschlag oder Ihrer Lösung zu überzeugen, müssen Sie dieser möglichst viel Nutzen anbieten können:

> *Wenn Sie meinen Vorschlag annehmen, gewinnen Sie ...*
>
> *Wenn Sie dieser Lösung zustimmen, hilft uns das bei ...*

Beachten Sie dabei wieder den Unterschied zwischen Eigenschaften und Nutzen, wie im Kapitel „Erfolgsfaktor 1" beschrieben. Nicht Ihr Vorschlag selbst ist für die Zielgruppe entscheidend, sondern der Nutzen des Vorschlags – und dessen Aufbereitung.

Für den professionellen Aufbau einer Überzeugungspräsentation lernen Sie daher nun einen „Problem – Lösung"-Bauplan kennen, der Ihnen hilft, Ihre Zielgruppe zu überzeugen und Ihre Ziele zu erreichen.

Mit dem ARGU-Strukt überzeugend präsentieren

Das ARGU-Strukt ist *der* klassische Bauplan nach dem Prinzip „Problem – Lösung“. Es enthält alles, was Sie für eine zielgruppenorientierte und überzeugende Präsentation brauchen. Es ist aber noch viel mehr als nur ein Bauplan – es ist *das* Geheimnis erfolgreicher und überzeugender Präsentationen und Vorträge.

Die sieben Module des ARGU-Strukt sind:

- **ARA** – für den professionellen Start
- **Aktuelle Situation** – wie sehen die Fakten oder das Problem aus?
- **Negative Folgen** – die Konsequenzen, wenn nicht gehandelt wird
- **Vorschlag** – Ihr Vorschlag, Ihre Idee, Ihr Konzept im Detail
- **Positive Ergebnisse** – was die Verwirklichung des Vorschlags bringt
- **Nächste Schritte** – was jetzt geschehen muss
- **EssA** – für das überzeugende Finale

1. Die Schlagzeile
Sie kündigt das Thema an und weckt Interesse.

2. Die Situation – wie sehen die Fakten oder das Problem aus?
Beschreiben Sie die Ausgangssituation oder das Problem mit einem einzigen Satz: Was charakterisiert diese Situation, was ist typisch oder kritisch?

Diese eine Zeile wird meist eine Behauptung oder Beschreibung sein, die Sie später mit Fakten und Details zur Situation untermauern werden. Vermeiden Sie in dieser Phase jeden Hinweis auf Ihre Lösung oder auf Ihren kommenden Vorschlag, denn das würde die Dramaturgie und die Storyline zerstören.

Ausnahme: Präsentationen vor dem Topmanagement, in denen Sie mittels Executive Summary eine Kurzversion liefern und sofort auf den Punkt kommen.

3. Negative Folgen – die Konsequenzen, wenn nicht gehandelt wird
Stellen Sie negative Folgen oder Konsequenzen dar, um das Problem zu verstärken. Denn selbst wenn Ihre Zuhörer die Situation bereits verstanden haben und wissen, dass es ein Problem gibt, kann es sein, dass sie die gesamte Tragweite Ihrer Aussagen noch nicht erfasst haben und fragen „Na und?“.

Indem Sie die Konsequenzen aufzeigen, erhöhen Sie die Bereitschaft der Zuhörer, sich mit der Lösung des Problems auseinanderzusetzen oder Sie zumindest einmal anzuhören. Sie müssen Ihre Zielpersonen einerseits dazu

ARGU-Strukt für überzeugende Argumentation

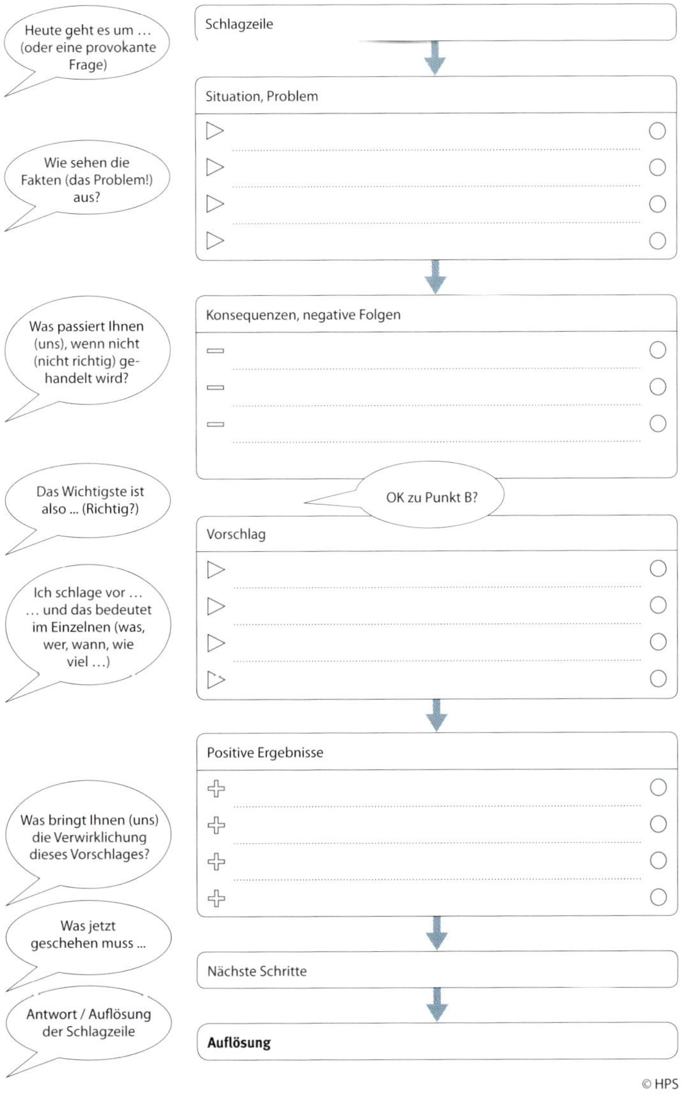

Abb.: Das ARGU-Strukt für überzeugende Präsentationen und Vorträge. Die Texte in den Sprechblasen sind Beispielformulierungen für die Einleitung der einzelnen Module. Es reicht, wenn Sie die Kästchen mit Stichworten befüllen, die Details dazu arbeiten Sie ohnehin später aus. Die Minus-Zeichen bei den negativen Folgen werden durch die Plus-Zeichen bei den positiven Ergebnissen wieder ausgeglichen – überlegen Sie sich mehr positive als negative Punkte, das verstärkt Ihre Argumentation. Die leeren Kreise rechts in den Kästchen dienen zur Priorisierung Ihrer Inhalte, falls Sie die Reihenfolge ändern möchten.

bringen, das Problem als wichtig, dringend, ernsthaft oder bedrohlich einzuschätzen, und sie außerdem davon überzeugen, dass gerade Sie die Person sind, die das Problem in seinem ganzen Umfang verstanden hat und dazu in der Lage ist, die Situation zu bewältigen und eine richtige Lösung zu präsentieren.

Tipp
Halten Sie beim Dramatisieren des Problems auf jeden Fall Augenmaß, denn es hat keinen Sinn, ein Weltuntergangsszenario zu zeichnen, nur weil die Umsätze um 0,5 Prozent einbrechen, der Gewinn aber immer noch bei 40 Prozent liegt. Meinen Seminarteilnehmern gebe ich an dieser Stelle gerne mit: „Bleiben Sie realistisch, übertreiben Sie nicht und sagen Sie immer die Wahrheit."

4. Vorschlag – Ihr Vorschlag, Ihre Idee, Ihr Konzept im Detail
In diesem Teil führen Sie Ihren Vorschlag oder Ihr Konzept im Detail aus. Die Überschrift dazu ist der Titel Ihres Vorschlags. Am besten in einer einfachen und aussagekräftigen Kurzversion, sodass es für Sie und alle anderen einfach ist, sich jederzeit wieder darauf zu beziehen, zum Beispiel:

Die Ceratech-Nanobeschichtung

Das Superpixel-Grafikprogramm

Der „Human Value"-Mitarbeiter-Entwicklungsprozess

Der spesenfreie Buchungs-Assistent

Dieser Teil ist meist auch der längste und ausführlichste Teil der gesamten Präsentation und beinhaltet den Großteil aller Daten und Fakten.

5. Positive Ergebnisse – was die Verwirklichung des Vorschlags bringt
Viele Präsentatoren verlassen sich darauf, dass ihre Zuhörer nach der Präsentation des Vorschlags in kollektiven Jubel ausbrechen. Leider ist das nur selten der Fall. Viel interessanter ist: Was bringt diese Lösung, welchen Nutzen hat sie?

Führen Sie die positiven Ergebnisse an, die wichtigsten Vorteile und vor allem den Nutzen für Ihre Zuhörer. Welche Interessen Ihrer Zuhörer werden durch Ihren Vorschlag befriedigt? Welche Bedürfnisse werden angesprochen? Welche Gefahren gebannt, welche Bedrohungen egalisiert und welche Chancen genutzt? Ihr Vorschlag verhindert natürlich jene negativen Folgen, die Sie im Schritt zwei angesprochen und dramatisiert haben.

6. Nächste Schritte – was jetzt geschehen muss
Überzeugungspräsentationen werden gehalten, um etwas Bestimmtes zu erreichen: die Genehmigung eines Projekts, die Zusage zu einem Budget oder

die Unterstützung für einen Vorschlag. Genau da kommt jetzt das Ziel ins Spiel, Ihr Punkt B, den Sie sich für diese Präsentation gesetzt haben.

Was soll die Zielgruppe jetzt tun? Wie geht es weiter? Seien Sie hier so konkret und präzise wie möglich:

- das Budget für Ihr Projekt genehmigen,
- Ihnen einen Auftrag geben,
- einen Termin für ein Probetraining reservieren,
- etwas kaufen, testen, tun, freigeben et cetera,
- JA! sagen.

7. **Auflösung**
Beantworten Sie die eingangs gestellte Frage und schließen Sie den Spannungsbogen damit ab.

Ein wichtiger Verstärker: „O.K. zu Punkt B?"

Sie können die Wirkung Ihrer Präsentation verstärken und mögliche Uneinigkeit über oder Widerstand gegen das Präsentationsziel herausfinden, indem Sie eine Frage an Ihre Zuhörer richten, mit der Sie sich Zustimmung zu folgenden zwei Punkten holen:

- dazu, dass etwas geschehen muss,
- dazu, dass Sie als Präsentator in die richtige Richtung denken.

Formulierungsbeispiele:

Es ist für uns aus diesen Gründen unerlässlich, die rapide steigende Anzahl von Vertragskündigungen so rasch als möglich wieder zu senken. Sind Sie auch dieser Ansicht?

Sind wir uns einig, dass das Wichtigste für Ihre Führungskräfte ist, wertvolle Ideen kurz, prägnant und überzeugend zu präsentieren?

Sehe ich das richtig, dass es für Sie besonders wichtig ist, die Flexibilität in Ihrer Logistik zu erhöhen?

Zuallererst müssen wir also das Problem im Vertrieb lösen. Richtig?

Es ist höchste Zeit, diese Unstimmigkeiten zu klären, ist das auch in Ihrem Sinn?

Wenn Sie die Frage an dieser Stelle gut formuliert – also mit hoher Wahrscheinlichkeit für ein Ja – gestellt haben, wird die Antwort des Publikums entweder still, durch Nicken oder auch durch verbale Äußerungen wie „Ja!"

oder „Natürlich, bitte machen Sie weiter" oder am besten „Ja, Sie haben Recht, was schlagen Sie vor?" erfolgen. Dann wissen Sie, Sie sind auf dem richtigen Weg – zu Ihrem Punkt B!

Abb.: Sind Sie auf dem richtigen Weg zu Punkt B? Mit der Frage „O.K. zu Punkt B?" holen Sie sich das Einverständnis dazu, dass etwas geschehen muss und dass Sie in die richtige Richtung denken (und vorschlagen).

Diesen Verstärker bauen Sie im ARGU-Strukt *nach* der Ausführung der negativen Konsequenzen und *vor* Ihrem Vorschlag ein. Sie prüfen damit einerseits die Richtigkeit der negativen Folgen und deren Akzeptanz durch die Zuhörer und holen sich außerdem das Einverständnis der Zielgruppe, weiter in die Richtung Ihres Präsentationsziels zu gehen und einen Lösungsvorschlag zu präsentieren.

Beim „O.K. zu Punkt B?" handelt es sich um eine – verbale – Brücke, die die beiden Teile „negative Folgen" und „Ihr Vorschlag" miteinander verbindet. Selbstverständlich wäre es reizvoll, nach der Beschreibung der negativen Folgen dem neugierigen Publikum sofort den alles auflösenden Vorschlag zu präsentieren und die Lorbeeren dafür zu ernten. Beherrschen Sie sich aber noch für einen Moment, halten Sie Ihren Vorschlag zurück und überprüfen Sie zuerst, ob Sie überhaupt auf dem richtigen Weg sind. Holen Sie sich aktiv die Zustimmung des Publikums zu Ihrer angepeilten Zielrichtung.

Sind Sie noch auf dem richtigen Weg?

Die Zustimmung zu dieser Frage bedeutet aber nicht, dass Sie bereits gewonnen haben. Denn selbst wenn Ihr Publikum Ihrer Frage zustimmt, ist es möglich, dass Sie später, sobald Sie Ihren Vorschlag präsentiert haben, auf Kritik, Widerstand, Zweifel oder gar Angst treffen. Für diesen Fall haben Sie durch das „O.K. zu Punkt B?" zumindest bereits ein positives Zwischenergebnis vorzuweisen. Falls Ihre Zuhörer wider Erwarten nach Ihrem Vorschlag sagen: „Nein, das sehen wir nicht so! Dieser Vorschlag ist für uns nicht akzeptabel!", können Sie entgegnen:

Ich verstehe. Dass wir dringend etwas tun müssen, um die Vertragskündigungen einzudämmen, darüber sind wir uns aber nach wie vor einig, richtig?

Und auf diese Frage werden Sie nun wiederum Bestätigung erhalten. Wenn nicht, müssen Sie an dieser Stelle stoppen und genau hinterfragen, weshalb sich die Meinung des Publikums plötzlich geändert hat. Diese Information brauchen Sie unbedingt, da ansonsten Ihre vorbereitete Lösung chancenlos sein wird. Bei Ablehnung ist daher Hinterfragen und rasche Kurskorrektur erforderlich.

Die Formulierung bringt den Erfolg

Für Sie bedeutet Ablehnung daher, dass zwar das Problem und die Konsequenzen bewusst sind, der Vorschlag aber offenbar nicht ausgereift oder überzeugend genug ist. Das ist eine wichtige Information für den weiteren Verlauf Ihrer Präsentation. Das „O.K. zu Punkt B?" ist sehr hilfreich, stellen Sie die Frage daher selbstsicher, klar und präzise wie in den obigen Beispielen. Denn wenn Sie sagen: „Nun, ich weiß auch nicht so recht, was meinen Sie, vielleicht könnten wir uns doch langsam überlegen, ob wir hier eventuell etwas dagegen machen sollten", werden Sie kaum in der Lage sein, Ihre Zuhörer nachhaltig zu überzeugen.

Ich erlebe immer wieder, dass Präsentatoren der Sinn dieser Vorgangsweise zwar klar ist, die Frage dann aber – obwohl sogar vorbereitet – trotzdem nicht gestellt wird. Grund dafür ist Angst, Unsicherheit, mangelnde Überzeugung oder die Fehlannahme, dass ohnehin alles prima läuft und die Frage daher gar nicht mehr nötig ist. Gehen Sie lieber kein Risiko ein, sichern Sie sich ab und holen Sie sich rechtzeitig Ihr „O.K. zu Punkt B"!

Praxisbeispiel für das ARGU-Strukt

Ihre Abteilung Customer-Care bei einem Technologieanbieter arbeitet durch Überlastung der Mitarbeiter unproduktiv und hat drei Monate Rückstand in der Bearbeitung von Beschwerden. Das Unternehmen verzeichnet dadurch einen Anstieg der Vertragskündigungen um 25 Prozent.

Sie haben einen Vorschlag zur Verbesserung der Situation: Die Beschäftigung eines zusätzlichen Assistenten würde helfen, den Rückstand zu reduzieren und die künftige Bearbeitungszeit von Beschwerden drastisch zu senken. Die Umsetzung dieses Vorschlags kostet natürlich Geld, das von Ihren Vorgesetzten genehmigt werden muss. Sie müssen also Ihre Vorgesetzten davon überzeugen, das Budget freizugeben, um das Problem zu lösen.

ARGU-Strukt für überzeugende Argumentation

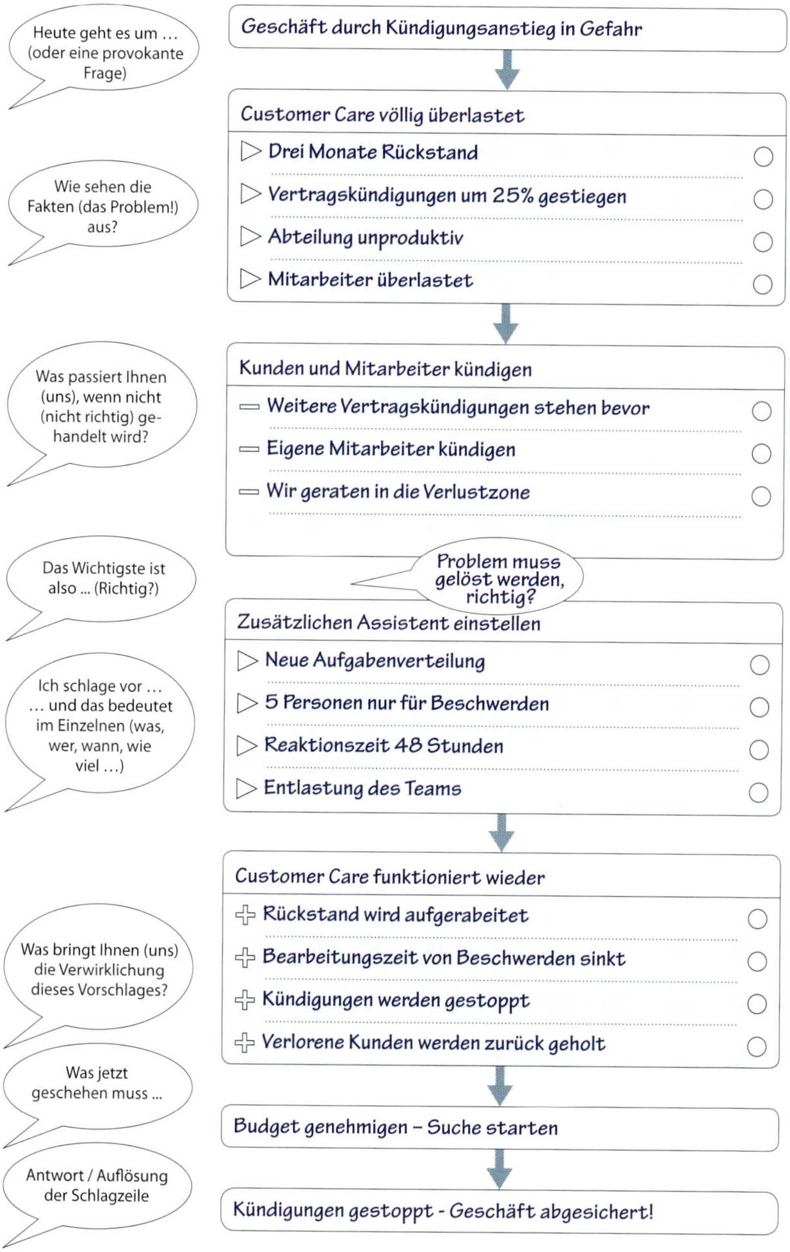

Abb.: Ein beispielhaft ausgefülltes ARGU-Strukt mit überzeugender Argumentation in Richtung Punkt B

Geschäft durch Kündigungsanstieg in Gefahr

Customer Care völlig überlastet

Kunden und Mitarbeiter kündigen

Zusätzlichen Assistenten einstellen

Customer Care funktioniert wieder

Budget genehmigen – Suche starten

Kündigungen gestoppt – Geschäft abgesichert!

Abb.1–7: Die Storyline ergibt nach der Übertragung der einzelnen Headlines auf PowerPoint-Slides das Gerüst Ihrer Visualisierung.

Geschäft durch Kündigungsanstieg in Gefahr

Customer Care völlig überlastet

- Drei Monate Rückstand
- Vertragskündigungen um 25% gestiegen
- Abteilung unproduktiv
- Mitarbeiter überlastet

Kunden und Mitarbeiter kündigen

- Weitere Vertragskündigungen stehen bevor
- Eigene Mitarbeiter kündigen
- Wir geraten in die Verlustzone

Zusätzlichen Assistenten einstellen

- Neue Aufgabenverteilung
- 5 Personen nur für Beschwerden
- Reaktionszeit 48 Stunden
- Entlastung des Teams

Customer Care funktioniert wieder

- Rückstand wird aufgearbeitet
- Bearbeitungszeit von Beschwerden sinkt
- Kündigungen werden gestoppt
- Verlorene Kunden werden zurück geholt

Budget genehmigen – Suche starten

- Samstag Inserat schalten
- Zeitung und Internet
- Kosten Euro 2500.-
- Arbeitsbeginn 1. Juli

Kündigungen gestoppt – Geschäft abgesichert!

Abb. 8–14: Die Slides nach der Übertragung der Inhalte aus dem ARGU-Strukt als einfache Bullet-Points

Die „Storyline" – das Grundgerüst Ihrer Präsentation

Der Hauptteil Ihres ARGU-Strukts besteht aus fünf Modulen und folglich auch aus fünf Überschriften, wenn möglich als Talking Headlines formuliert – plus der Frage „O.K. zu Punkt B?".

Die fünf Überschriften formulieren Sie, bevor Sie mit dem Erarbeiten des Inhalts beginnen. Lesen Sie diese nun inklusive der Frage nacheinander durch. Bauen sie aufeinander auf, ergeben sie einen Sinn – erzählen sie eine Story? Wenn ja, haben Sie Ihre funktionierende „Storyline" ohne jeglichen Ballast.

Sind es aber nur sechs unzusammenhängende, alleinstehende Aussagen, müssen Sie diese – und damit die Storyline – noch weiter verfeinern. Falls Sie beim Formulieren der Überschriften beim Vorschlag und den positiven Ergebnissen beginnen möchten und erst dann die restlichen Felder ergänzen – kein Problem. In manchen Fällen kann es sogar hilfreich sein, gleich mit der Formulierung der nächsten Schritte (oder des ganzen EssA) zu beginnen, wenn Sie genau wissen, was Sie wollen, und daher von Anfang an alles auf Ihren Punkt B ausrichten möchten.

Eine funktionierende Storyline sieht zum Beispiel so aus:

Beispiel 1

Problem: *Die Produktivität unserer Abteilung sinkt immer weiter.*

Konsequenzen: *Die Zahl der Beschwerden nimmt zu und die Vertragskündigungen steigen um 35 Prozent.*

Frage: *Sind Sie daran interessiert, dieses Problem zu lösen und die Kündigungen zu stoppen?*

Vorschlag: *Ein zusätzlicher Assistent schafft nötige Freiräume.*

Vorteile: *Wartezeiten werden verkürzt, Beschwerden schneller erledigt, die Kündigungsrate wird eingedämmt.*

Nächste Schritte: *Budget für zusätzlichen Assistenten genehmigen und Suche starten.*

Beispiel 2

Problem: *Die Qualität unserer Präparate wird immer öfter in Frage gestellt.*

Konsequenzen: *Multiplikatoren und Kunden laufen zum Mitbewerb über.*

Frage: *Stimmen Sie mit mir überein, dass akuter Handlungsbedarf besteht?*

Vorschlag: *Qualitätskontrolle durch neue Kontrollsoftware verstärken.*

Vorteile: *Qualität ist gesichert, Kunden kehren zurück, Umsatz steigt.*

Nächste Schritte: *Budget für Software genehmigen Implementierung vorziehen.*

Beispiel 3

Problem: *Ihr Unternehmen ist unter Kosten- und Leistungsdruck geraten.*

Konsequenzen: *Lieferzeiten verkürzen sich und Umweltauflagen steigen. Dieser multiple Druck gefährdet Ihren Standort. Eine gefährliche Situation.*

Frage: *Das Wichtigste ist daher, dass Sie die Attraktivität dieses Standortes erhöhen, richtig?*

Vorschlag: *Genau deshalb schlage ich eine Investition in „Ökopower" vor.*

Vorteile: *Diese Investition erhöht Ihre Flexibilität und Wirtschaftlichkeit und hilft Ihnen so, Ihren Standort zu sichern.*

Nächste Schritte: *Um sicherzustellen, dass dieses Projekt auch funktioniert, empfehle ich als ersten Schritt den Start einer Vorstudie.*

Abb.: Logik-Check: Lesen Sie Ihre Überschriften der Reihe nach durch und prüfen Sie dabei die Storyline: Hängt die Geschichte zusammen, ist sie logisch, stimmen Reihenfolge und Aussagen?

So erarbeiten Sie Ihr ARGU-Strukt

Natürlich besteht eine Präsentation nicht nur aus Überschriften und Infoblöcken. Die einzelnen Module müssen jetzt mit Fakten und Inhalten gefüllt werden, je nach Umfang und Dauer der Präsentation. Daher finden Sie in den Kästchen auch jeweils Raum für Ihre Überschrift und dann Markierungspunkte für die weiterführenden Informationen. Beschränken Sie sich hier ausschließlich auf Informationen, die zur jeweiligen Titelzeile passen, diese entweder ergänzen, genauer definieren, erklären oder das beweisen, was die Titelzeile aussagt.

Falls Sie hier mit Zahlen oder Fakten arbeiten, brauchen Sie später natürlich auch Belege für diese Zahlen und Fakten, denn Ihr Publikum wird spätestens in der Diskussionsrunde danach fragen.

Tipps zum Ausfüllen

Die Reihenfolge der Einzelpunkte ist (noch) nicht wichtig. Diese kann durch Ziffern in den Kreisen am rechten Rand nachträglich festgelegt werden. Sie können so einfach Ihre Reihenfolge von 1 bis 4 vergeben.

Die vorgegebenen Kästen beschränken Ihren Arbeitsraum absichtlich. Was Sie hier mit normal lesbarer Handschrift nicht mehr unterbringen, wird auch den Rahmen einer kurzen Präsentation sprengen. Falls Sie an einer langen Präsentation arbeiten, bedürfen die einzelnen Punkte ohnehin einer detaillierten Ausarbeitung.

Beachten Sie die Anzahl der Markierungspunkte. Besonders bei Situation und Vorschlag ist diese Limitierung wichtig und hilfreich, da es gerade hier oftmals zu grausamen Infoattacken auf die Zuhörerschaft kommt.

Tipp
Die negativen Folgen zeigen drei, die positiven Ergebnisse aber vier Markierungen. Das wird Sie beim Ausarbeiten daran erinnern, dass Sie nicht nur die negativen Folgen eliminieren, sondern sogar noch einen Zusatznutzen für Ihr Publikum geschaffen haben. Dies verstärkt Ihre Überzeugungskraft noch einmal zusätzlich.

Tipp
Wenn Sie Gefallen an der flexiblen Arbeitsweise mit den Post-its aus der Seven-up-Strategie gefunden haben, füllen Sie statt der Zeilen im ARGU-Strukt wieder Post-its aus und kleben diese vor sich auf – diesmal natürlich gleich in der Reihenfolge des ARGU-Strukts.

2.7 Spezialfälle und besondere Anlässe

Executive Summary

Erfolgreiche Consultants wissen, dass das Beratungshonorar proportional mit der Dicke des Abschlussberichts steigt. Sie wissen aber auch, dass kein Mensch diese Berichte liest. Was wird daher gemacht? Die fünfhundert Seiten lange Fallstudie, randvoll mit Statistiken, Befragungsergebnissen, Prognosen und Analysen, wird auf zwanzig Seiten reduziert – also eine Zusammenfassung erstellt. Doch Hand aufs Herz: Wer liest schon eine zwanzigseitige Zusammenfassung? Und selbst falls sie jemand lesen sollte – wer versteht eine zwanzigseitige Zusammenfassung?

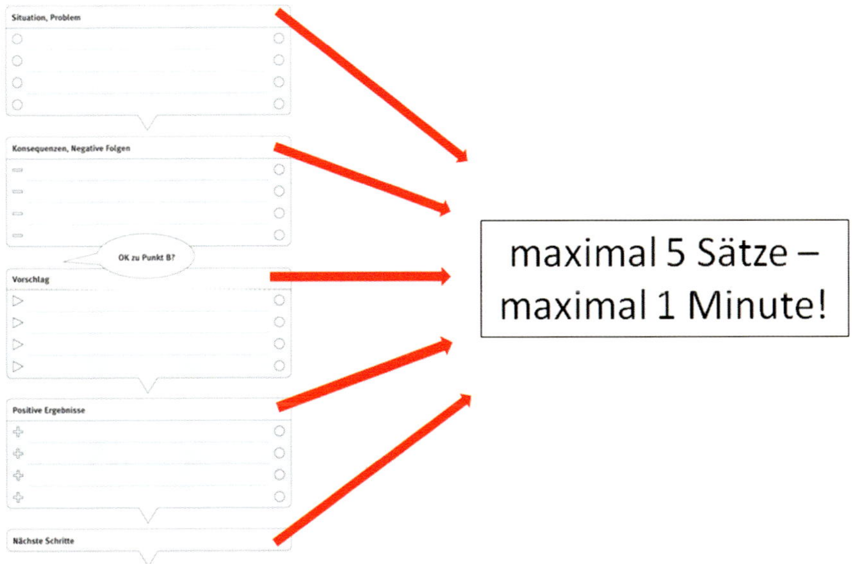

Abb.: Die Headline oder Hauptaussage jedes Moduls in nur einem Satz bildet das Summary und beschreibt das komplette Szenario. Alle wichtigen Aussagen kommen damit sofort auf den Tisch – die detaillierte Präsentation erfolgt im Anschluss daran.

Aus diesem Grund wird noch einmal reduziert, diesmal auf eine halbe bis maximal eine Seite und das sogenannten „Executive Summary“ erstellt. Was so viel bedeutet wie „Essenz für den obersten Boss“. Und diese Seite lesen natürlich alle, nicht nur die oberen Bosse. Hier stimmt jeder Satz, jedes Wort und jedes Satzzeichen und der Aufwand, der für diese Executive Summarys betrieben wird, ist enorm, aber eine lohnende Investition.

Präsentieren Sie vor dem Vorstand oder CEO, wird erwartet, dass Sie Ihr Konzept sofort auf den Tisch legen und sagen, „was Sache ist“, um Zeit zu sparen. Das bedeutet auch, dass in diesem Fall der Präsentationstitel bereits ein „Summary“ Ihrer kompletten Präsentation – inklusive Lösung – ist.

Drei praktische Beispiele

Präsentationstitel: *Logistik durch Autosoft-Steuerungssystem binnen drei Monaten fehlerfrei*

Formulierung dazu: *Heute geht es um das „Autosoft-Steuerungssystem“ und wir werden zeigen, wie wir damit unsere sehr anfällige Logistik binnen drei Monaten wieder fehlerfrei bekommen.*

Präsentationstitel: *„Geo-Analyse neu“ kostet 2 und bringt 15 Millionen*

Formulierung dazu: *Wir präsentieren das Projekt „Geo-Analyse neu“, das bei einer Investition von 2 Millionen Euro Ertragspotenziale von 15 Millionen innerhalb von drei Jahren ermöglicht.*

Unser Beispiel aus dem ARGU-Strukt würde als Executive Summary so lauten:

Präsentationstitel: *Weniger Vertragskündigungen durch zusätzlichen Assistenten*

Formulierung dazu: *Es geht darum, dass unsere Abteilung mit einem zusätzlichen Assistenten die Produktivität um mindestens 20 Prozent erhöhen und die Zahl der Beschwerden und Vertragskündigungen, die bereits um 35 Prozent gestiegen ist, rasch wieder in den Griff bekommen kann.*

In der Präsentation kommt das Executive Summary – die Verdichtung des kompletten Inhalts – vor der tatsächlichen Präsentation. Auch hier können wie bei einer Beraterstudie hunderte Seiten Datenmaterial und Unmengen an Information in Ihrem Kopf bereitstehen und über ein Thema Ihres Arbeitsbereichs könnten Sie sicher auch stundenlang sprechen. Präsentiert wird allerdings nur eine auf maximal fünf Sätze und maximal eine Minute Sprechzeit verdichtete Kurzversion der kompletten Story, die Sie für diesen Zweck separat vorbereiten.

Diese Kurzversion basiert auf der Storyline Ihres ARGU-Strukts – oder eines anderen dafür gewählten Bauplans („Problem – Lösung“ und „Chancen nutzen“ sind für die Kurzpräsentation vor dem Vorstand meist am besten geeignet).

Das Abstract für wissenschaftliche Fachvorträge – IMRAD

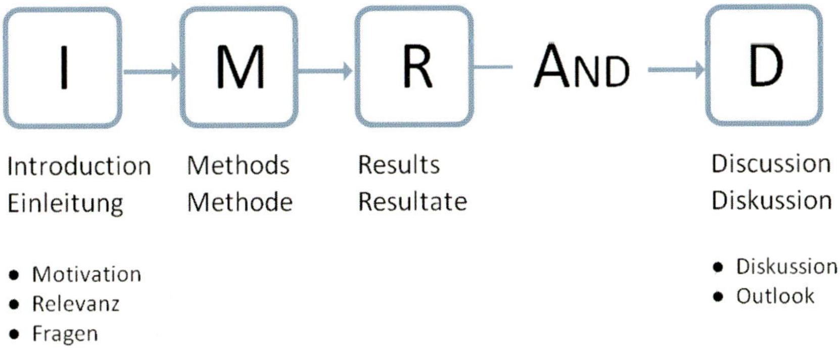

Abb.: Die vier Module des IMRAD-Bauplans sind die Bestandteile des Abstracts für wissenschaftliche Vorträge. Sie ermöglichen einen raschen Überblick über das Thema.

Eine dem Executive Summary vergleichbare Funktion hat das Abstract in wissenschaftlichen Fachvorträgen. Als Kurzform einer komplexeren Präsentation beziehungsweise als Überblick an deren Beginn gilt der IMRAD-Bauplan als internationaler Standard. IMRAD steht für *Introduction, Methods, Results And Discussion,* die vier Teile wissenschaftlicher Veröffentlichungen. Er erfüllt das Bedürfnis nach Orientierung und schnellem Überblick über den Inhalt und ermöglicht den etwaigen direkten Zugriff auf den jeweils interessantesten Teil für das Publikum.

- **Introduction – Einleitung:** Weshalb wurde die Studie durchgeführt, was war das Ziel? In die *Introduction* gehören die drei Teile des wissenschaftlichen ARA: Motivation, Relevanz und Fragen.
- **Methods and Materials – Methode**: Wie wurde die Studie durchgeführt, welche Methoden wurden angewendet?
- **Results – Resultat:** Welches Ergebnis wurde erzielt, was fand man anhand der Studie heraus?
- **Discussion – Diskussion:** Was bedeutet das, welchen Effekt hat das Ergebnis, wie geht es weiter und wie sieht der Ausblick auf die Zukunft aus? Das ist, wie Sie unschwer bemerken, unser bewährtes EssA und dazu gehört in die *Discussion* ergänzend auch noch der Zusammenhang mit anderen Arbeiten und Studien.

Für den Notfall: Nur die „Storyline"

Mit der Storyline, die sich aus Ihrer Grundstruktur und den Talking Headlines ergibt, testen Sie nicht nur die Logik Ihrer Story, sondern sichern sich auch für unvorhergesehene Zwischenfälle ab. Wenn zum Beispiel alle Ihre Kollegen im Meeting überzogen haben und Ihnen statt der geplanten zwanzig Minuten nur mehr fünf Minuten Redezeit bleiben. Oder Ihr Kunde, vor dem Sie Ihr Projekt präsentieren, nach zehn Minuten unerwartet aus dem Meeting muss und eine Turbo-Zusammenfassung braucht. Oder wenn ein wichtiger Entscheidungsträger bekanntgibt, dass er nicht dem ganzen Meeting beiwohnen wird, sondern sich nur für ein paar Minuten einschaltet.

Wenn Sie in so einem Fall nicht nur Ihre komplette Präsentation, sondern auch die durchgängige Storyline parat haben, werden Sie solche Ereignisse nicht aus der Bahn werfen. Sie sind dadurch sofort in der Lage, auch in kürzester Zeit Ihre Botschaft abzuliefern und das Wichtigste zu sagen.

Die Storyline dehnen Sie je nach zur Verfügung stehender Zeit entsprechend aus, indem Sie zu den einzelnen Bauteilen Details und Fakten aus Ihrem ARGU-Strukt oder dem jeweils gewählten Bauplan hinzufügen, je nach zur Verfügung stehender Zeit. Hilfreich bei der Anreicherung der Storyline ist das „Triple-N-Prinzip", das Sie im Abschnitt nach dem Elevator Pitch kennenlernen.

Der „Elevator-Pitch"

Stellen Sie sich vor, Sie haben eine Geschäftsidee und brauchen Kapital oder Unterstützung. Die Person oder Personengruppe, die Ihnen genau das geben kann, gibt Ihnen 90 Sekunden oder maximal drei Minuten Zeit, um Ihre komplette Geschäftsidee oder Ihr Konzept zu skizzieren.

Schaffen Sie es, Ihre Idee oder Ihr Konzept in drei Minuten oder sogar nur 90 Sekunden überzeugend zu beschreiben? Schwierig, keine Frage, doch wenn Entscheidungen sehr rasch getroffen werden müssen oder extremer Zeitdruck herrscht, hat man nur dann gute Karten, wenn man in der Lage ist, seine Botschaft in allerkürzester Zeit präzise, prägnant und durchschlagskräftig zu präsentieren.

Der Ursprung dieser Herausforderung stammt aus den 1980er und 1990er Jahren, als während der Internet-Goldgräberzeit die Gründer von Technologie-Start-ups um das Geld von Investoren kämpften. Schafft ein junger, hoffnungsvoller Gründer es in kürzester Zeit nicht, einen Investor von der Rentabilität seines Geschäftsmodells zu überzeugen, fällt er durch.

Pitch bedeutet übrigens „Wurf". Die Bezeichnung Elevator-Pitch oder Elevator-Speech leitet sich von der Dauer der Kurzpräsentation ab und ist nur ein Überbegriff für besonders kurze Präsentationen ohne Hinweis auf deren jeweiligen Inhalt. Ein Elevator-Pitch sollte ursprünglich maximal während einer kurzen Liftfahrt erfolgen können, in der Praxis dauert ein Pitch im Schnitt allerdings doch meist etwas länger.

Sales-Pitch, Personal-Pitch, Business-Pitch

Im Englischen werden kurze Verkaufspräsentationen traditionell als „Sales-Pitch" bezeichnet. Karrieretüchtige Mitarbeiter aller Ebenen legen sich gerne einen „Personal-Pitch" zurecht, um Vorgesetzte im richtigen Moment von ihrer Leistung, ihrem Engagement und ihren Ideen zu überzeugen.

Ein Elevator-Pitch muss nicht unbedingt in Form einer klassischen Präsentation mit Visualisierung erfolgen, er kann auch rein verbal ausgeführt werden. Das ist insbesondere dann von großem Nutzen, wenn die Zielperson nur schwer verfügbar oder immer in extremer Zeitnot ist und sozusagen zwischen Tür und Angel oder zu den unmöglichsten Zeiten überzeugt werden muss.

Speziell eingehen möchte ich aber auf die Präsentation von Geschäftsideen und Businessplänen. Dafür eignet sich nämlich ein auf drei Minuten ausgelegter „Business-Pitch" besonders gut.

Der Business-POWER-Lift für Ihren persönlichen Business-Pitch

Für Ihren Business-Pitch nutzen Sie die Business-POWER-Lift-Struktur als Grundlage, je nach Zeitvorgabe, Zuhörer und Ziel. Der Business-POWER-Lift basiert auf den Bauplänen „Problem – Lösung" und „Chancen nutzen", die zusätzlich mit dem Triple-N-Prinzip (siehe unten) auf Prägnanz und Nutzen getrimmt werden.

Beachten Sie unbedingt das Timing – bei einem Business-Pitch maximal drei Minuten und pro Feld maximal drei kurze Sätze oder 30 Sekunden!

Wie bei jeder Präsentation brauchen Sie natürlich auch hier einen klaren Punkt B. Beim Business-Pitch ist das nicht die Zusage zum Budget oder die Beteiligung am Projekt, dafür wäre die Zeit zu kurz, sondern ein ausführlicher Gesprächstermin, ein Meeting, um Details zu besprechen, eine Zusage für den nächsten Schritt et cetera. Daher steht am Ende der Präsentation eine Checkfrage, um die gewünschte Zusage zu Ihrem Ziel einzufordern beziehungsweise um die Bereitschaft dazu bei den Zuhörern herauszufinden.

Formulierungsbeispiel POWER-Lift: Gewinnung von Investoren für ein Wachstumsprojekt

O.K.?
Ich schlage vor, dass wir nun einen Termin für eine ausführliche Präsentation bei uns im Haus vereinbaren, in der Sie sämtliche Detailinformationen erhalten werden. Wann können wir das einplanen?

5 Was muss passieren? Finanzierung, Unterstützung, Zusage
Damit das alles zur Realität wird, müssen wir weiter in Forschung, Werbung und qualifizierte Mitarbeiter investieren. Dazu brauchen wir einen kapitalstarken und verlässlichen Partner, der die zur Expansion nötigen 20 Millionen Euro bis Jahresende investiert. Der nächste Schritt ist daher eine Due Diligence und die Analyse des Businessplans mit potenziellen Investoren.

4 Nutzen speziell: Erfolg, Gewinn, positiver Effekt
Sie als Investoren könnten von den Marktchancen überdurchschnittlich profitieren, weil sich der Unternehmenswert rapide erhöhen wird. Das bedeutet eine sichere Investition mit steigenden Kursen bei kalkulierbarem Risiko. In sechs Jahren soll mittels Börsegang weiteres Kapital beschafft werden und dies den Investoren der ersten Stunde den Exit mit einem hohen Return on Invest ermöglichen.

3 Nutzen allgemein: Erfolg, Gewinn, positiver Effekt
Das bedeutet, wir sind in der Lage, schnell und hochprofitabel zu wachsen, weil die Technologie einzigartig ist. Wir rechnen mit jährlichen Wachstumsraten von 35 Prozent und dem Break-even in nur zwei Jahren. Ein Marktanteil von über 50 Prozent bei hoch effizienten Solar-Panelen in fünf Jahren ist möglich, weil kein Mitbewerber in so kurzer Zeit eine vergleichbare Lösung entwickeln kann.

2 Idee, Vorschlag, Lösung, Konzept, Projekt
Wir haben uns daher eine technische Lösung überlegt, die sowohl effizient als auch preisgünstig und langlebig ist. Konkret geht es um eine mineralische Beschichtung von herkömmlichen hoch effizienten Solar-Panelen, die den Wirkungsgrad verdoppelt, und das bei Mehrkosten von nur 20 Prozent für die Beschichtung. Die ersten Dauertests bestätigen das, und es gab keinerlei Probleme, das Produkt ist somit serienreif.

1 Situation, Problem, Umfeld, Trend, Markt
Aktuelle Marktanalysen zeigen, dass sich der europäische Markt für Energiegewinnung aus Solarenergie in den nächsten 20 Jahren verdreifachen wird. Wir sind davon überzeugt, dass das nur dann realistisch ist, wenn die Technologie für die breite Masse erschwinglich wird. Zur Zeit ist keine Lösung verfügbar, die das Potenzial für diese Anforderungen hat.

BUSINESS-POWER-Lift

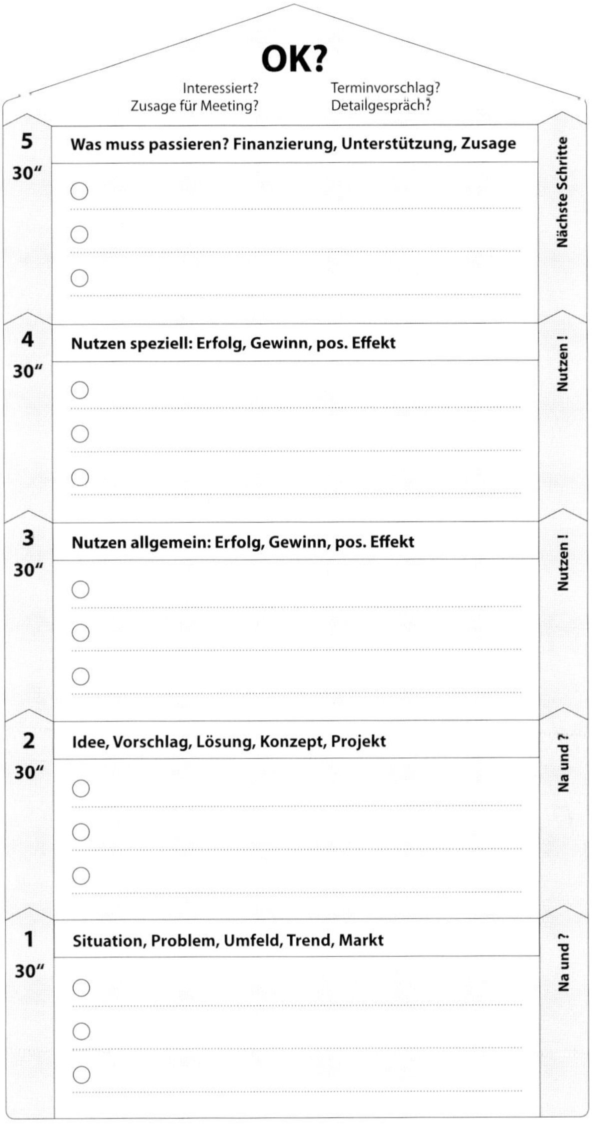

© HPS

Abb.: Der POWER-Lift für die rasche und überzeugende Präsentation von Projekten und Investitionen. Jedes Modul dauert maximal 30 Sekunden und enthält maximal drei Sätze. Die Module 1 und 2 schaffen den Einstieg und beziehen sich direkt auf die Ausgangslage und die Idee. Modul 4 und 5 dienen zur doppelten Nutzen-Argumentation: einmal für den Markt, das Unternehmen und das Umfeld und danach direkt für die Zielgruppe. In Modul 5 sagen Sie klar, was Sie nun brauchen, um das Konzept zu verwirklichen, und mit dem „O.K.?" am Ende holen Sie sich die Zustimmung für ein detaillierteres Gespräch, eine Präsentation oder ein Meeting.

BUSINESS-POWER-Lift

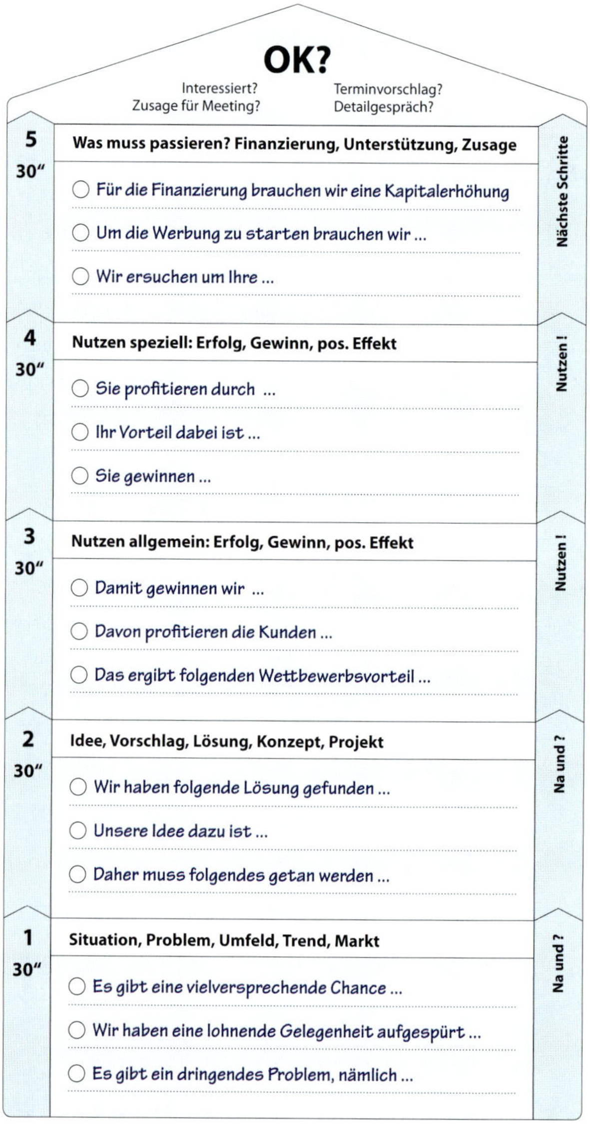

© HPS

Abb.: Praktische Beispiele für Inhalte und Formulierungen im POWER-Lift. Kommen Sie jedes Mal sofort auf den Punkt: Es geht um rasches und starkes Argumentieren und nicht um Details!

Drei Erfolgsfaktoren für Ihren Pitch – das „Triple-N-Prinzip"

Die drei Erfolgsfaktoren „Triple-N" helfen Ihnen dabei, Ihre Storyline zu verstärken, und erzeugen maximale Information und Überzeugungskraft in minimaler Zeit.

1. „Na und?" – auf das Konzept bezogen

Es ist unmöglich, in drei Minuten komplexe Zusammenhänge oder Probleme inklusive deren Lösungen und Auswirkungen zu schildern. Hier geht es ausschließlich darum, Aufmerksamkeit und Interesse zu erzeugen und den Gesprächspartner empfänglich für die weiteren Schritte oder einen Folgetermin zu machen. Es muss also in kürzester Zeit einen Aha-Effekt bei der Zielgruppe oder beim Gesprächspartner geben und diesen erzeugen Sie durch den „Na und?"-Faktor.

Überlegen Sie genau, wie der andere von dem, was Sie zu sagen haben, profitiert, und sprechen Sie das möglichst oft und präzise an. Eine ausführliche Zielgruppenanalyse mit dem FOCUS-Finder ist vor einem Pitch daher lebensnotwendig.

Zur Beantwortung der „Na und?"-Fragen beim Business-Pitch eignen sich Formulierungen wie:

Um dieses Problem zu lösen, haben wir ...

Diese Chance müssen wir nutzen, weil ...

Dieses Konzept drängt sich geradezu auf, denn ...

Diese Geschäftsidee ist höchst aussichtsreich, weil ...

Diese Aussagen beziehen sich auf die Marktchancen, also den Nutzen des Konzeptes.

2. Nutzen statt Eigenschaften – auf das Konzept und die Zielgruppe bezogen

Gerade Verkäufer tappen immer wieder in die gleiche Falle: Sie zählen in maschinengewehrartigem Tempo einen Produktvorteil nach dem anderen auf. Doch der Gesprächspartner weiß nichts damit anzufangen, weil er überhaupt keine Zeit hat, sich zu überlegen, ob er das überhaupt braucht und was das für ihn bedeutet. Daher benötigen Sie vor allem drei Dinge, um Ihr Gegenüber in kurzer Zeit zu gewinnen: Nutzen, Nutzen, Nutzen.

Im Business-POWER-Lift sprechen Sie doppelten Nutzen an: den Nutzen Ihres Konzeptes für den Markt oder das Umfeld in Stufe 3: „Allgemein“ und den Nutzen für die Zuhörer in Stufe 4: „Speziell“.

Formulierungen, die auf den allgemeinen Nutzen abzielen, sind zum Beispiel:

Unsere Kunden haben dadurch den großen Vorteil, dass ...

Nun die positiven Auswirkungen auf den Markt ...

Der Wettbewerbsvorteil ist klar ...

Diese Aussagen hingegen beziehen sich direkt auf den speziellen Nutzen des Ansprechpartners:

Das bringt Ihnen folgenden Gewinn ...

Sie profitieren direkt davon durch ...

Was Sie davon haben, ist Folgendes ...

Ihr direkter Nutzen daraus ist folgender ...

3. Nächste Schritte

Nach einem Business-Pitch *muss* etwas passieren, daher ist unbedingt eine deutliche Aufforderung zur Action nötig, denn ohne Folgeaktion wäre die ganze Mühe umsonst. Beschreiben Sie im Schritt fünf („Was ist notwendig?“) die nötigen nächsten Schritte zur Umsetzung Ihres Projekts, Ihrer Idee oder Ihres Vorschlags und beschließen Sie die Präsentation mit einer Checkfrage: Die Aufforderung sollte in Form eines klaren Vorschlags oder einer Entscheidungsfrage erfolgen:

Vorschlag:

Ich schlage vor, wir setzen uns im Anschluss wegen der Details zusammen, wäre Ihnen 16.00 Uhr recht?

Frage:

Wann darf ich Sie besuchen, um das komplette Konzept zu präsentieren?

Definieren Sie, was Sie in diesen 180 Sekunden erreichen möchten und wie es weitergehen soll – und formulieren Sie genau das am Ende unmissverständlich, klar und deutlich!

Checkliste Erfolgsfaktor 2: Präsentationsaufbau
❑ Minimale Gliederung in Start – Hauptteil – Finale
❑ Teilen Sie den Hauptteil in Informationseinheiten auf. Ideal sind 3 bis 5 Module.
❑ Mit der Seven-up-Strategie erstellen Sie aus vorhandenen Informationen eine einfache Struktur.
❑ Start: Zielgruppe sofort mit ARA ansprechen: Absicht – Relevanz – Agenda
❑ Finale: professionell abschließen mit EssA: Essenz – Appell/Action
❑ Wählen Sie einen passenden Bauplan für Ihre Story – keine Präsentation ohne Bauplan!
❑ Verwenden Sie Talking Headlines statt Thementitel oder Kategorienamen.
❑ Eine Schlagzeile weckt Interesse zu Beginn, mit der passenden Auflösung runden Sie ab.
❑ Zum Überzeugen Ihres Publikums mit „Problem – Lösung" benutzen Sie das ARGU-Strukt.

Tipps und Tricks	Achtung Falle!
Präsentationen und Vorträge immer strukturieren!	Unstrukturierte Information ohne roten Faden frustriert!
Die Agenda gibt Orientierung am Start und stützt die Zusammenfassung im Finale.	Inhalte ohne Orientierung und Ablauf sind schwer zu verarbeiten.
Machen Sie kurze Zusammenfassungen nach jedem Modul.	Präsentieren Sie nicht alles in einer „Wurst".
Bringen Sie nur klare Ideen, Informationen und Vorschläge.	Streichen Sie schwammige Ideen, No-na-Aussagen und Blabla.
Überprüfen Sie laufend die Logik – aus der Sicht und mit dem Wissensstand des Publikums.	Was für Sie selbstverständlich ist, muss es nicht auch für das Publikum sein.

Kapitel 3

Erfolgsfaktor 3: Visualisieren – besser kommunizieren mit Bildern

„Was stört Sie an der Visualisierung in Präsentationen am meisten?" Unsere Kunden und Seminarteilnehmer antworteten auf diese Frage häufig so:

- Die PowerPoint-Slides sind viel zu voll.
- Orientierung fehlt, alles wirkt irgendwie durcheinander.
- Es gibt zu viele verwirrende grafische Elemente und Bilder.
- Grafiken sind zu komplex und kompliziert.
- Schreckliche Zahlenfriedhöfe und Lesetexte füllen die Slides.

Was stört Sie selbst an Bildern und Slides in Präsentationen? Warum sind Grafiken oft völlig unverständlich und Slides mit Text überladen? Warum sind projizierte Excel-Tabellen unbrauchbar? Warum passieren gerade bei der Visualisierung so viele Fehler und vor allem: Wozu braucht man sie überhaupt? In diesem Kapitel beschäftigen wir uns mit der Umsetzung Ihrer Inhalte und Ideen in passende Bilder.

3.1 Visualisierung unterstützt die Kommunikation

Der Sinn von Bildern in Präsentationen ist rasch erklärt: bessere und verständlichere Information des Publikums. Dazu muss zuerst einmal das grundlegende Verständnis vorhanden sein, dass Kommunikation mit Bildern besser funktioniert als ohne. Interessanterweise sind gerade Top-Führungskräfte oft sehr schlechte Visualisierer, obwohl sie genau das von ihren Mitarbeitern verlangen: Information so aufzubereiten, dass sie rasch erfassbar und leicht verständlich ist, um eine fundierte Entscheidung treffen zu können. Und das geht nun einmal am besten, wenn Informationen mit Charts, Tabellen und Diagrammen hinterlegt sind, damit man sich rasch einen Überblick verschaffen kann. Die Kommunikationswissenschaft liefert uns triftige Gründe für die Visualisierung:

- Bilder liefern simultane Information zum Text.
- Bilder können Informationen verdichten und intensivieren.
- Bilder sprechen den Affekt an, erreichen Menschen also intensiver als Worte.
- Mit Bildern kann man ausdrücken, was man mit Worten oft nicht vermag.
- Bilder sind universell verständlich, unabhängig von Kulturkreis und Bildungsniveau.

Das bedeutet: Bilder unterstützen die Informationsvermittlung. Eine Präsentation mit visuellen Hilfsmitteln ist informativer und überzeugender als ohne diese.

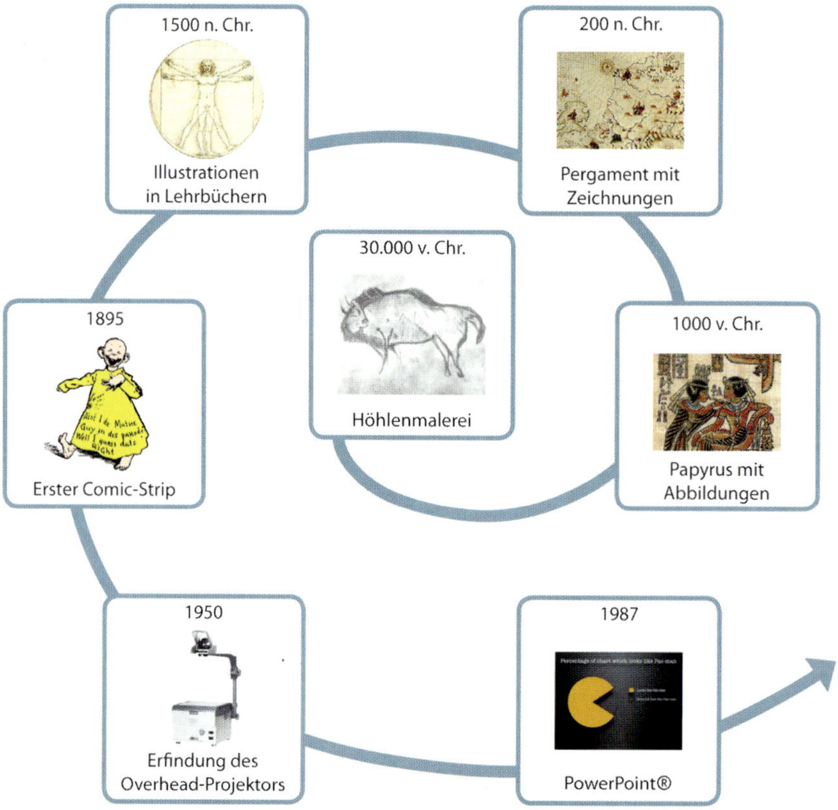

Abb.: Seit jeher wird die Visualisierung zur Informationsweitergabe verwendet, nur die Techniken dazu haben sich im Laufe der Jahrtausende kontinuierlich weiterentwickelt.

Visualisierung ist die Übersetzung eines Gedankens in ein sichtbares Hilfsmittel, um den Informationsfluss zu fördern. „Sichtbare Hilfsmittel" sind Bilder, Grafiken oder Illustrationen auf Flipcharts, PowerPoint-Slides und anderen Präsentationsmedien.

Die Basis dafür bilden die Baupläne aus „Erfolgsfaktor 2". Durch sie ist die Information bereits in einer bestimmten Ordnung und Struktur vorhanden und kann Schritt für Schritt visualisiert werden. Grundsätzlich muss also zuerst die Storyline vorhanden sein, erst dann wird die dazu passende Visualisierung erarbeitet. Bitte nicht umgekehrt nach dem Motto: „Ich habe hier so ein schönes Bild, da könnte ich sicher auch etwas dazu sagen."

Denken Sie daran: Erst die Story, dann die Visualisierung!

Visuelle Kommunikation erhöht die Glaubwürdigkeit

Der Mensch nimmt über die Augen drei Mal so viel Information auf wie durch alle anderen Sinne zusammen.

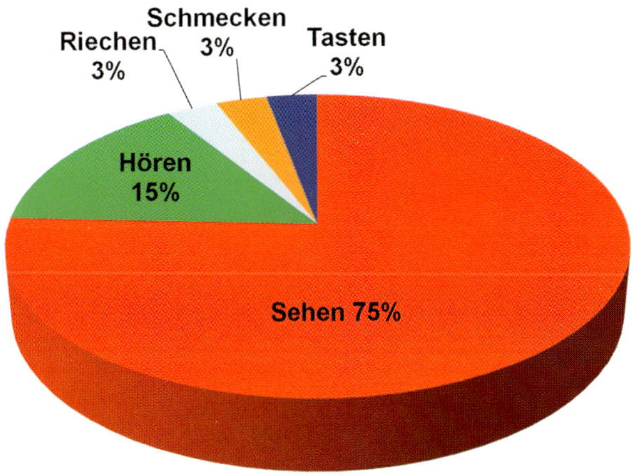

Abb.: Unsere fünf Sinne und deren Anteil an der Informationsaufnahme: Drei Viertel davon erfolgen über das Auge.

Von visueller Kommunikation leben ganze Branchen, allen voran Werbung und Medien. Aber auch in der Kunst, der Architektur und seit einiger Zeit auch in der Wirtschaft finden die Mittel visueller Kommunikation weitreichende Verwendung. In einer Studie am Wharton Institute der Universität von Pennsylvania wurde nachgewiesen, wie wichtig der Einsatz visueller Hilfsmittel bei – und das ist der zentrale Aspekt – jeweils gleichem Sachinhalt ist. Mussten wichtige Entscheidungen getroffen werden und wurden bei der Präsentation der dazu notwendigen Entscheidungsgrundlagen visuelle Hilfsmittel verwendet, gelangten die Wissenschaftler zu folgendem Ergebnis:

- Bei Einzelentscheidungen siegte der Präsentator, der visuelle Hilfsmittel verwendet, in 66 Prozent der Fälle. Bei Gruppenentscheidungen sogar in 72 Prozent der Fälle.
- Der Einsatz visueller Hilfsmittel erhöht die Wahrscheinlichkeit einer Entscheidung von 58 Prozent auf 79 Prozent, also um mehr als 30 Prozent.
- Visuelle Hilfsmittel verkürzen die durchschnittliche Länge der Konferenz um 28 Prozent.

Darüber hinaus wirkt der Präsentator nicht nur überzeugender – was für uns besonders wichtig ist –, sondern auch glaubwürdiger, sicherer und besser vorbereitet. Die Universität von Minnesota bekräftigte dieses Ergebnis. Man fand in einer Studie heraus: Die Überzeugungskraft von ein und derselben Präsentation erhöht sich beim Einsatz visueller Hilfsmittel um 43 Prozent. Das sind natürlich schlagende Gründe, sich nicht ausschließlich auf Wort und Sprache zu verlassen.

Der Visualisierungsfilter: Was ist wirklich wichtig?

Wie wichtig es ist, sich bei Präsentationen auf das Wesentliche zu konzentrieren, haben Sie bereits bei der Ausarbeitung Ihrer Baupläne und deren Inhalten bemerkt. Inhaltlich auf den Punkt zu kommen ist nicht immer einfach, vor allem wenn man sehr viel über das entsprechende Gebiet zu erzählen weiß. Daher muss man sich – bei allem Hintergrundwissen – für eine beschränkte Anzahl von Fakten oder Wörtern entscheiden, was zwangsweise zu einer bewussten Selektion führt.

Und genau hier setzt der Visualisierungsfilter an. Denn nicht nur inhaltlich wird selektiert und das Wichtigste ausgewählt. Beim Umsetzen der Inhalte in Bilder findet ein ähnlicher Prozess statt, weil gar nicht alles visualisiert werden kann, was sich prinzipiell dazu eignen würde. Das würde nämlich den Rahmen jeder Präsentation sprengen. Daher stellt sich wieder die Frage: Was ist wirklich wichtig? Und nur für die wirklich wichtigen Inhalte, Aussagen und Argumente Ihrer Präsentation werden Sie sich Visualisierungen überlegen, also bildliche Darstellungen wie Diagramme, Tabellen oder Fotos.

Für Sie als Präsentator bringt die Visualisierung entscheidende Vorteile

Sie vermitteln Ein-Sicht

Nicht umsonst gibt es in der Umgangssprache den Begriff „sich ein Bild machen". Und genau das tun Sie: Sie machen sich selbst und Ihren Zuhörern ein Bild Ihres Inhalts. Das hilft Ihnen und selbstverständlich auch den Zuhörern, Ihre Informationen „klarer zu sehen" und „Einsichten" zu erhalten. Dazu müssen Sie das bildhafte Material für Ihr Publikum richtig aufschließen. Das gelingt Ihnen am besten mit der 2-E-Technik:

Erklären: Was ist auf dem Bild zu sehen?

Setzen Sie nicht voraus, dass Ihre Zuseher sofort wissen, was auf dem Bild zu sehen ist, beschreiben Sie es zur Sicherheit: *Das ist eine Garage …*

Erweitern: Wofür steht das Bild?

Erklären Sie, was das Bild bedeuten soll: *... und diese steht für unsere überdachten Abstellplätze neben der Fabrik.*

Visuelle Hilfsmittel helfen bei der Verarbeitung

Während Sie sich in der Vorbereitungsphase überlegt haben, wie Sie den Inhalt in ein Bild umwandeln, haben Sie sich dazu ausführliche Gedanken gemacht. Sobald Sie nun in Ihrer Präsentation das entsprechende Bild zeigen, fällt Ihnen automatisch wieder ein, was Sie sich bei der Erstellung gedacht haben. Ihr Gehirn gibt Ihnen zum richtigen Zeitpunkt die Information wieder, die in die Visualisierung eingeflossen ist. Einen besseren Spickzettel kann man sich kaum basteln.

Nie mehr Angst vor einem „Blackout"

Jeder Vortragende fürchtet ein „Blackout", bei dem er hängenbleibt und nicht mehr weiter weiß. Falls das passiert, hilft das Notprogramm: Sie lesen einfach vor oder beschreiben in eigenen Worten, was auf dem Slide steht. Zu den größten Ängsten von Präsentatoren gehört auch jene, eine wichtige Aussage zu vergessen. Ich beobachte immer wieder, dass allein die Angst beziehungsweise die Beschäftigung mit der Angst vor dem Vergessen ein viel größeres Problem darstellt als das Vergessen selbst. Wenn Sie mit gut vorbereiteten Visualisierungen arbeiten, kann Ihnen nicht mehr viel passieren, denn die wichtigsten Informationen liegen in visueller Form vor und müssen von Ihnen nur noch erklärt werden.

Mit visuellen Hilfsmitteln wirkt man sicherer – und ist es auch

Ihr eigenes Bild mobilisiert Ihr Erinnerungsvermögen, ermöglicht Konzentration auf den Inhalt und Interaktion mit dem Publikum. Das stärkt Ihren persönlichen Auftritt. Zudem ist es eine große Hilfe, wenn Sie Ihr projiziertes Diagramm mit Hilfe Ihrer Hände erklären können und die relevanten Zahlen und Aussagen mit Bewegungen verstärken. Näheres zu diesem Thema finden Sie im Kapitel „Erfolgsfaktor 6 – Der überzeugende persönliche Auftritt".

Bilder verankern Informationen und machen diese leichter abrufbar

Sie sehen also die positiven Wirkungen visueller Hilfsmittel nicht nur für den Zuhörer, sondern auch für den Präsentator. Und genau hier liegt der Schlüssel zu den erwähnten Forschungsergebnissen: Mit visuellen Hilfsmitteln wirkt man nicht nur sicherer, sondern man *ist* tatsächlich sicherer. Sie können Informationen besser abrufen und besser wiedergeben. Die Informationen sind verankert und stabilisiert und die Erklärung eines Bildes – das „Aufschließen" – ist interessanter als das Ablesen von Texten. Diese Wirkung ist umso stärker, je bildhafter Ihre Visualisierungen sind.

Gehirngerecht präsentieren – digital und analog

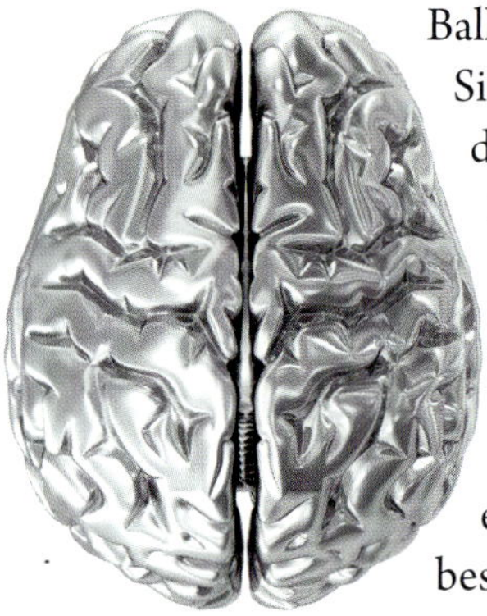

Ballen Sie Ihre linke und Ihre rechte Hand zu einer Faust und legen Sie sie aneinander, erhalten Sie eine recht gute Vorstellung von der Größe und der Aufteilung Ihres Gehirns: zwei gleich große Hälften, jede etwa so groß wie eine Faust. Die beiden Gehirnhälften sind im Wesentlichen symmetrisch aufgebaut, doch ist bereits seit langer Zeit bekannt, dass die Aufgaben und Funktionen der Gehirnhälften unterschiedlich sind. In der Gehirnforschung spricht man von der Lateralisation des Gehirns, einer Aufteilung von Prozessen auf die beiden Hälften. So sind bestimmte Zonen für die Sprachverarbeitung und Sprachproduktion zuständig, andere wiederum für Bilder, das Erinnerungsvermögen und viele andere Wirkungsweisen. Die oftmals betonte strikte Trennung der Gehirnhälften in rechts = Emotio und links = Ratio ist übrigens nicht korrekt, vielmehr verteilen sich unzählige Funktionen in kleine Bereiche (Zentren) beider Hälften. Man kann aber grob und vereinfacht davon ausgehen, dass die linke Gehirnhälfte im Wesentlichen verbal organisiert ist, die rechte Gehirnhälfte visuell.

Linke Gehirnhälfte	Rechte Gehirnhälfte
verbal	nonverbal
digital	analog
Worte	Gegenstände
Ziffern	Ideen und Zusammenhänge
abstrakte Symbole wie Rechenzeichen	räumlich
systematisch und zeitorientiert	Eindrücke und Bilder
logische Schlussfolgerungen bei der Lösung von Problemen	kreativ
Details und Fakten	

Übersicht: Informationsvermittlung in Worten und in Bildern: Das Bild erzielt raschere und wirkungsvollere „Einsicht" als die Worte.

Effektive Kommunikation braucht Bild und Text

Was hat das mit dem Thema Visualisierung zu tun? Ganz einfach, die linke Gehirnhälfte spricht auf abstrakte, visuelle Elemente, also Texte und Tabellen an. Diese Darstellungsformen verwenden Sie, wenn Ihre Zuhörer Zahlen oder Ziffern verarbeiten oder analysieren sollen oder Schlüsse aus einzelnen Fakten ziehen müssen. Die rechte Gehirnhälfte dagegen reagiert auf Bilder, von der Darstellung einer Struktur bis zum Abbild der Realität in Fotos. Durch die Kombination sind augenblickliche Erkenntnisse, Aha-Erlebnisse und Einblicke rascher möglich, man erkennt Zusammenhänge, Trends und Muster und unterstützt das Gehirn bei der Verarbeitung der Information.

Abb.: Digital und analog: Derselbe Inhalt auf zwei verschiedene Arten visualisiert

Kommunikationsforscher sind sich einig: Wir sind durch Erziehung und Schulsystem stark logisch-abstrakt orientiert und müssen wieder lernen, unsere rechte Gehirnhälfte verstärkt einzusetzen, damit wir unser kreatives, visuelles und spontanes Potenzial besser nutzen können. Die professionelle Kommunikation in der Werbung und den Massenmedien hat das längst begriffen. Werbung in Fernsehen, Kino und Plakaten basiert auf bildhafter Information. Oder könnten Sie sich vorstellen, auf Plakaten am Straßenrand und im Werbefernsehen nur Texte durchzulesen? In Zahlen ausgedrückt: Unser Gehirn nimmt visuell aufbereitetes Material 60.000 Mal schneller auf als geschriebenen Text. Wer also rasch und sicher Inhalte vermitteln, informieren oder überzeugen möchte, kommt am Einsatz von Bildern nicht vorbei!

3.2 Von der Idee zum Bild – der Visualisierungsprozess

Der Weg zu einer funktionierenden Visualisierung Ihres Inhalts ist mit einigen Zwischenschritten – und Stolpersteinen – versehen. Einerseits fällt einem nicht immer sofort das passende Bild zur Aussage ein, andererseits hat man oft mehrere Ideen, wie man etwas visualisieren könnte, und muss sich dann für eine Lösung entscheiden. Es ist also notwendig, sich jedes Mal wieder genau zu überlegen, welcher Gedanke für die konkrete Zielgruppe besonders wichtig ist, um genau diesen Gedanken in ein Bild umsetzen.

Material gibt es meist genug, denken Sie nur an all die Statistiken, Diagramme, Fotos und Bilder, von denen Sie in Ihrem täglichen Arbeitsumfeld umgeben sind. Manche lassen sich nun dazu verleiten, all das zu scannen, zu kopieren und in die Präsentation einzubauen. Seien Sie gewarnt: Auch beim Visualisieren wird es rasch zu viel des Guten, und zwar schneller, als man denkt! Das Ergebnis ist dann eine aus unzähligen Teilen zusammengeflickte Präsentation mit so vielen Bildern und Grafiken, dass man gar nicht mehr weiß, wo man zuerst hinsehen soll.

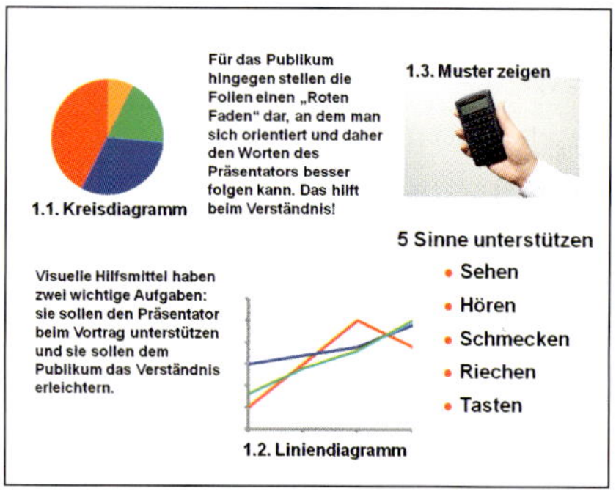

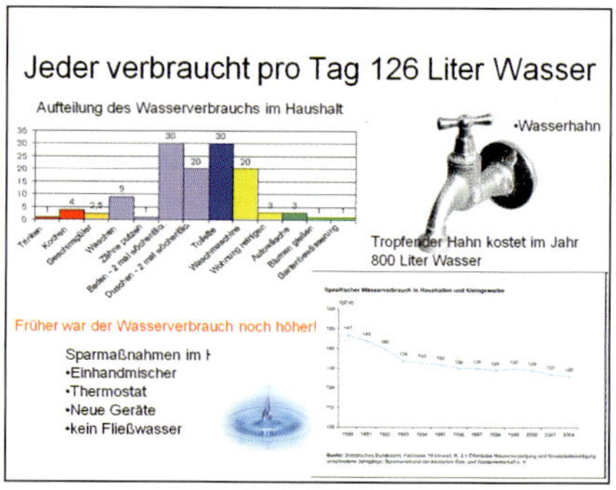

Abb.: Oje! Zwei völlig misslungene Bilder: Hier wird Verwirrung statt Einsicht erzeugt. Solche Patchwork-Slides haben Sie sicher schon oft gesehen. Wie können Sie vorgehen, um Ihre Inhalte attraktiv und passend bildlich darzustellen?

Die notwendige Vorarbeit

Mit Ihrem Bauplan haben Sie bereits die für die Visualisierung zwingend notwendige Struktur Ihrer Präsentation festgelegt. Diese wartet nun darauf, visuell verstärkt zu werden. Achten Sie wieder auf die bereits bekannte Gefahr der Infoattacke und auf das Prinzip des Chunking. Chunking hilft Ihnen, Ihre visuellen Inhalte in überschaubare Happen zu verpacken und somit Infoattacken auf die Zielgruppe auszuschließen.

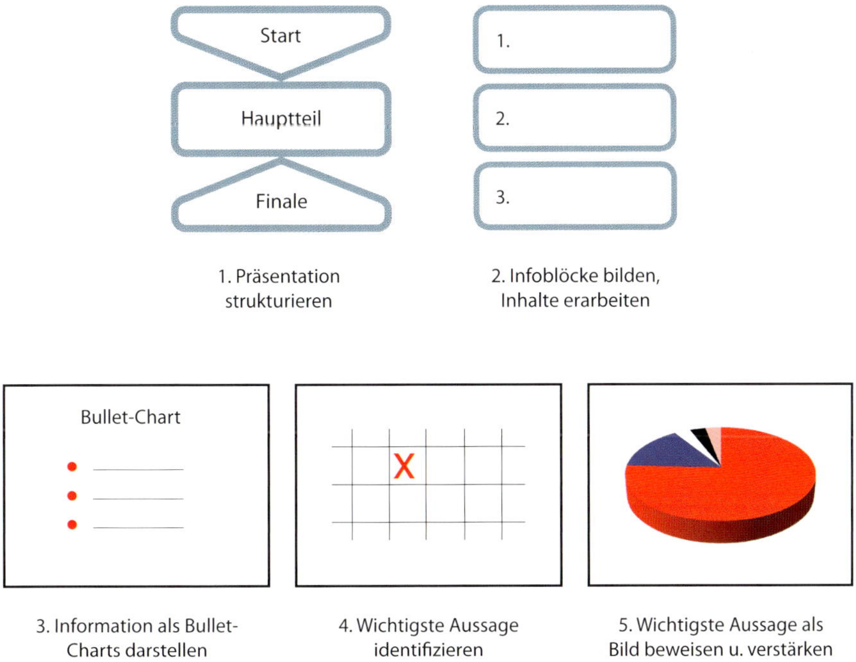

Abb.: Vom Aufbau der Präsentation bis zur Visualisierung in fünf Schritten

In drei Schritten zur Visualisierung

1. Was möchte ich ausdrücken?

Mit dieser Frage untersuchen Sie Ihre Struktur und Ihre Informationseinheiten auf nötige oder mögliche Visualisierungen. Haben Sie Ihre Präsentation – und davon gehen wir natürlich aus – nach einem Bauplan aufgebaut, liegt das Wichtigste für die Visualisierung nun vor Ihnen: die Überschriften – idealerweise Talking Headlines – Ihrer einzelnen Module beziehungsweise Infoblöcke. Diese Überschriften drücken die jeweils wichtigsten Aussagen der betreffenden Infoblöcke aus und bilden damit die Ausgangssituation für die jeweilige Visualisierung.

Wenn Sie Ihre Inhalte bereits in PowerPoint-Slides eingearbeitet haben und in die „Foliensortierungsansicht“ wechseln, sehen Sie alle Slides nacheinander und können die jeweiligen Überschriften der Reihe nach als Storyline lesen. Diese Überschriften stellen bisher rein digitale Informationen dar. Diese können durch analoge, also visuelle, Verstärkung bewiesen werden. Und hier kommt nun die Visualisierung ins Spiel. Lautet die Titelzeile des

Biologischer Landbau

	Getreide	Gemüse	Oliven	Zitrus	Trauben	Anbaufläche
Italien	260000	17000	110000	18000	34000	439000
Deutschland	180000	8000			2500	190500
Frankreich	90000	8500			18000	116500
Österreich	70000	4000				74000
Schweden	51000					51000
Großbritannien	47000	14000				61000
Finnland	45000					45000
Portugal	42000		27000		1000	70000
Litauen	40000					40000
Dänemark	35000					35000
Ungarn	30000					30000
Rumänien	25000					25000
Spanien		4500	95000	1900	16000	117400
Niederlande		2500				2500
Griechenland			40000	2000	4000	46000

Biologische Anbauflächen in Europa

- Italien: 33%
- Deutschland: 14%
- Spanien: 9%
- Frankreich: 9%
- Österreich: 5%
- Rest: 30%

Ein Drittel der biologischen Anbaugebiete liegt in Italien

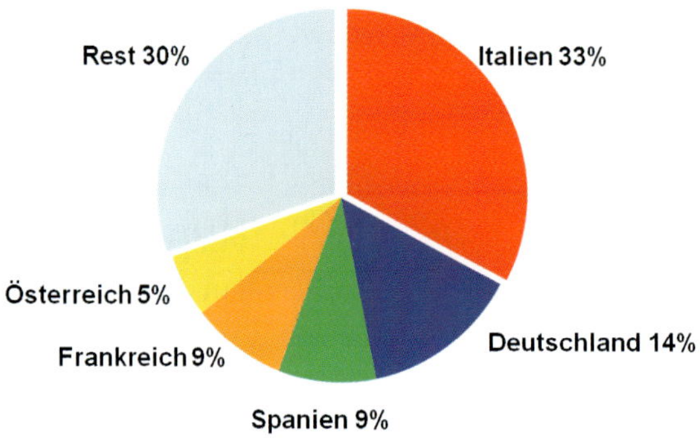

Abb.: Die Darstellung von Daten aus einer Tabelle in einem klaren und aussagekräftigen Diagramm

PowerPoint-Slides beispielsweise „500.000 neue Jobs bis 2020 durch Klimaschutz“, müssen Sie genau diese Aussage nun visuell untermauern. Das bringt uns zu Schritt zwei:

2. Welches „Bild“ kann mir dabei helfen?

Jetzt treten Sie die visuelle Beweisführung der Aussage in Ihrer Titelzeile an. Sie überlegen, wie Sie die vorhin genannte digitale Behauptung mit Bildern untermauern können. Reicht Ihnen ein einfaches Textbild, also ein Bullet-Chart (Bullet steht für Kugel, Geschoss), brauchen Sie ein Liniendiagramm, ein Tortendiagramm, ein Foto, eine Grafik oder eine Tabelle? Was unterstützt Ihre Aussage am besten? Wenn Sie bereits eine Idee haben, wie das fertige Slide aussehen soll, können Sie es in Ihrem bereits erstellten Bauplan in PowerPoint schon grob erstellen. Bevorzugen Sie die klassische Methode, skizzieren Sie das geplante Slide auf einem Blatt Papier. Wie im Kapitel „Erfolgsfaktor 2“ bereits erwähnt, eignet sich ein Ausdruck der „Foliensortierungsansicht“ besonders gut dafür.

3. Wie mache ich daraus ein nützliches Slide?

Nun kommt es darauf an, was Sie wem und unter welchen Umständen mitteilen möchten. Ihr Kommunikationsziel entscheidet über die Wahl der richtigen Visualisierung, denn die meisten Gedanken und Informationen lassen sich auf mehrere Arten in Bilder umsetzen. Diese Umsetzung bezeichnen wir als „visuelles Argument“, weil sie Ihre Aussage verstärkt, unterstreicht oder beweist. Welche Möglichkeit Sie wählen, hängt von verschiedenen Faktoren ab. Es gibt also kein „Richtig“ oder „Falsch“, sondern nur ein „Passend“ oder „Unpassend“. Hier einige Möglichkeiten zur Auswahl:

- Wollen Sie streng sachlich bleiben oder emotionalisieren?
- Wollen Sie sich eine grobe Vereinfachung leisten oder bleiben Sie gerne komplex?
- Welche Aussagerichtung beabsichtigen Sie (verniedlichen oder dramatisieren)?
- Zu welchem Ergebnis sind Sie bei Ihrer Zielgruppenanalyse gekommen?
- Welchen Eindruck möchten Sie selbst hinterlassen?
- Wie viel Zeit haben Sie zur Umsetzung zur Verfügung?
- Wie groß sind Ihre persönlichen grafischen und technischen Möglichkeiten?
- Was möchten Sie Ihrem Publikum zumuten?

Sehen wir uns an einem einfachen Beispiel an, wie Sie bei der Auswahl einer passenden Visualisierung vorgehen können: Stellen Sie sich vor, Sie sind Ernährungsexperte und möchten vor Ihrem Publikum folgende Aussage visualisieren:

„Limonaden enthalten bis zu 14 Prozent Zucker"

Wie viel ist 14 Prozent Zucker? Welche visuelle Umsetzung wählen Sie?

Zwei digitale Möglichkeiten:

- eine alphabetische Liste der Inhaltsstoffe mit Prozentangabe (Zucker an letzter Stelle)
- ein Tortendiagramm mit Zucker als der zweitgrößten Komponente nach Wasser

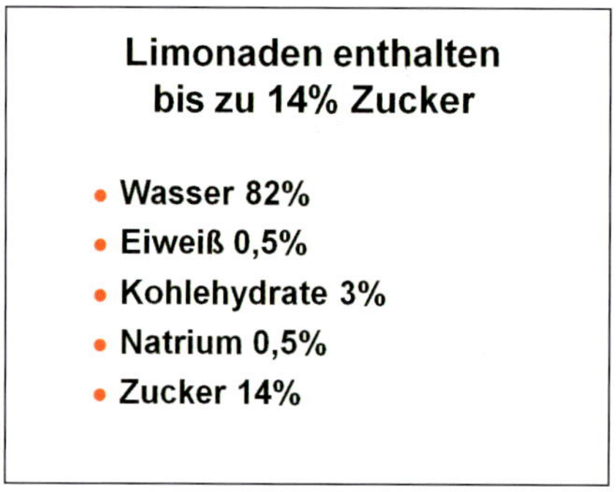

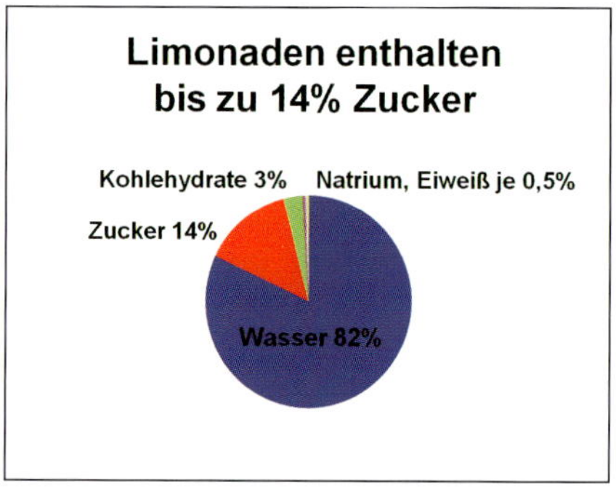

Eine analoge Möglichkeit:

- 35 Stück Würfelzucker neben einer Ein-Liter-Flasche Limonade

Die 3-V-Regel überprüft, ob das gewählte Bild passt

Falls Sie zweifeln, ob das von Ihnen angedachte und in Frage kommende Bild für Ihre visuelle Argumentation geeignet ist, wenden Sie die 3-V-Regel an. Fragen Sie sich:

Auswahl und Beurteilung von Bildern			
V1	Fördert das Bild das Verständnis?	Ja	Nein
V2	Verstärkt das Bild meine Aussage?	Ja	Nein
V3	Wird der Vortrag dadurch attraktiver?	Ja	Nein

Wenn das gewählte Bild weder das Verständnis fördert noch eine wichtige Botschaft verstärkt – also die ersten beiden V nicht erfüllt –, muss es zumindest die Präsentation für die Zuhörer angenehmer machen, also verschönern, aber ohne dabei abzulenken. Ist auch das nicht der Fall, tritt das vierte V in Kraft: Verzichten.

Die Einhaltung des dritten V – „Verschönern“ – allein ist übrigens keine Garantie dafür, dass das Bild passt, denn es könnte auch vom Inhalt ablenken, und das sollte natürlich nicht passieren. Wenn Ihr Bild keines der drei V erfüllt, sollten Sie es ohnehin gleich weglassen. Idealerweise erfüllen Sie zwei oder drei V.

Fünf Praxistipps zur Erstellung der Visualisierung

1. Wie viele Bilder pro Minute sind optimal?

Wie viele Bilder pro Sekunde, pro Minute oder pro Präsentation dürfen Sie zeigen? Das hängt von den jeweiligen Voraussetzungen und Umständen ab. Ein einfaches Foto ist rascher erklärt als eine komplexe Tabelle, idealerweise variieren Sie in Ihrer Visualisierung. Wir sprechen von Durchschnittswerten und für diese lässt sich eine Faustregel aufstellen, die Ihnen dabei hilft, Ihr Zeitbudget zu planen.

- Gesamtzeit in Minuten = maximale Anzahl der Bilder
- Gesamtzeit in Minuten dividiert durch 3 = minimale Anzahl der Bilder
- Animierte Bilder, die sich Klick für Klick aufbauen, gelten als ein Bild.
- Rechnen Sie eine Minute Sprechzeit pro Bullet-Chart und zwei bis drei Minuten Sprechzeit pro durchschnittlicher Tabelle oder pro Diagramm.

In einem Fachvortrag von fünfzehn Minuten sollten Sie daher auf keinen Fall mehr als fünfzehn Bilder verwenden. Es sei denn, Sie möchten einen Rekord im Schnellreden aufstellen und riskieren, dass Sie das Publikum dabei verlieren. Die Untergrenze liegt in diesem Fall bei fünf Bildern, bitte nicht weniger, sonst könnte es aufgrund fehlender visueller Reize zu monoton für Ihre Zuhörer werden.

2. Eine bis drei Minuten Sprechzeit pro Infoblock

Im Hauptteil sind Sie besonders bei längeren Präsentationen in Gefahr, sich selbst und Ihre Zuhörer zu verlieren. Zu viele Informationen, komplexe Zusammenhänge, komplizierte Erklärungen und es droht eine Überforderung Ihrer Partner durch die bekannte Infoattacke. Daher empfehle ich Ihnen, Ihre Infoblöcke auf Slides aufzuteilen. Das fördert das Verständnis auf der Zuhörerseite und erleichtert auch Ihnen, diese durch die Präsentation zu führen.

3. Für jeden Infoblock ein Bild

Baupläne erleichtern die Visualisierung maßgeblich, wenn Sie pro Infoblock ein Bild erstellen. Beim Bauplan „Problem – Lösung“ bedeutet das zum Beispiel fünf Bilder – ein Bild pro Modul. Ist eine Information nicht wichtig genug, um sie zu visualisieren, hinterfragen Sie diese Information und lassen sie eventuell sogar weg. Denn in einer Reihe von visualisierten Informationen geht diejenige, die nicht visualisiert wird, garantiert unter.

4. Nur *ein* Bild pro Slide

Sie kennen sicherlich Thumbnails auf Webseiten, also briefmarkengroße Abbildungen von Fotos oder Grafiken. Das ist dort ein sehr gutes Konzept, weil der Betrachter in Ruhe auswählen kann, welches Bild er anklickt und zwecks genauerer Ansicht vergrößert haben möchte. In Präsentationen funktioniert das allerdings nicht. Verwenden Sie jeweils nur ein großes, gut erkennbares Bild pro Slide. Dieses Bild wird häufig nur einen Teil der Information tragen, die Sie transportieren möchten. Setzen Sie daher entsprechende Schlagwörter unter oder neben das Bild, die Details erklären Sie mündlich.

5. Lösen Sie negative Bilder mit positiven auf

Probleme und negative Situationen sind recht einfach zu visualisieren. Sie zeigen ein Bild, auf dem etwas kaputt ist, nicht funktioniert oder in Unordnung ist. Diese Bilder senden stärkere Signale als Bilder, auf denen alles funktioniert, denn diese zeigen uns den Normalzustand an, sind daher nichts Außergewöhnliches und werden weniger beachtet.

Abb.: Eine negative Situation wird gezeigt: Das Auto hat ein Panne. Dann wird die Panne durchgestrichen: Die Botschaft bleibt unklar.

Möchten Sie in Ihrer Präsentation ein Problem dramatisch darstellen, schaffen Sie die nötige Voraussetzung, um im Anschluss daran ein positives Bild zu zeigen. Die Kette „negativ – positiv“ ist besser als zweimal das negative Bild zu benutzen und beim zweiten Mal durchzustreichen.

Abb.: Eine negative Situation wird durch ein positives Bild aufgelöst: Das Auto fährt wieder, die Botschaft ist klar.

Verwenden Sie dramatische Problembilder aber nur dann, wenn Sie diese mit zumindest gleich starken Lösungsbildern auflösen können. Die Visualisierung würde ansonsten nicht so gut funktionieren und ein positiver Endzustand löst beim Publikum eher den gewünschten Anreiz aus.

Ein Beispiel dazu: Angenommen, Sie sind in einem Produktionsbetrieb und zeigen am Beginn Ihrer Präsentation den veralteten Maschinenpark. Streichen Sie diesen am Schluss durch, ist das keine befriedigende Lösung für die Zuseher. Zeigen Sie am Ende aber neu installierte Maschinen mit offensichtlicher State-of-the-Art-Technologie, löst diese Darstellung das anfängliche Problem positiv auf.

3.3 Welche Visualisierungslösung für Ihre Präsentation?

Mit den in 3.4 und 3.5 beschriebenen acht Lösungen, vier abstrakten (digital) und vier konkreten (analog), können Sie jeden erdenklichen Inhalt optimal visualisieren. Manchmal ergibt sich die einzige passende Möglichkeit von selbst, ein anderes Mal müssen Sie aus zwei, drei oder mehr potenziellen Varianten auswählen.

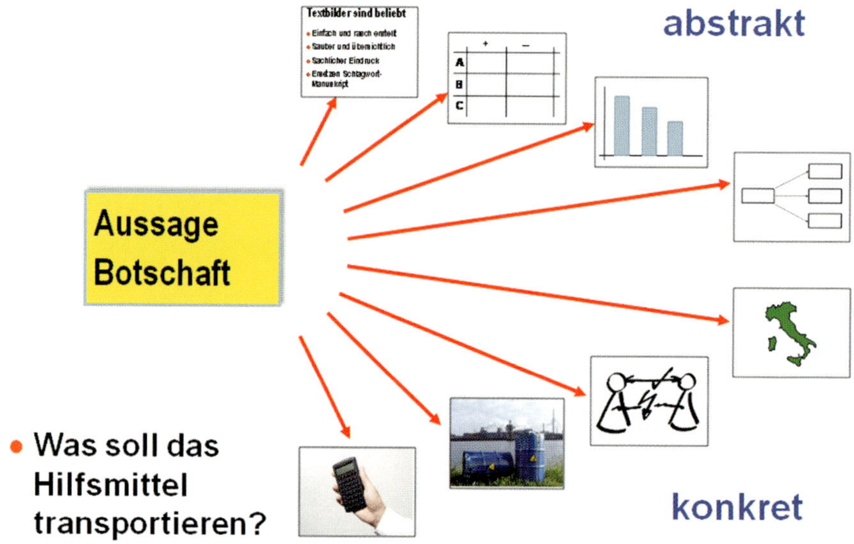

Abb.: Acht visuelle Lösungen: Bullet-Charts (Textbilder), Tabellen, Diagramme, Strukturbilder, Pläne, Symbole, Fotos und Muster

Im Business und in der Wissenschaft dominieren naturgemäß die abstrakten Lösungen wie Tabellen und Texte. Trotzdem trauen sich mehr und mehr Leute auch an bildhafte oder konkrete Lösungen heran. Damit zu verstärken oder zu überzeugen ist manchmal durchaus einfacher. Denken Sie zum Beispiel an die eingangs erwähnte Verarbeitung analoger Informationen. (Im

Kapitel „Erfolgsfaktor 4" werden wir uns mit der konkreten bildhaften Umsetzung im Detail beschäftigen.)

Mit PowerPoint können in kürzester Zeit optisch ansprechende Präsentationen erstellt werden, was dazu verführt, gleich alles visualisieren zu wollen. Beachten Sie daher auch: Nicht jeder Inhalt muss visualisiert werden. Beschränken Sie sich bei der Visualisierung auf die wirklich wichtigen Aussagen und überschütten Sie Ihre Zuhörer nicht mit einer Bilderflut. Das wäre genau so kontraproduktiv wie keine Visualisierung und wieder nichts anderes als eine Infoattacke – diesmal eine rein visuelle.

3.4 Vier abstrakte Visualisierungslösungen

1. Bullet-Charts für geballte Informationskraft

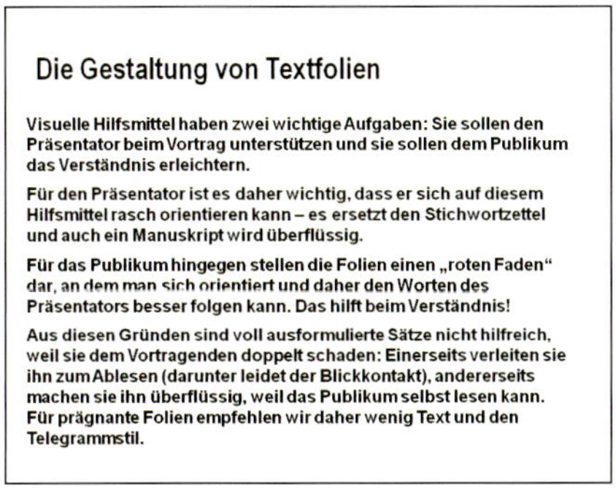

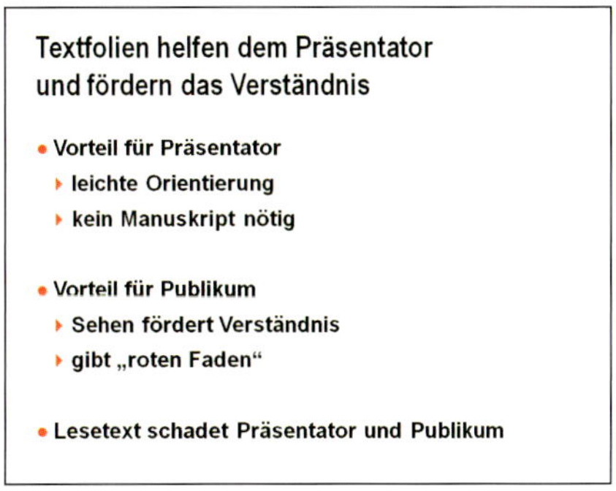

Abb.: Vorher – nachher: Aus Lesetexten und Hintergrundinformationen werden rasch erfassbare Bullet-Charts: Diese unterstützen das Publikum und den Präsentator.

Das englische Wort „Bullet" bezeichnet in einer Präsentation zwei miteinander verbundene Dinge: die Kugeln oder Symbole am jeweiligen Zeilenbeginn und die danach stehenden Schlagworte selbst, die präzise, prägnant und knapp formuliert sein sollten. Bullet-Charts verwenden Sie für Listen in Ihrer Präsentation, also immer dann, wenn Sie einzelne Punkte aufzählen möchten:

- Inhaltsübersichten, also Punkte, die nacheinander präsentiert werden;
- Komponenten, zum Beispiel Einzelteile einer Strategie oder eines Plans;
- Referenzen, zum Beispiel eine Auflistung Ihrer Kunden;
- Reihenfolge von Maßnahmen, was also alles nacheinander zu tun ist.

Da es sich hier um reine Aufzählungen handelt, wäre eine Visualisierung zu diesem Zeitpunkt nur schwer oder gar nicht möglich. Und die Darstellung mit Bullet-Charts ist ja gewissermaßen bereits eine Form der Visualisierung, weil die Information leichter erfassbar gemacht, also in Chunks für Ihre Zuseher verpackt wird.

Bei Bullet-Charts gilt: immer prägnant und ökonomisch – also kurz – formulieren. Bullets sollen „geballte Informationskraft“ besitzen. In der Praxis sind rund 80 Prozent aller visuellen Hilfsmittel in Präsentationen Bullet-Charts.

2. Tabellen für die übersichtliche Visualisierung von Fakten

Der Einsatz von Tabellen in Ihrer Präsentation bringt eine gewisse Systematik und Disziplin in die zu vermittelnde Information. Tabellen wirken durchdacht, vollständig und kompetent. Daher kommen diese auch bei eher rational eingestellten, faktenorientierten Zielpersonen immer gut an. Das Besondere an der Tabelle im Vergleich zum Bullet-Chart ist, dass Sie sowohl in Spalten als auch in Zeilen arbeiten können. Das ermöglicht Vergleiche, schnelle Überblicke und Zusammenhänge auch in komplexen Gebieten. Es macht die Fakten übersichtlicher und Analysen einfacher, was besonders wichtig ist, weil Sie somit wieder in der Lage sind, aus vielen einzelnen Informationen kompakte Einheiten, die bekannten Chunks, zu bilden.

Selbstverständlich muss auch während der Präsentation diese Systematik eingehalten werden. Leider springen viele Präsentatoren beim Erklären von Tabellen von Spalte 2 zu Zeile 24 und wieder zurück, um einzelne Positionen zu erklären. Lassen Sie hier Vorsicht walten, gehen Sie langsam und strukturiert vor und stellen Sie sicher, dass die ausgewählten Zahlen, die Sie nennen, auch visuell von den anderen unterscheidbar sind, indem sie markiert oder hervorgehoben werden.

Zahlentabellen – Analyse oder Präsentation?

Viele wichtige Informationen sind digital, zum Beispiel Finanzzahlen, Statistiken, Preise, Lieferzeiten oder Messergebnisse. Wo es um Genauigkeit und Präzision geht, kommen Sie mit Analogien nicht weiter, Sie brauchen Hard Facts, Zahlen und Ziffern. Diese stehen Ihnen bereits bei der Präsentationsvorbereitung zur Verfügung und müssen im Zuge dieser behutsam bearbeitet werden, damit die wesentlichen Aussagen und Botschaften vermittelt werden können. In der Präsentation werden die Ergebnisse Ihrer Analyse präsentiert und nicht gemeinsam mit der Zielgruppe erarbeitet. Ausnahmen bilden natürlich Arbeitsmeetings oder Besprechungen, wo gemeinsam Rohdaten analysiert und aufbereitet werden können.

Für den Vergleich von Zahlen oder Daten ist die Präsentation in Form einer Tabelle das geeignete Mittel. Sie sollten immer damit rechnen, dass nicht alle Zuhörer mit Ihren Zahlen vertraut sind, geschweige denn mit den Einheiten oder Relationen der Zahlen zueinander, denken Sie zum Beispiel an Facheinheiten wie Nanosekunden, Mikron, Lichtjahre, Gigahertz oder Bit pro Sekunde. Außerdem müssen diese Zahlen in eine vernünftige Größe gebracht werden, denn mit zehnstelligen Zahlen zu arbeiten ist extrem aufwendig und mühsam.

Wir gehen also auch hier wieder den Weg der Vereinfachung, denn es kommt meist nicht so sehr auf das Verständnis von einzelnen Einheiten oder Größenordnungen an, sondern vor allem auf Unterschiede, Entwicklungen, Prognosen und Veränderungen, also Trends und Relationen. 34 Millionen Barrel Rohöl sind nun einmal mehr als 28 Millionen Barrel Rohöl. Ob Sie sich die genaue Menge tatsächlich vorstellen können oder nicht, ist nicht entscheidend.

Bauer GmbH Favorit trotz unklarer Finanzierung

	Alpha AG	**Bauer GmbH**	**Celtic LLC**
Kosten (Mio €)	7,5	7,9	8,5
Finanzierung	1/3 1/3 1/3	?	Leasing
Lieferzeit (Monate)	4–5	6	3
Know-how	✓	✓✓	✓✓
Referenzen	✓	✓✓✓	✓✓

Abb.: Texttabellen verschaffen rasche Übersicht durch ihre einfache und logische Struktur.

	1997	**2008**	**2012**
Konsument			
Produzent			
Markt			

	Produkt A	**Produkt B**	**Produkt C**
Leistung			
Preis			
Garantie			
Referenz			

	Vorteile	**Nachteile**
Alternative A		
Alternative B		
Alternative C		

	Chancen	**Risiken**	**Kosten**
Verfahren 1			
Verfahren 2			
Verfahren 3			

Abb.: Beispiele für Texttabellen als Matrix für rasche Übersicht, Vergleichbarkeit und Verständlichkeit

horizontal

21,4	14,6	13,7	15,1
~~21482~~	~~14633~~	~~13756~~	~~15137~~

Abb.: Horizontale Anordnung: Bei zeilenweisen Vergleichen maximal dreistellige Zahlen

vertikal

14633037
13756656
12428129
15037463

Abb.: Vertikale Anordnung: Breitere Zahlen (> drei Stellen) spaltenweise anordnen

Flaschen à 0,25l	Liter	Kasten à 24 Fl.	1000 Flaschen	1000 Liter	1000 Kasten
912	228	38	0,91	0,28	0,04
9129	2282	380	9,13	2,28	0,38
91296	22824	3804	91,3	22,8	3,8
912967	228242	38040	913	228	38
9129675	2282419	380403	9130	2282	380

Abb.: Spaltentitel als Problemlöser: Wählen Sie im Spaltentitel Einheiten, die Ihnen dreistellige Zahlen ermöglichen.

	Jänner	Februar	März
Verkäufe	38854 Stk.	40020 Stk.	41221 Stk.
Umsatz	€ 9594522,72	€ 9775739,44	€ 9763933,21
Gewinn	21,73%	22,61%	24,45%

so

	Jänner	Februar	März
Verkäufe (1000 Stk)	38,9	40,0	41,2
Umsatz (Mio €)	9,60	9,78	9,76
Gewinn (%)	21,7	22,6	24,5

oder so

	Verkäufe (Stück)	Umsatz (€)	Gewinn (%)
Jänner	83854	9594522,72	21,73
Februar	40020	9775739,44	22,61
März	41221	9763933,21	24,45

Abb.: Der Weg zur übersichtlichen Kommunikationstabelle: Zahlentabellen brauchen vernünftige Einheiten, damit die Zahlen schnell erfasst und verstanden werden.

3. Diagramme statt Zahlen – Torten, Säulen und Linien

Sie wissen bereits, dass rasches Verständnis, schnelle Einsicht in Zusammenhänge und leichtere Merkbarkeit durch visuelle Verstärkung erzielt werden können. Genau das ermöglichen Diagramme, die Zahlen und Fakten im wahrsten Sinne des Wortes anschaulich machen.

Jeder kennt Diagramme und jeder arbeitet mit Diagrammen. Wahrscheinlich passieren gerade durch diese Selbstverständlichkeit und die daraus resultierende oft kritiklose Handhabung folgende Fehler bei der Arbeit mit Diagrammen:

- Auswahl eines falschen Diagramm-Typs
- Fehler bei der Gestaltung des Slides
- falsche Interpretation bei der Präsentation des Diagramms

Den richtigen Diagramm-Typ wählen

Wir beschäftigen uns nun mit der Vermeidung des ersten Fehlers, der Auswahl des passenden Diagramm-Typs. Einfach ausgedrückt geht es darum, aus Zahlen Bilder entstehen zu lassen, denn Zahlen sind abstrakte Informationen.

Bevor Sie sich entscheiden, ein Diagramm zu erstellen, müssen Sie sich über den Zweck des Diagramms klar werden. Vom Analysieren von Zahlen über das Vereinfachen von Zusammenhängen bis hin zum Manipulieren ist alles möglich.

Stellen Sie sich vor, Sie haben in zwei Wochen ein Meeting und möchten über die Entwicklung Ihrer Abteilung im letzten halben Jahr berichten. Dazu benötigen Sie eine Reihe von Kennzahlen, angefangen vom Umsatz über die einzelnen Kostenpositionen bis hin zu den Ertragskennziffern. Sobald Sie analysiert haben, welche Zahlen Sie beim Meeting präsentieren werden, müssen Sie sich als Nächstes Gedanken über ein passendes Diagramm machen. Als Hilfestellung für diese Auswahl empfehle ich Ihnen, sich über folgende vier Fragen klar zu werden:

1. Was genau soll das Diagramm aussagen?

Das ist der kritischste aller vier Punkte, denn wenn Sie nicht exakt wissen, was das Diagramm sagen soll, werden Sie sich sehr schwertun, diese Botschaft in das Diagramm zu verpacken. Was genau möchten Sie bildhaft ausdrücken oder verstärken? Was soll den Zuhörern vermittelt werden und was ist die zentrale Aussage dahinter?

In den Modulen Ihres Bauplans sind die zu visualisierenden Aussagen bereits in den Überschriften enthalten. Wenn die Überschrift zum Beispiel lautet: „Neues Produkt übertrifft die Erwartungen um 4 Prozent“, ist das genau die Aussage, die nun visualisiert werden muss, nämlich: „übertrifft um 4 Prozent“.

Oder: „Die Kosten in der Filiale Budapest steigen schneller als der Durchschnitt aller anderen Filialen.“ Hier ist die zu visualisierende Aussage: „steigt schneller“.

Wenn Sie bereits solche Überschriften erstellt haben, fällt es Ihnen jetzt umso leichter, den passenden Diagramm-Typ auszuwählen. Falls Sie diese Aussagen noch nicht haben, überlegen Sie ganz genau, was quantifiziert werden muss.

Beherzigen Sie auch, was wir eingangs festgehalten haben: Nur ein Gedanke pro Bild!

2. Für wen ist dieses Diagramm bestimmt?

Weil Sie den Erfolgsfaktor 1 „Zielgruppenanalyse“ in Ihre Präsentationsvorbereitung einbezogen haben, wissen Sie genau, wer Ihre Zielgruppe ist. Sind es Spezialisten wie Techniker, Finanzer, Ärzte oder Physiker oder sind es ganz „normale“ buntgemischte Menschen, die eher selten in Businesspräsentationen sitzen und daher auch seltener mit abstrakten Informationen dieser Art konfrontiert werden?

Von der Zielgruppe hängt Ihre Diagrammwahl ab: Welche Komplexität können Sie anwenden, mit welchen Maßstäben können Sie arbeiten? Stellen Sie sicher, dass Sie 100 Prozent zielgruppenorientiert arbeiten, damit das Diagramm auch wirkt und nicht verwirrt oder gar kontraproduktiv ist.

3. Was beabsichtigen Sie mit diesem Diagramm?

Die Bandbreite Ihrer Antworten reicht hier von sachlich informieren bis hin zu überzeugen, dramatisieren, manipulieren, vertuschen oder verdecken. Sie können mit einem Diagramm Ihr Publikum beruhigen, alarmieren, aufschrecken, aufregen, motivieren und vieles mehr.

Entscheidungshilfe: der AIM-Diagramm-Determinator

Um Ihnen die Entscheidung für einen bestimmten Diagramm-Typ zu erleichtern, ziehen Sie den AIM-Diagramm-Determinator zu Rate. AIM bedeutet: **A**nalyze (Analysiere) **I**ntended (die beabsichtigte) **M**essage (Aussage/Botschaft).

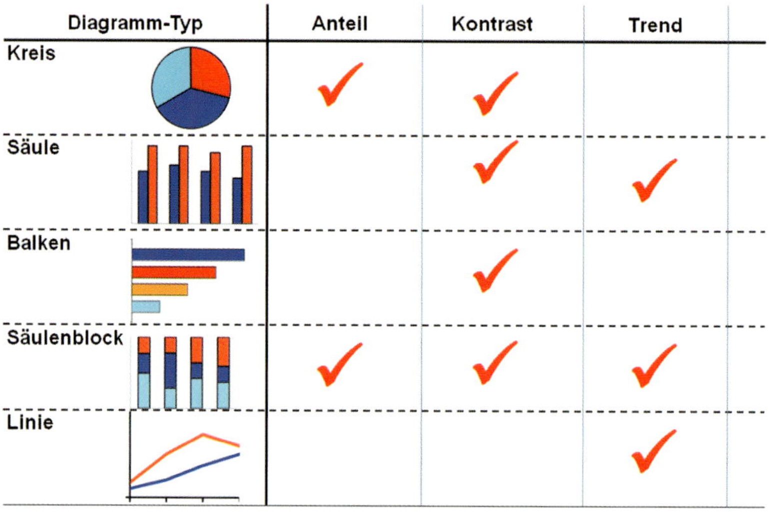

Diagramm-Typ	Anteil	Kontrast	Trend
Kreis	✓	✓	
Säule		✓	✓
Balken		✓	
Säulenblock	✓	✓	✓
Linie			✓

Abb.: Analysieren Sie zuerst die beabsichtigte Aussage, denn daraus ergibt sich der richtige Diagramm-Typ.

Anteil

Möchten Sie zeigen, aus welchen Teilen sich das Ganze zusammensetzt oder wie es aufgeteilt wird? Welchen Anteil Ihre Kampagne am Gesamtbudget hat? Welchen Anteil Produkt X am Gesamtportfolio hat? Für Aussagen wie diese brauchen Sie die Visualisierung des Anteils.

Kontrast

Geht es um Unterschiede? Wollen Sie zeigen, wie nahe etwas beieinander liegt oder wie weit etwas von einander entfernt ist? Welche Methode eine höhere Erfolgsquote hat oder wie sich verschiedene Alternativen in Leistung, Preis oder Ähnlichem voneinander unterscheiden? Dann ist es notwendig, den Kontrast visuell darzustellen.

Trend

Hier arbeiten wir mit der Zeitlinie: Wie hat sich das Verkaufsergebnis in Brasilien in den letzten zwei Jahren entwickelt? Wie verhalten sich die

Personalkosten in den letzten zehn Jahren? Die Darstellung des Trends zeigt Entwicklungen und Veränderungen und ist immer dann sinnvoll, wenn Sie Zahlen und Fakten aus verschiedenen Zeiträumen miteinander vergleichen.

Der AIM-Diagramm-Determinator ist eine Tabelle, wie Sie sie im letzten Abschnitt kennengelernt haben. Sehen wir uns nun die linke Seite des AIM-Diagramm-Determinators an. Hier finden Sie die gebräuchlichsten Diagramm-Typen, die auch in PowerPoint und anderen Präsentationsprogrammen integriert sind:

1. Kreisdiagramm (Tortendiagramm, Sektorenbild)

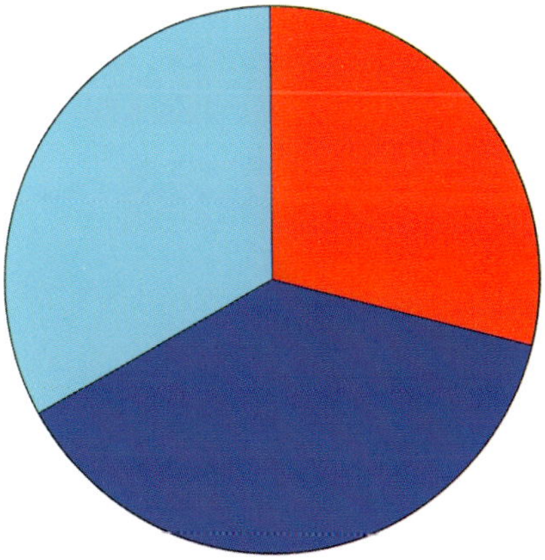

Damit zeigen Sie Anteilsverhältnisse zu einem bestimmten Zeitpunkt oder für einen bestimmten Zeitraum, zum Beispiel die Umsatzanteile im letzten Jahr. Beachten Sie, dass Kontraste nur zwischen sehr großen und sehr kleinen Tortenstücken visuell wirklich gut zur Geltung kommen. Sind die einzelnen Anteile gleich groß oder ähnlich groß, sind Vergleiche schwer oder gar nicht möglich.

2. Säulendiagramm

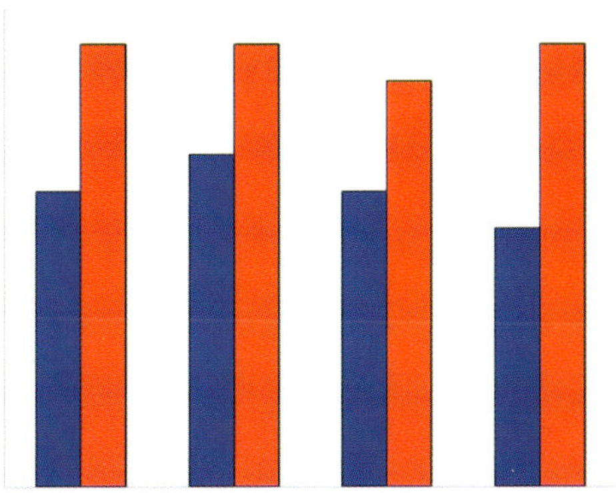

Es stellt definierte Mengen zu bestimmten Zeitpunkten dar. Diese Darstellung ist daher gut geeignet, um Entwicklungen über einen gewissen Zeitraum zu zeigen und diese Entwicklungen voneinander unterscheidbar zu machen. Hier kann man wunderbar am oberen Ende der Säulen den jeweiligen Trend oder die jeweilige Entwicklung ablesen. Bitte reihen Sie nicht zu viele Säulen aneinander, sonst erhalten Sie einen „Säulenzaun“. Für eine große Anzahl von Datenpunkten eignet sich das Liniendiagramm besser.

3. Balkendiagramm

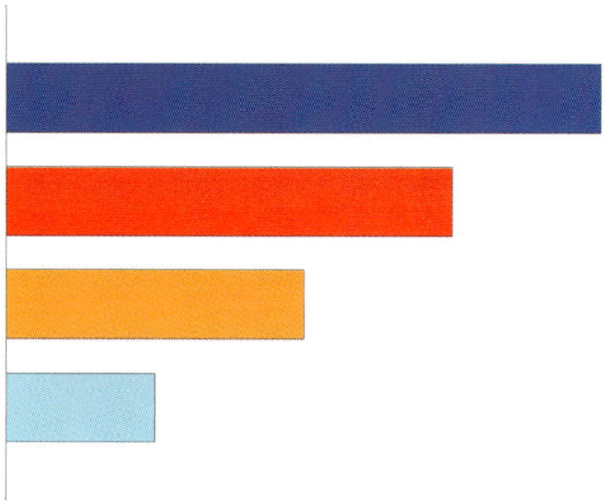

Das Balkendiagramm ermöglicht den Vergleich bestimmter Komponenten zu verschiedenen Zeitpunkten. Es liefert eine recht detaillierte Darstellung, die auch kleine Unterschiede gut sichtbar macht.

4. Säulenblock

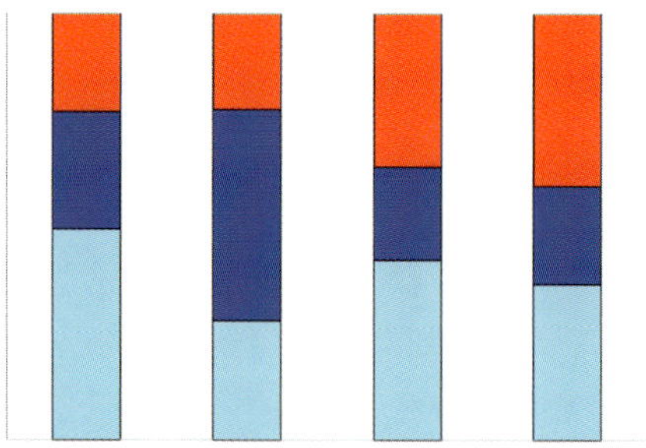

Damit stellen Sie Anteilsveränderungen in der Zeit dar. Also beispielsweise Anteile von einzelnen Abteilungen an den Gesamtkosten, Marktanteile oder die Zusammensetzung von Produkten. Die Säulen sind gut geeignet, um einen raschen Überblick zu erhalten, jedoch weniger für eine punktgenaue Darstellung einzelner Werte.

5. Liniendiagramm

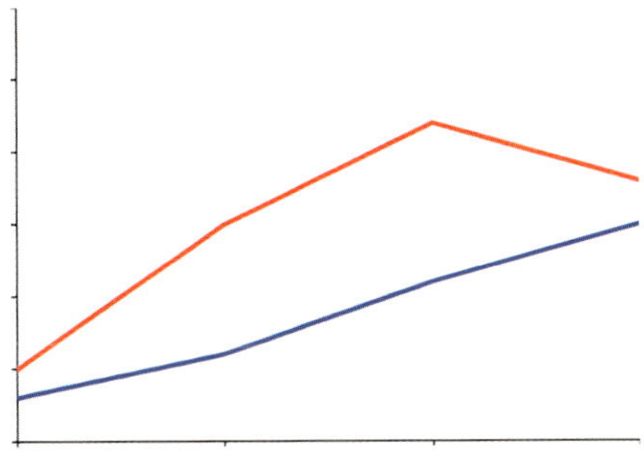

Das Liniendiagramm verbindet einzelne Messpunkte in der Zeit und ist hervorragend geeignet, um Entwicklungen darzustellen. Aktienkurse werden meist mit dem Liniendiagramm dargestellt, das auch als „Fieberkurve" bekannt ist. Hier ist die Wahl der Maßeinheit entscheidend, denn durch Veränderung dieser wird die Linie entweder steiler oder flacher, was sich natürlich exzellent zur Veränderung von Darstellungen verwenden lässt.

Präsentationsdiagramme müssen vor allem einfach, rasch und leicht verständlich sein. Alle Detailinformationen und dahinterliegenden Fakten integrieren Sie besser in die schriftlichen Unterlagen oder Handouts. Treffen Sie die Entscheidung für Ihr Diagramm bewusst, denn die visuelle Darstellung Ihrer Aussage ist ein wichtiges Erfolgskriterium.

Die Sache mit der Manipulation

Durch gezielte Auswahl Ihrer Daten und die Art der Darstellung belasten Sie neutrale Information mit der von Ihnen beabsichtigten Aussage. Somit ist jedes Diagramm eine Manipulation neutraler Zahlen. Das ist natürlich notwendig und unvermeidlich, oft sogar zielführend. Achten Sie auf unwillkürlich gewählte Darstellungen, die zu falschen Eindrücken führen und damit Ihr Präsentationsergebnis oder Ihren persönlichen Eindruck negativ beeinflussen. Denn nicht umsonst meinte Winston Churchill: „Es gibt Lügen, verdammte Lügen – und Statistiken."

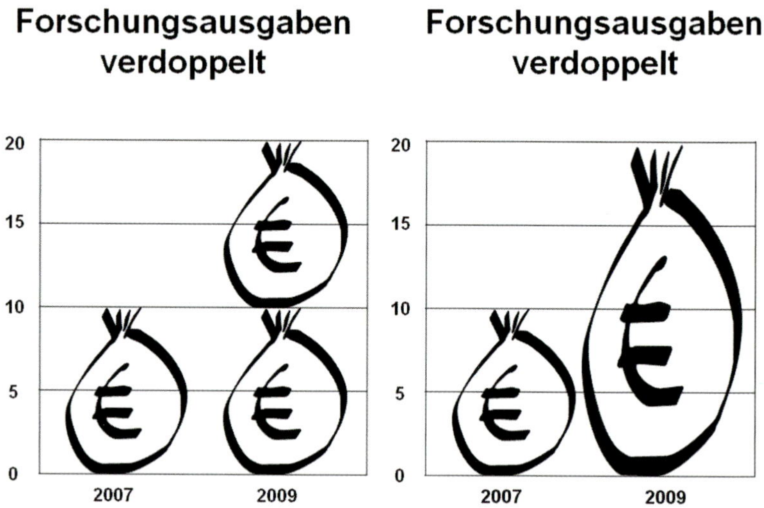

Abb.: Vorsicht, Dimensionsschwindel! Das rechte Bild suggeriert eine Vervielfachung der Ausgaben statt eine Verdopplung, wie in der Headline angekündigt.

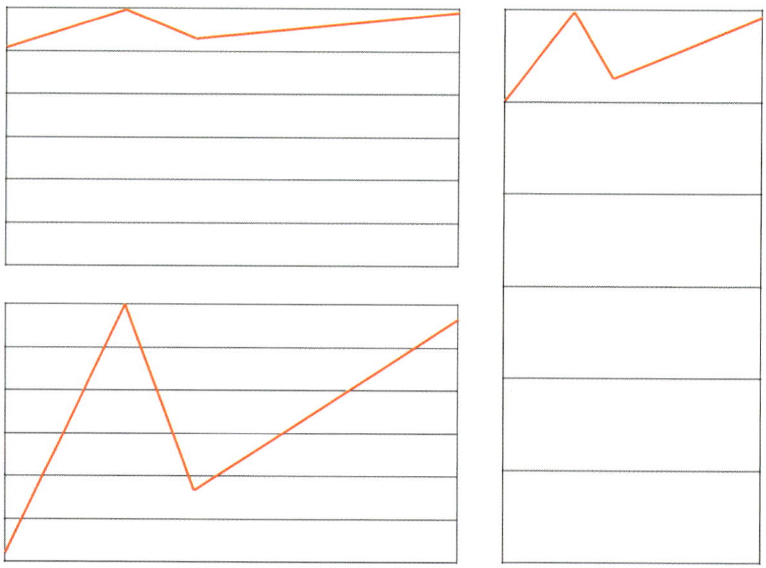

Abb.: Obwohl Sie dreimal die gleiche Entwicklung in einer Kurve sehen, stellen sich die Trends völlig unterschiedlich dar. Die Kurve links oben zeigt eine gemächliche Entwicklung, der Ausschnitt links unten dramatisiert diesen Trend, weil der untere Teil des Bildes (vertikale Achse) entfernt wurde. Wenn die horizontale Achse wie rechts oben verkürzt wird, verändert sich der Trend ebenso, wie wenn diese Achse gestreckt wird.

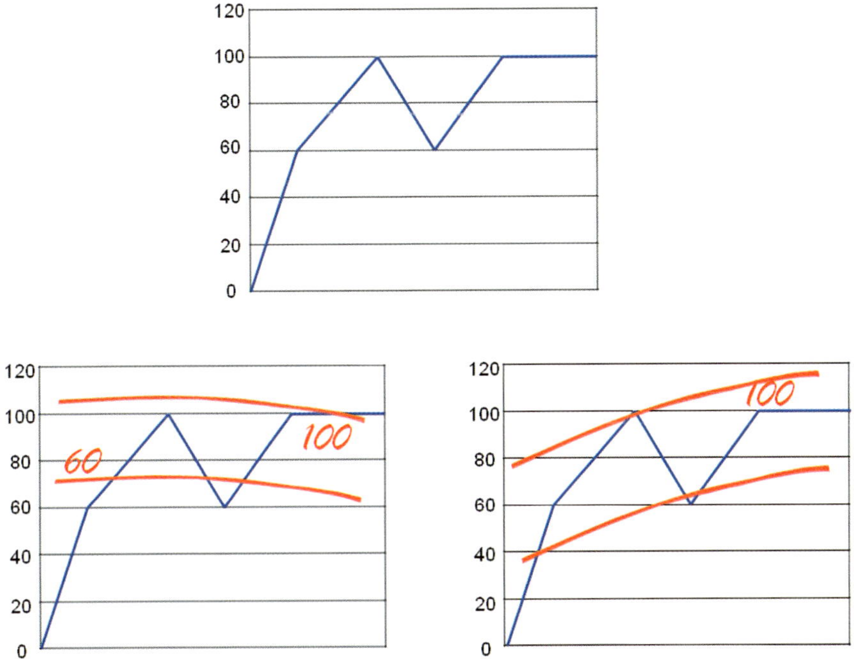

Abb.: Drei völlig identische Slides mit einem feinen Unterschied: die Interpretation durch den Präsentator mittels Beschriftung. Die roten Trendlinien verändern die Richtung für den Betrachter, Zahlen oberhalb oder unterhalb der Linie „heben" oder „senken" diese.

Reine Zahleninformation wird wie alle digitalen Daten sehr genau von unserem analytisch-kritischen Intellekt geprüft, für Bilder ist dieser Filter jedoch nicht zuständig. Als Bild ist das Diagramm deshalb viel leichter in der Lage, den Verstand auszutricksen und eine irrationale Botschaft abzuliefern. Sicher ist jedenfalls, dass intelligente Zuseher sehr rasch merken, wenn etwas nicht stimmt, und kritische Topmanager haben Erfahrung darin, genau diese falschen Darstellungen zu entlarven.

Daher gilt: Bleiben Sie bei den Fakten, Sie können diese zwar interpretieren, sollten Sie aber keinesfalls verzerren.

4. Strukturbilder – komplexe und abstrakte Inhalte logisch darstellen

Es grenzt beinahe an Zauberei: Mit einem einzigen Bild kann man alle Fakten und Zusammenhänge so darstellen, dass jeder Betrachter sie auf Anhieb versteht. Diese Möglichkeit bietet Ihnen das Strukturbild, auch bekannt unter den Bezeichnungen Flussdiagramm, Flowchart, Organigramm oder Schaubild. Was wir im letzten Kapitel mit Tabellen bewerkstelligt haben, also Zahlen miteinander in Zusammenhang zu bringen, Vergleiche oder Verhältnisse darzustellen, machen wir nun mit Begriffen.

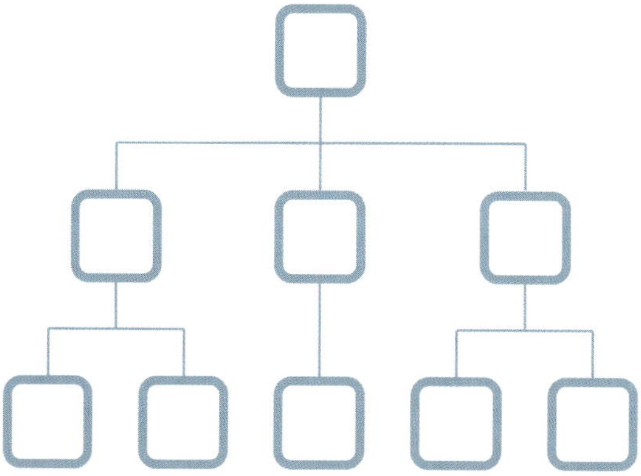

Abb.: Ein typisches Strukturbild, das einzelne Elemente miteinander in Bezug bringt

Unser PowerPoint-Slide enthält also eine gewisse Anzahl an Begriffen, die in einem gewissen Verhältnis zueinander stehen. Dieses Verhältnis bedeutet zum Beispiel, dass sie voneinander abhängen, sich untereinander ausschließen, aufeinander folgen oder eines aus dem anderen resultiert. Stellen Sie sich dazu ein typisches Organigramm eines kleinen Unternehmens vor, wo auf drei Ebenen sämtliche Mitarbeiter hierarchisch angeordnet dargestellt sind. Meistens wird der Geschäftsführer ganz oben stehen und die Mitarbeiter werden je nach Aufgabenbereich in den Ebenen unter ihm angeordnet sein. Die Namen der Mitarbeiter stehen üblicherweise in Kästchen, diese sind durch Linien miteinander verbunden.

Diese Methode veranschaulicht, in welchem Verhältnis die einzelnen Kästchen zueinander stehen. Wenn Sie nun aber eine Anzahl abstrakter Begriffe miteinander verbinden müssen, wird es schon komplizierter.

Darstellung von Begriffen

Flexibilität, Umfeld, Kennzahl, Ertrag, Dividende, Position ...: Wenn Sie diese Wörter bildlich darstellen müssten, könnten Sie sie nur sehr schwer durch Symbole ersetzen, da ja genau der digitale Begriff selbst ausschlaggebend ist. Es wird sich daher nicht vermeiden lassen, den jeweiligen Begriff in eines der Kästchen auf die Slides zu schreiben.

Darstellung von Beziehungen und Zusammenhängen

Wenn Sie obige abstrakte Begriffe auf Ihrem Slide notiert haben, müssen diese als Nächstes miteinander in Verbindung gebracht werden. Mit diesen Verbindungen weisen Sie auf Auswirkungen, Entwicklungen, Zusammenhänge, Hierarchien oder Trends hin.

Einige Beispiele dazu:

Entwicklung: Ereignis A führt zu Konsequenz B und mündet schließlich in Folge C.

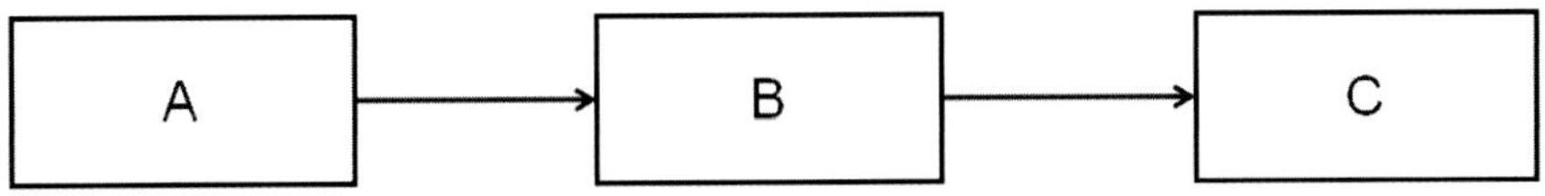

Zusammenhang: Die X Holding AG hält Beteiligungen an den Firmen A, B, C und D.

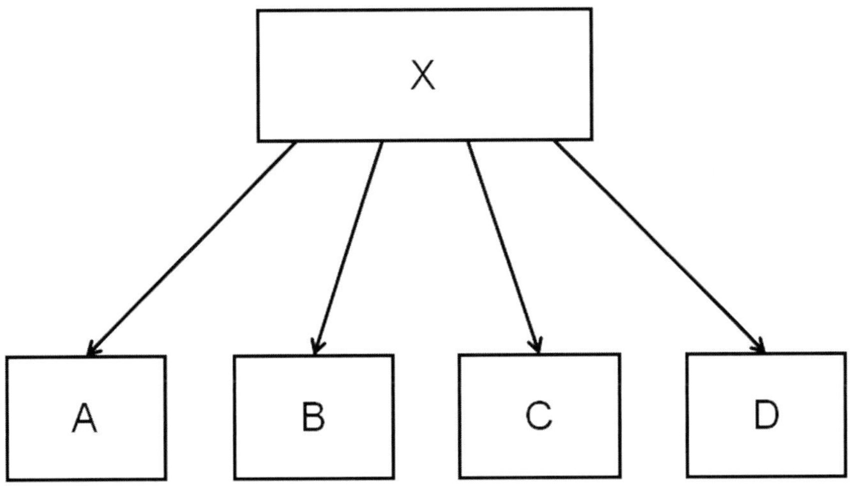

Auswirkung: Das negative Betriebsergebnis erhöht die Kreditkosten, stört das Klima, beeinträchtigt die Investitionen und belastet das Image.

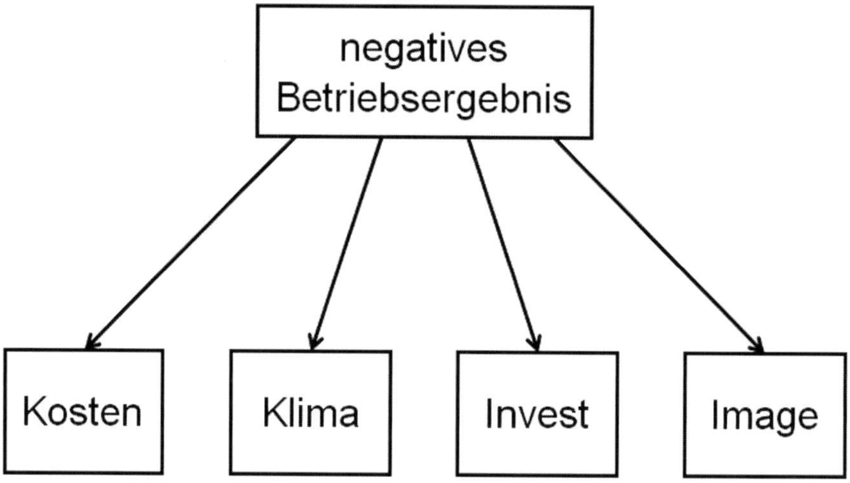

Strukturbilder: die einfachsten bildhaften Hilfsmittel

Die Schwierigkeit bei der Visualisierung solcher Zusammenhänge besteht darin, dass die abstrakten Worte keine konkreten und damit vorstellbaren Elemente mehr enthalten. Sie stellen also das genaue Gegenteil zu einem Bild dar. Als Präsentator müssen Sie aber nicht nur diese abstrakten Begriffe selbst erklären, sondern auch noch die Beziehung zwischen diesen Begriffen erläutern. Diese Beziehungen der Begriffe untereinander können wiederum mehr oder weniger abstrakt sein, zum Beispiel räumlich, logisch, kausal, zeitlich oder sozial.

Sie könnten der Einfachheit halber nun natürlich auch ein Bullet-Chart daraus machen und Ihre Begriffe untereinanderschreiben. Somit hätten Sie zwar die einzelnen Begriffe der Reihenfolge nach präsent, nicht aber, wie diese miteinander in Verbindung stehen – was den Zuhörern das Verständnis wesentlich erschweren würde. Es geht im Prinzip also darum, die Zusammenhänge zwischen mehreren Begriffen klar und bildlich darzustellen. Dazu brauchen Sie die richtige Anordnung von drei Elementen:

- **Text:** für die Worte und Beschriftung,
- **geometrische Formen:** Kreise, Dreiecke, Rechtecke et cetera,
- **Verbindungen:** Linien, Pfeile et cetera.

Sie sehen also, dass die Hilfsmittel für die Erstellung eines Strukturbildes denkbar einfach sind.

Fünf Schritte zu einem ein-leuchtenden Bild

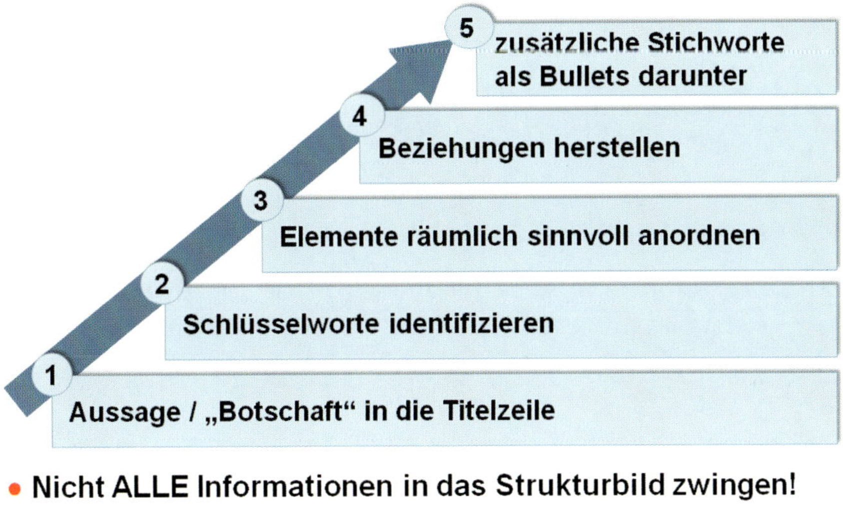

Unsere Ausgangssituation ist ein Bullet-Chart, also die komprimierte Form Ihrer Gedanken und Auflistung der wichtigsten Stichwörter. Die Erstellung des Strukturbildes besteht aus fünf Schritten:

1. Aussage in die Titelzeile

Welche Information soll das Slide transportieren?

2. Schlüsselworte identifizieren

Welche Worte wollen Sie verstärken, hervorheben und in Beziehung oder Zusammenhang zueinander stellen?

3. Elemente räumlich sinnvoll anordnen

Manchmal ergibt sich die Anordnung des Elements auf dem Bild bereits automatisch: Oben, unten, über, unter, hinter, vor et cetera. Manche Dinge haben sogar eine klare räumliche Position. Eine Zeitachse verläuft grundsätzlich von links nach rechts, genauso wie Darstellungen von „vorher – nachher", „ohne – mit" oder „soll – ist". Kausale Verknüpfungen können der natürlichen Leserichtung folgen, von links oben nach rechts unten. Die Zukunft erwarten wir rechts oben, daher erfolgt deren Darstellung am Bild auch dort.

4. Beziehungen herstellen

Zusammenhängende Elemente verbinden Sie mit Strichen. Wenn A aus B resultiert, können Sie an den Strichen einen Pfeil setzen und somit die Folgerung klar darstellen. Wenn etwas wechselseitig voneinander abhängt, wird der Strich an beiden Enden einen Pfeil haben müssen. Elemente können aber auch ohne Verbindung zueinander angeordnet sein. Es muss also nicht zwingend eine direkte Verbindung geben.

5. Zusätzliche Stichworte als Bullets darunter

Ergänzungen schreiben Sie als Bullet-Points unter das Strukturbild, somit wird das Bild nicht überladen und das Slide kann logisch aufgeschlossen werden, indem Sie zuerst das Bild erklären und danach die Zusatzinformation geben.

Strukturbilder logisch erklärt

Das Tolle an Strukturbildern ist, dass sie sich sehr einfach präsentieren lassen. Da die Zusammenhänge bereits sehr klar erkennbar sind, müssen Sie als Präsentator diese nur noch verstärken oder betonen und Ihre Zuhörer durch das Bild führen. Diese Führung erfolgt verbal, denn in der Sprache liegt der Schlüssel zu unserem Denken. Konrad Lorenz beschrieb das Denken so, dass unser zentrales Nervensystem mit einem modellmäßig präsentierten Raum arbeitet und wir daher in erster Linie räumlich in diesem Raum denken. Psychologen sprechen auch von der räumlichen Anordnung von Erinnerungen und Vorstellungen in unserem Gehirn und das lässt sich ganz wunderbar an sämtlichen Sprachen dieser Welt ableiten. Walter Porzik schreibt dazu in seinem Buch „Das Wunder der Sprache“:

„Die Sprache übersetzt alle unanschaulichen Verhältnisse ins Räumliche (...) Da werden Zeitverhältnisse räumlich ausgedrückt: VOR oder NACH Weihnachten, INNERhalb eines Zeitraumes von zwei Jahren. Bei seelischen Vorgängen sprechen wir nicht nur von AUSSEN und INNEN, sondern auch von ÜBER und UNTER der Schwelle des Bewusstseins, vom UNTERbewussten, vom VORDERgrunde oder HINTERgrunde, von TIEFEN und SCHICHTEN der Seele. Überhaupt dient der Raum als Modell für alle unanschaulichen Verhältnisse: NEBEN der Arbeit erteilt er Unterricht, GRÖSSER als der Ehrgeiz war die Liebe, HINTER dieser Maßnahme stand die Absicht (...).“

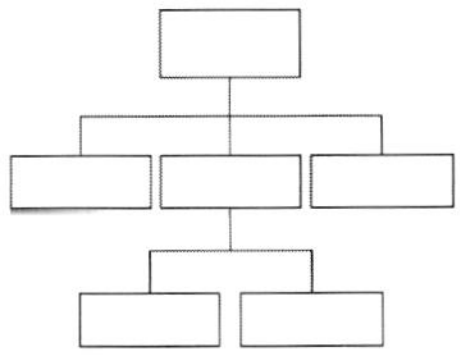
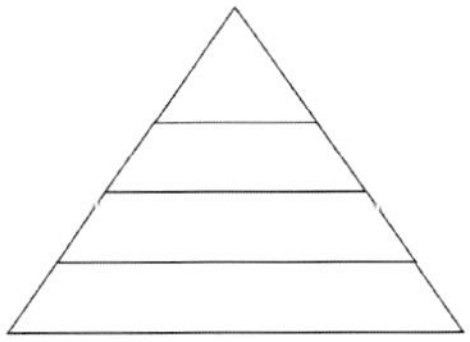
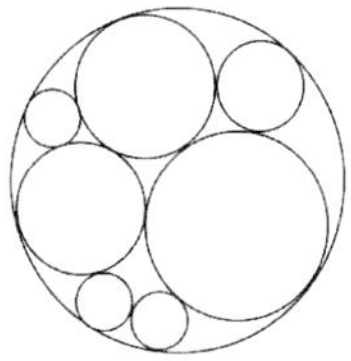

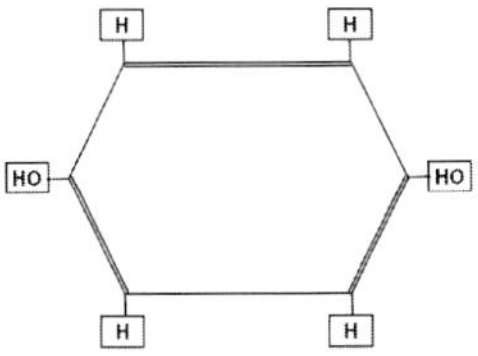
H
H
HO
HO
H
H
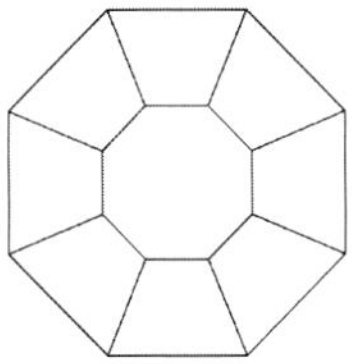
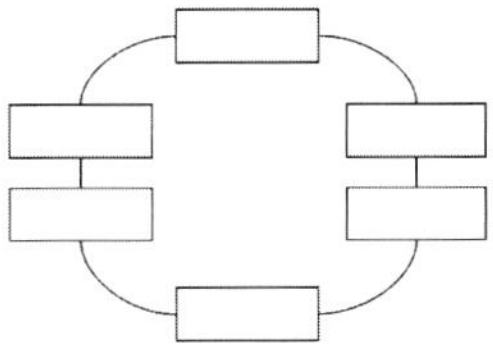

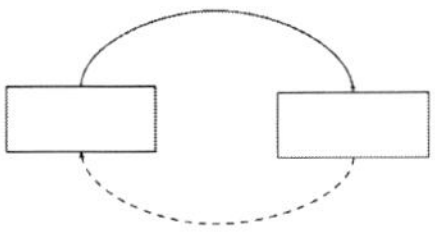
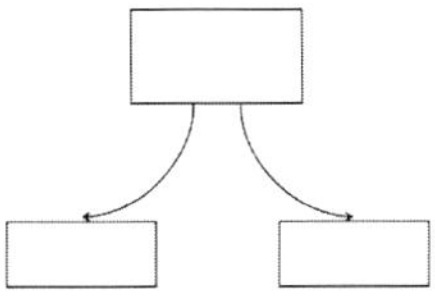
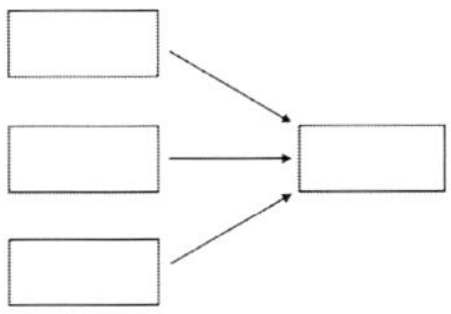

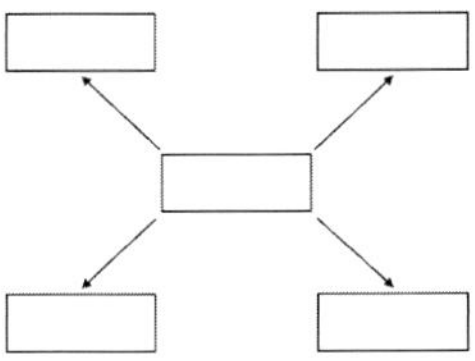
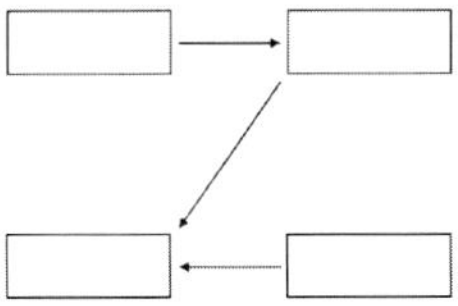
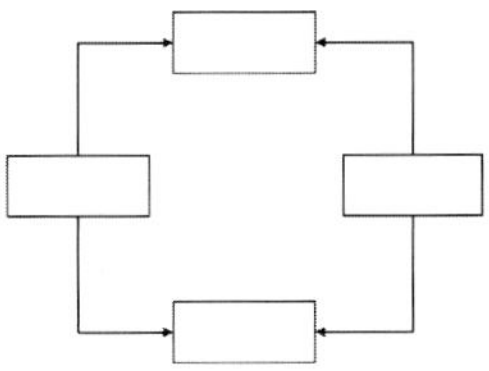

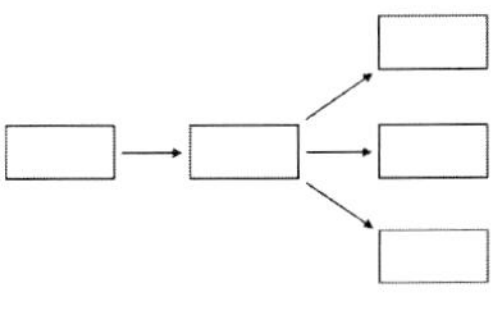
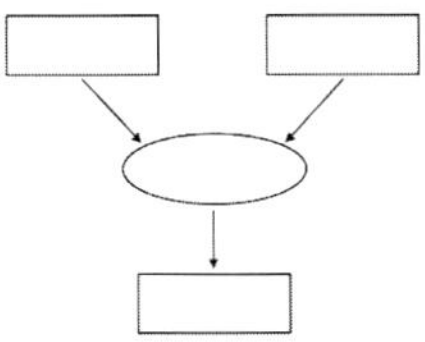
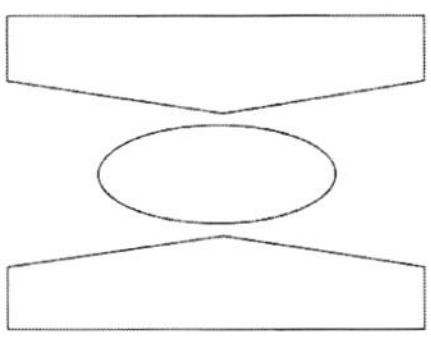

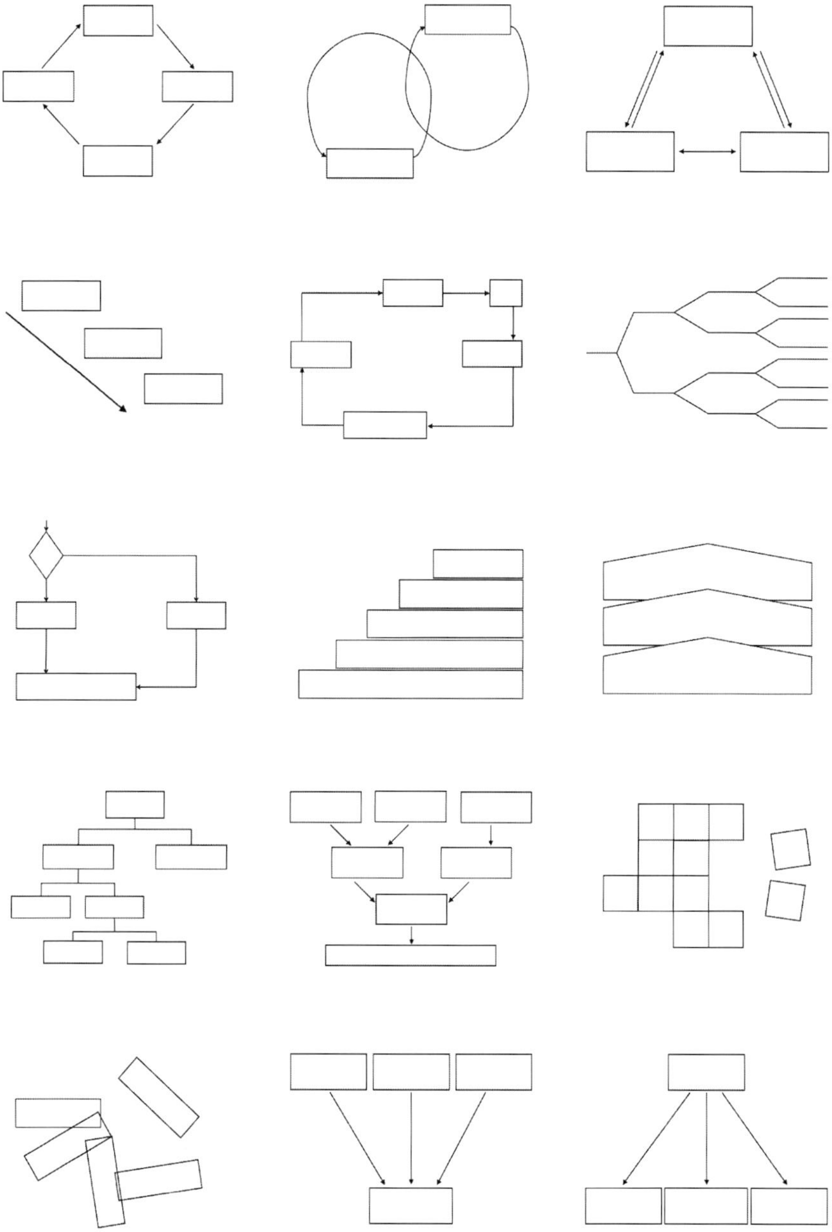

Abb.: Eine praktische Übersicht über mögliche Strukturbilder. Bei der Darstellung auf Slides bitte immer beachten: Aussage des Strukturbildes als Talking Headline in die Überschrift, Inhalte in die Kästchen. Variieren Sie nach Belieben, PowerPoint ab Version 2007 bietet zusätzlich eine Auswahl an Standard-Strukturbildern (SmartArt) für die schnelle Visualisierung an.

Lesen Sie einen beliebigen Text oder hören Sie jemandem genau zu, um das zu überprüfen. Sie werden diese Über- und Unterordnungen, Feststellungen, dass etwas außerhalb oder innerhalb der Organisation passiert, immer wieder finden. Auch die Vorsilben unserer Zeitwörter offenbaren uns einen wahren Schatz dieser Formulierungen: vorziehen, unterstützen, zurückreihen, zusammenfügen, auseinandernehmen ...

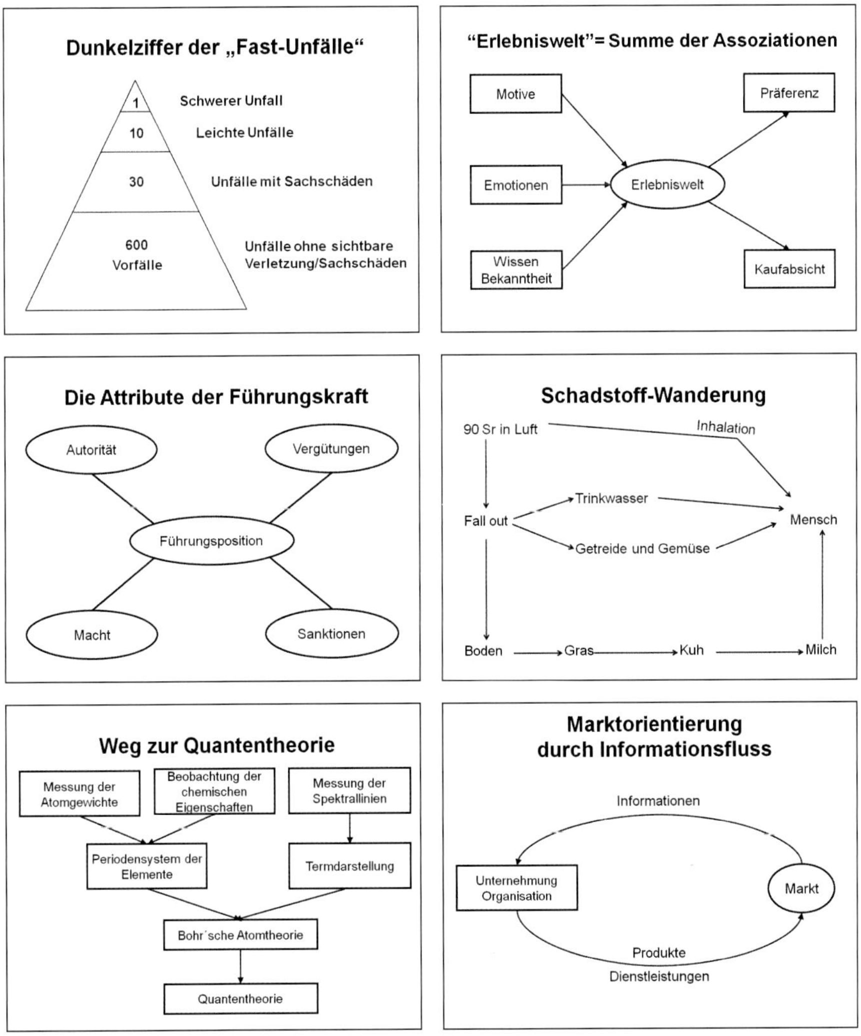

Abb.: Praxisbeispiele aus unseren Trainings für visuelle Lösungen mittels Strukturbild. Natürlich müssen Strukturbilder durch den Präsentator ergänzt werden und sind daher nicht vollkommen selbsterklärend.

Strukturbilder, die so erklärt werden, sehen logisch aus, klingen logisch und enthalten daher große Suggestivkraft. Gerade weil es eben so logisch aussieht, sind wir auch geneigt, die darauf beruhenden Gedanken kritiklos für richtig zu halten. Das birgt natürlich auch eine gewisse Gefahr, denn wenn etwas zwar logisch wirkt, sich bei näherer Überprüfung aber als falsch herausstellt, wird es peinlich. Daher bitte immer genau überprüfen, ob die Kästchen, die mit Pfeilen verbunden sind, auch wirklich zusammenhängen, ob die Pfeile auch wirklich in die richtige Richtung weisen und ob die Anordnung der Elemente auch tatsächlich korrekt ist.

3.5 Vier konkrete Visualisierungslösungen

Bildhafte Lösungen – konkrete Beweise für abstrakte Gedanken

Im letzten Kapitel haben Sie vier abstrakte Möglichkeiten zur Visualisierung Ihrer Gedanken und Inhalte gesehen. Trotzdem kann man sagen: Wenn nur abstrakte Lösungen angewendet werden, handelt es sich bei der fertigen Präsentation immer noch um eine relativ trockene Angelegenheit. Bevor wir uns nun also mit vier Möglichkeiten für konkrete Lösungen beschäftigen, sehen wir uns zuerst einmal deren Einsatzzweck an.

Im Notfall lässt sich zwar eine komplette Präsentation auch ausschließlich mit Bullet-Charts halten, Freunde werden Sie sich damit aber keine machen, denn nach dem zweiten oder dritten Bullet-Chart in Serie fällt die Aufmerksamkeit und die Bereitschaft zum Mitdenken rapide ab. Es gibt also gute Gründe für den Einsatz von Bildern und Symbolen, die über die reine Verschönerung der Präsentation hinausgehen.

In der Übersicht der acht Visualisierungslösungen auf Seite 140 sehen Sie für jede einzelne der acht Lösungen ein Symbol, zum Beispiel eine kleine stilisierte Tabelle als Symbol für praktisch alle Arten von Tabellen. Auf diesem Prinzip basiert die Anwendung von Bildern und Symbolen. Man gibt ihnen eine bestimmte Bedeutung und setzt diese dann entsprechend dieser Bedeutung immer wieder ein.

Bilder und Symbole stellen im Gegensatz zu Tabellen oder Diagrammen keine komplette visuelle Lösung dar, werden aber dazu verwendet, abstrakte Lösungen zu ergänzen, zu komplettieren oder mit mehreren Symbolen eine eigenständige visuelle Lösung zu produzieren. Und das definiert auch das Einsatzgebiet von Bildern und Symbolen: Sie können damit Ihre Aussage unterstützen, Themen interessanter gestalten, neue Themen ankündigen, Zusammenhänge verdeutlichen, Dinge dramatisieren oder verharmlosen und noch vieles mehr.

Bilder helfen beim Transport von Gedanken

Bildhafte Lösungen ergänzen die digitale Information Text und Sprache, um besseres und rascheres Verständnis bei den Zuhörern hervorzurufen. Und nicht nur rascheres Verständnis, sondern sogar blitzartige Einsichten bei richtigem Einsatz. Fotos sprechen sehr tiefe emotionale Schichten bei Ihren Zuhörern an und werden intuitiv als „wahr" beurteilt: „Ich habe es doch mit eigenen Augen gesehen." Ein falsch gewähltes Foto kann die Botschaft allerdings auch völlig zerstören, während ein perfekt passendes Foto ungeahnte positive Effekte haben kann.

Symbole bedeuten Identifikation, Erinnerung oder Zusammengehörigkeit. Sie können eine enorme Hilfe beim Transport Ihrer Ideen und Vorschläge sein, allerdings bedürfen sie auch immer der Ergänzung durch weitere Informationen. Das können Worte oder Ziffern sein, die entweder im Bild selbst untergebracht sind oder die Sie als Präsentator verbal dazu liefern. Richtig eingesetzt ist Symbolik ein sehr mächtiges Instrument.

Digitale und analoge Botschaft abstimmen!

Das bedeutet also: Bildhafte Lösungen sind eine ausgezeichnete Hilfe, um Inhalte zu transportieren, diese rascher verständlich zu machen und leichter zu behalten. Allerdings bedarf es auch hier eines gewissen Fingerspitzengefühls bei der Auswahl, gerade was Fotos betrifft, um auch wirklich die digitale Information mit der analogen Information abzustimmen. Ein Fehlgriff würde sofort zu einem Konflikt in der Wahrnehmung führen und die Zuhörer hätten keine Chance, die richtige Botschaft herauszuziehen. Was zählt nun, Text oder Bild? Sicherlich ein extremes Beispiel, es zeigt aber sehr deutlich die Problematik in der Verwendung von Bildern und Symbolen auf:

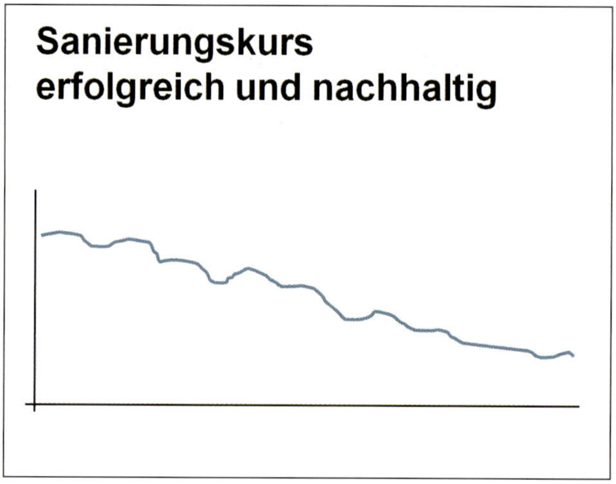

Abb.: Was zählt: Text oder Bild? Die Informationen stimmen nicht überein und verursachen daher Unsicherheit über die Botschaft.

Bilder – oder Tabellen?

„Soll ich hier wirklich ein Foto einbauen? Ich habe doch eine schöne Tabelle!" Diese Frage stellen viele unserer Klienten, wenn es darum geht, Präsentationen visuell zu optimieren und aussagekräftiger zu machen. Sie können sich sicher schon denken, wie die Antwort auf diese Frage lautet: „Hilft es Ihnen, Ihre Aussage zu verstärken?" Ist die Antwort „Ja", verwenden Sie unbedingt Bilder in Ihrer Präsentation. Ist die Antwort allerdings „Nein", können Sie guten Gewissens darauf verzichten, denn Verzierung ist kein Kriterium!

Ausreden gelten nicht

„Ich habe keine Bilder“, „Ich weiß nicht, welches das Richtige ist“, „Ich habe keinen Grafiker“ sind nichts anderes als faule Ausreden. Den passenden Begriff in die Internet-Bildersuche eingeben oder online Bilderdatenbanken durchstöbern und sofort erhalten Sie eine Fülle von Beispielen (Achtung, Copyright) für Ihre Illustrationen. Was vor ein paar Jahren noch ein Problem der Verfügbarkeit war, ist heute eine Angelegenheit von Sekunden. Diese Ausreden gelten also nicht mehr.

Erst die Aussage, dann das Bild

Überlegen Sie genau, zu welcher Aussage und für welches Element Sie ein Symbol oder Bild suchen. Nehmen Sie Bilder nicht deshalb, weil Sie Ihnen gefallen oder weil sie halt irgendwie zum Thema passen. Denken Sie daran: Die Aussage muss verstärkt werden!

1. Fotos als Beweis und emotionale Verstärker

Fotos finden zu Recht immer mehr Verwendung in Präsentationen, wenn auch bestimmte Bereiche dafür eher weniger geeignet sind. Gerade die klassische firmeninterne Businesspräsentation zum schnellen Informieren über Projekte und Zahlen kommt auch weiterhin gut ohne Fotos aus. Dies ist einerseits eine Zeitfrage – Bullets und Tabellen sind eben schneller erstellt als Fotos gesucht und adaptiert –, andererseits auch eine Frage der Kompetenz. So könnte es durchaus passieren, dass der CEO die Nase rümpft, wenn der Leiter der Finanzabteilung seine Halbjahresprognose mit Fotos „behübscht“. Daher setzen Sie Fotos am besten nur dort ein, wo Sie damit die Glaubwürdigkeit Ihrer Aussagen erhöhen können oder einen emotionalen Verstärker, den Fotobeweis-Effekt, brauchen.

Der **Fotobeweis-Effekt** ist der beliebteste Effekt in der Werbung. Denken Sie an Poster, Plakate, Broschüren oder Prospekte. In diesen Werbematerialien sehen Sie Fotos mit der positiven Auswirkung des jeweils beworbenen Produkts, meist detailgetreu und realistisch, wenn auch gerne übertrieben. Der Fotobeweis-Effekt tritt laut Forschungen bereits nach Sekundenbruchteilen ein und verstärkt beziehungsweise beweist vorher angekündigte Informationen oder Fakten.

Abb.: Das Foto ist der Beweis für die Aussage: Die Landesgrenzen sind durch den deutlich sichtbaren Aerosol-Nebel nur schwer zu erkennen.

Gerade für Schlüsselinformationen ist es also äußerst hilfreich, diese mittels Fotos an die Zielgruppe zu präsentieren. Zumal Sie rasch und einfach an Bilder kommen können: Recherchieren Sie im Internet oder nehmen Sie einfach Ihre Digitalkamera, knipsen Ihr Zielmotiv (zum Beispiel das Produkt, über das Sie sprechen), laden das Bild hoch, kopieren es in Ihre Präsentation – zurechtschneiden – fertig!

2. Zeichnungen und Skizzen bringen Aussagen auf den Punkt

Diese Methode eignet sich naturgemäß besonders für Ihre Präsentationen mit dem Flipchart, aber auch auf PowerPoint-Slides entfalten gute Skizzen und Zeichnungen durchaus ihre Wirkung. Ob Sie diese selbst zeichnen und einscannen oder aus Bilddatenbanken hochladen, spielt dabei keine Rolle. Denn wenn wir von Skizzen und Zeichnungen in Präsentationen sprechen, meinen wir natürlich keine Comicstrips oder Bilderwitze, sondern schlichte Illustrationen, die komplexe Situationen und Inhalte auf den Punkt bringen. Zeichnungen also, die mit wenigen Strichen und vollen Flächen auskommen und weder Schattierungen, Perspektiven noch Details aufweisen. Genau so also, wie Sie selbst mit dickem Stift auf ein Flipchart oder ein Blatt Papier zeichnen. Keine Sorge, wenn Sie kein Künstler sind: Ihre Skizzen oder Zeichnungen müssen nicht perfekt sein, sie sollen nur eines: Ihre Aussage unterstützen. Dies gelingt mit drei Methoden, die natürlich auch in Kombination angewendet werden können.

Vereinfachen

Aus einer Situation oder von einem Gegenstand werden alle Eigenschaften oder Details weggelassen, die nicht unbedingt zum Verständnis notwendig sind. Nach dieser Methode entstehen auch viele Bilder in der Unternehmenswelt. Das HPS-Kegelmännchen zeigt zum Beispiel nicht, ob es ein Mann oder eine Frau ist oder wie alt und in welcher Position die Person ist. Das Symbol für die Tabelle zeigt nicht, wie komplex die Tabelle ist oder in welchen Farben sie dargestellt wird. Es zeigt nur, dass es sich um eine Tabelle handelt, und das reicht.

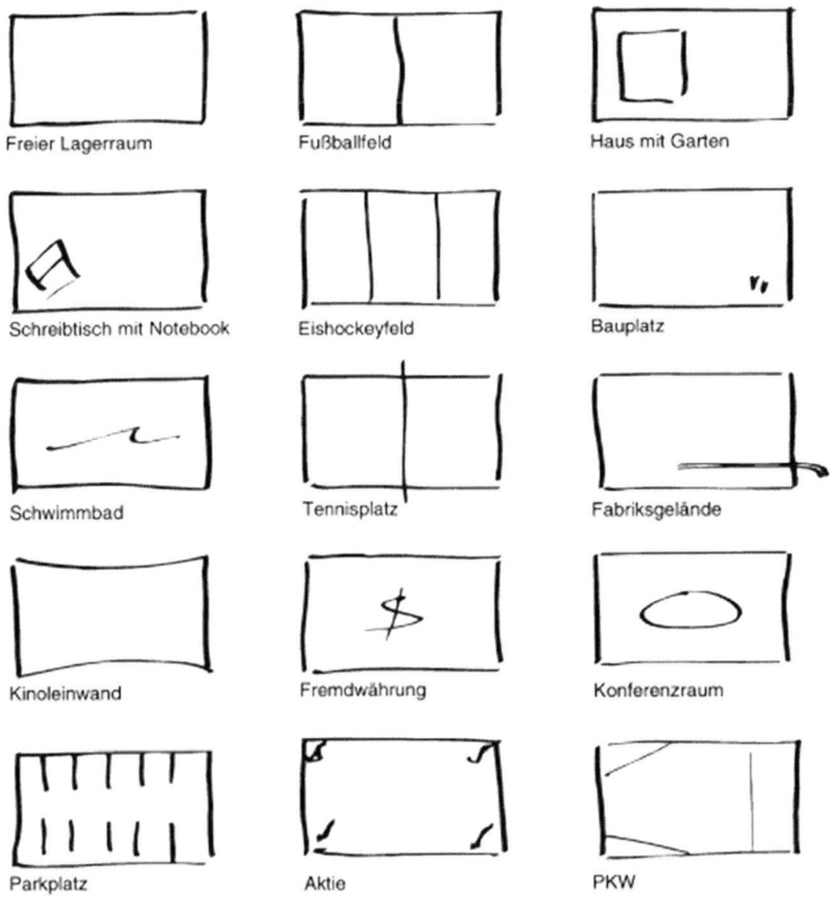

Abb.: Ein einfaches Symbol und viele Bedeutungen. Geben Sie dem Rechteck eine Bedeutung und es wird fortan diese Bedeutung darstellen: „Dieses Grundstück steht für das Bauvorhaben …“, „Dieser Pkw steht für das neue Modell von …“ (2-E-Technik, Seite 128). Bauen Sie kleine visuelle Anker ein: ein Euro-Zeichen, Parkplatzmarkierungen, ein Netz für den Tennisplatz. Entscheidend ist, dass Sie dem Bild sofort eine Bedeutung geben, noch bevor das Publikum zu interpretieren beginnt.

Vergleichen

Cartoons – Geschichten oder Pointen aus einem oder mehreren Bildern – und einfache Zeichnungen arbeiten gerne mit Analogien oder Gleichnissen. Eine einfache Waage zeigt, wie zwei Seiten ausgeglichen oder eben auch nicht zueinander stehen. Ein großes Haus neben einem kleinen Haus zeigt klar, dass es einen Unterschied gibt.

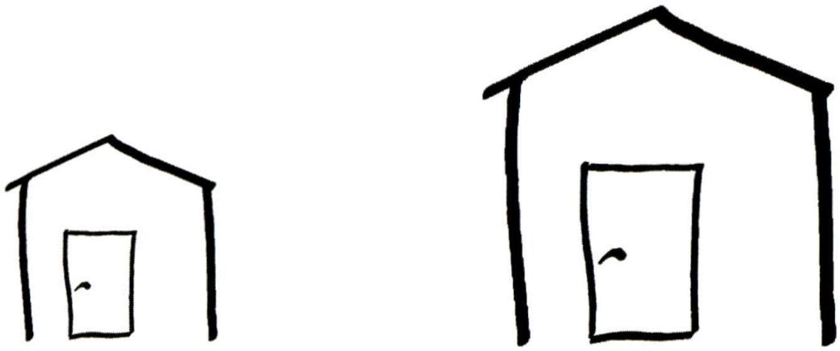

Übertreiben

Davon leben vor allem Karikaturen, wenn ein Detail hervorgehoben und überproportional vergrößert wird – zum Beispiel die Nase eines Politikers. Diese Methode funktioniert am besten, wenn Sie extreme Aussagen unterstützen wollen: extrem hohe Gewinne symbolisiert durch ein riesiges Euro-Zeichen oder einen Geldsack, etwas Unklares durch ein riesiges Fragezeichen, ein Problem durch einen hohen Berg.

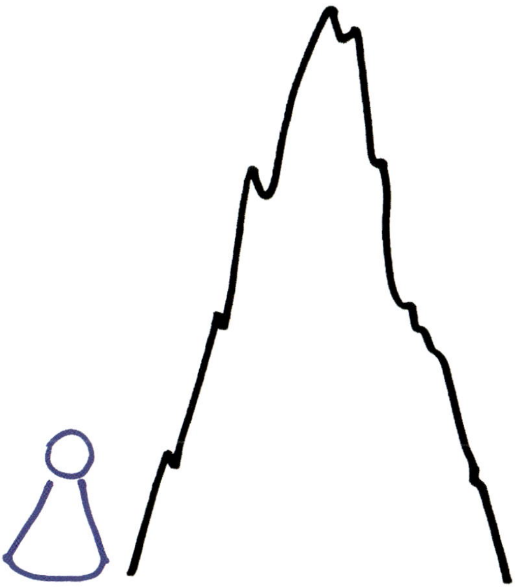

Sagen Sie, was es ist …

Arbeiten Sie mit Skizzen oder einfachen Zeichnungen, bedenken Sie: Nicht Originalität oder Schönheit zählt, sondern die kommunikative Wirkung. Denn Sie sind der Präsentator und möchten eine Botschaft in die Köpfe Ihrer Zuhörer bringen und kein Künstler, der Applaus für seine kreativen Ergüsse möchte.

Abb.: Einfache Zeichnungen müssen immer erklärt werden, sonst galoppiert die Vorstellungskraft des Publikums mit falschen Interpretationen davon.

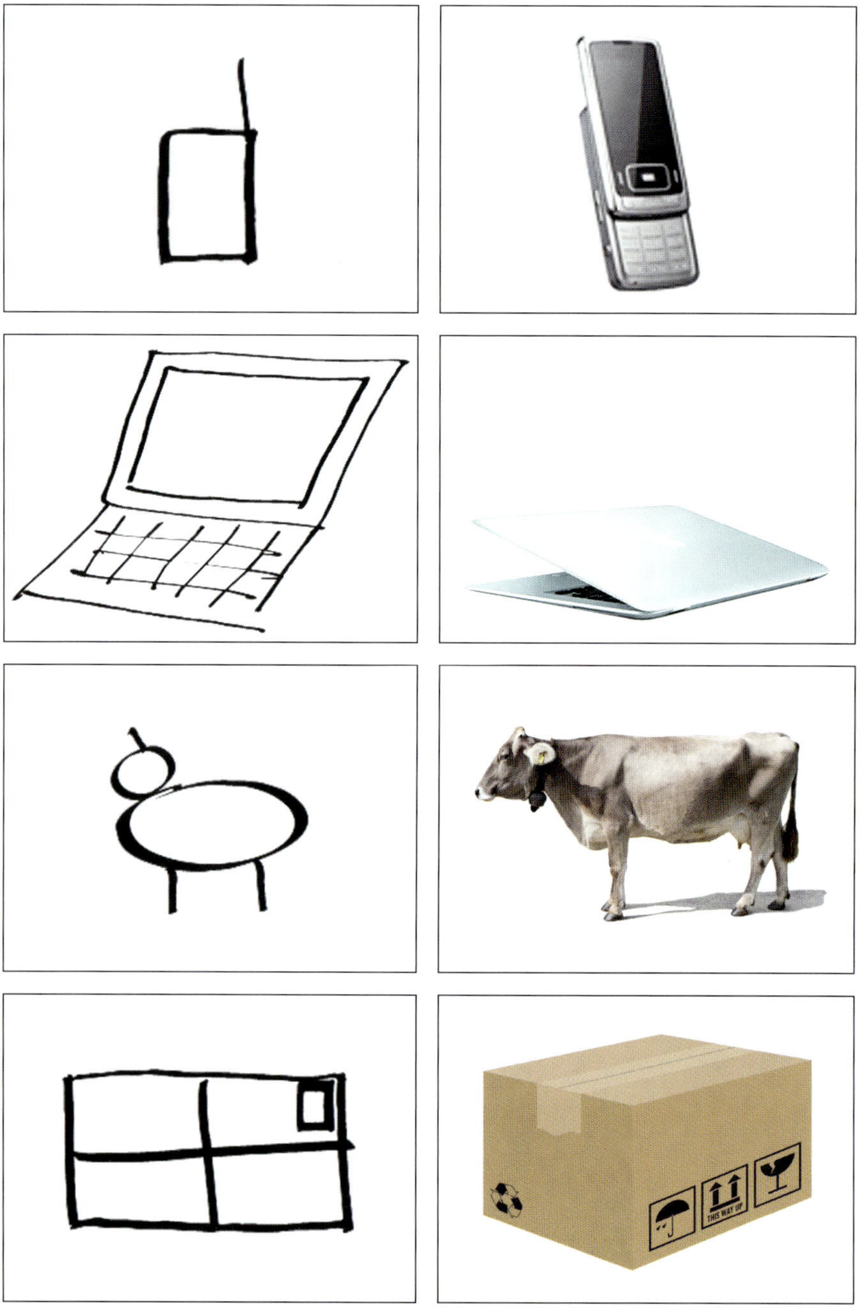

Abb.: Die Bedeutung ist wichtiger als die Darstellung – sagen Sie dazu, was es ist, und es erhält eine Bedeutung.

3. Pläne und technische Zeichnungen als visuelle Beweise

Wenn wir hier von Plänen und technischen Zeichnungen sprechen, so gilt das als Sammelbegriff für alle mehr oder weniger detaillierten, gelegentlich auch abstrahierten, jedenfalls aber komplexen Darstellungen der Realität. Das sind Landkarten, Grundrisse, Schaltpläne, Bauzeichnungen, Molekularstrukturen und Ähnliches. Die meisten dieser Zeichnungen sind so komplex, dass sie kaum auf ein Bild passen oder auf einen Blick erfassbar sind. Daher rate ich Ihnen auch ab, technische Zeichnungen und Pläne komplett in der Präsentation zu verwenden. Solche Pläne und Zeichnungen sind nicht dafür gedacht, sie kurz in einer Präsentation zu zeigen, sondern sie sind Hilfsmittel für Fachleute, an denen konkret und konzentriert gearbeitet wird. Daher sollten Sie solche Bilder auch erst dann zeigen, wenn bereits klar ist, was kommt und was die Zeichnung symbolisieren soll.

Betonen Sie Konturen und Farben der Zeichnungen und Pläne

Abb.: Heben Sie nur das hervor, worüber Sie sprechen, dann brauchen Sie den Rest nicht zu erklären.

Zeigen Sie eine Karte von Europa und sprechen Sie über ein bestimmtes Land, heben Sie die Grenzen dieses Landes mit einer dicken Linie oder Farbe heraus. Bei einem architektonischen Grundriss eines Bürogebäudes wird jeweils der Teil, über den Sie gerade sprechen, mittels dicker Striche, Farbe oder dicker Beschriftung hervorgehoben.

Überlegen Sie sich den Einsatz komplexer Zeichnungen und Pläne gut: Nur weil Sie in der Vorbereitung einen beeindruckenden, riesigen Plan gezeichnet haben, müssen Sie diesen nicht unbedingt komplett herzeigen – meistens sind kleine Ausschnitte völlig ausreichend und zielführender. Ihre Zuhörer werden

Ihnen hoffentlich auch so glauben, dass Sie sich mit der Materie auseinandergesetzt haben. Was Sie zeigen, müssen Sie allerdings auch erklären – denn wenn Sie ein Bild ohne komplette Erklärung wieder entfernen, haben die Zuseher das Gefühl, sie hätten etwas versäumt.

4. Muster und Demos – Dinge sind interessanter als Sie

Was gibt es Schöneres als einen Präsentator, der mitten in seinem langen Vortrag ein Muster ausgibt? Sofort stürzten sich alle Zuhörer darauf, befingern und besprechen es eingängig und diskutieren darüber. Währenddessen steht der Präsentator einsam und allein vorne und wartet darauf, dass sich die Zuhörer wieder seiner erbarmen. Was tun?

In diesem Fall haben Sie nur eine einzige Möglichkeit: Geben Sie Ihren Zuhörern ausreichend Zeit, das Muster für sich zu entdecken und sich damit zu beschäftigen, oder bereiten Sie gleich für jeden eines vor, falls das möglich ist. Hat dann das Muster seine Schuldigkeit getan, können Sie fortsetzen und die Gefahr des Aufmerksamkeitsverlustes ist vorerst gebannt.

Das soll Sie nun aber nicht entmutigen, Muster und Demonstrationen in Ihren Präsentationen einzusetzen, sondern im Gegenteil – dazu ermutigen. Denn aus der Reaktion der Zuseher lässt sich erahnen, wie begeistert diese sind, wenn sie etwas zum Angreifen und Ausprobieren bekommen.

Aber auch das reine Vorzeigen von Dingen ist äußerst publikumswirksam. So können Sie zum Beispiel während Ihres Auftritts ein Streichholz anzünden und abbrennen lassen, Geldscheine zerknüllen und ins Publikum werfen (sofern Sie genug haben), ein Buch in die Hand nehmen und durchblättern, ein Produkt hochhalten und noch vieles mehr. Erfahrene Marketingleute haben daher immer eines ihrer Produkte zur Hand, wenn sie Markteinführungen oder Sortimentserweiterungen präsentieren. Das erhöht die Aufmerksamkeit schlagartig und hat außerdem enorme Beweiskraft. Es sollte aber nicht nur ein Gag sein, sondern auch tatsächlich wieder einen Zweck erfüllen: Es muss Ihre Aussage verstärken!

Stellen Sie sich vor dem Einsatz von Mustern und Demos – wieder – die folgende Frage: Was genau will ich damit bezwecken?

Möglichkeiten für die Ausgabe von Mustern

- Muster zum Ansehen, Anfassen, Kosten, Riechen oder Schmecken
- Modelle, um die Sache anschaulich zu machen

- Bilder oder Poster von neuen Produkten oder Projekten

Wir sprechen übrigens nicht nur von Produktvorführungen und Schulungen, sondern auch von Fachvorträgen, in denen Sie mit einem echten Gegenstand in Ihrer Präsentation die Information verstärken und alle Sinne Ihrer Zuhörer ansprechen.

Genaue Planung ist notwendig

Das Ausgeben von Mustern gehört exakt in die Präsentation eingeplant. Geben Sie Muster erst dann aus, wenn Sie tatsächlich Zeit dafür reserviert haben und alle nötigen Informationen bereits an Ihr Publikum gegeben haben. Reservieren Sie ausreichend Zeit und legen Sie genau fest, wie es weitergeht, nachdem das Muster durchgegangen ist. Überlegen Sie sich außerdem, wer das Muster austeilt und wie lange es bei den Teilnehmern bleibt. Ob Sie das Muster danach wieder einsammeln oder zur Seite stellen lassen, ist ebenfalls zu entscheiden. Und falls es wieder eingesammelt wird: Wer macht das und wie viel Zeit reservieren Sie dafür?

Halten Sie sich bei der Ausgabe an folgenden Ablauf:

1. Muster ankündigen und erklären, worauf dabei zu achten ist:

   Achten Sie besonders auf die feine Oberfläche durch die neue Legierung …

2. Zeitrahmen angeben:

   Bitte nur ganz kurz ausprobieren und dann gleich Ihrem Nachbarn weitergeben.

Wenn Sie bemerken, dass zu langsam gewechselt wird:

   Bitte jetzt weitergeben!

3. Ende definieren:

   Die Muster bitte einfach wieder nach vorne geben und dort liegen lassen.

4. Startschuss geben:

   Die drei Minuten gelten ab jetzt, hier sind Ihre Muster.

5. Ende verkünden:

   Sie haben jetzt gesehen, dass … als Nächstes werden wir …

Demos unbedingt vorher testen!

Sicherlich kennen Sie den berühmten „Vorführeffekt“ – gerade bei der Demonstration geht etwas schief. Dies hat sogar Bill Gates bei der Vorstellung von Windows XP, zur Freude aller Fans alternativer Softwareprodukte, getroffen. Testen Sie also die Handhabung oder die Vorführung vor Ihrem Auftritt. Denn wenn bei der Live-Vorführung etwas schiefgeht, ist dies peinlich und nicht gerade kompetenzfördernd.

Überprüfen Sie:

- Wie sind die Sichtverhältnisse der Teilnehmer?
- Wo stellen Sie die Materialien bereit, um sie rasch und sicher zur Hand zu haben?
- Wie kündigen Sie den Beginn der Demo an?
- Was machen Sie nach der Demo mit dem Material, den Resten oder dem Ergebnis?
- Wie sieht Ihr Notprogramm aus, falls etwas schiefgeht?

Falls Sie auf diese Fragen keine zufriedenstellenden Antworten finden, ziehen Sie in Betracht, entweder auf die Demo zu verzichten oder diese auf einen späteren Zeitpunkt zu verschieben.

Muster wirken noch nach der Präsentation

Das Ausgeben von Mustern löst einige äußerst positive psychologische Mechanismen bei Ihrem Publikum aus. Es erhöht die Aufmerksamkeit, weckt Interesse, „weckt auf“. Ein Muster, das die Teilnehmer behalten dürfen, stimmt diese meist positiv (außer, es ist kaputt). Durch die Beschäftigung mit dem Muster verbleibt dieses nicht nur im Gedächtnis der Teilnehmer, sondern – bei geeigneter Größe – auch in deren Tasche. Wenn sie sich das Muster zu einem späteren Zeitpunkt wieder ansehen oder sich damit beschäftigen, erinnern sie sich an die damit verknüpfte Information. Das ist übrigens einer der simpelsten, aber besten Verkäufertricks und jeder, der in einer Branche arbeitet, wo Muster ausgegeben werden können, wird Ihnen von der überaus positiven Wirkung berichten können.

Checkliste Erfolgsfaktor 3: Visualisierung

- ❑ Was soll visualisiert werden? (Visualisierungsfilter)
- ❑ Welches Bild kann dabei helfen?
- ❑ Slide erstellen – 3-V-Regel beachten!
- ❑ Diagramm mit AIM-Diagramm-Determinator auswählen

Tipps und Tricks	Achtung Falle!
Ein-Sicht schaffen Sie mit Bildern: Der Mensch ist visuell orientiert.	Nur Text oder nur Worte transportieren und bewirken nachweislich weniger.
Textcharts (Bullets) dienen als Basis und Bilder zur Verstärkung.	Keinesfalls nur Bullet-Charts oder gar Lesetexte!
Visuelle Vielfalt ist analog und digital und wirkt besser.	Eintönige Charts oder Tabellen langweilen und frustrieren.
Bilder müssen die Aussage verstärken oder beweisen.	Lassen Sie Bilder weg, die keine Zusatzinformation bieten.
Zusammenhänge mit Strukturbildern veranschaulichen und erklären	Keine Bilder und Grafiken „alleine lassen" – das führt zu Ablenkung und Fehlinterpretation.
Visualisierung dient als „Spickzettel" für den Vortragenden.	Visualisierung ist kein Teleprompter – bitte nicht einfach „vorlesen".
1 bis 3 Minuten Sprechzeit pro Infoblock/ Slide	Zu schnelles Durchklicken frustriert, zu langes Reden über ein Slide ermüdet.
Nur ein Bild pro Slide	Vorsicht vor Übertreibungen – der Anteil von Text und Bild muss ausgewogen sein.
Fotos sind zeitgemäß und funktionieren als „Beweismittel".	Keine Fotokollagen als Zierde, nur weil es hübsch aussieht.
Visuelle Hilfsmittel sind „Spickzettel" und vermeiden Blackouts.	Nicht alles, was sich visualisieren lässt, muss auch auf ein Slide.
Muster und Demos sind für das Publikum spannend und eine willkommene Abwechslung.	Keine Muster ohne konkrete Anweisung und Timing an die Gruppe geben.

Präsentatoren mit visuellen Hilfsmitteln wirken sicherer und sind glaubwürdiger!

Kapitel 4

Erfolgsfaktor 4: Präsentationsdesign für visuelle Hilfsmittel

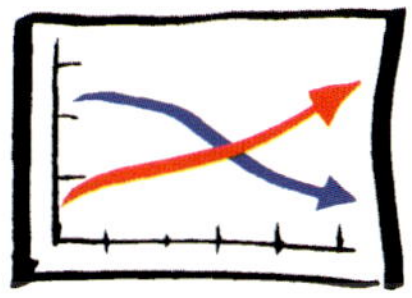

Überschrift
Text
Bullet
Animation

Der Abteilungsleiter klickt auf seine Präsentationsfernbedienung und das nächste PowerPoint-Slide erscheint. Statt es zu kommentieren, blickt er es einige Sekunden lang verwundert und skeptisch an, dreht sich dann zum Publikum und sagt: „Tut mir leid, aber diese Grafik ist fürchterlich, die hat mein Assistent gestern Abend noch schnell für mich erstellt. Ich werde versuchen, es so zu erklären ... "

Diese Geschichte ist tatsächlich passiert – ich durfte sie live miterleben. Sie zeigt die Problematik von nicht durchdachtem Präsentationsdesign und deren Auswirkung auf Präsentator und Publikum auf.

Bei der Gestaltung geht es um eine Vielzahl von Fragen und Entscheidungen: Muss ein Slide schön sein? Darf ein Slide bunt sein? Soll ein Slide viel Inhalt oder wenig Inhalt vermitteln? Welche Fotos soll man verwenden? Wie groß muss die Schrift sein? Wie ist es beim Flipchart? Gibt es Richtlinien für die Grafik und was kann man tun, wenn man selbst kein grafisches Talent hat? Wie teilt man Bild und Text auf? Wohin kommt das Logo? Muss es auf jede Seite? Diese und noch viel andere Fragen zum Thema Präsentationsdesign behandeln wir in diesem Kapitel.

4.1 Richtlinien für attraktive, informative und „schlanke" Slides

Mit obigen Fragen werden Sie sich während der Erstellung Ihrer Präsentation beschäftigen müssen, wenn Sie keine eigene Grafikabteilung haben, die Ihre inhaltlich fertig vorbereiteten PowerPoint-Slides – wie im letzten Kapitel beim Bildaufbau besprochen – gestaltet. Aber keine Sorge, es ist gar nicht so schwierig, grafisch hochwertige Slides zu erstellen. Alles, was man dazu braucht, sind ein paar praktische Leitlinien und Prinzipien, das Wissen um grundsätzliche Designregeln und eine möglichst genaue Vorstellung davon, was jedes einzelne Slide dem Publikum vermitteln soll.

Dieses Kapitel ist natürlich softwareunabhängig, und alles, was Sie hier erfahren, lässt sich mit jeder gängigen Präsentationssoftware umsetzen. Die Standards sind zweifellos Microsoft PowerPoint und Keynote von Apple, doch es gibt auch andere, einfachere Präsentationsprogramme, teils als Freeware, mit denen man gute Ergebnisse erzielen kann. Daher werden Sie hier auch keine Softwarebefehle oder Bedienungsanleitungen finden, sondern ausschließlich das Thema Bildgestaltung und Präsentationsdesign. PowerPoint und Keynote sind schließlich nur Werkzeuge, die das tun, was Sie ihnen befehlen – und daher auch nicht verantwortlich für gutes oder schlechtes Präsentationsdesign.

Eine Präsentation ist eine Präsentation. Kein Dokument, kein Handout und kein Notizblatt, sondern – eine Präsentation!

Stapeln sich hinter Ihrem Schreibtisch auch die Ordner und Unterlagen vergangener Vorträge, Schulungen und Veranstaltungen? Manchmal nehme ich mir nach Monaten oder sogar Jahren eine Mappe eines Kongresses oder Vortrags zur Hand und blättere sie durch. Darin befinden sich die Handouts der Vorträge, meistens nur gedruckte PowerPoint-Slides, die mich rätseln lassen, was denn mit den – nun unkommentierten – Grafiken oder Stichworten wohl gemeint war. Leider lässt sich oft kaum noch Information aus diesen Handouts herauslesen – was sehr schade ist. Das zeigt klar, dass Slides sich nicht dazu eignen, später etwas nachzuschlagen oder gar nachzulesen. Sie sind ja nur das Gerüst und nicht der Inhalt des Vortrags. Hier wäre ein praktisches Handout zum Nachlesen ideal.

Andere Referenten meinen es hingegen so gut mit ihren Zuhörern, dass sie ihre Slides mit Texten, Kommentaren, detaillierten Diagrammbeschriftungen und Hintergrundinformationen versehen, damit sie diese erstens als Slide, zweitens als Notizblatt für sich selbst und drittens auch gleich als Handout benutzen können. Drei Fliegen mit einer Klappe zu schlagen ist prinzipiell eine gute Idee – aber dass genau diese Slides dann auch live präsentiert oder gar vorgelesen werden, ist natürlich eine Tragödie. So gut die Idee also auch ist – es ist ein mehr als fauler Kompromiss und das Resultat ist gänzlich unbefriedigend.

Slide und Handout trennen – kein „Slideout"

Entscheiden Sie sich, was Sie erstellen wollen – ein Slide oder ein Handout? –, aber mischen Sie nicht. Slides sind keine Dokumente. Damit Sie Ihre Slides „schlank" halten können, lagern Sie Zusatzinformationen in Handouts und/ oder Ihre Notizen aus.

„Handout" steht für „hand out", also ausgeben, und bezeichnet Unterlagen, die Sie an die Zuhörer ausgeben. Das erleichtert Ihnen das Designen Ihrer Slides erheblich und erlöst Sie von der Versuchung, alle Informationen in diese quetschen.

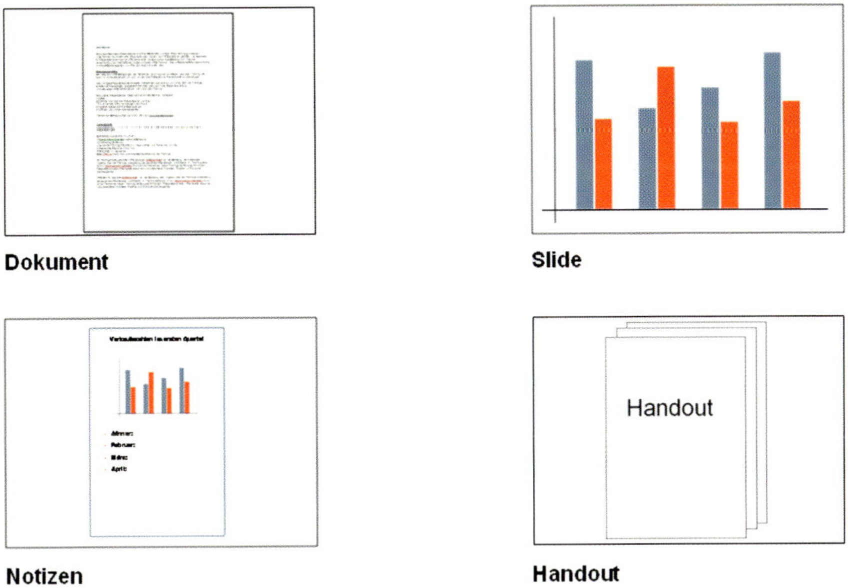

Abb.: Bitte nicht vermischen, jede Form hat ihren eigenen Zweck. Slides für die Präsentation, Handouts für danach – aber bitte kein Slideout!

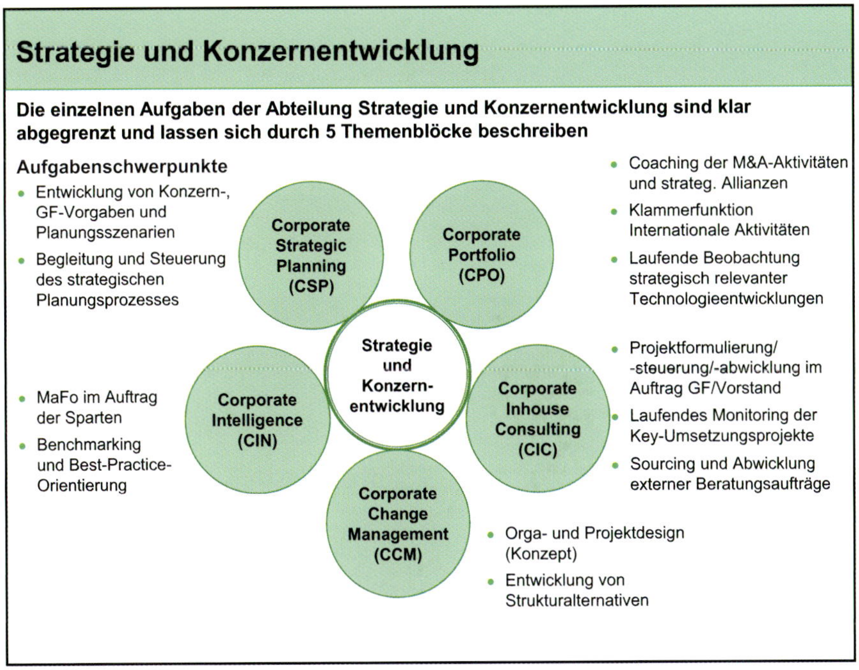

Abb.: Oje! Ein typisches „Slideout"

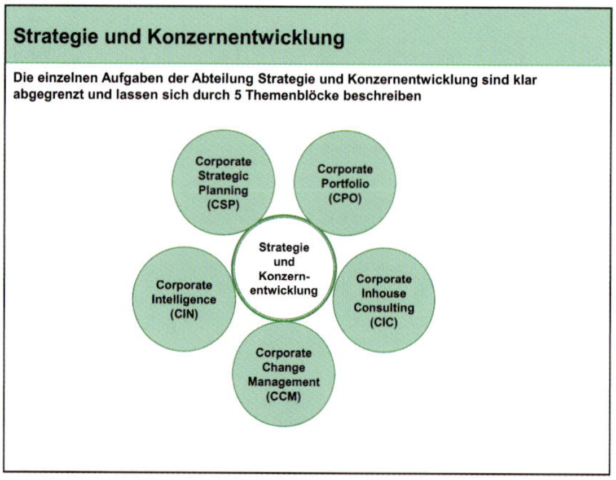

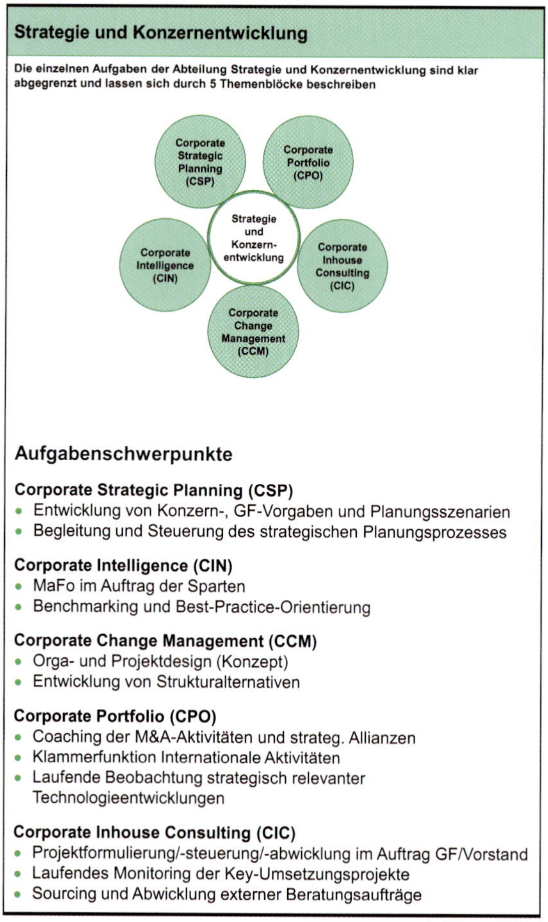

Abb.: Ideale Anwendung: Das Slide zeigt die wesentlichen Inhalte als Grafik, als Handout wird das Slide mit den ergänzenden Informationen ausgegeben.

Sobald Sie allerdings versuchen, Slides und Handouts zu kombinieren, erschaffen Sie damit einen unbrauchbaren Hybrid, den ich „Slideout" nenne – halb Slide, halb Handout. Wie das Wort schon beschreibt, handelt es sich dabei um Slides zum Ausgeben, was natürlich Unsinn ist. Denn das Ergebnis davon sind schlechte Slides *und* schlechte Handouts, die weder effektiv noch attraktiv sind und Ihre Live-Präsentation kaputtmachen!

Beachten Sie: Dokumente mit Lesetexten, vollständige Statistiken und Tabellen verwenden Sie nur in der Vorbereitung für sich selbst. Daraus ergeben sich einfache, gut designte Slides, die ausschließlich zur Unterstützung der Information während der Präsentation dienen. Ein eigens erstelltes Handout mit Detail- und Hintergrundinformationen zusätzlich zu den präsentierten Slides geben Sie an die Zuhörer aus. Das ist vielleicht etwas mehr Arbeit – bringt aber auch mit Sicherheit mehr Erfolg! (Tipps zur Gestaltung von Handouts finden Sie im Abschnitt 4.10.)

Die Rolle des Designs bei der Informationsvermittlung

Ein Bild sagt mehr als tausend Worte

Am 8. Dezember 1921 erschien in der Zeitschrift „Printers Inc.", einem Fachmagazin der Werbebranche, eine Anzeige mit dem Slogan „One look is worth a thousand words". Die Anzeige von Fred Barnard, einem Werbefachmann, zielte auf vermehrten Gebrauch von Bildern in der Werbung, damals noch hauptsächlich auf Plakaten und Straßenbahnen, ab.

Der Spruch „Ein Bild sagt mehr als tausend Worte" ist heute jedem Kind bekannt und bedeutet, dass mit Bildern komplizierte Sachverhalte rascher und einfacher erklärt werden können als mit Text. Die Einführung des Fernsehens für die breite Masse in den fünfziger Jahren hat dazu den wahrscheinlich größten Beitrag geleistet. Auch ist die Beweiskraft von Bildern um ein Vielfaches höher als von reinem Text. Daher rührt auch der Ausspruch „Seeing is believing", also „Sehen ist glauben".

Dieser Effekt tritt am stärksten auf, wenn die Betrachtungsdauer eines Bildes mehr als 30 Sekunden beträgt, wie in der Studie „Universal principles of design" von Lidwell, Holden und Butler festgestellt wurde. Die Autoren stellen außerdem fest, dass der Einsatz eines Bildes eine äußerst positive Wirkung auf das Erinnerungsvermögen hat. Das alles gilt aber nur dann, wenn Bilder entsprechend aufbereitet – „designt" – sind, um zu unterstützen und nicht abzulenken.

Design ist keine Zierde, sondern essentiell für Informationsaufnahme

Design bedeutet nicht, wie oft irrtümlich angenommen, Dekoration oder Zierde. Design in der Präsentation ist notwendig, um Information so darzustellen, dass sie klarer wird und der Zuseher sie besser versteht. Design ist also nicht der Zuckerguss auf der Torte, der am Ende noch obendrauf gesetzt wird, sondern ein essentieller Erfolgsfaktor. Das Schwierige an gutem Präsentationsdesign ist demnach auch nicht das Hinzufügen von Farben und Effekten, sondern ganz im Gegenteil, das Weglassen, um Klarheit zu schaffen.

Abb.: Das klare, natürliche Wasser in Verbindung mit der offenen Toilette verstärkt die Aussage des Slides – das Bild unterstützt somit die Botschaft, der Einsatz ist zweckmäßig.

Leider tendieren die meisten Menschen dazu, Dinge hinzuzufügen anstatt diese wegzulassen. Das Resultat sind überladene Slides und verwirrte Zuseher. Der Harvard-Professor Stephen M. Kosslyn warnt: „Es scheint verführerisch, dem Publikum zu zeigen, wie intelligent und perfekt vorbereitet Sie sind, indem Sie Ihr Publikum mit Details überfallen. Wenn diese Details aber nicht helfen, Ihre Geschichte zu erzählen, und Ihrem Publikum nicht dabei, die zentrale Botschaft zu verstehen, wird es kritisch."

Genau das ist der Punkt: die passende Lösung für die jeweilige Situation zu finden, und zwar im Kontext mit Ihrem Präsentationsziel. Design bedeutet in diesem Fall, bewusste Entscheidungen zu treffen, welche Details Sie in Ihre Bilder mit aufnehmen und wie Sie diese darstellen und welche Sie weglassen.

Der grundsätzliche Prüfstein für jedes Slide, das Sie zeigen, lautet daher: Unterstützt dieses Bild die beabsichtigte Aussage?

Klarer Empfang durch Rauschunterdrückung

Den Begriff „Hintergrundrauschen" kennen Sie sicher und echtes Hintergrundrauschen haben Sie bestimmt schon einmal gehört, zum Beispiel bei schlechtem Telefonempfang, rauschendem Radioempfang oder einfach schlechter Tonqualität, die Sprache oder Musik schwer verständlich macht. Um in solchen Fällen ein klares Signal zu erhalten, muss man Information aus dem Signal herausfiltern. Genau das gleiche Prinzip wie in einer Präsentation, wenn Sie relevante Information aus einem überladenen Slide herausfiltern müssen.

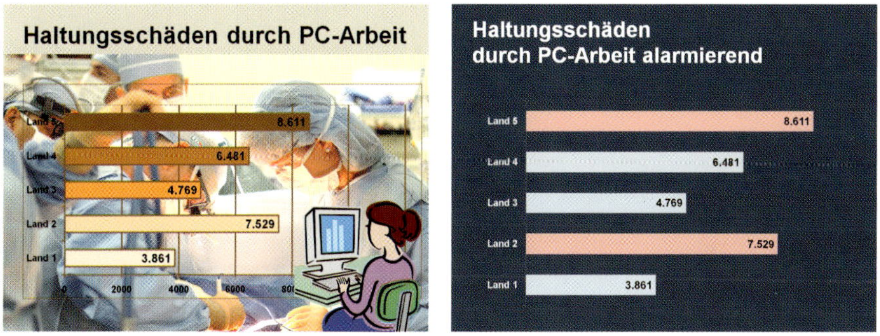

Abb.: Zu viel des Guten und damit zu starkes visuelles Hintergrundrauschen: Der Betrachter kann die wesentliche Information nur schwer aus dem Slide herausfiltern. Das rechte Slide zeigt die klar aufbereitete Information. Es funktioniert schneller und besser.

„Visuelles Hintergrundrauschen" beschreibt also das Verhältnis von relevanter Information zu irrelevanter Information in einem Slide oder einer anderen visuellen Darstellung. Machen Sie Ihrem Publikum die Informationsaufnahme so einfach wie möglich, indem Sie alle störenden und unnötigen Effekte, Farben, Elemente und Informationen eliminieren.

Weniger ist mehr

Kann eine Botschaft auch mit wenigen Elementen visuell vermittelt werden, gibt es keinen Grund, mehr zu verwenden. Kann ein Objekt aus einem Slide entfernt werden, ohne die visuelle Botschaft abzuschwächen oder gar zu zerstören, sollte man sich überlegen, es zu minimieren oder zu entfernen. Ein Beispiel dafür sind die häufig verwendeten Gitternetzlinien hinter Diagrammen. Wenn diese nicht unbedingt notwendig sind, halten Sie sie entweder so dünn wie möglich oder lassen Sie sie besser gleich weg. Das Gleiche gilt für Fußzeilen, Logos, Muster et cetera, die keinen Beitrag zur Vermittlung der Botschaft leisten.

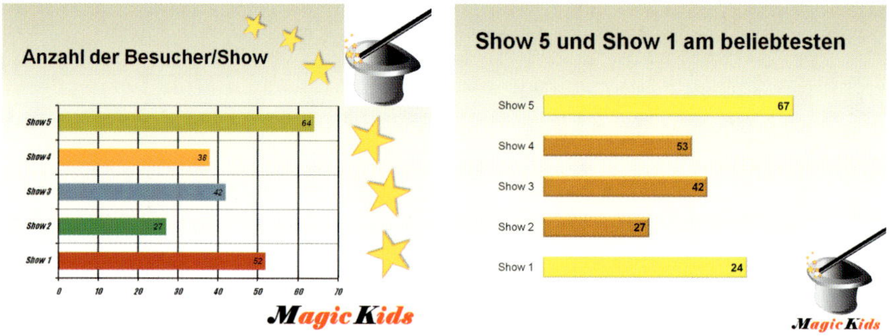

Abb.: Weniger ist mehr: Der verlaufende Hintergrund, das Gitternetz, Skalierung, Farben, Schriftart und die Sterne werden entfernt oder verändert, das rechte Bild wirkt damit wesentlich klarer, die gelbe Färbung der Balken verstärkt die Botschaft.

In seinem Buch „Visual explanations“ meint Edward Tufte: „Machen Sie alle visuellen Unterscheidungen so fein wie nur möglich – aber trotzdem glasklar und effektiv.“ Er bezeichnet das auch als „die kleinste effektive Differenz“.

Bei der Erstellung eines schlanken, aber aussagekräftigen Slides ist die relevante Frage daher: Was könnte ich weglassen, damit die Botschaft noch klarer und stärker wird?

Wahrnehmungspsychologie – das Ganze ist mehr als die Summe seiner Teile

Bevor Sie einen genaueren Einblick in die vier Grundprinzipien des Grafikdesigns erhalten, beschäftigen wir uns kurz mit der Psychologie der Wahrnehmung. Konkret damit, wie Sie unnötige und aufwendige – weil suchende –

Augenbewegungen der Zuseher vermeiden, die natürliche Blickrichtung unterstützen und es dem Publikum leichter machen, Ihre Ideen zu verstehen.

Der Bewusstseinsforscher Donald D. Hoffman, Professor an der Universität von Kalifornien, meint: „Sehen ist nicht nur ein Vorgang passiver Wahrnehmung, sondern ein intelligenter Prozess aktiver Konstruktion." Genau das wird einem immer dann schmerzhaft bewusst, wenn man selbst versucht, eine chaotische visuelle Information selbst zu strukturieren, zusammenzufassen oder zu interpretieren. Und genau dieser Prozess beschäftigt auch das Gehirn Ihrer Zuseher während Ihrer Präsentation – permanent. Die Gesamtwahrnehmung eines Bildes in allen seinen Komponenten ist mehr als die Summe seiner Einzelteile. Und schon eine falsch eingesetzte Komponente kann die Wahrnehmung empfindlich stören.

Augenbewegung und Lesekurve – ein gelerntes Muster

Wo beginnen Sie zu lesen, wenn Sie ein Dokument zur Hand nehmen, ein Magazin oder Buch aufschlagen? Vermutlich links oben – richtig?

Laut dem Psychologen Rudolf Arnheim besteht eine natürliche Tendenz des Auges, neue Eindrücke von links nach rechts zu sammeln. Diese natürliche Tendenz wird in westlichen Kulturen im Laufe des Lebens noch weiter verstärkt durch die Schrift, die ebenfalls von links nach rechts gelesen wird. Dadurch werden unsere Augen zusätzlich zur natürlichen Tendenz auch noch darauf konditioniert, automatisch links zu beginnen, sobald ein visuelles Element, ein Dokument und natürlich auch ein PowerPoint-Slide vor dem Auge erscheint.

Die automatische Augenbewegung auf der Suche nach neuen Informationen

Mit jedem neuen Slide in der Präsentation springen unsere Augen daher nach links oben. Danach vollführen wir auf der Suche nach weiteren Informationen einen Schwenk nach rechts und anschließend nach unten bis zum Ende des Slides. Diese Bewegung ist ein automatischer Suchreflex, den unsere Augen jedes Mal aufs Neue vollführen – bei jedem neuen Slide oder Bild. Übrigens sind auch die Bilder der meisten Maler nach dieser natürlichen Blickrichtung aufgebaut – und am Ende werden sie rechts unten signiert.

Wenn also Information auf visuellen Hilfsmitteln so angeordnet ist, dass wir sie mit diesem automatischen Suchreflex mühelos verfolgen können, ist sie für uns leicht und rasch erfassbar und lesbar. Ist Information gegen diese automatische Augenbewegung angeordnet, ist die Informationsaufnahme schwieriger.

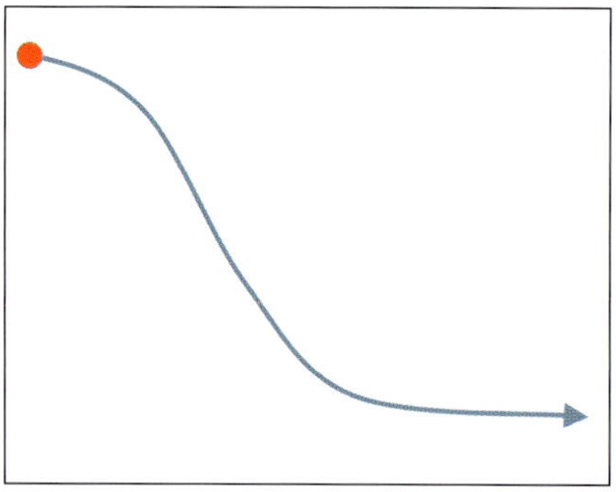

Abb.: Natürliche Augenbewegung von links oben nach rechts unten

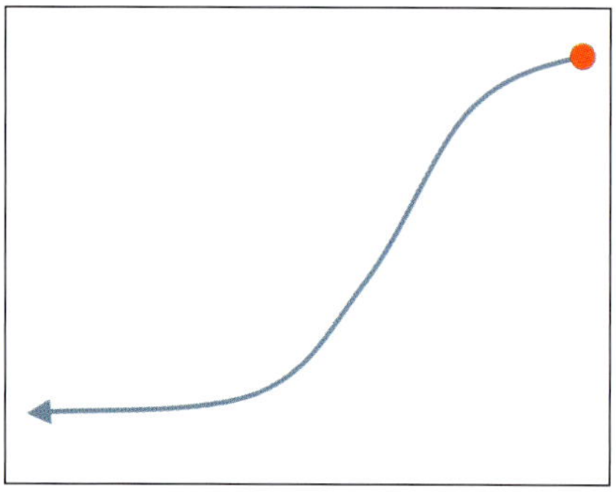

Abb.: Wenn die Information von rechts oben nach links unten aufgebaut ist, fällt das Aufnehmen schwerer.

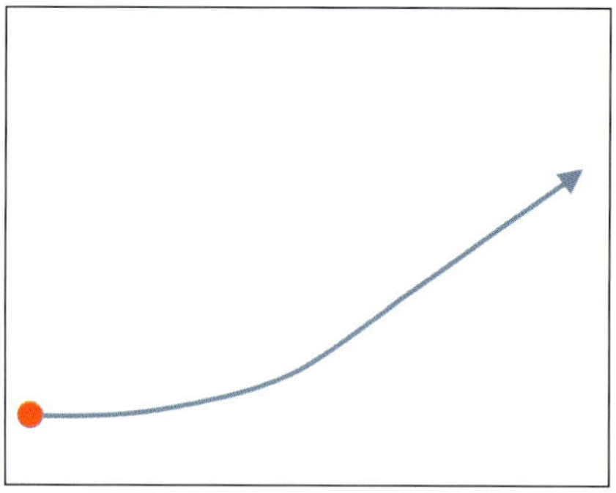

Abb.: Links unten nach rechts oben funktioniert gut, weil die Leserichtung beibehalten wird.

Wir haben also zwei vorprogrammierte Augenbewegungen bei neuen Bildern: von links nach rechts und von oben nach unten. Die Bewegung von links nach rechts ist die stärkere und sollte in jedem Slide berücksichtigt werden. Dagegen kann Information durchaus auch von unten nach oben angeordnet sein, ohne dass wir dies als störend empfinden, zum Beispiel in einem von links nach rechts ansteigenden Liniendiagramm.

Augen mögen keine Rätselrallye

Je weniger oft das Auge diesen Weg zurücklegen muss, desto besser. Denn wenn das Auge auf einem Slide ständig von links nach rechts und wieder zurück scannen muss, beeinträchtigt das die Wahrnehmung und Verarbeitung des Inhalts. Wenn Sie also zum Beispiel mehrere Liniendiagramme oder Textzeilen untereinander zeigen, bedeutet das, dass Ihre Zuseher ständig von links nach rechts und wieder retour scannen müssen – was sehr aufwendig ist und die Informationsverarbeitung erschwert. Das sieht am Bildschirm während des Präsentationsdesigns nicht so dramatisch aus – stellen Sie sich die Augenbewegung aber auf der Präsentationsfläche mit einer Diagonalen von zwei oder mehr Metern vor.

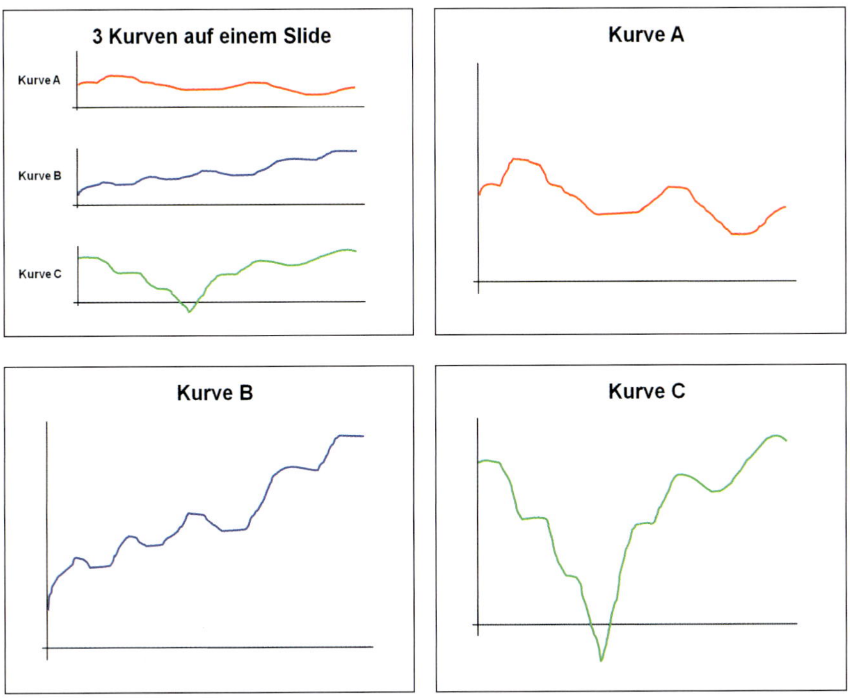

Abb.: Drei Liniendiagramme in einem Slide: Für den direkten Vergleich eignet sich ein Diagramm mit drei Linien besser. Für die einzelne Erklärung der Linien ist es besser, drei einfache Slides mit je einem Diagramm zu erstellen und so ständige Schwenks zu vermeiden.

Ein Ziel guten Präsentationsdesigns ist daher, die natürliche Leserichtung zu berücksichtigen und die Augenbewegungen der Zuseher zu reduzieren, damit diese die Informationen nicht mühsam wie bei einer Rätselrallye zusammensuchen müssen.

4.2 Grundprinzipien des Grafikdesigns für optimale Bilder

Die konsequente Anwendung der vier Grundprinzipien „Kontrast“, „Wiederholung“, „Ausrichtung“ und „Nähe“ führt zu ausgewogenen und damit effektiven Präsentationsdesigns. Sie brauchen aber kein Designer zu werden, denn die Anwendung dieser Prinzipien ist auch für „normale“ Präsentatoren leicht erlernbar und höchst effektiv.

1. Kontrast hilft bei Unterscheidung von Objekten

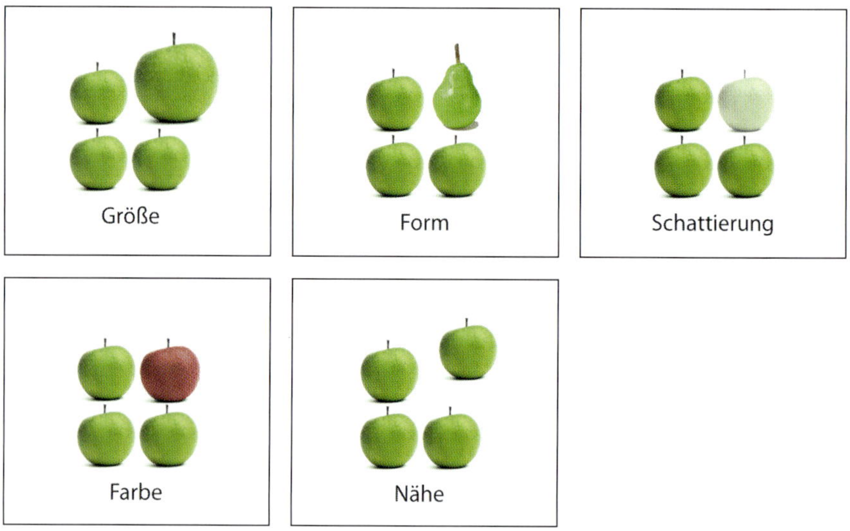

Kontrast bedeutet ganz einfach Unterschied und dieser stellt den wichtigsten visuellen Impuls eines Slides da. Kontrast regt den Zuseher zum Betrachten an und stellt eine Hierarchie zwischen den einzelnen Elementen dar. Durch guten Kontrast kann jedes Element einfach und rasch von einem anderen unterschieden werden kann. Unsere Augen sind ständig auf der Suche nach Kontrasten und Unterschieden, die in unserem Unterbewusstsein verarbeitet werden können.

Kontrast erzielen Sie durch verschiedene Möglichkeiten, zum Beispiel durch unterschiedliche Größen, Farben, Abstände, Schriften und die Positionierung.

Gute Kontraste wirken auf Zuseher interessant und attraktiv und vereinfachen die Aufnahme des visuellen Hilfsmittels. Schwacher Kontrast hingegen ist nicht

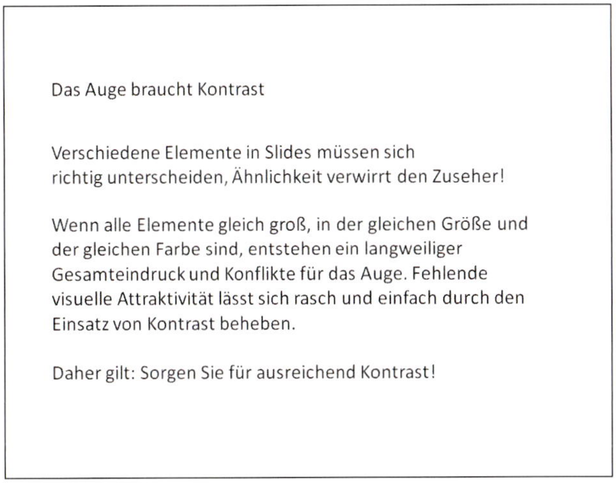

Abb.: Bei diesem Merkblatt wird der Kontrast in zwei Schritten erhöht.

nur langweilig, er kann auch verwirren und verwässern, denn zwischen Schriftgröße 24 und 25 Punkt wird der Zuseher nur schwer unterscheiden können und damit die beabsichtigte Differenzierung vielleicht gar nicht bemerken.

Das Interessante beim Kontrast ist, dass jedes einzelne Element eines Designs, sei es eine Linie, ein Schatten, eine Farbe, die Oberfläche, Größe oder Type individuell verändert werden kann, um schärfere Kontraste zu erzielen. Sehen Sie sich die Beispiele auf Seite 191 gut an, sie zeigen deutlich, was mit besseren Kontrasten erreicht werden kann.

2. Wiederholung für ein einheitliches Erscheinungsbild und Kontinuität

Das Prinzip der Wiederholung bezeichnet die mehrfache Verwendung gleicher Designelemente in einer Abfolge von Slides. Das können eine besondere Schrift, bestimmte Linien, Farben, Fotos, Designelemente, Abstände und vieles mehr sein. Wiederholung verleiht Ihrem visuellen Hilfsmittel Konsistenz und verhilft zu einem einheitlichen Erscheinungsbild.

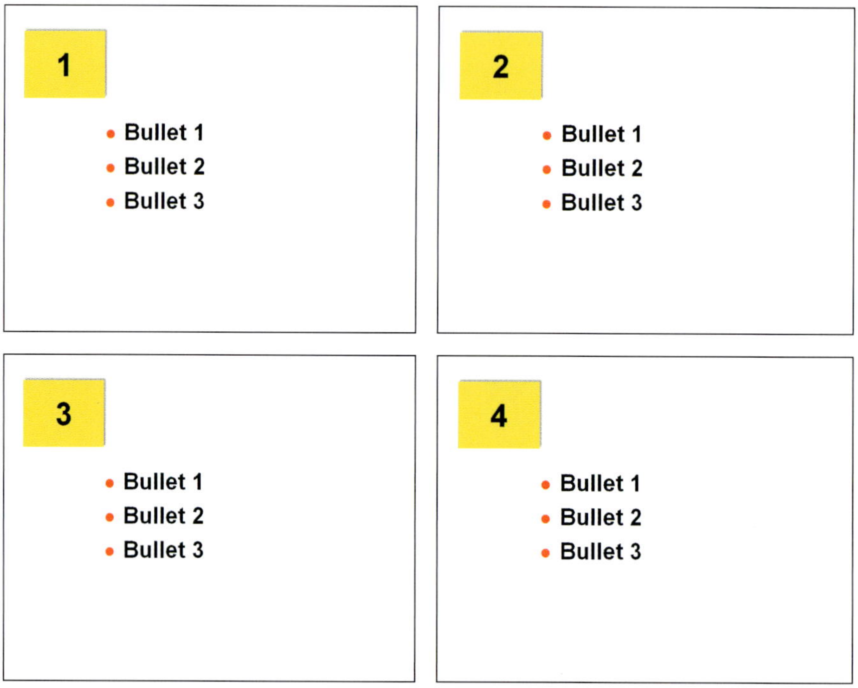

Abb.: Die Wiederholung von Elementen schafft einen einheitlichen, professionellen Eindruck.

Wenn Sie sich für eine einheitliche Designvorlage für Ihre ganze Präsentation entscheiden, haben Sie bereits die erste Voraussetzung für Kontinuität durch gleichbleibende Hintergründe oder Schriftarten erfüllt. Bitte aber Vorsicht bei den PowerPoint Standarddesigns, diese hat mittlerweile jeder unzählige Male gesehen und eine Präsentation wird damit eher ab- als aufgewertet. Suchen Sie lieber nach eigenen, passenden Wiederholungselementen, mit denen Sie Ihre Slides gestalten können.

Diese Elemente dürfen übrigens auch einer *bewussten* Veränderung unterliegen. Sehen Sie sich das folgende Beispiel an. Hier arbeiten wir mit der Wiederholung eines Elements und trotzdem feiner, subtiler Veränderung. Obwohl das Post-it nicht immer an der gleichen Stelle sitzt, gibt die laufende Verwendung dieses Elements Kontinuität und vermittelt einen einzigartigen und professionellen Eindruck.

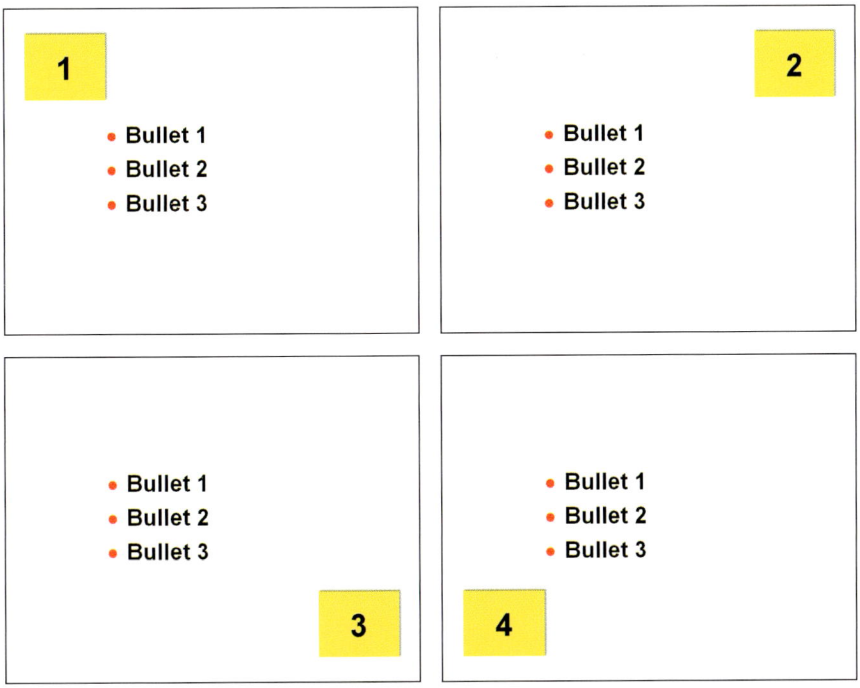

Abb.: Wiederholen Sie Elemente gezielt und konsistent, aber nicht penetrant. Dabei können Sie durchaus auch variieren – trotzdem bleibt durch das gleiche Element ein einheitlicher Eindruck bestehen.

Soll man Logos auf jedem Slide wiederholen?

Auch wenn Sie oder Ihr Unternehmen ein wunderbares Logo haben, auf das Sie stolz sind – widerstehen Sie der Versuchung, es auf jedem einzelnen Slide zu zeigen – trotz des Prinzips der Wiederholung. Wenn Sie präsentieren, weiß das Publikum vermutlich ohnehin schon, für wen Sie arbeiten (falls nicht, hilft das kleine Logo wahrscheinlich auch nicht mehr weiter). Platzieren Sie Ihr Logo auf jeden Fall am Titel-Slide und am Abschluss-Slide und, so vorhanden, auf den Bumper-Slides.

Tipp
Sollte es Ihnen wirklich ein dringendes Bedürfnis sein oder sollte es zu Ihren Corporate-Design- Richtlinien gehören, dass auf jedes Slide ein Logo muss, ist die rechte untere Ecke am besten dafür geeignet.

3. Ausrichtung bringt „Patchwork-Slides" unter Kontrolle

Texte und Grafiken werden bei der Erstellung von Slides oft einfach dorthin platziert, wo gerade noch ein wenig Platz ist, ohne dabei Rücksicht auf andere bereits vorhandene Elemente zu nehmen. Das Prinzip der korrekten Ausrichtung arbeitet wirkungsvoll gegen diese Patchwork-Slides, indem es alle Elemente auf Ihrem visuellen Hilfsmittel so lange ausrichtet, bis es professionell arrangiert und ordentlich erscheint. Jedes Element wird dabei wie durch unsichtbare Hilfslinien ideal platziert und angeordnet. Selbst Elemente, die weiter auseinander liegen, zeigen eine unsichtbare Verbindung zueinander, so, als wären sie in ein Gitternetz eingebettet.

Wenn Sie ein Slide aufbauen und Elemente hinzufügen und anordnen, versuchen Sie immer, diese an anderen, bereits vorhandenen Elementen auszurichten. Nun könnte man natürlich relativieren: „Naja, das wird schon nicht so tragisch sein, wenn Element 2 ein paar Millimeter unter Element 1 ist, oder?" Da mögen Sie vielleicht Recht haben, tragisch ist es nicht, aber es wirkt auf jeden Fall nicht einheitlich und durchdacht – und damit unprofessionell.

Der Aufwand, ein Element optimal auszurichten, ist minimal, meist sind es nicht viel mehr als ein paar Mausklicks. Aber es zahlt sich aus, denn auch wenn es dem Zuseher nicht bewusst auffällt, so nimmt er doch unbewusst eine klare Ordnung und Struktur wahr. Er erhält dadurch einen konsistenteren und glaubwürdigeren Eindruck Ihres visuellen Hilfsmittels und damit Ihrer gesamten Präsentation als mit einem Patchwork-Slide. Und selbstverständlich

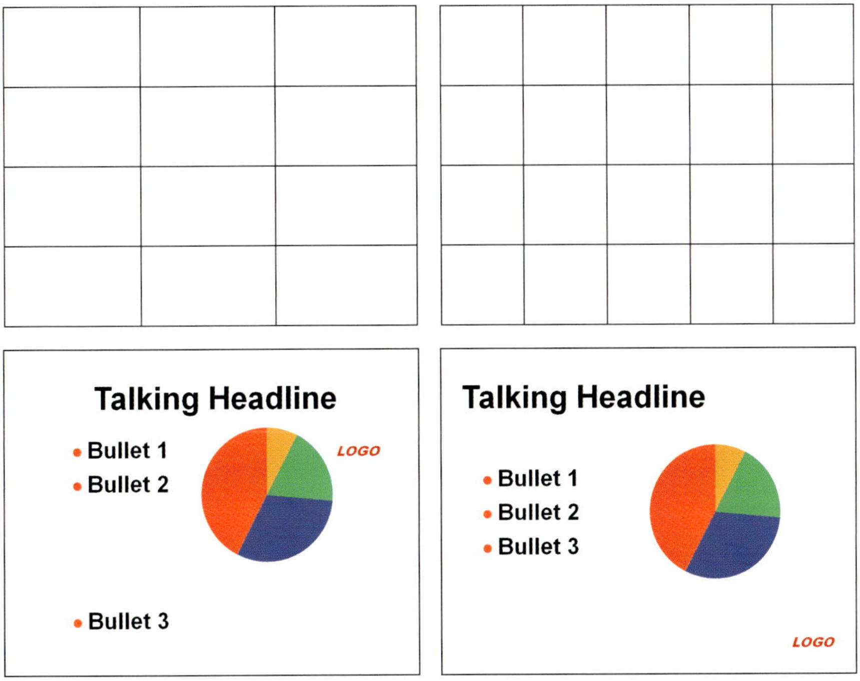

Abb.: Platzieren Sie Elemente stets bewusst, richten Sie diese aneinander aus und vermeiden Sie Patchwork-Slides. Imaginäre Gitternetze helfen Ihnen dabei und schaffen Ordnung. Je mehr Informationseinheiten Ihr Slide beinhaltet, umso feiner muss das Gitternetz sein, um eine perfekte Ausrichtung zu ermöglichen.

sind gut strukturierte und geordnete visuelle Hilfsmittel für die Wahrnehmung auch leichter und besser zu verarbeiten.

4. Nähe informiert darüber, was zusammengehört

Das Prinzip der Nähe besagt, dass zusammengehörende Elemente auch zusammengehörend angeordnet werden müssen, damit sie als eine Gruppe (Gestalt) betrachtet werden und nicht nur als individuelle Elemente. Es werden also einzelne Elemente bewusst näher zusammengebracht oder auch weiter auseinander positioniert, um Organisation, Zuordnung und Abhängigkeit erkennbar zu machen. Die Schlussfolgerung der Zuhörer ist bei zusammen gruppierten Elementen automatisch, dass diese auch zusammengehören – also werden sie zusammen betrachtet, während Elemente, die weiter auseinander liegen, als nicht zusammengehörend betrachtet werden. Auch hier gilt wieder: „Keine Rätselrallye!“ Es ist nicht die Aufgabe der Zuseher, herauszufinden, ob und welche grafischen Elemente zusammengehören und welche nicht, das darzustellen, ist der Job des Präsentators.

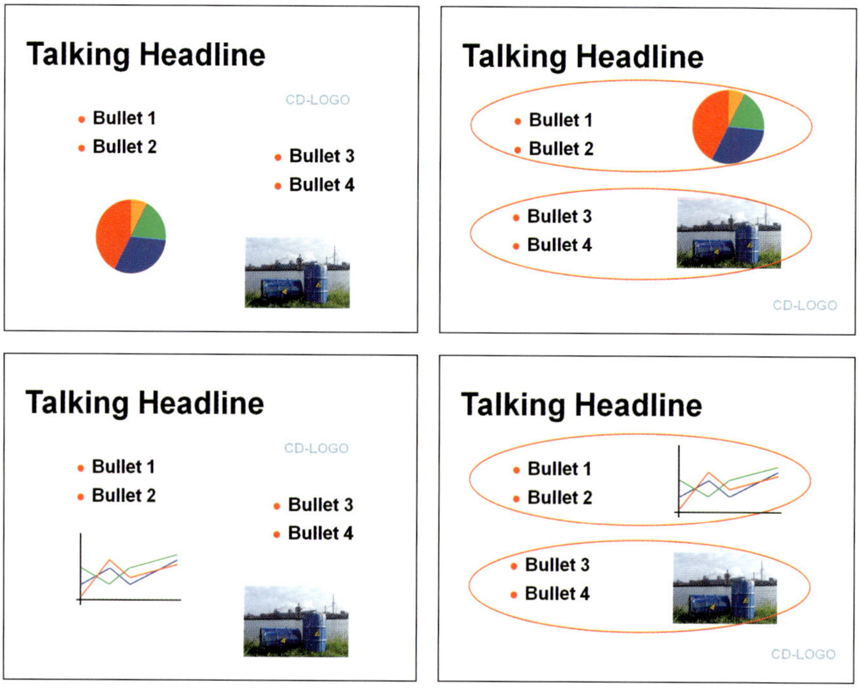

Abb.: Was inhaltlich zusammengehört, gruppieren Sie auch als visuelle Einheit (hier rot umrandet)!

Verwenden Sie pro Slide nicht mehr als drei bis fünf verschieden angeordnete Elemente. Müssen es mehr sein, prüfen Sie, ob Sie zwei zusammenrücken und zu einer visuellen Einheit machen können.

Kontrollieren Sie die Einhaltung der vier Prinzipien laufend!

Diese vier Prinzipien klingen recht einfach und logisch – doch deren Anwendung bedarf der Disziplin und laufender Kontrolle.

Tipp
Nachdem Sie ein Slide fertiggestellt haben, rücken Sie Ihren Bürostuhl zwei Meter zurück und sehen sich dieses am Bildschirm an. Überprüfen Sie den Kontrast, die Wiederholung, die Ausrichtung und die Nähe, denn aus größerem Abstand betrachtet, fällt Ihnen wesentlich rascher und leichter auf, ob alles stimmt. Oder Sie ersuchen einen Kollegen, einen Blick darauf zu werfen und spontan zu sagen, ob die Gestaltung ansprechend ist oder nicht – und weshalb. Dieses Feedback kann sehr hilfreich sein und Ihnen rasche Rückmeldung über die Wirkung Ihres grafischen Designs geben.

4.3 Zutaten für professionelle und attraktive Slides

Vier Zutaten bestimmen, wie Ihr fertiges Slide aussieht und wie es auf das Publikum wirkt. Dazu brauchen Sie nur eine Handvoll Entscheidungen zu treffen – und diese dann beizubehalten. Das bringt Ihren Slides die wichtige Konsistenz und erleichtert Ihnen das Design, weil Sie auf ein vorhandenes Konzept aufbauen können.

Abb.: Die vier Zutaten für professionelle Slides: ein passender Hintergrund, Auswahl der Farben, die Wahl des Textbildes und unterstützende Bilder

1. Der Hintergrund muss den Inhalt unterstützen

Der Hintergrund heißt Hintergrund, weil er im Hintergrund bleiben soll. Banal? Nein, denn weshalb befinden sich so viele hochkreative und dominante Hintergründe auf Slides und verursachen extremes Hintergrundrauschen? Für viele scheint es eine regelrechte Überwindung zu sein, den Hintergrund *nicht* zu gestalten. Beliebte Beispiele für ungeeignete Hintergründe sind: das Logo als Wasserzeichen oder Muster, ganzflächige Fotos, von denen sich der

Text kaum abhebt, psychedelische Farbverläufe und Muster oder wuchtige Rahmen.

Bedenken Sie: Ein Slide ist kein Desktop, den man mit einem Wallpaper „verschönern" muss. Hintergründe konkurrieren oft sogar mit den Inhalten und verkleinern die beschreibbare Fläche unnötig – und beides ist in höchstem Maße kontraproduktiv für die Gestaltung.

Der Hintergrund ist grundsätzlich eine leere Fläche – wie die Leinwand eines Malers. Halten Sie diese Fläche so einfach und klar wie möglich und verzichten Sie auf alles, was vom Inhalt ablenken könnte. Starten Sie mit Schwarz oder Weiß – auch professionelle Designer beginnen stets mit einem weißen, leeren Blatt. Jegliche Muster oder „Verschönerungen" aus den Vorlagen im Präsentationsprogramm können Sie getrost vergessen, diese fügen nichts Wertvolles oder Wichtiges zu einer Präsentation hinzu. Die so beliebten Rahmen sind übrigens enorme Platzverschwender, denn sie kosten bei entsprechender Größe bis zu 50 Prozent der frei verfügbaren Fläche. Ein guter Grund, darauf zu verzichten.

Erstellen Sie das Hintergrund-Design erst am Schluss, wenn Ihre Slides bereits fertig sind. Dann können Sie besser sehen, was passt und ob etwas vom Inhalt ablenkt oder diesen überdeckt und unleserlich macht.

Heller Hintergrund

- klassischer Business-Hintergrund,
- freundliche, positive Wirkung,
- hellt den Raum und die Bühne auf,
- Slides können gut in gedruckte Handouts mit Kommentaren integriert werden,
- geeignet für kleine Gruppen beziehungsweise kleine Räume,
- Lichteffekte oder Fotos heben sich weniger ab, sind daher nur eingeschränkt möglich,
- 3-D-Darstellungen durch Schatten gut umsetzbar.

Tipp
Bei lichtstarken Projektoren und gut reflektierenden Projektionsflächen können bei reinweißem Hintergrund Blendeffekte auftreten. Abhilfe schafft die geringe Beimischung einer Farbe, also ein leichter Pastellton, oder die Reduzierung der Lichtstärke am Datenprojektor.

Dunkler Hintergrund

- wirkt hochwertig, elegant,
- keine aufhellende Wirkung (Achtung: Raum-Verdunkelung),
- geeignet für große Räume und Großgruppen,
- Objekte und Fotos heben sich hervorragend ab,
- 3-D-Effekte schwerer möglich (Schatten fehlt),
- schlecht geeignet für Verkleinerung in Handouts, weil schwerer lesbar,
- Projektionsfläche sollte nicht zu hell sein (keine direkte Beleuchtung).

2. Leerräume vermitteln Ruhe und Sicherheit

„Oh, da haben wir noch Platz, da geben wir unser Logo rein, und hier haben wir noch ein wenig Raum, da könnten wir doch die Grafik vom letzten Monat unterbringen." –Warum so viele Präsentatoren ihre Slides bis auf den letzten Quadratzentimeter mit Information anfüllen, konnte mir bisher noch niemand schlüssig erklären. Vielleicht stammt dieses Verhalten ja noch aus der Zeit, als Papier teuer war und jeder versuchte, aus Sparsamkeit möglichst viel Information auf eine Seite zu bekommen – zu Lasten der Übersicht.

Doch die leere Fläche in PowerPoint kostet Sie keinen Cent mehr als die ausgefüllte. Wenn Sie zwei Diagramme haben, teilen Sie diese daher lieber auf zwei Slides auf und lassen etwas Raum frei – die Grafiken wirken dadurch besser und erleichtern das Verständnis. Gerade leere Flächen geben der Präsentation Klarheit und Ordnung und dem Auge des Betrachters Ruhe – alles Voraussetzungen für optimale Informationsaufnahme.

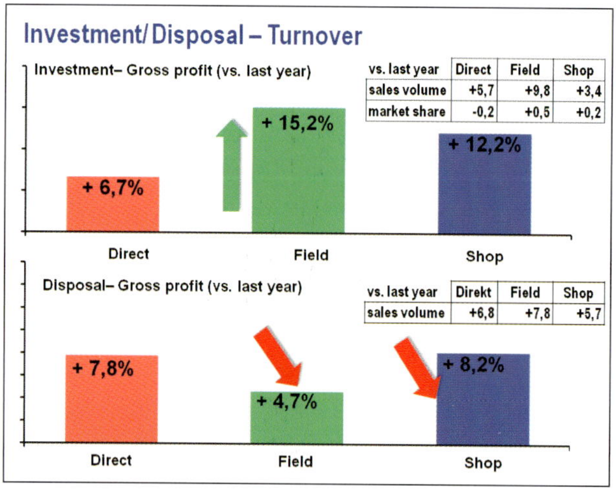

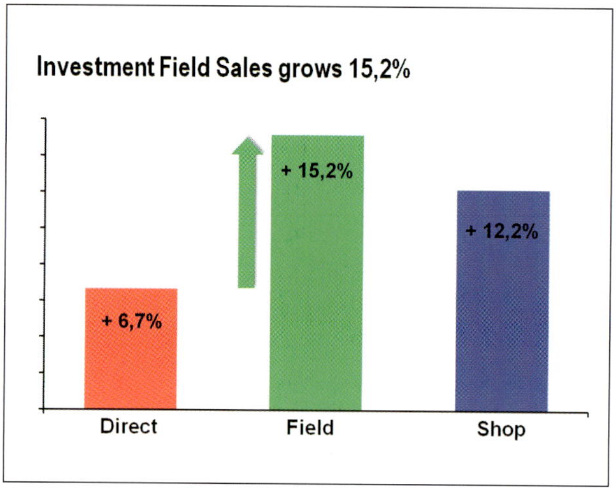

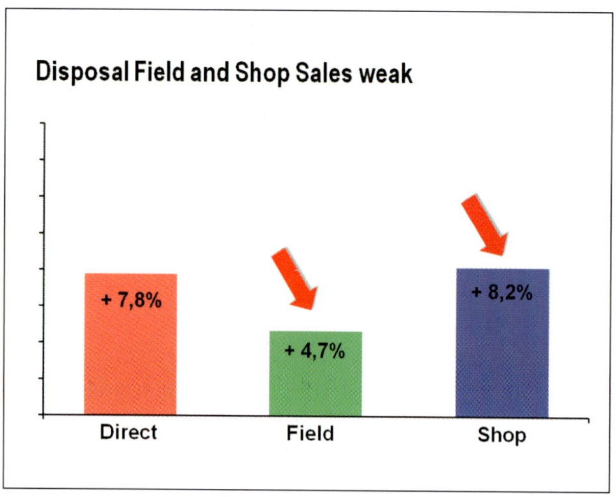

Abb.: Leerraum erleichtert die Informationsaufnahme und verstärkt die vorhandene Information – im Zweifelsfall die Information daher besser auf zwei Slides aufteilen.

3. Farben beeinflussen die Wahrnehmung

Falls Sie freie Hand bei der farblichen Gestaltung Ihrer Slides haben und sich nicht oder nur bedingt an ein Corporate Design halten müssen, ermöglicht der Einsatz von Farben eine gezielte Unterstützung Ihres Themas. Farbe spielt eine entscheidende Rolle bei der Wahrnehmung von Text, Grafik und Fotos. Eine bewusste Farbwahl bringt die gewünschte „Stimmung" in Ihre visuellen Hilfsmittel. Berücksichtigen Sie dabei folgende Kriterien:

Wer ist Ihr Publikum?

Überlegen Sie, welche Farben und Farbkombination zum Publikum passen könnten und welche auf keinen Fall. Der Vorsitzende der juristischen Fakultät erwartet andere Farben als das junge Vertriebsteam eines Energy-Drinks.

In welcher Branche präsentieren Sie?

In einer Bank unterliegen Sie anderen Farbcodes als ein Werbedesigner oder ein Mediziner auf einem Kongress. Berücksichtigen Sie auch die „ungeschriebenen Gesetze" Ihrer Branche oder Ihres Umfelds und vermeiden Sie Reizfarben wie zum Beispiel die Logofarbe des stärksten Mitbewerbs.

Welchen Eindruck möchten Sie machen?

Mit der Wahl der Farben beeinflussen Sie die Wahrnehmung: Entscheiden Sie, ob Sie progressiv, bescheiden, konservativ oder aggressiv wahrgenommen werden möchten. Identische Inhalte wirken völlig anders, wenn sie einmal mit ruhigen, gedeckten Farben und einmal mit schrillen, bunten Farben vermittelt werden.

Abb.: Welche Stadt wirkt sympathischer, freundlicher? Beide Bilder sind identisch, nur die Farben wurden verändert und beeinflussen damit unseren Eindruck.

Abb.: Welcher Bank würden Sie Ihr Geld anvertrauen? Bei unverändertem Inhalt beeinflussen die Farben unsere Wahrnehmung und erleichtern Entscheidungen.

Farbe und Hintergrund richtig kombinieren

Kontrast entscheidet darüber, ob die Elemente auf Ihren Slides gut sichtbar sind. Die Kombination von Farbe und Hintergrund ruft unterschiedlich starke Kontraste hervor. Folgende Grafik zeigt die Problemfelder bei der Kombination von Farbe und Hintergrund am Beispiel von schwarzem und weißem Hintergrund auf. Ähnliche positive oder negative Kontrast-Bereiche ergeben sich mit der Verwendung von Hintergründen mit anderen Farben (Braun, Grün, Blau et cetera).

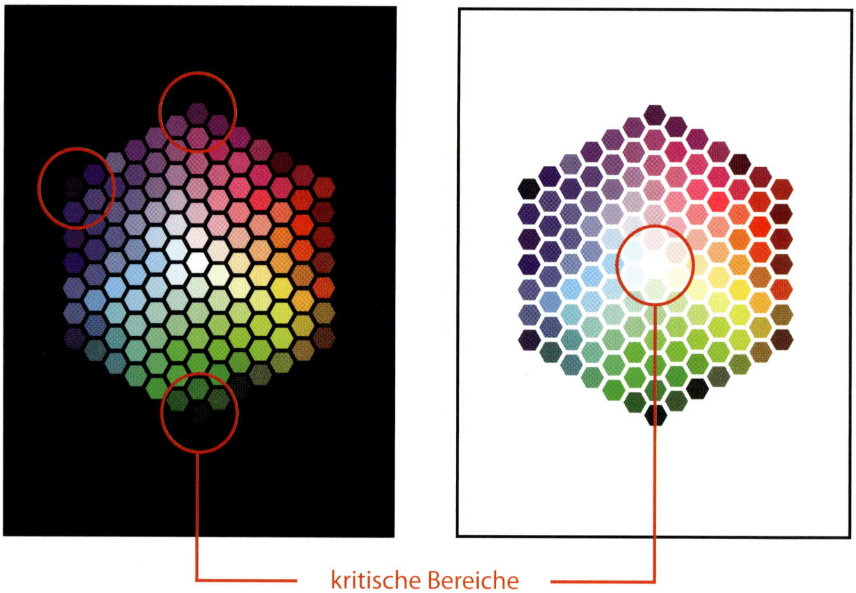

Abb.: Achtung bei der Kombination von ähnlichen Farben für Inhalt und Hintergrund

Vorsicht ist bei der Kombination von Rot und Grün geboten, die Farben beginnen im Auge zu flimmern und ineinander zu verlaufen – abgesehen davon haben 9 Prozent aller Männer eine Rot-Grün-Sehschwäche.

Tipp
Misstrauen Sie den Farben Ihres Bildschirms – projiziert sieht alles wieder anders aus, daher unbedingt testen!

Farbe	„normaler" Farbeinsatz	betonter Einsatz
SCHWARZ	sachlich, korrekt „schwarz auf weiß"	negativ „Todesnachricht"
BLAU	freundlich, sachlich „blaue Tinte"	kühl, kalt
ROT	Signalfarbe „Achtung!" (Gefahr)	aggressiv „Blut"
GRÜN	positiv „freie Fahrt", „Natur"	beruhigend „Hoffnung"

Übersicht: Der klassische Einsatz der Hauptfarben und deren Verwendung zur Betonung von Inhalten

4. Text – Klarheit und Leserlichkeit vor Schönheit

Text auf Slides muss in Sekundenbruchteilen lesbar sein und darf den Zuseher nicht ablenken, verwirren oder gar zum langen „Durchlesen" zwingen. Die Auswahl einer geeigneten Schrift ist daher essentiell für den raschen Transport von Inhalten durch Text. Im Zweifelsfall geht Klarheit und Leserlichkeit immer vor Schönheit und Show.

Tipp
Treffen Sie die Grundeinstellung für die Schriftart immer im Folienmaster, damit das Schriftbild bei sämtlichen Slides fix voreingestellt ist.

Bei der Verwendung von Text gelten folgende Richtlinien:

Druckschrift statt BLOCKSCHRIFT

Druckschrift ist wesentlich besser und angenehmer lesbar, während Blockschrift außerdem unangenehm als „laut" oder „schreien" empfunden wird. Der Einsatz von Blockschrift sollte sich ausschließlich auf das Erzielen bewusster Effekte beschränken.

Bessere Lesbarkeit ohne Serifen

Schriften mit Serifen geben dem Leser Orientierung in langen Textreihen oder Zeilen, da sie eine virtuelle Zeile erzeugen auf denen die Buchstaben ruhen. Da wir es in Präsentationen aber nicht mit Lesetexten zu tun haben und Klarheit und rasche Lesbarkeit zählen, sind serifenlose Schriften besser geeignet. Wir nennen serifenlose Schriften wegen der guten Lesbarkeit auch „Flughafenschriften" – wie die Anzeigetafeln mit den Starts und Landungen, die aus großem Abstand lesbar sein müssen.

Schriften mit Serifen werden hingegen gezielt eingesetzt, um einen unterschiedlichen Charakter in Worte oder Aussagen zu bringen, zum Beispiel Zitate, oder um Gegensätze zur serifenlosen Hauptschrift zu erzeugen.

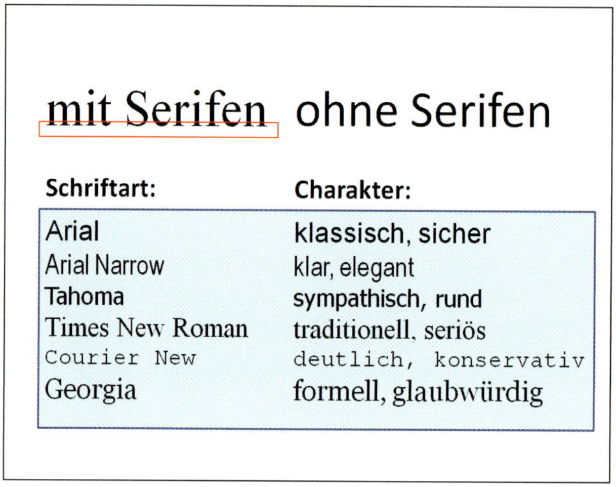

Verwenden Sie maximal zwei Schriftarten pro Präsentation. Falls Sie mehr Variationsmöglichkeiten brauchen, setzen Sie lieber Farben, Fettdruck oder Kursiven ein. Gleiche Textteile sollten auch in der gleichen Schrift dargestellt werden, zum Beispiel alle Überschriften in der gleichen Schrift und alle normalen Texte in der gleichen Schrift.

Tipp
Vorsicht ist bei exotischen Schriften geboten. Es können Konvertierungsprobleme auftauchen, wenn Sie Ihre Präsentation auf einen anderen PC spielen oder über ein Speichermedium weitergeben.

Wie viele Wörter pro Slide?

Bei diesem Thema kommen wir wieder auf das Problem mit den Slideouts zu sprechen: Durch die Verwendung der Slides als Handouts ist meistens zu viel Text auf den Slides. Wenn Sie Slideouts projizieren, werden die Zuseher den Inhalt sofort lesen – und zwar wesentlich schneller, als Sie darüber sprechen können. Ergebnis: Alle lesen das Slide fertig – das Publikum langweilt sich, weil der Präsentator über etwas spricht, was schon längst alle gelesen haben. Dieser bemerkt das (hoffentlich) – und erhöht das Tempo (Oje!). Halten Sie daher die Textmenge so gering wie möglich.

Das zweite Problem ist, dass bei zu viel Text meistens die Schriftgröße reduziert wird und dadurch ein Verlust von Klarheit und Lesbarkeit auftritt.

Faustregel für Ihre Textcharts:

- **Überschriften:** optimal einzeilig, in Ausnahmenfällen auch zweizeilig (Achtung auf die Augenbewegung!). Achten Sie bei zweizeiligen Überschriften darauf, dass die zweite Zeile länger ist als die erste. Das sieht harmonischer aus und erleichtert die Lesbarkeit.
- **Text:** Die Obergrenze liegt bei maximal 35 Wörtern pro Slide, das ergibt sich aus fünf bis sieben Zeilen zu je fünf bis sieben Wörtern. Noch besser ist eine Kombination von drei bis fünf Zeilen zu je drei bis fünf Wörtern, also maximal 25 Wörter. Allerdings zeigt die Erfahrung, dass diese Regel in der Businesspräsentation und im Fachvortrag nicht immer umsetzbar ist.

Schriftgröße – große Schrift ist besser lesbar

Können Sie sich vorstellen, dass neben der Autobahn Plakate mit viel Text und kleiner Schrift stehen? PowerPoint-Slides haben eine Gemeinsamkeit mit Plakaten neben Straßen und Autobahnen: Sie sind nur für relativ kurze Zeit sichtbar, dürfen nicht zu sehr ablenken und brauchen daher große Schrift, um rasch und einfach lesbar zu sein. Das gleiche Prinzip gilt auch für die Schriftgrößen bei Präsentations-Slides:

- **Überschriften:** Schriftgröße mindestens 32 Punkt fett;
- **Text beziehungsweise Bullet-Points:** Die Schriftgröße im Text liegt bei mindestens 24 Punkt fett, ab der zweiten Ebene (Sub-Bullets) 24 Punkt normal;
- **Ergänzungen:** Strukturbilder und Diagramme können auch mit 20 Punkt beschriftet werden, kleiner sollten Sie allerdings nicht schreiben.

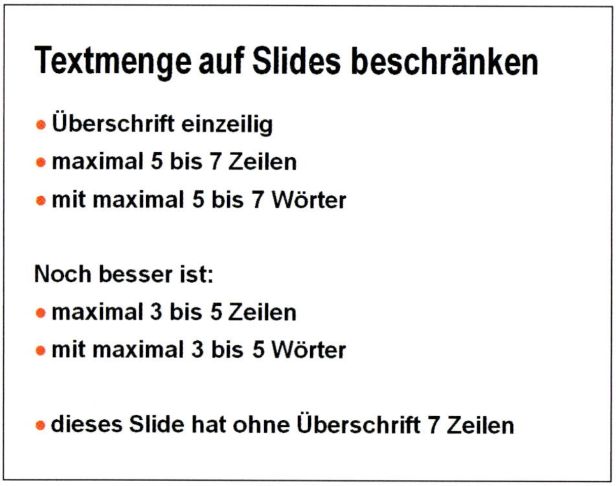

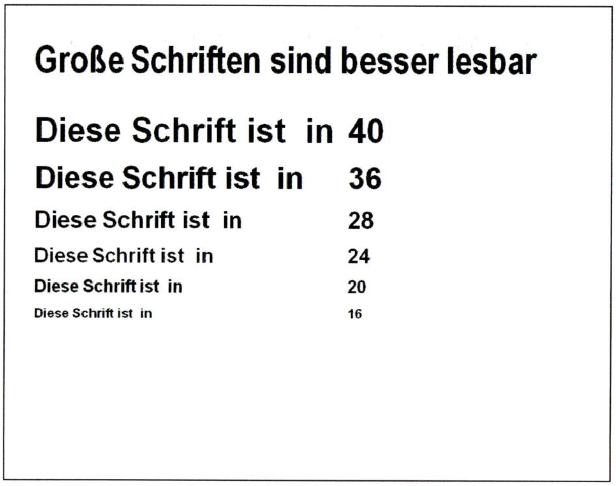

Achtung: Die Größenangaben in Punkt beziehen sich auf Arial und können bei unterschiedlichen Schriftarten variieren.

> **Tipp**
> So testen Sie die Schriftgröße:
> **Test 1:** Betrachten Sie Ihre Slides in der Ansicht Foliensortierung bei einer Größe von 75 Prozent. Sind Ihre Überschriften und Texte lesbar, werden sie das auch bei der Präsentation sein. Wenn Sie aber nur unleserliche Zeichen sehen, sollten Sie die Schriftgröße erhöhen.
> **Test 2:** Schalten Sie ein Slide in den Präsentationsmodus und treten Sie bei einem 19-Zoll-Bildschirm drei Meter zurück: Was Sie jetzt nicht lesen können, wird auch in der Präsentation schwer lesbar sein.

5. Fotos und Grafiken richtig gestalten

Möchten Sie Ihre Präsentation mit Fotos verstärken? Eine gute Idee, die viele Vorteile bietet, zum Beispiel eine zeitgemäße Gestaltung und die Möglichkeit, Emotionen anzusprechen. Die Arbeit mit Fotos ist aber auch aufwendig und erfordert Disziplin, denn ein konsequenter Stil durch die gesamte Präsentation ist ein Muss.

Abb.: Oje! Vier völlig verschiedene Foto-Stile in einer Präsentation wirken uneinheitlich und „zusammengewürfelt".

Fotos – wählen Sie einen passenden Stil für Ihr Thema

Treffen Sie eine grundsätzliche Entscheidung: Welche Art von Fotos möchten Sie verwenden?

- Wollen Sie Menschen zeigen? Das ermöglicht Identifikation, Vorbildwirkung, Realismus.
- Möchten Sie Naturbilder zeigen? Das schafft Stimmungen, Analogien und Metaphern.

- Farbfotos oder Schwarzweiß-Bilder? Schwarzweiß kann edel oder retro wirken, Farbe modern, frisch, aber auch seriös, kalt oder warm – je nach dem gewählten Farbschema.
- Als Ausschnitt oder vollflächig? Vollflächig als Hintergrund ist nur für Verstärkung und Stimmung geeignet, während Ausschnitte auch Beispiele und Details zeigen.
- Andere Möglichkeiten: Tiere, Technik, Mikroskopaufnahmen et cetera.

Wofür auch immer Sie sich entscheiden – halten Sie den gewählten Stil von Anfang bis Ende durch.

Abb.: Wählen Sie einen einheitlichen und zu Ihrem Thema passenden Stil, dann wirkt alles wie aus einem „Guß".

Fotos als wirkungsvolles Beweismaterial

Achten Sie auf ausreichend hohe Auflösung der Bilder (zum Beispiel 600 x 800 Bildpunkte/Pixel) und komprimieren Sie zu große Fotos, da die Datenmenge sonst extrem groß wird, was Probleme bei der Präsentation verursachen kann.

Eines müssen Sie bei der Anwendung von Fotos außerdem bedenken: In der Präsentation selbst ist die Arbeit damit zeitaufwendig, denn Fotos müssen zumindest kurz erklärt werden, bevor die zu verstärkende Aussage erwähnt wird.

Ein Beispiel: Nehmen wir an, Sie sind der Brandschutzbeauftragte eines Produktionsbetriebes und referieren über neue Brandschutzrichtlinien. Sie könnten nun die Gefahren eines Brandes natürlich ganz einfach und sachlich per Bullet-Chart präsentieren, indem Sie sagen: *Erstens: Brände verursachen hohe Kosten. Zweitens legen sie die Produktion lahm, drittens sind sie gefährlich für die Mitarbeiter.*

Abb.: Das Foto „beweist" dem Betrachter, wie ernsthaft das Thema ist, und fügt eine unterstützende emotionale Komponente hinzu.

Sie können aber auch ein Bild mit einem Großbrand einer Produktionsanlage zeigen und somit die Ernsthaftigkeit des Themas emotional untermauern: *Um diese Situation zu vermeiden, werden wir ...* Was glauben Sie, hätte mehr Wirkung auf Ihre Zuhörer? Was würde die Aufmerksamkeit erhöhen?

Präsentationen nähern sich durch die multimedialen Möglichkeiten in Layout und Ablauf teilweise schon Videoclips und Werbefilmen, indem sie eine rasche Abfolge von hauptsächlich visuellen Botschaften mit prägnanter verbaler Begleitung liefern. Der Einsatz von Fotos leistet dazu einen enormen Beitrag, denn Fotos eignen sich hervorragend, Ihre Aussagen mit erhöhter Beweiskraft und Emotionalisierung auszustatten.

Gerade wegen der großen Kraft empfehle ich einen sehr bewussten und sparsamen Umgang mit Fotos in der klassischen Businesspräsentation und im Fachvortrag. Zu starke Visualisierung mit Fotos unter gleichzeitiger Zurücknahme von Fakten kann zu Lasten des Inhalts gehen und würde damit den Erfolg eher gefährden als unterstützen.

Text in Fotos

Eine schöne Möglichkeit, Bild und Text zu verbinden, ist die Platzierung des Textes direkt im Bild. Dazu werden vollflächige Fotos verwendet. Diese müssen die Aussage des Textes beweisen, unterstützen oder ergänzen. Dabei ist zu beachten, dass der Kontrast hoch genug bleibt und das Bild dadurch als Unterstützung der Aussage und nicht als Hintergrundrauschen wahrgenommen wird.

Abb.: Texte in Fotos wirken großzügig und professionell, verlieren dabei aber auch oft an Kontrast. Für diese Fälle helfen farbige Textboxen, die den Text vom Bild abheben und leichter lesbar machen.

Verwenden Sie zu diesem Zweck ausschließlich Fotos mit ausreichender Auflösung (600 x 800 Pixel), da die Qualität durch die Projektion stark verschlechtert wird. Sollte der Text mangels ausreichenden Kontrasts schlecht lesbar sein, können Sie auch eine vollfarbige oder transparente Fläche hinter den Text bringen und diesen damit aus dem Foto herausheben.

Tipp
Für die Recherche nach passenden und vor allem qualitativ hochwertigen Fotos empfehle ich nachstehend angeführte Online-Datenbanken. Neue Bilder kommen laufend dazu, die Recherche gestaltet sich recht einfach und oft gibt es sogar Gratis-Bilder zum Kennenlernen.

Kostenpflichtig:

- iStockphoto www.istockphoto.com
- Getty Images www.gettyimages.com
- Dreams Time www.dreamstime.com
- Fotolia www.fotolia.com

Gratis:

- Everystockphoto www.everystockphoto.com
- Morgue www.morguefile.com
- Flickr www.flickr.com

4.4 Bullet-Points richtig gestalten

Die Richtlinien für Texte gelten auch für die Arbeit mit Bullet-Points. Aus den dort empfohlenen drei bis fünf oder fünf bis sieben Zeilen ergibt sich automatisch die Obergrenze für Bullet-Points pro Slide. Ideal ist eine einzige Ebene mit Bullet-Points, im Notfall können Sie auch eine zweite Ebene mit sogenannten Sub-Bullets eröffnen. Verwenden Sie keinesfalls eine dritte Ebene mit Sub-Sub-Bullets, da Ihr Slide damit zu einem Textdokument mutieren würde.

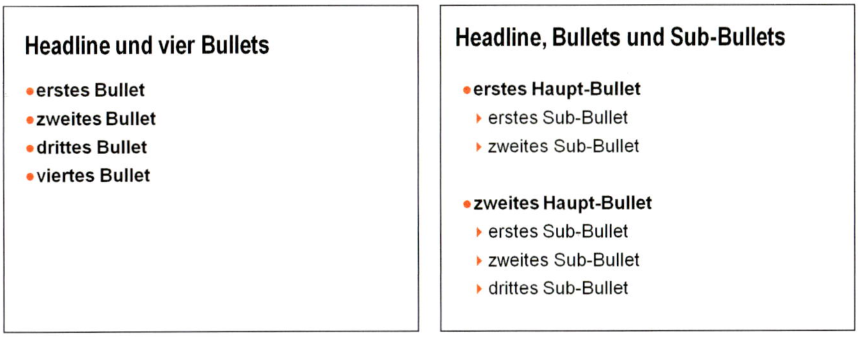

Abb.: Ausreichender Kontrast zwischen der Headline, Haupt-Bullets und Sub-Bullets ist notwendig, um auf den ersten Blick eine klare Hierarchie auf Slides zu schaffen.

Bullet-Points müssen sich klar vom Hintergrund abheben, führen Sie diese daher entweder in Farbe oder als ausreichend große Symbole wie Punkte, Quadrate oder Pfeile aus. Wählen Sie einfache Symbole, damit diese bei der Projektion nicht verstümmelt werden (keine Mini-Hand mit fünf Fingern oder Ähnliches).

Sub-Bullets müssen sich von den Haupt-Bullets durch ausreichenden Kontrast unterscheiden oder eingerückt werden, da ansonsten Verwechslungsgefahr besteht. Außerdem ist eine zusätzliche Leerzeile zwischen einem Sub-Bullet und dem nächsten Haupt-Bullet sinnvoll.

Mit Bindestrichen oder Gedankenstrichen (sogenannten „Spiegelstrichen") als Bullets müssen Sie vorsichtig sein, diese können auch als „Minus" verstanden werden und Ihre – positiven – Argumente dadurch gehörig ins Wanken bringen.

Verwenden Sie den Telegrammstil

Zu viele Präsentatoren schreiben auf ihre Slides genau das, was sie ohnehin sagen. Was natürlich ermüdend ist, denn ein Slide ist kein Teleprompter und kein Slideout. Schreiben Sie keine ganzen Sätze und Lesetexte auf Ihre Slides, außer es handelt sich um Merksätze, Zitate, Grundsätze oder eine Conclusio in *einem* Satz.

Bullets bilden das Skelett

Die Texte der Bullets sind gewissermaßen das Skelett, der Sprecher fügt Fleisch und Blut dazu, damit der Inhalt lebendig wird. Beginnen Sie die Texte wenn möglich mit der gleichen Wortkategorie, also entweder mit einem Verb, einem Adjektiv oder einem Substantiv, damit erzielen Sie Kontinuität und kräftige Botschaften.

Pro Bullet nur ein Gedanke!

Wenn Sie nach diesem System vorgehen, schaffen Sie damit eine große Erleichterung für das Verständnis Ihres Inhalts sowohl auf Seiten des Publikums also auch für Sie selbst beim Vortragen.

Beispiele: Problematische und optimierte Bullet-Charts

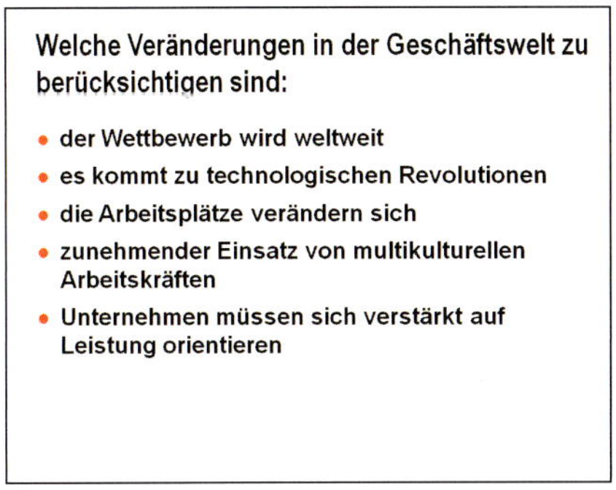

Abb.: Ausgeschriebene Texte zwingen zum Lesen. Das zweite Slide ist schneller erfassbar und ermöglicht dem Präsentator freie Kommentare zu den einzelnen Punkten.

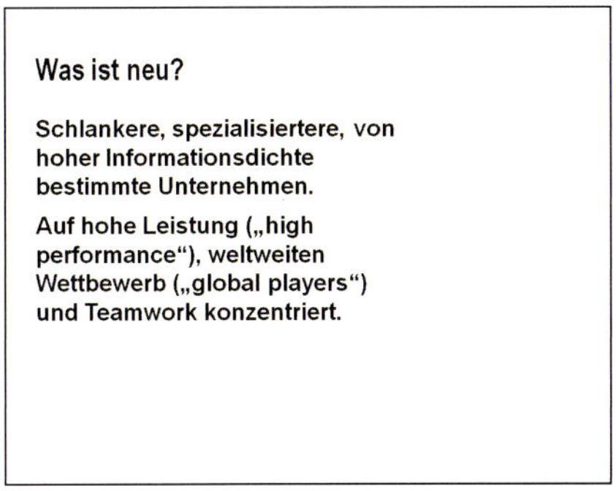

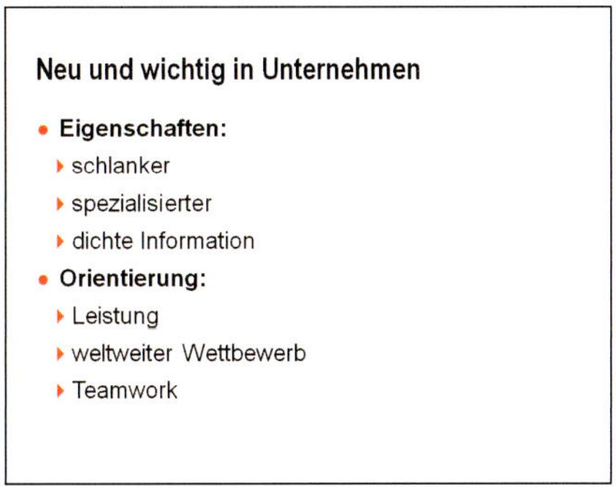

Abb.: Aus dem Text im ersten Slide werden zwei Hauptkategorien gebildet und die dazugehörigen relevanten Informationen als Bullets dargestellt. Damit ist eine sofortige Verständlichkeit gewährleistet und der Präsentator kann wieder freier dazu erklären.

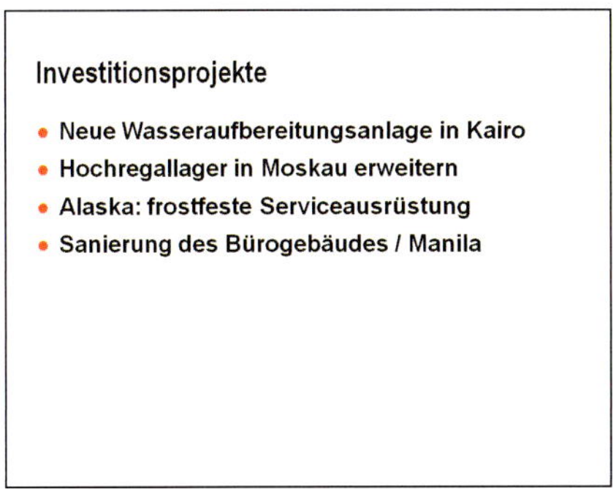

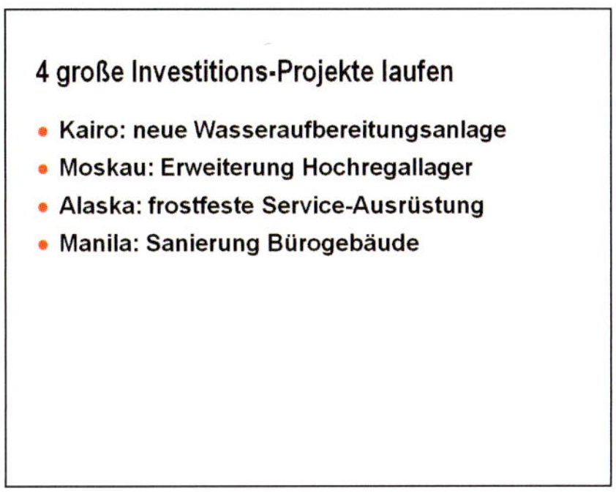

Abb.: Starten Sie Bullet-Texte mit der gleichen Wortkategorie: entweder alle mit einem Verb, einem Adjektiv oder wie in diesem Fall mit einem Begriff für ein Land. Die wesentliche Information ist dadurch deutlich schneller zu erfassen.

Status-Bericht Projekt C

- Abschluss letzte Testreihe
- Antrag auf Genehmigung beim Ministerium
- Ende Okt. Bewilligung wahrscheinlich
- Aktueller Plan für Produktionsbeginn: März

Projekt C zeigt sichtbare Fortschritte

- Letzte Testreihe abgeschlossen
- Genehmigung beim Ministerium beantragt
- Bewilligung Ende Okt. erwartet
- Produktionsbeginn für März geplant

Abb.: Deutliche Aussagen, die richtige Zeitform (abgeschlossen statt Abschluss) und ein klarer Gedanke pro Bullet werten die Information auf.

4.5 Tabellengestaltung für klare Aussagen

Achten Sie bei der Gestaltung von Zahlentabellen darauf, welche Information horizontal und welche vertikal dargestellt wird. Am besten funktionieren Kategorien (Überbegriffe) horizontal und Einheiten (Mengen) vertikal. Damit geben Sie Ihrem Publikum zuerst einen Überblick in der horizontalen Linie und dann sprechen Sie vertikal die einzelnen Werte an, wie Sie es bereits von den Bullet-Charts gewohnt sind, wo ebenfalls vertikal – von oben nach unten – gearbeitet wird. Dazu wählen Sie zuerst aus, welche Zahlen relevant sind und miteinander verglichen oder in Relation gebracht werden sollten. Von dieser Auswahl hängt dann die Gestaltung der Tabelle ab.

Tabellen in Präsentationen sind dann hilfreich und sinnvoll, wenn sie leicht erfassbar sind und Ihre Aussage verstärken. Denken Sie daran, dass das lange und ausführliche Präsentieren einer komplexen Tabelle vor dem Publikum kritisch ist. Weniger ist mehr – alles, was nicht in Ihre Präsentation passt, findet mit Sicherheit Platz in Unterlagen oder Handouts, die die Präsentationsteilnehmer ergänzend von Ihnen erhalten.

Veränderung der Patientenzahl

	2000	2005	2010	2015	Trend
Orthopädie	468	520	600	**850**	382
Chirurgie	1287	1180	1100	**1000**	-287
Interne	345	322	451	**350**	5
Neurologie	211	182	200	**200**	-11
Ambulanz	2317	2576	2750	**3000**	683

Abb.: Diese Tabelle zeigt das Jahr mit der insgesamt höchsten Anzahl an Patienten.

Veränderung der Patientenzahl

	2000	2005	2010	2015	Trend
Orthopädie	468	520	600	850	382
Chirurgie	**1287**	**1180**	**1100**	**1000**	**-287**
Interne	345	322	451	350	5
Neurologie	211	182	200	200	-11
Ambulanz	2317	2576	2750	3000	683

Abb.: In der Chirurgie gibt es den stärksten Rückgang an Patientenzahlen.

Veränderung der Patientenzahl

	2000	2005	2010	2015	Trend
Orthopädie	468	520	600	850	382
Chirurgie	1287	1180	1100	1000	-287
Interne	345	322	451	350	5
Neurologie	211	182	200	200	-11
Ambulanz	**2317**	**2576**	**2750**	**3000**	**683**

Abb.: Die größte Zunahme an Patienten gibt es in der Ambulanz.

Veränderung der Patientenzahl

	2000	2005	2010	2015	Trend
Orthopädie	468	520	600	850	**382**
Chirurgie	1287	1180	1100	1000	**-287**
Interne	345	322	451	350	**5**
Neurologie	211	182	200	200	**-11**
Ambulanz	2317	2576	2750	3000	**683**

Abb.: Diese Tabelle zeigt die jeweilige Entwicklung in den einzelnen Bereichen.

Veränderung der Patientenzahl

	2000	2005	2010	2015	Trend
Orthopädie	468	520	600	**850**	382
Chirurgie	1287	**1180**	1100	1000	-287
Interne	345	322	**451**	350	5
Neurologie	211	182	**200**	200	-11
Ambulanz	2317	2576	2750	**3000**	683

Abb.: Hier werden interessante Schlüsselwerte hervorgehoben, zum Beispiel die Umkehr von bisherigen Entwicklungen.

Entscheiden Sie, was Sie mit Ihrer Tabelle ausdrücken wollen, und setzen Sie genau das grafisch um. Aus einer einzigen Tabelle können damit einfach und deutlich viele unterschiedliche Schlüsse gezogen werden, ohne dass alle Datenreihen durchgeackert werden müssen.

1. Vorstellbare Größenordnungen und Einheiten verwenden

Verwenden Sie „menschliche" Mengen, denn was leichter erfassbar ist, ist auch leichter vergleichbar. Präsentieren Sie „schlanke" Zahlen und entlasten Sie Zahlenkolonnen: Dabei helfen Größenordnungen wie „hunderttausend Stück", „Millionen Jahre", „1000 Betriebsstunden" und Einheiten wie Tonnen, Joule, Einwohner. Diese gehören je einmal in den Spalten- oder Zeilentitel, nicht zu jedem einzelnen Wert in der Tabelle.

2. Anordnung und Struktur der Tabelle einfach gliedern

- Richten Sie Spalten am Dezimalpunkt aus, egal ob spalten- oder zeilenweise verglichen wird.
- Verwenden Sie eine horizontale Gliederung, sobald Sie mehr als drei Spalten haben.
- Berücksichtigen Sie die Erwartungshaltung: Manche Zuhörer sind an eine bestimmte Form der Tabelle gewöhnt und haben gelernt, sich darin rasch zurechtzufinden. Das kann durchaus auch Standard in Ihrem Unternehmen sein. Wichtig ist hier der Zweck und nicht das Mittel, bleiben Sie daher in solchen Fällen bei bewährten Mustern und Vorgaben. Das Wichtigste ist, dass Ihre Botschaft so rasch und einfach wie möglich ankommt.

3. Wichtige Werte hervorheben

- Heben Sie die relevante Zeile oder Spalte hervor, indem Sie sie mit Farbe hinterlegen.
- Wann heben Sie hervor? Immer dann, wenn Sie Ihre Zuhörer sofort auf wichtige, interessante und kritische Zusammenhänge aufmerksam machen möchten. In der Präsentation bitte erst dann, wenn Sie die Funktion und Systematik der Tabelle bereits erklärt haben und den überraschenden oder kritischen Zusammenhang aufdecken wollen.

4. Die gezielte Infoattacke

Haben Sie aus vielen Rohdaten Ihre Analyseergebnisse erarbeitet und möchten Sie dem Publikum zeigen, wo diese Zahlen herkommen oder wie groß der dahinterliegende Aufwand war, können Sie auch einmal eine komplexe Excel-Tabelle zeigen – aber nur kurz. Diese Tabelle hat dann nur einen einzigen Zweck: einen Aha-Effekt beim Publikum hervorzurufen. In diesem Fall handelt es sich also um einen taktischen Einsatz der Infoattacke zum Erzielen eines Effekts – was in gewissen Situationen durchaus zielführend sein kann.

4.6 Gestaltung von Diagrammen

Wie viele Informationen passen in ein Diagramm?

Richtwerte für eine durchschnittliche Präsentationssituation:

- 15 bis 20 Datenpunkte: zum Beispiel drei Linien mit je sechs Beobachtungspunkten oder zehn Beobachtungspunkte mit je zwei Säulen und so weiter;
- Liniendiagramm: maximal vier Linienzüge pro Bild;
- Gruppensäulen: nicht mehr als drei Säulen pro Beobachtungspunkt;
- Kreis: maximal sechs Sektoren.

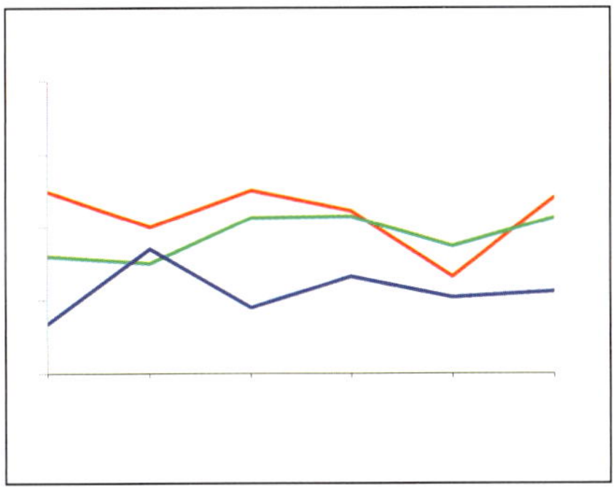
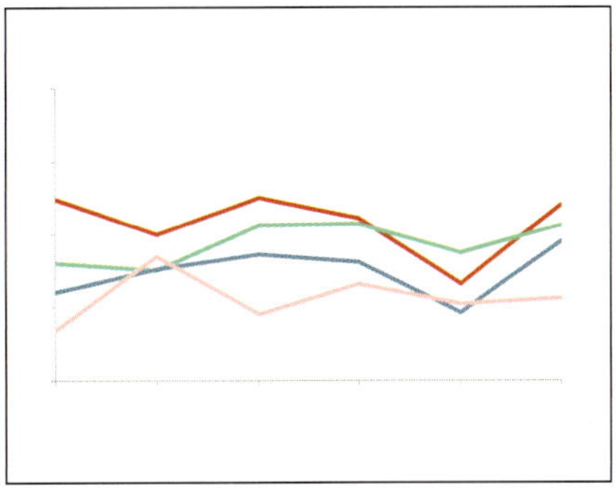
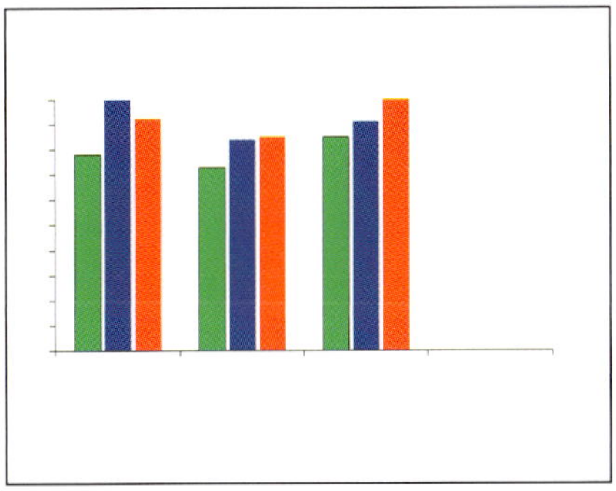
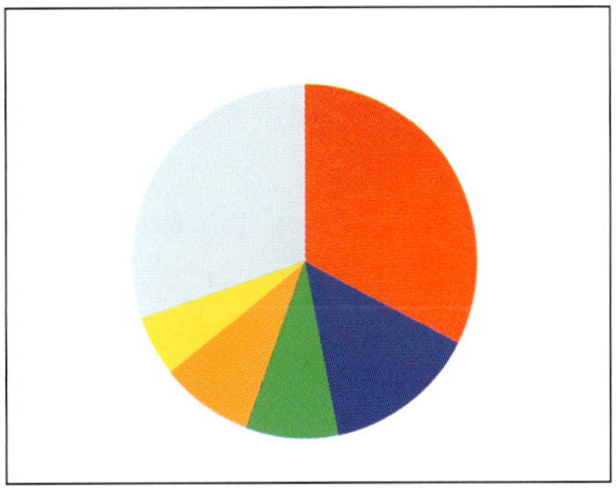

Wie ordnet man die Säulen und Balken, also die verschiedenen Sektoren, ideal an?

- Stapelsäulen und Stapelbalken: die größten Anteile unten beziehungsweise links;
- Kreis/Torte: in Uhrzeigerrichtung vom größten zum kleinsten Segment, beginnend bei 12 Uhr;
- Balken: aufsteigend oder absteigend oder (wesentlich schwächer) alphabetisch geordnet.

Dabei handelt es sich wieder um Richtwerte, entscheidend ist, was Sie aussagen möchten.

Wie gestaltet man Flächen und Linien am wirkungsvollsten?

- Das Wichtigste muss natürlich am deutlichsten erkennbar sein;
- je größer die Fläche, desto heller das Muster und umgekehrt: je kleiner die Fläche, je dünner der Strich, desto intensiver die Farbe;
- Vorsicht vor optischen Täuschungen: keine horizontalen und vertikalen Schraffuren, gegenläufige Schraffuren nicht unmittelbar und eng nebeneinander;
- generell gilt für die Strichstärke: Variable stärker als Achse, diese stärker als die Rasterlinien;
- im Liniendiagramm verwenden Sie möglichst unterschiedliche Farben für die Linien oder unterschiedliche Strichstärken. Bitte keine Punkt-/Strich-/Strichpunkt-Kombinationen!

Wie animiert man Diagramme sinnvoll?

- „Skelett vor Detail“: Zuerst die Mechanik (Achsen/Kreis) als Ganzes zeigen;
- die Variablen in ihrer Richtung erscheinen lassen: Säulen nach oben; Balken nach rechts; Sektoren, die sich aus Teilen zusammensetzen, aus der Bildschirmmitte verkleinern; Sektoren, die sich aufteilen, vergrößern;
- ein Schritt pro Gedanke. Vorsicht: Bauen Sie keine überflüssigen Schritte ein, sonst wird es unübersichtlich.

Wie sieht die Beschriftung aus?

- Grundsätzlich gilt: Präsentationsgrafiken vertragen wenig Text!
- Aussagekräftige Titelzeilen: Kreieren Sie auch für Ihr Diagramm eine Talking Headline: Statt „Entwicklung des Energiebedarfs“ formulieren Sie prägnanter: „Energiebedarf steigt sprunghaft an.“

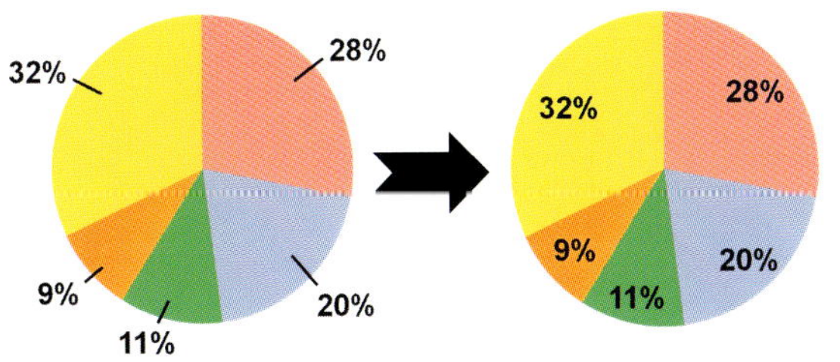

Abb.: Zahlen im Diagramm: in diesem Fall eine gute Lösung (lesbar und ausreichend Platz)

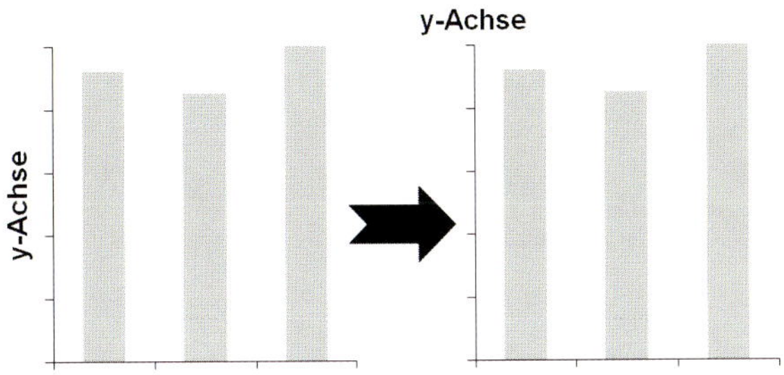

Abb.: Achsen bitte lesbar (= horizontal) beschriften

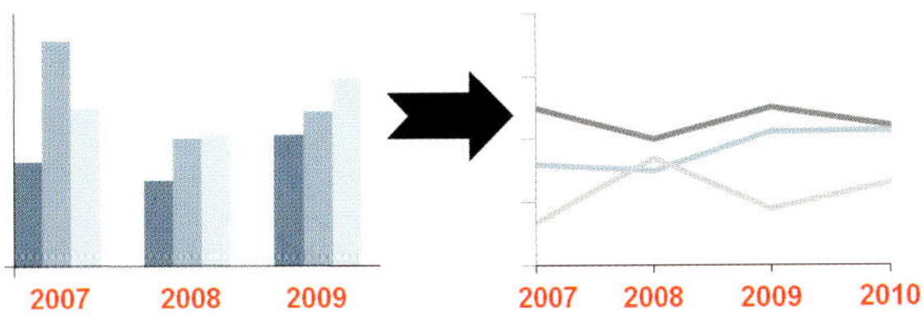

Abb.: Viele Vergleichspunkte stellen Sie besser als Liniendiagramme dar.

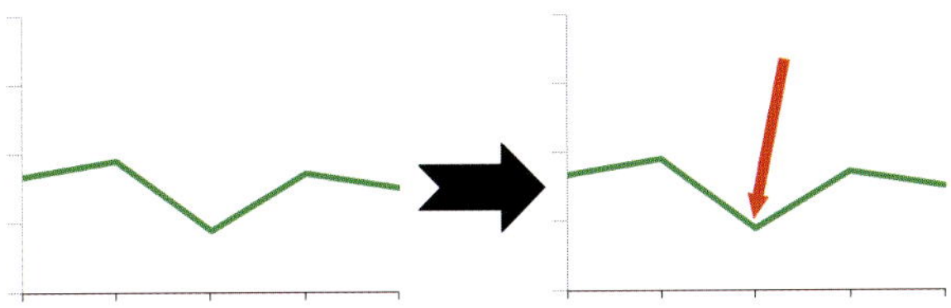

Abb.: Weisen Sie auf interessante Details hin.

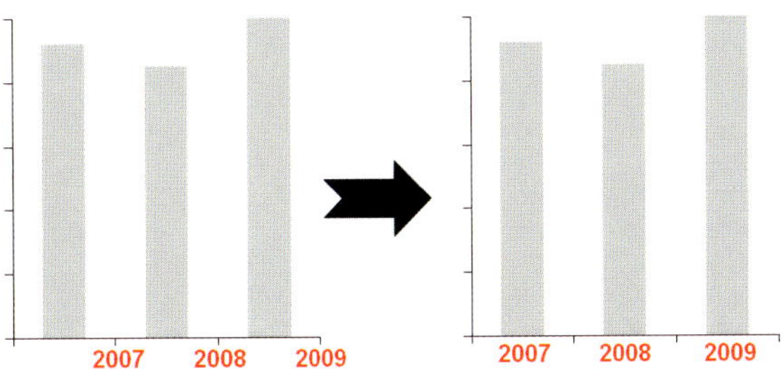

Abb.: Die Einheiten auf den Achsen gehören zur Darstellung.

- Variablen direkt beschriften: Ziehen Sie das Auge des Betrachters in das Diagramm hinein und nicht an den Rand. Lassen Sie daher (unlesbare) Legenden weg, beschriften Sie stattdessen die Variablen direkt im Diagramm – natürlich nur, wenn es der Platz erlaubt.
- Koordinaten lesbar beschriften: Die y-Achse beschriften Sie an ihrem oberen Ende in waagrechter Schrift.
- Zeiträume und Zeitpunkte: Bei Zeitreihen überlegen Sie, ob die horizontale Achse Zeitabschnitte oder Zeitpunkte enthält – dementsprechend setzen Sie die Jahreszahl entweder zwischen die Teilungsstriche oder exakt zu den Teilungsstrichen.
- Visuelle Signale und Blickfänger: Bauen Sie sich Brücken für Ihre Präsentation, indem Sie wichtige Punkte mit Pfeilen oder Schildern markieren. Zu einem Knick in einer Umsatzkurve setzen Sie zum Beispiel ein Schild mit dem Hinweis „Lieferprobleme".

Soll man Ziffern ins Diagramm schreiben?

Wenn es sich vermeiden lässt, dann sollten eher keine Ziffern ins Diagramm geschrieben werden, und wenn, dann nur wenige. Einzelne wichtige Werte, die zum Verständnis beitragen, können Sie einfügen. Versuchen Sie aber nicht, ein Diagramm in eine Tabelle umzufunktionieren oder für den Notfall unter das Diagramm die Rohwerte zu setzen. Wenn Sie Zahlen angeben, versuchen Sie mit zwei Stellen auszukommen. Achtung vor unbeabsichtigter Manipulation: Ein Zahlenwert oberhalb eines Punktes in einem Liniendiagramm erhöht den Wert, unterhalb reduziert er ihn.

4.7 Praxistipps für die Gestaltung von Strukturbildern

Automatische Augenbewegung beachten

Von links nach rechts und von oben nach unten – bitte beachten, denn damit erleichtern Sie Ihren Zusehern die Aufnahme des Inhalts.

Richtige Reihenfolge vermeidet „Chaos"

Überlegen Sie sich, in welcher Reihenfolge Sie die Elemente präsentieren. Damit wird sichergestellt, dass der Blick der Zuschauer nicht kreuz und quer durch das Bild und von einem Kästchen zum anderen hüpfen muss.

Weniger ist mehr!

Richtig, dieser Grundsatz verfolgt Sie durch das ganze Buch. Mit Recht aber auch hier wieder, denn jedes einzelne Element muss klar lesbar bleiben. Reduzieren Sie daher die Textmenge. Schließlich dient das Bild ja nur als Stütze und muss kein selbsterklärendes Bild oder gar Slideout sein.

Strukturbild schrittweise aufbauen

Komplexe Zusammenhänge sind oft nicht auf einmal mit einem einzigen Strukturbild darstellbar, sondern müssen nach und nach, Element für Element, aufgebaut werden. Auch hier gilt – ein Gedanke pro Animationsschritt.

Vorsicht mit Symbolen

Natürlich ist es möglich, einzelne Begriffe im Strukturbild mit visuellen Symbolen oder Kürzeln zu belegen oder diese zu ersetzen. Allerdings stellt sich die Frage nach der Sinnhaftigkeit, wenn Sie Begriffe wie „Gewinn“ mit einem Sack Geld oder das Wort „Fußball“ mit einem Ball ersetzen – von der Sichtbarkeit kleiner Symbole ganz abgesehen. Bleiben Sie bei den Strukturbildern lieber bei eindeutigen Begriffen, dann sind Missverständnisse von vornherein ausgeschlossen und alle Zusammenhänge werden präzise und klar dargestellt.

Farben und Linien erhalten eine Bedeutung

Richtiger und funktionaler Einsatz von Farben hilft beim Verständnis von Zusammenhängen: Stellen Sie Kästchen in der gleichen Farbe, starke und wichtige Verbindungen durch kräftigere Linien und unsichere Beziehungen mit gestrichelten Linien dar. Variieren Sie nur so viel, wie nötig ist, um das Verständnis zu fördern, und nicht, um zu verzieren.

Mit ein wenig Übung lassen sich so gut wie alle abstrakten Gedanken in räumlichen Zusammenhängen darstellen. Oft wird aber erst bei der Erstellung eines Strukturbildes klar, wie die Verhältnisse und Verbindungen aussehen.

Tipp
Die Erstellung eines Strukturbildes auf einem Flipchart, einem Blatt Papier oder in PowerPoint geht rasch und einfach. Überprüfen Sie daher immer doppelt, ob abgebildete Zusammenhänge auch der Realität entsprechen und alle Verbindungen und Pfeilrichtungen korrekt sind.

Klar und einfach gestaltete Strukturbilder sind eine großartige Unterstützung für Ihre Präsentationen und eine erhebliche Erleichterung für Ihre Zuhörer. Die Beispiele für Strukturbilder ab Seite 159 zeigen Ihnen eine Palette von erprobten Möglichkeiten.

4.8 Gestaltung durch Animation

Animationen brauchen Sie dann, wenn sie Ihnen helfen, das Verständnis beim Publikum zu fördern, eine spezielle Bedeutung zu betonen oder ein Bild sinnvoll aufzubauen.

Sparen Sie mit dem Einsatz von Animation. Keinesfalls sollte ein Effekt so präsent sein, dass er die Aufmerksamkeit auf sich zieht und vom Inhalt ablenkt.

Hier einige Tipps für Ihre Animationen:

- „Wischen von links“ ist die optimale Animationsart für Texte.
- Entscheiden Sie sich für einen Animationsstil und behalten Sie diesen während der gesamten Präsentation bei.
- Ein Animationsschritt pro Gedanke – zusammengehörende Dinge lassen Sie besser gemeinsam erscheinen, ansonsten würden zu viele Einzelschritte zu sehr ablenken.
- Keine Effekte um des Effekts willen!

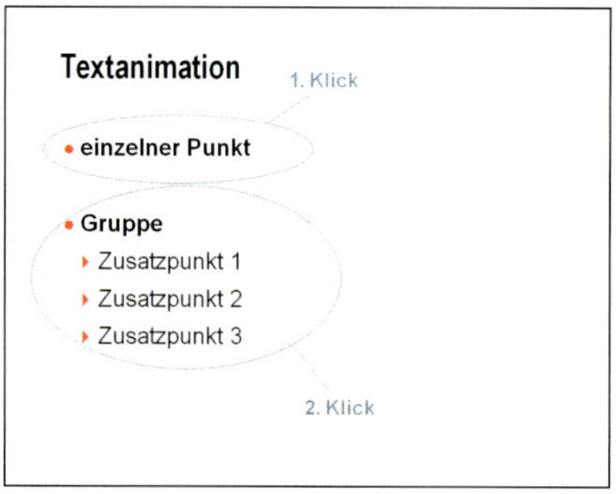

- Animation unbedingt manuell steuern und nie die Automatik wählen!
- Schlusssignal: Mit dem letzten Animationsschritt können Sie ein kleines, nur für Sie erkennbares Symbol setzen (Punkt nach dem letzten Wort im Text oder ein kleiner Punkt in der linken unteren Ecke). Somit wissen Sie, dass kein Animationsschritt mehr kommt und beim nächsten Klick das Slide gewechselt wird.

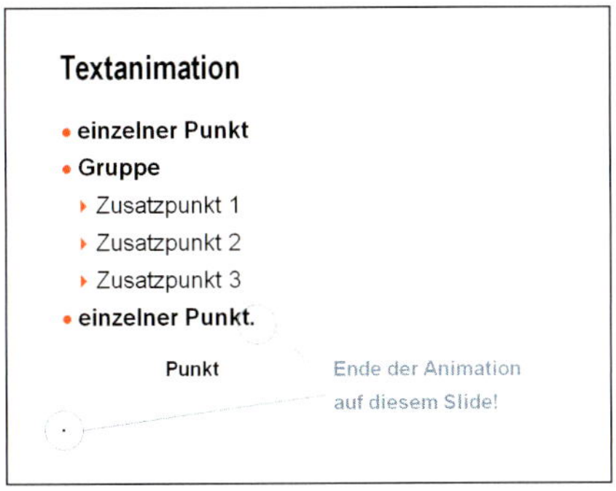

- Für den Fall, dass Sie Ihr Slide nur kurz zeigen und zu jedem Punkt nur ein paar Worte oder einen kurzen Satz sagen: Animieren Sie besser nicht, sondern zeigen Sie das Slide gleich vollständig.
- Bilder in der natürlichen Richtung animieren: Ein nach links zeigender Pfeil muss von rechts kommen, ein Gewicht, das auf ein Ergebnis „drückt", muss von oben kommen. In allen anderen Fällen wieder „wischen von links".
- Texte ausblenden: Wenn Sie mit einer wiederkehrenden Agenda als Trennung einzelner Abschnitte arbeiten, empfehle ich die Hervorhebung des aktuellen oder kommenden Themas auf der Agenda. Setzen Sie dazu den aktuellen Punkt in Farbe oder schwächen Sie alle nicht aktuellen Punkte ab.

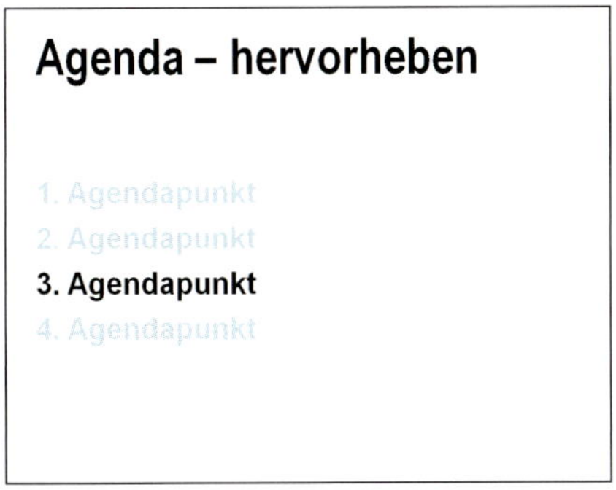

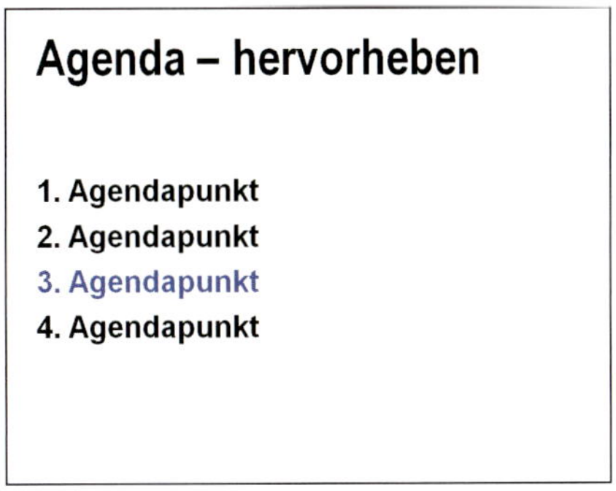

Einfache Animation für Slide-Übergänge

Gestalten Sie Übergänge zwischen den Slides am besten so einfach und unspektakulär wie möglich. Auch hier ist „wischen von links" gut geeignet. Bei kreativeren Präsentationen können Sie auch „weiterblättern" oder andere Möglichkeiten wählen, aber: Wählen Sie keine Animation, die ein komplettes Slide schiebt oder rollt, da dabei alle Elemente am Slide bewegt werden, was nicht gut aussieht und für das Publikum irritierend ist.

4.9 Gestaltungsregeln für das Flipchart

Echte Flipchartfans arbeiten sogar mit Wachsfarben, um ihren Flipchartseiten eine persönliche Note zu verleihen. Dabei werden Zeichnungen vollflächig gefärbt, Hintergründe bemalt, 3-D-Effekte erzielt und vieles mehr. Ob das für eine Business- oder Fachpräsentation notwendig ist, sei dahingestellt – ich rate eher davon ab. Die Frage, die mit solch aufwendig gemalten Flipcharts aufgeworfen wird, könnte durchaus eine ungewollte Botschaft in sich tragen: „Sie müssen ja viel Zeit haben, Frau Kollegin ...“ oder „Haben Sie nichts anderes zu tun als Flipcharts zu verschönern?“

Bleiben Sie daher lieber bei den vier Grundfarben am Flipchart: Blau, Schwarz, Rot und Grün. Verwenden Sie dicke Stifte und feste Striche, werden Sie auf jeden Fall einen professionellen Eindruck erzielen. Die folgenden Tipps helfen Ihnen dabei, Ihre Seiten einfach, rasch und professionell zu gestalten.

Vorbereiten

Möchten Sie vorbereitete Charts zu Ihrer Präsentation mitbringen, gestalten Sie diese so professionell wie möglich. Lassen Sie sich Zeit dabei, schreiben Sie lesbar, bemühen Sie sich bei der Erstellung von Grafiken und Diagrammen und nehmen Sie sich beim Ergänzen live vor der Gruppe ausreichend Zeit. Die paar Sekunden mehr, anstelle eines nervösen, fahrigen Strichs einen festen, ruhigen Strich zu machen, sind gut investierte Zeit und der Anschrieb sieht gleich wesentlich besser aus.

Raumaufteilung planen

Gerade bei Skizzen überlegen Sie bitte unbedingt rechtzeitig, was wohin gehört. Eine rasche und einfache Hilfe dabei ist ein (imaginäres) Kreuz, also das Blatt sowohl horizontal als auch vertikal einmal zu teilen. Somit haben Sie vier gleich große Quadrate und die Aufteilung und Platzierung der Inhalte fällt damit gleich leichter.

Unsichtbare Bleistiftnotizen

Ziffern, Stichworte oder Hilfslinien mit dünnem Bleistift leicht vorgezeichnet sind für die Teilnehmer oder Zuseher praktisch unsichtbar. Somit brauchen Sie dünne Bleistiftstriche, die Sie später mit Flipchartstiften überschrieben haben und die vielleicht noch sichtbar sind, nachher auch nicht auszuradieren.

Erst zeichnen, dann erklären

Bei einer Spontanskizze zeichnen Sie neue Elemente immer zuerst, drehen sich dann um, geben den Blick frei und erklären dann mit Blickkontakt zum Publikum, was Sie soeben gezeichnet haben. Diese Abfolge begleiten Sie mit „Touch – Turn – Talk"-Blickführung, Details dazu finden Sie ab Seite 250.

Starke Striche signalisieren Kraft

Je schlechter Sie zeichnen können, umso dicker und fester sollten Sie den Stift aufdrücken.

Konturen geben Körper und damit Substanz

Richtig große Buchstaben (ab 10 Zentimeter) wirken auch bei guten, 5 Millimeter breiten Stiften noch recht dünn. Schreiben Sie deshalb in Konturen wie bei der Kalligrafie, dadurch bekommen Ihre Buchstaben Körper, auch wenn sie eigentlich innen hohl sind. Das sieht professionell aus, dauert genauso lange wie das Zeichnen der dünnen Striche und ist hervorragend lesbar.

Aktive Blickführung – links vom Bild und mit Handkontakt zum Chart

So stehen Sie immer am Wortbeginn und können in Leserichtung durch die Inhalte führen.

Plakativ schreiben am Flipchart

Schriftart

Schreiben Sie unbedingt in Druckschrift, denn diese ist wesentlich leichter lesbar als Blockschrift (Großbuchstaben). Die Druckschrift gibt mit ihren Ober- und Unterlängen den Worten mehr Gestalt, ist deshalb besser lesbar und bietet dem Auge mehr Orientierung. Blockschrift wird außerdem assoziiert mit „Schreien", was mit Bedacht einzusetzen ist.

Proportionen

Oft verwendet man bei der Schriftgröße ein Drittel für die Unterlängen, ein Drittel für die Mitte und ein Drittel für die Oberlänge. Das wirkt zwar sehr elegant, ist für das Flipchart aber nicht stark genug. Das Geheimnis plakativer Schrift ist daher, die Hälfte der Schrifthöhe auf die Mittellänge zu verlegen und nur ein Viertel Unterlänge und ein Viertel Oberlänge zu schreiben. Die Schrift wirkt damit wesentlich kräftiger. Schreiben Sie außerdem kompakt und ziehen Sie Buchstaben nicht zu sehr auseinander.

Höhe

Je dicker Ihr Filzstift ist, desto größere Buchstaben können Sie ziehen. In Zahlen ausgedrückt: Die Strichstärke sollte 10 Prozent der Höhe eines Großbuchstaben ausmachen.

Stifte

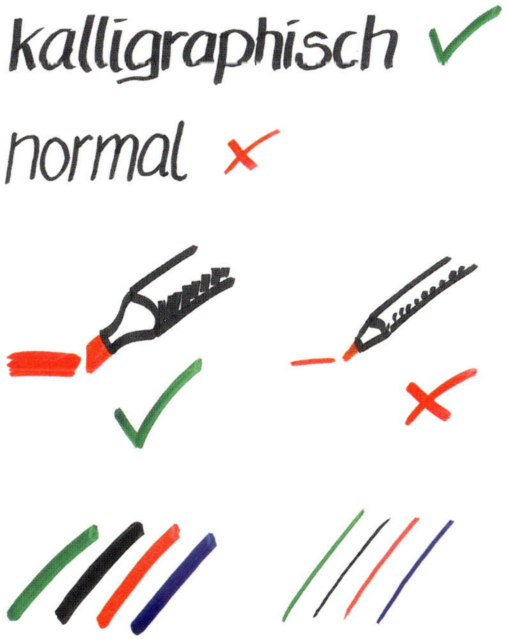

Filzstifte mit schrägen Kanten bieten Ihnen drei Möglichkeiten: eine breitere und eine schmalere Strichstärke oder deren Kombination in der Konturenschrift, also kalligraphisch.

Halten Sie den Stift so, dass entweder der senkrechte Strich ganz breit wird, oder in einer Neigung von 45 Grad. Das sieht gut aus und ist perfekt abzulesen. Den Stift in der einmal gewählten Haltung festhalten und während des Schreibens nicht mehr drehen – das ist das große Geheimnis einer sauberen und kontinuierlich guten Schrift.

Das Erfolgskriterium ist der Inhalt, nicht die Qualität der Zeichnungen

Unabhängig von der zeichnerischen oder grafischen Qualität Ihrer Visualisierung erhält diese immer jene Bedeutung, die Sie ihr geben. Sobald Sie also auf ein selbstgezeichnetes Haus, das aus fünf Strichen besteht, zeigen und dazu sagen: „Das hier ist die neue Luxusvilla am Comer See", ist es für Ihre Zuseher ab diesem Zeitpunkt die neue Luxusvilla am Comer See.

Das Erfolgskriterium für einen erfolgreichen Vortrag ist niemals die Qualität der Zeichnungen oder Bilder, sondern ihr Inhalt. Wenn Sie daher also der

Abb.: „Eine Luxusvilla am Comer See"

Meinung sind, Ihre Bilder seien nicht gut genug, ist das in Ordnung, solange Sie es Ihrem Publikum nicht mitteilen oder sich – noch schlimmer – dafür entschuldigen oder rechtfertigen.

Es gilt: Sagen Sie, was es ist, und damit ist es das, was Sie sagen.

Jeder, der präsentiert, vorträgt oder moderiert, sollte das – ohnehin einfache – Handling des Flipcharts beherrschen. Mit der Berücksichtigung der Hinweise in diesem Kapitel sollte die Arbeit am Flipchart für Sie kein Problem mehr sein. Trauen Sie sich, denn wie überall im Leben macht auch hier die Übung den Meister! (Tipps für den Umgang mit dem Flipchart finden Sie im Kapitel „Erfolgsfaktor 5".)

4.10 Gestaltung von Handouts

Zur Vermeidung von Slideouts und zur ausführlicheren Information des Publikums über Details und Hintergründe zum Thema eignen sich vorbereitete Handouts. Diese müssen unbedingt professionell aufbereitet sein, denn sie sollen den kompetenten und professionellen Eindruck der Präsentation auch noch nach dem Vortrag wiedergeben und sogar verstärken. Ein einfacher Ausdruck der Notizenseiten reicht dafür nicht aus.

Gute Handouts bestehen aus folgenden Komponenten und Gestaltungsmerkmalen:

- Titelblatt mit dem Titel des Vortrags, Ihrem Namen, Ort und Datum, Firmenlogo;
- Agenda mit Seitenzahlen, falls der Inhalt identisch mit der Struktur der Präsentation ist;

- ein Inhaltsverzeichnis, falls es Zusatzinfo wie Studien, Statistiken oder ergänzende Texte gibt;
- bei sehr umfangreichen Themen zusätzlich ein Summary oder Abstract als Zusammenfassung vor dem Hauptteil;
- alle Seiten durchnummerieren;
- ausreichend Ränder oder Leerzeilen für Notizen lassen;
- Schriftgröße 12 Punkt, Zwischenüberschriften 12 Punkt fett, Überschriften 14 Punkt fett;
- Abbildungen der Slides mit Erklärungen zum Nachlesen;
- je nach Anlass eine Mappe oder repräsentative Hülle;
- Ihre Kontaktdaten für Rückfragen.

Tipps zum Handling des Handouts

- Dient das Handout nur zum Nachlesen, teilen Sie es erst *nach* der Präsentation aus oder legen es zur Entnahme im Raum auf. Machen Sie es den Leuten so einfach wie möglich: Ein Tisch neben dem Eingang, an dem jeder vorbeigeht, ist dafür am besten geeignet.
  Vorteil: Damit vermeiden Sie störendes Blättern in den Unterlagen oder ein zu frühes Lesen von Lösungen und Vorschlägen, was der Dramaturgie schadet. Nachteil: ablenkendes Mitschreiben und keine Chance mehr für Nachfragen.
- Sollen die Zuhörer Notizen zu Bildern machen oder Details parat haben, teilen Sie das Handout vor der Präsentation aus. Bei Gruppen ab circa 20 Zuhörern legen Sie die Handouts vor Präsentationsbeginn auf den Tischen oder Stühlen aus. Bei weniger Zuhörern können Sie das Handout alternativ auch nach der Einleitung verteilen oder verteilen lassen. Das hat den Vorteil, dass sich das Publikum beim Start voll auf Sie konzentriert. Außerdem lässt sich das Handout durch Ankündigen und anschließendes Austeilen im Wert steigern: *Damit Sie alle wichtigen Informationen auch bei sich haben, bekommen Sie nun …*
- Welche Variante Sie auch immer wählen: Teilen Sie es rechtzeitig mit, *wann* Sie etwas ausgeben und *was* Sie ausgeben, sonst werden vielleicht fleißig Notizen gemacht, was dann ärgerlich für das Publikum sein kann, wenn es gar nicht notwendig war: *Sie erhalten im Anschluss ein Handout mit allen Slides und den wichtigsten …*
- Halbfertige Unterlagen: Geben Sie Handouts mit unvollständigen Grafiken und Texten aus und ermuntern Sie das Publikum, die Fehlstellen zu vervollständigen: Beschriftungen und Werte bei Tabellen und Diagrammen, Inhalte und Verbindungen bei Strukturbildern oder leere Bullet-

Points. Durch das Ergänzen sind die Teilnehmer gefordert und lernen dadurch besonders gut: Selbstgeschriebenes merkt man sich besser und „personalisierte" Unterlagen sind beim Nachlesen nützlicher.

- Selektion: Geben Sie nur aus der Hand, was kein Sicherheitsrisiko, keine rechtlichen Probleme und keine Gefahr für Missverständnisse und Fehlinterpretationen ergibt. Im Zweifelsfall lassen Sie solche Informationen im Handout weg.

4.11 Präsentationsdesign – Vorher-nachher-Beispiele aus der Praxis

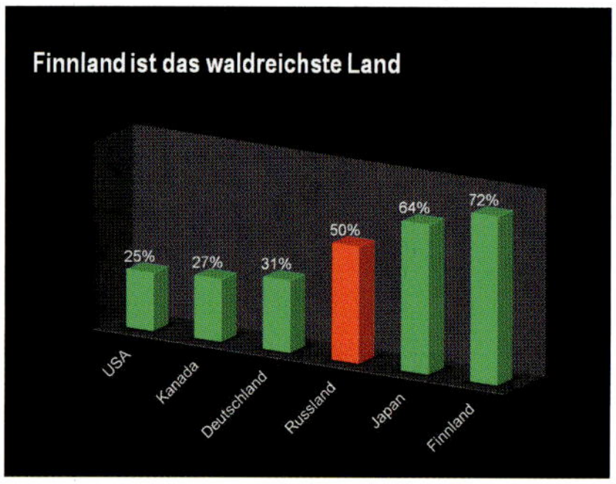

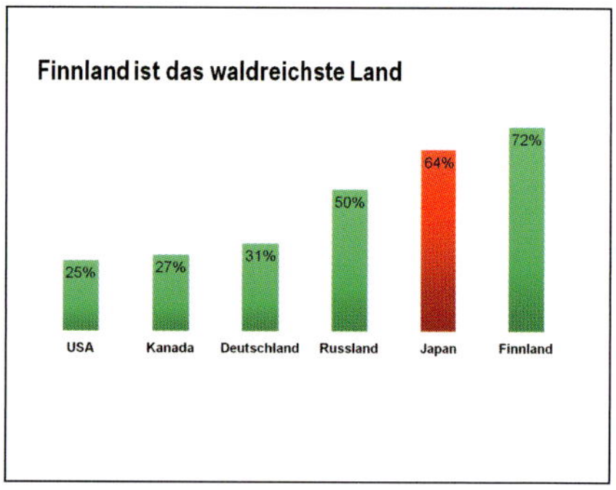

Änderungen: 3-D-Effekt eliminiert, Achsenbeschriftung horizontal ausgerichtet, Zahlen in die Balken integriert und für besseren Kontrast ein weißer Hintergrund
Ergebnis: Die Grafik wirkt klarer und ist rascher und eindeutiger erfassbar.

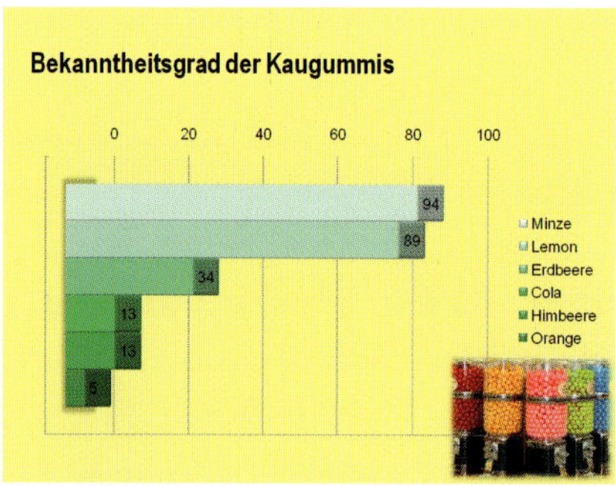

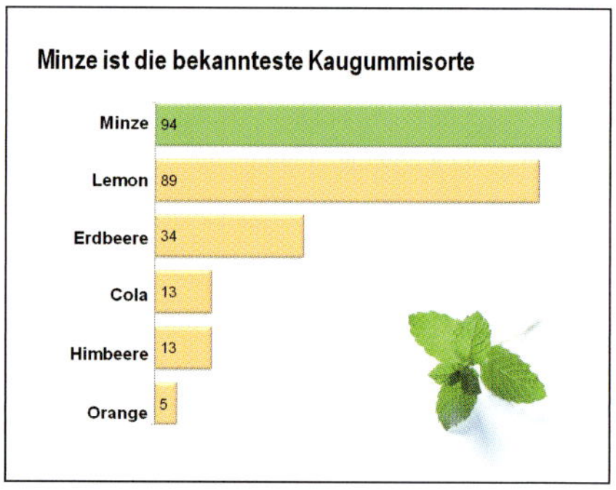

Änderungen: Hintergrund auf neutrales Weiß gestellt, Legende als Achsenbeschriftung in die Grafik integriert, Gitternetz ausgeblendet, Talking Headline ergänzt, wichtigster Balken gefärbt, Ausrichtung und Kontrast verbessert, Foto gegen unterstützendes getauscht
Ergebnis: Professioneller, klarer, wichtigste Aussage sofort klar

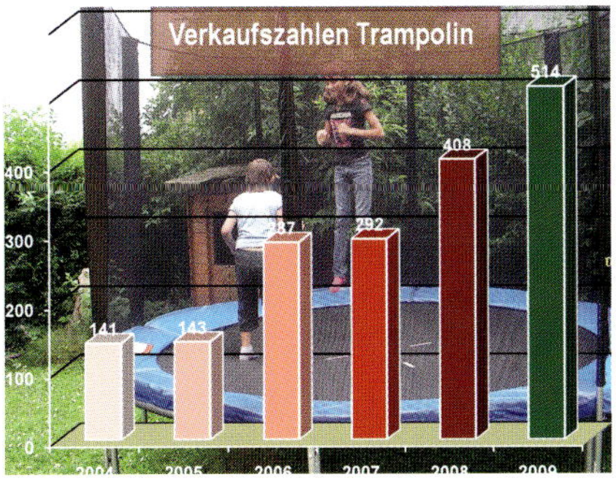

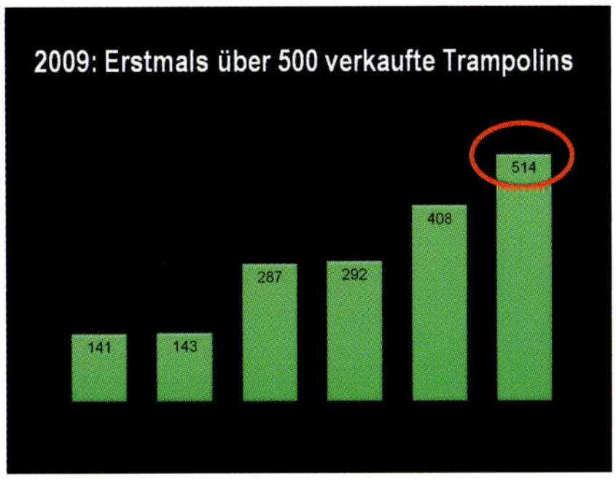

Änderungen: Foto entfernt (Hintergrundrauschen), 3-D-Effekt entfernt, Gitternetz entfernt, Achsenbeschriftung entfernt, Talking Headline ergänzt, wichtigster Balken gefärbt
Ergebnis: Aussage sofort erfassbar und durch die Grafik bewiesen

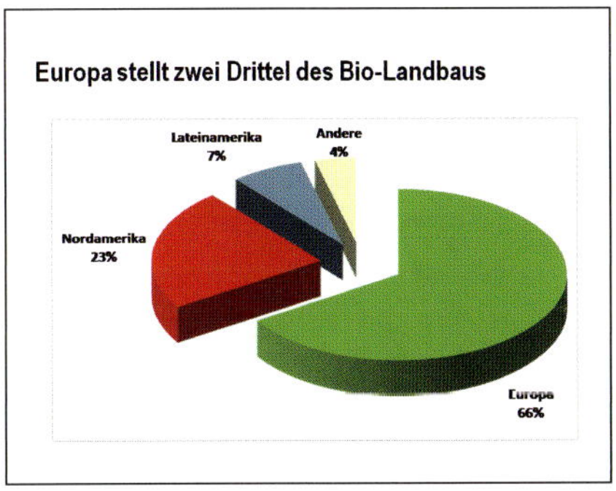

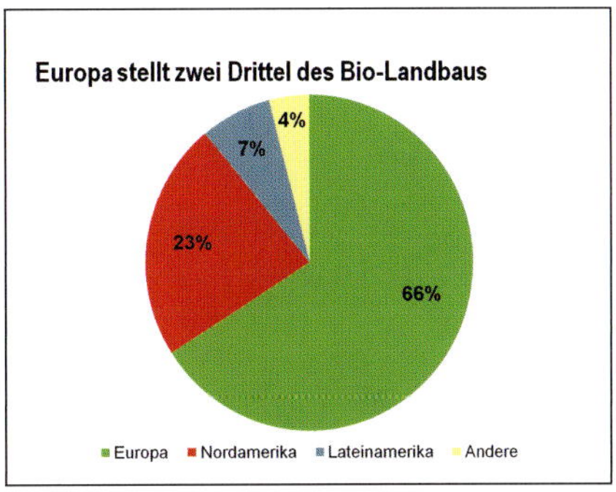

Änderungen: Rahmen entfernt, Diagramm auf 2-D umgestellt, Zahlen in das Diagramm integriert
Ergebnis: Grafik wirkt ruhiger, die Verteilung ist besser ersichtlich.

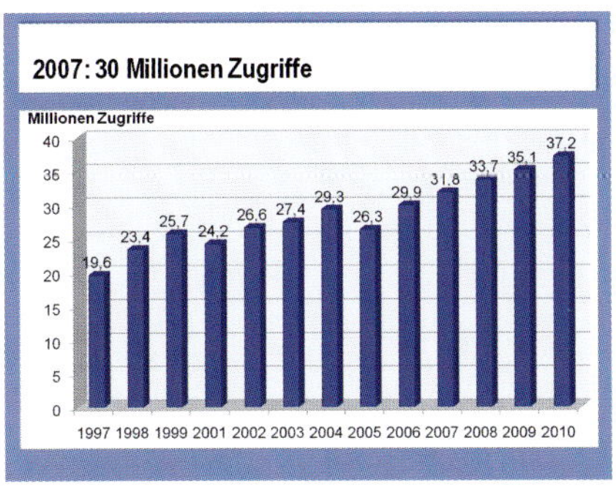

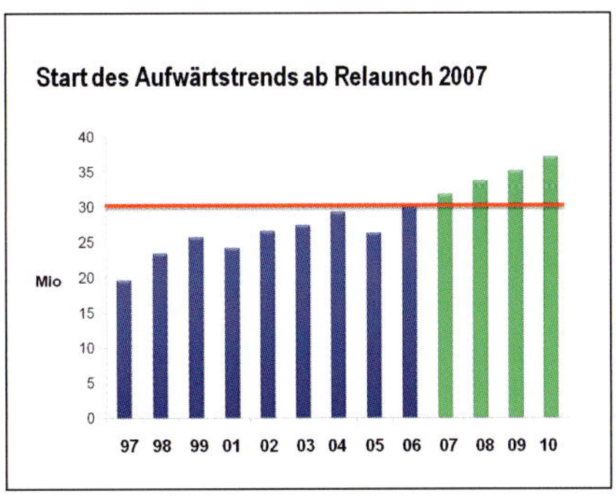

Änderungen: Gitternetz entfernt, 3-D-Effekt entfernt, Achsenbeschriftung optimiert (Position, Formatierung), kritischen Punkt markiert (rote Linie), Farbeinsatz optimiert, Talking Headline
Ergebnis: Kein Hintergrundrauschen mehr, Aussage einfach und rasch erkennbar (beweisbar)

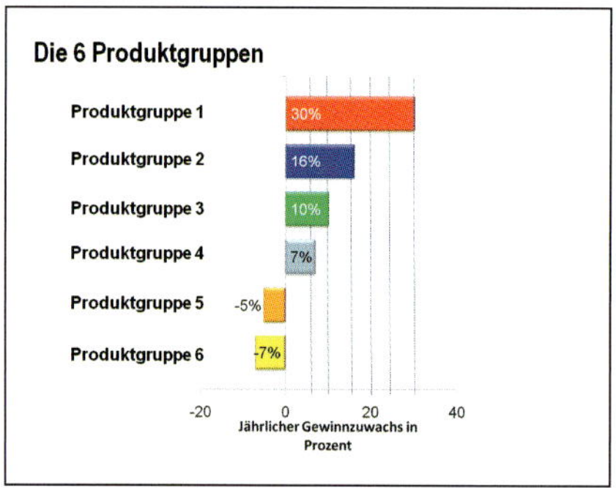

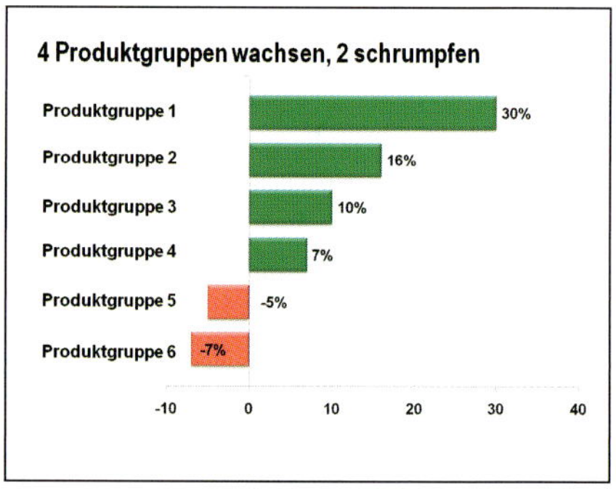

Änderungen: Zahlentabelle entfernt, Größe und Ausrichtung der Balken verbessert, Farben adaptiert, wichtigste Daten markiert, Talking Headline
Ergebnis: Aussage sofort erkennbar und nachvollziehbar. Die Zahlentabelle eignet sich für ein Handout.

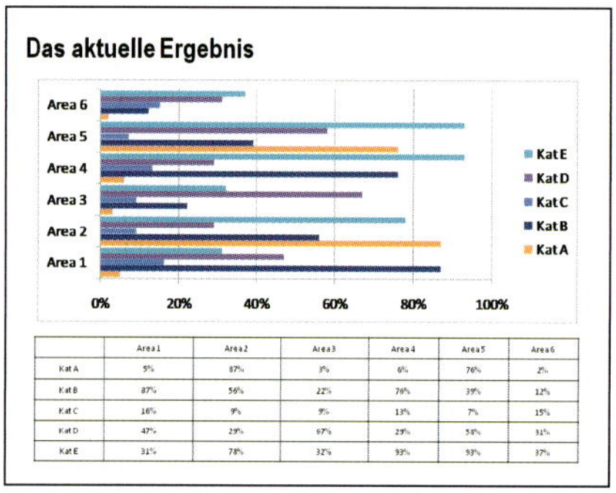

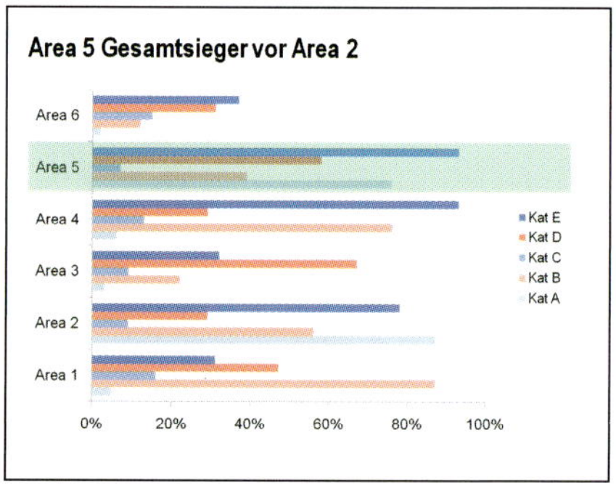

Änderungen: Talking Headline, Ausrichtung und Kontrast verbessert, Diagramm und Skalierung optimiert, Beschriftung neben den Balken besser lesbar, Farben optimiert
Ergebnis: Aussage und Zahlen sofort erkennbar und nachvollziehbar

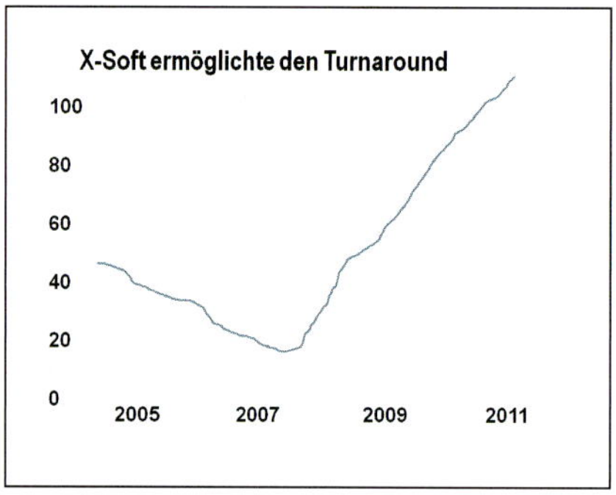

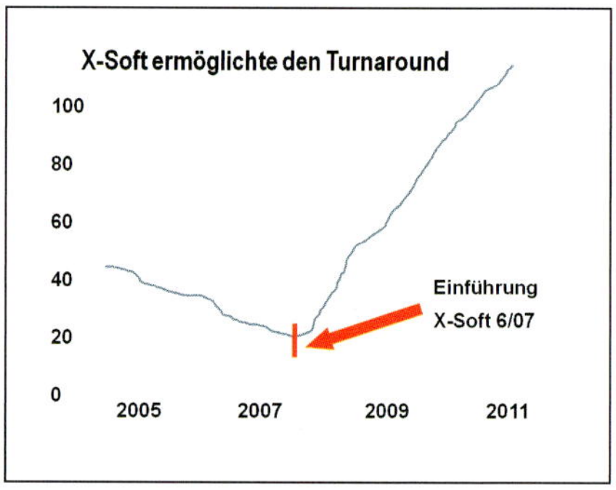

Änderungen: Ereignis in der Kurve wurde markiert und beschriftet.
Ergebnis: Aussage sofort nachvollziehbar, Beweisführung funktioniert.

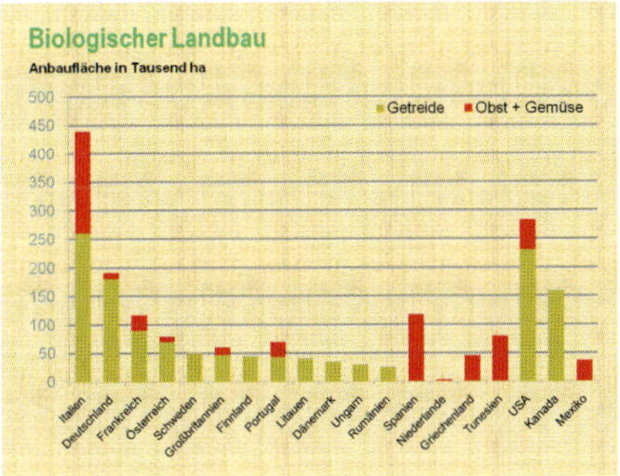

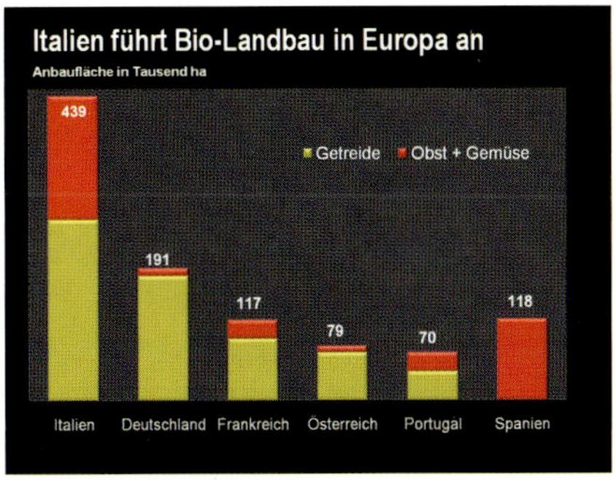

Änderungen: Hintergrund entfernt, Gitternetz entfernt, Achsenbeschriftung entfernt, nur wichtigste Daten ausgewählt, Talking Headline, absolute Zahlen ergänzt
Ergebnis: Klar und aussagekräftig, Verteilung perfekt ablesbar

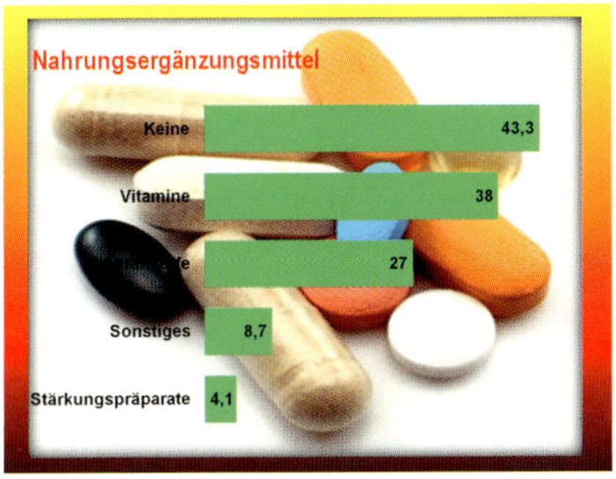

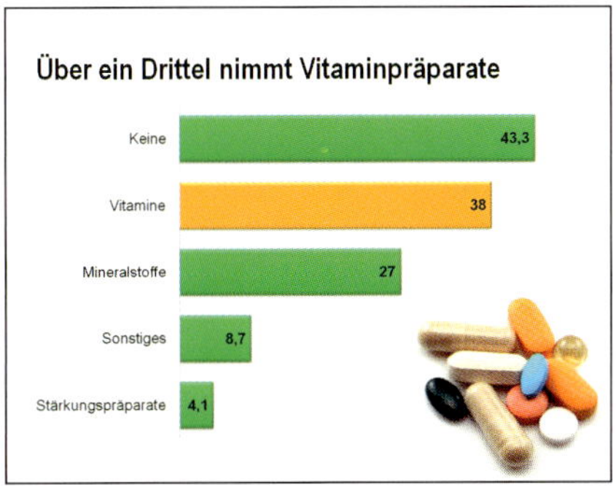

Änderungen: Foto vom Hintergrund entfernt und als Verstärker verwendet. Farben und Headline optimiert
Ergebnis: Grafik klarer erkennbar, Foto unterstützt Aussage

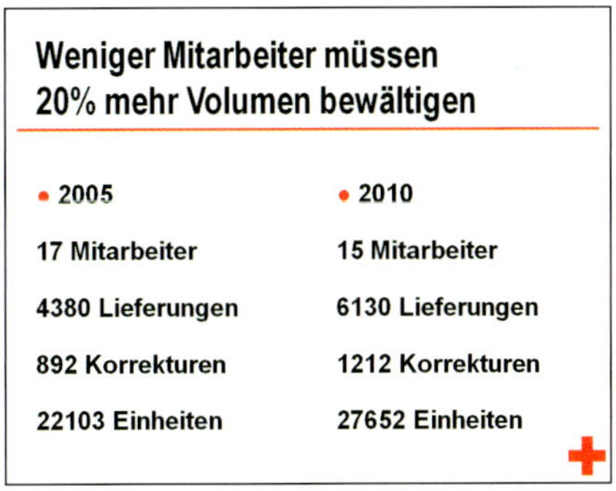

Änderungen: Foto wegen Hintergrundrauschens entfernt, Talking Headline, Jahreszahl als Bullet
Ergebnis: Aussage sofort klar, Zahlen als Beweis

Checkliste Erfolgsfaktor 4: Präsentationsdesign	
Checkliste für optimales Präsentationsdesign	
Kontrast: Verstärken Sie diesen zwischen den Elementen durch Größe, Stärke, Farbe, Art.	Vermeiden Sie verwirrende Konflikte durch ähnliche Objekte.
Wiederholung: Zeichen, Farben, Formen, Abstände sollen oft und unverändert wiederkehren.	
Ausrichtung: Jedes Element braucht eine visuelle Verbindung mit einem anderen Element.	
Nähe schafft Einheiten: Was zusammengehört, muss zusammen gruppiert werden.	
Heller Hintergrund für kleine Gruppen und helle Räume, dunkler Hintergrund für große Gruppen und dunkle Räume.	
Druckschrift, keine Serifen, maximal 35 Wörter pro Slide ohne Headline	
Achtung auf Lesbarkeit: Text mindestens 24 Punkt; große Schriften verhindern außerdem zu viel und zu kleinen Text.	
Animation nur, wenn damit eine Aussage verstärkt wird, und nie als Selbstzweck!	
Texte, Hintergrundinformationen in ein Handout auslagern	
Flipchart: Großzügig, fest und einfach schreiben und skizzieren, starke Striche signalisieren Kraft.	
Flipchart: Raumaufteilung und Skizzen mit Bleistift vorzeichnen.	

Tipps und Tricks	Achtung Falle!
Weniger ist mehr!	Achtung vor visuellen Infoschocks, Slides brauchen auch Leerraum!
Ein Slide ist ein Slide und kein Dokument oder „Slideout".	Nicht vermischen – jedes Format hat seinen Zweck!
Rauschunterdrückung erleichtert die Informationsaufnahme.	Keine dominanten oder unruhigen Hintergründe
Augenbewegungen beim Aufbau beachten und unterstützen	Keine Rätselrallye für den Zuseher: Wo ist was?

Kapitel 5

Erfolgsfaktor 5: Medien und Technik als Verstärker richtig einsetzen

Power Point
Papier
FlipChart
Stifte
Beamer
PPT
Folien

Der Präsentator klickt – während der Datenprojektor schon aktiv ist und das Publikum wartend jeden seiner Schritte nachzuvollziehen versucht – in seiner Folienübersicht herum, um das richtige Slide zu finden. Währenddessen spricht er intensiv mit seinem Notebook: „Ja, wo ist sie denn? Das gibt's doch nicht ... hmmm ...", und plötzlich – „Bingo, da ist sie ja!" – hat er sie gefunden. Selbstzufrieden blickt er auf die Projektionsfläche, auf der sich das neue Bild breitmacht, und beginnt, den Text abzulesen. Dabei flitzt er virtuos mit dem Laserpointer auf und ab und zeigt, dass er neben dem Inhalt auch die Technik beherrscht und somit ein absoluter Vollprofi ist – oder?

Als Zuseher kommt man sich in solchen Situationen nicht nur überflüssig vor, man hat auch seine liebe Mühe, den Ausführungen des Vortragenden zu folgen, und würde am liebsten den Raum verlassen. Auch wenn die Technik nur ein Werkzeug ist und den Menschen unterstützen soll: Der richtige Umgang mit den Präsentationsmedien trägt wesentlich zum Erfolg einer Präsentation bei. In diesem Kapitel erhalten Sie das dafür nötige Know-how.

Notebook und Datenprojektor sind Standard für Präsentationen

Nutzt ein Präsentator Medien und unterstützt er seinen Vortrag mittels Bildern, sprechen wir von einer Präsentation – im Gegensatz zur reinen Rede, zum rhetorischen Auftritt ohne Bilder und Medien.

Nachdem Sie Ihre Inhalte und Ideen in aussagekräftige Slides und Grafiken umgesetzt haben, ist der nächste Schritt die richtige Nutzung der zur Verfügung stehenden Präsentationsmedien zum Transport Ihrer Visualisierung. Die Präsentation mit Notebook und Datenprojektor ist dazu der Standard in allen Branchen und Hierarchieebenen – bei medizinischen Fachvorträgen genauso wie im Finanzmanagement, vor dem Aufsichtsrat, im kleinen Projektmeeting et cetera. Kein Wunder, denn so kann jederzeit rasch und mit relativ wenig Aufwand ein hochprofessionelles Ergebnis erzielt werden.

Professionelles Handling färbt auf den Inhalt ab – unprofessionelles auch!

Der kanadische Philosoph und Professor Herbert Marshall McLuhan prägte die Aussage „The medium is the message" in den sechziger Jahren, als er sich mit der Beeinflussung von Nachrichten durch Medien auseinandersetzte. Es bedeutet, dass das Medium mitbestimmt, wie eine Botschaft von der Zielgruppe empfangen wird: Das Medium ist die Botschaft. Bezogen auf die

Präsentation können wir davon ausgehen, dass je nach professionellem oder auch unprofessionellem Einsatz eines Mediums diese Professionalität – oder eben Unprofessionalität – auf die Botschaft abfärbt. So wird ein für das Unternehmen überlebenswichtiger Vorschlag, der mit unprofessionellen Slides, schlechtem Handling von Notebook und Datenprojektor sowie mangelnder Führung durch den Präsentator vorgetragen wird, wahrscheinlich nicht die Wirkung erzielen, die ihm gebührt. Dieser Faktor kann gar nicht hoch genug eingeschätzt werden, stellt er doch so etwas wie die „Visitenkarte" Ihrer Präsentation dar.

Vorab eine wichtige Warnung für alle, die mit Medien präsentieren:

Achtung Blutsauger – Vampire saugen Aufmerksamkeit ab

Vampire saugen Blut und das Blut Ihrer Präsentation ist die Aufmerksamkeit des Publikums. Alles, was diese Aufmerksamkeit von Ihnen und Ihrer Botschaft absaugt, nennen wir Vampir. Und gerade beim Einsatz von Medien lauern Vampire an allen Ecken und Enden:

Alles, was Sie tun und zeigen, insbesondere im Zusammenhang mit Ihren Medien, kann jederzeit zum Vampir werden, wenn es nicht genau zu dem Inhalt passt, den Sie gerade vortragen. Besonders verbreitete Vertreter der Spezies des Vampirs sind zum Beispiel

- ein zu früh gezeigtes Bild, während Sie noch mit der Vorrede oder Überleitung beschäftigt sind;
- ein Bild, das länger sichtbar bleibt, als Sie darüber sprechen;
- ein Bild, das gar nicht zu Ihrem Vortrag gehört, zum Beispiel „Überreste" des Vorredners auf dem Flipchart;
- schriftliche Unterlagen, die zu Beginn der Veranstaltung verteilt wurden;
- Muster, Bilder und so weiter, die man „kurz durchgehen" lässt;
- Ihr Desktop, der Screensaver oder die Projektion der Oberfläche Ihres Notebooks, während Sie eine bestimmte Datei suchen;
- alles, was leuchtet, auch wenn kein Bild gezeigt wird.

Das Rezept dagegen ist ganz einfach:

- exaktes Timing,
- jedes Bild erst dann, wenn es gebraucht wird – und nur so lange wie nötig;
- Medien abschalten, wenn sie nicht (mehr) gebraucht werden;

- Disziplin beim Präparieren der Bühne: Räumen Sie alles weg, was nicht dazugehört, und denken Sie daran, es ist *Ihre* Präsentation und für deren Dauer ist es *Ihre* Bühne!

5.1 Vier Grundsätze beim Einsatz von Medien

1. Integrieren Sie Ihr Publikum rechtzeitig

Selbst wenn Sie vor Ihrer Präsentation Einladungen, Agenden oder gar Inhaltsübersichten verschicken, sollten Sie nicht damit rechnen, dass alle Eingeladenen sich auch tatsächlich mit dem Thema vorweg beschäftigt haben. Sie kennen das – keine Zeit. Wenn Sie als Fachmann unter Ihresgleichen referieren, können Sie natürlich davon ausgehen, dass die eingeladenen Kollegen Vorkenntnisse zum Thema haben. Handelt es sich allerdings um eine klassische firmeninterne Präsentation vor Kollegen oder Mitarbeitern, werden die Eingeladenen eher wenig Ahnung davon haben, worum es konkret gehen wird. Setzen Sie daher nicht zu viel voraus und holen Sie Ihr Publikum durch einen geschickten Einstieg und den Einsatz von Bildern und Medien ab.

Nichts ist selbstverständlich

Überschätzen Sie niemals das Wissen Ihrer Zuhörer, unterschätzen Sie aber auch niemals deren Intelligenz! Wenig Fachwissen vorauszusetzen und dieses daher von Anfang an gezielt und pragmatisch zu erklären ist etwas völlig anderes, als die Zielgruppe für dumm zu halten. Wenn Sie zum Beispiel an Ihre Vorgesetzten präsentieren, müssen Sie damit rechnen, dass diese eine rasche Auffassungsgabe und hohe Intelligenz haben, was aber nicht unbedingt bedeuten muss, dass sie viel Ahnung von Ihrem Thema haben.

2. Auch beim Medieneinsatz sind Sie in der führenden Rolle

Zuhörer kommen zu einer Präsentation, um *Sie* zu sehen und zu hören. Andernfalls könnten Sie Ihre Inhalte ja auch faxen oder per E-Mail verschicken. Bleiben Sie daher im Mittelpunkt, zeigen Sie Präsenz und lassen Sie sich durch die Medien nicht abdrängen oder überdecken.

Lesen Sie einen Bericht oder ein Memo, bestimmen Sie selbst das Tempo, können im Text vor und zurück springen, Teile markieren oder herausschreiben. Als Teilnehmer in einem Vortrag haben Sie diese Möglichkeiten nicht, denn Sie sind zum Zuseher und Zuhörer „degradiert“. Ein Vortrag ist für Ihr Publikum ein passives Erlebnis ohne Möglichkeit zur Mitgestaltung oder Beeinflussung von Geschwindigkeit, Reihenfolge und Inhalt. Es ist daher unerlässlich, das Sie bei der Präsentation eine permanente und aktive Steuerung des Publikums übernehmen. (Näheres dazu im Kapitel „Erfolgsfaktor 6 – Der überzeugende persönliche Auftritt“.)

Führen durch Erklären

Neue Bilder sind wie wilde Pferde: Sie müssen gebändigt werden. Wenn Sie ein neues Bild zu lange allein lassen, also ohne Kommentar oder Erklärung zeigen, galoppiert es mit der Fantasie und den möglicherweise falschen Assoziationen der Zuschauer auf und davon. Da Sie das rasch in Erklärungsnotstand bringen kann, ist es besser, immer darauf zu achten, dass Sie Bilder rasch erklären und somit die Kontrolle und Führung behalten.

Bewegung ist wichtig

Aufmerksamkeit lässt sich am besten durch gezielte Bewegung steuern. Sobald Sie während der Präsentation mit Ihrer Hand auf etwas zeigen, folgen Ihnen die Augen der Zuseher automatisch. Genauso wie die Augen der Zuseher Ihnen folgen werden, wenn Sie während der Präsentation nach links oder rechts gehen.

3. Bilder brauchen Erklärung durch den Vortragenden

Als Vortragender kennen Sie natürlich die Bilder, die Sie zeigen, schließlich haben Sie diese – hoffentlich – selbst vorbereitet. Für Sie ist daher klar, was jedes einzelne Element in der Grafik bedeutet. Das verleitet dazu, nur unzureichend über das jeweilige Bild zu sprechen, eben weil es ja so selbstverständlich erscheint.

Für Ihr Publikum allerdings sind diese Informationen neu, und wenn es nicht laufend darüber aufgeklärt wird, was das alles bedeutet, werden Sie es unterwegs verlieren. In diesem Fall, der leider sehr oft passiert, hat Ihr Bild seinen Zweck nicht erfüllt und der Inhalt konnte nicht transportiert werden.

Bilder sind stärker als Sprache

Ihre visuellen Hilfsmittel, Fotos, Grafiken oder andere Bilder sprechen den intensivsten Informationskanal der Zuseher an, das Auge. Bilder lenken die Aufmerksamkeit der Zuhörer weg vom Inhalt und Ihrer Botschaft und hin zum Medium. Mit Worten allein können Sie sich gegen die Kraft visueller Information nicht durchsetzen, Sie brauchen dazu Ihren Körper, Bewegung, Gestik und Sprache. Was grundsätzlich aber nichts daran ändert, dass Ihre Bilder und Medien nur Hilfsmittel für Ihre Präsentation sind.

Wenn ein Bild oder eine Grafik völlig selbsterklärend ist und der Zuseher damit bereits alle nötigen Informationen erhält, ist der Präsentator überflüssig. Gute Bilder brauchen daher Ihre Erklärung, denn sie bilden nur das Skelett des Inhalts, der durch Ihren Beitrag mit Leben gefüllt wird. Erst diese Kombination funktioniert in einer Präsentation und verankert den Inhalt bei Ihrem Publikum.

4. Die richtige Positionierung – wo steht der Präsentator?

Eine enorme Fehlerquelle bei Präsentationen ist die richtige Positionierung des Präsentators im Raum. Einerseits wird die Bedeutung dieses Faktors von vielen Präsentatoren gefährlich unterschätzt, andererseits trauen sich viele ganz einfach nicht, sich bewusst zu positionieren und Positionen auch – bewusst – zu wechseln. Sie erhalten daher nun hilfreiche Tipps für Ihre Praxis bei der Präsentation mit Medien, damit Sie stets einen professionellen Eindruck auf Ihr Publikum machen und dieses kompetent durch Ihr Thema führen können.

Besetzen Sie die fast zentrale Position

Ordnen Sie Ihre Geräte beziehungsweise die Projektionsfläche – wenn möglich – so an, dass Sie selbst ganz nahe, aber nicht exakt im Mittelpunkt stehen. Falls Sie selbst den Vortragsraum einrichten, berücksichtigen Sie das rechtzeitig. Natürlich darf das nicht zu Lasten der Sichtbarkeit Ihrer Bilder gehen, indem Sie zum Beispiel zwischen Datenprojektor und Projektionsfläche stehen und eine Live-Performance im PowerPoint-Bodypainting liefern.

Abb.: Achtung PowerPoint-Bodypainting, bitte nicht direkt in der Präsentation stehen!

Empfehlenswerte Positionen während Ihrer Präsentation

Abb.: Links vom Bild als Standard bei Visualisierungen

Abb.: Rechts vom Bild bei größeren Tabellen und Grafiken

Abb.: Beim Flipchart, ebenfalls links davon

Abb.: Beim Publikum für die Interaktion während der Präsentation

Abb.: Zentrale Position beim Erklären von Mustern und Beispielen

Links vom Bild ist immer richtig

Ihre beste Position – vom Publikum aus gesehen – ist links vom Bild. Dort stehen die Satzanfänge, die Ursprünge von Koordinatensystemen und Grafiken, zudem gehen visualisierte Bewegungen wie Liniendiagramme grundsätzlich von links nach rechts.

Wenn Sie nun also mit Ihrer Hand auf den Zeilenbeginn einer Stichwortgruppe zeigen, können die Zuschauer:

1. zuerst Sie ansehen,
2. dann wird der Blick durch Ihre Hand auf den Zeilenbeginn gelenkt,
3. und dann wird das Slide betrachtet beziehungsweise gelesen.

Das kommt der automatischen Leserichtung des Publikums entgegen und erleichtert die Aufnahme von Inhalten. Dieser Grundsatz kann natürlich nur dann eingehalten werden, wenn die räumlichen Gegebenheiten es erlauben und der linke Platz nicht durch Tische oder Einbauten verbarrikadiert ist.

Steuern Sie Ihre Präsentation selbst

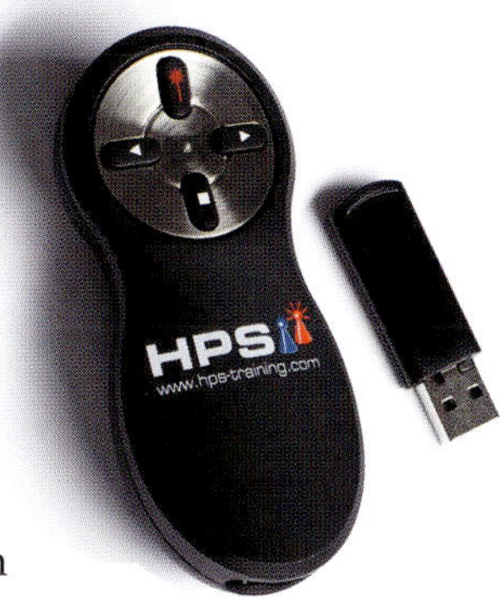

Verzichten Sie auf den automatischen Timer im PowerPoint, der Ihre Slides nach beispielsweise zwanzig Sekunden automatisch weiterschaltet. Bereits eine einzige unerwartete Zwischenfrage kann dieses System ins Wanken bringen.

Genauso wenig sollten Sie die Steuerung von Datenprojektor und Notebook jemand anderem überlassen. Um Zuseher perfekt durch eine Präsentation zu führen, ist der präzise Bildwechsel eine der wichtigsten Führungsaufgaben und sollte daher ausschließlich von Ihnen selbst erledigt werden. Mit einer Funkfernbedienung (Remote Presenter) ist dies ohnehin kein Problem.

5.2 Präsentieren Sie Ihre Slides in fünf Schritten

Oft wird einfach Slide für Slide durchgeklickt, ohne sich groß Gedanken über die Zuhörer und deren Verständnis zu machen. Dabei ist gerade hier die Gefahr sehr groß, diese durch mangelnde Integration zu verlieren.

Führen Sie Ihr Publikum gezielt Schritt für Schritt durch Ihre Slides, bietet das zwei entscheidende Vorteile für Sie:

- Sie können sich dabei Ihre Stichworte direkt von der Projektion holen, ohne diese im Manuskript zu suchen oder zum – meist tiefer stehenden – Notebook hinunter zu blicken.
- Sie bleiben dem Publikum zugewandt und vermeiden damit das weitverbreitete Sprechen mit dem Rücken zum Publikum.

Und so funktioniert es:

Schritt 1: Ankündigen

Bevor Sie Ihre Präsentation weiterschalten und das nächste Bild zeigen, können Sie Ihre Zuschauer bereits auf dieses vorbereiten, indem Sie eine Ankündigung dazu sprechen. Gute Ankündigungen wecken beim Publikum Interesse und Spannung auf das nächste Bild, zum Beispiel durch Aufforderungen zum Mitdenken oder rhetorische Fragen:

Als Ankündigung:

Sie werden nun sehen, auf welche Ergebnisse wir bei unseren Forschungen gestoßen sind …

Hier kommt nun genau das, was wir brauchen …

Widmen wir uns zuerst dem dringlichsten Problem …

Jetzt kommen die relevanten Zahlen aus …

Als (rhetorische) Frage:

Wie sehen unsere Zahlen nun im Details aus?

Was wäre also eine optimale Lösung dieses Problems?

Wozu haben wir uns also diese Mühe gemacht?

Wie glauben Sie, sind wir dabei vorgegangen?

Kündigen Sie die folgenden Bilder mit Formulierungen dieser Art an, wird Ihr Publikum sich bereits auf die nächste Visualisierung freuen. Achten Sie darauf, den Inhalt nicht vorwegzunehmen oder vorzeitig zu verraten, sonst wird das Bild überflüssig:

Falsch:

„Auf dem nächsten Bild sehen Sie, dass wir mindestens 7 Prozent brauchen werden."

Korrekt:

Auf dem nächsten Bild sehen Sie, wie viel wir brauchen werden.

Die Ausnahme bilden Präsentationen, bei denen sofort alle Fakten auf den Tisch müssen, zum Beispiel beim Management Summary.

Solche Formulierungen eignen sich übrigens hervorragend als Übergang von einem Modul zum nächsten in Ihrem Bauplan:

Was wird passieren, wenn wir nicht sofort handeln?

Nun werden Sie sehen, was Ihnen dieser Vorschlag finanziell bringt.

Welche Schritte sind nötig, um das Problem in den Griff zu bekommen?

Schritt 2: Zeigen

Nachdem Sie Ihre Ankündigung oder Frage abgeschlossen haben, machen Sie eine kurze Pause – kombiniert mit Blickkontakt ins Publikum –, schalten dann auf Ihr nächstes Bild und machen wiederum eine kurze Pause. Dazu reicht eine halbe bis ganze Sekunde, denn es geht nur darum, dass ein kurzes Spannungsmoment entsteht.

Erfahrene Vortragende setzen an dieser Stelle aber durchaus auch längere dramaturgische Pausen, um die Erwartungshaltung zu maximieren. Damit regen Sie Ihre Zuhörer zum Mitdenken an und lassen nach dem Umschalten Ihr neues Bild ebenso kurz allein stehen. Für Sie selbst bringt dieser Ablauf etwas Zeit zum Nachdenken und zum Formulieren Ihrer nächsten Aussage.

Schritt 3: Erklären

Nun wird meistens bereits eifrig mit der Erklärung des Bildes in allen Details begonnen. Doch halt, das ist bereits ein Schritt zu weit, denn Ihre Zuseher sind noch nicht reif für Ihre Botschaft. Zuerst müssen Sie nämlich erklären, was auf Ihrer Visualisierung überhaupt zu sehen ist. Das bedeutet, Sie führen Ihre Zuseher kurz durch die visuellen Elemente des Bildes und erklären, was diese Elemente darstellen oder darstellen sollen.

Halten Sie sich bei dieser Erklärung pro Element nicht zu lang auf, denn während Sie noch sprechen, sind Ihre Zuseher möglicherweise schon viel weiter. Denken Sie daran: Das Auge ist viel schneller als die Sprache!

Die Erklärung des Bildes sollte daher zügig und im Telegrammstil erfolgen und nicht in das Erzählen einer ganzen Geschichte münden. Zeigen Sie ruhig auf die einzelnen Gegenstände und erklären Sie ganz kurz dazu, was diese darstellen. Bitte keine ausgiebigen Erklärungen wie: „Und hier sehen Sie auf der unteren Zeitachse in schwarzer Farbe den Zeitraum 1980 bis 2010 in Zehnerschritten ... “, oder: „Wir haben hier für Sie die Zentrale in einem Quadrat eingezeichnet und dann ... “. Richtig sind kurze und prägnante Aussagen wie:

Der Zeitraum 1980 bis 2010 ...

Im Quadrat die Zentrale, in den Kreisen die Filialen ...

Diese Dame fragt sich, weshalb ...

So sieht unser neues Büro aus ...

Die Umsätze von 5 bis 25 Millionen Euro ...

Rot die Produktgruppe A, blau die Produktgruppe B ...

Während dieser kurzen Erklärung bleiben Sie mit Ihrer Hand kurz auf dem jeweils besprochenen Objekt, aber achten Sie darauf, dass Sie es nicht verdecken.

Schritt 4: Die Bedeutung

Jetzt kommt der für Sie wichtigste Punkt: die Aussage des Hilfsmittels oder des Bildes. Hier kommt wieder ein alter Bekannter ins Spiel, der „Na und?"-Faktor. Nachdem Sie Ihre Visualisierung erklärt haben, weiß das Publikum zwar, was hier zu sehen ist, es weiß aber noch nicht, was das bedeutet. Daher wird in den Köpfen der Zuhörer automatisch die Frage: „Na und?" entstehen. Sie gehen nun also zur zentralen Aussage Ihres Bildes über:

Das bedeutet, diese Entwicklung ist höchst problematisch.

Sie sehen klar, dass wir raschen Handlungsbedarf haben.

Hieraus ergibt sich, dass wir in folgenden Bereichen reagieren müssen ...

Die Schwäche der Produktgruppe A ist hier eindeutig zu verfolgen.

Was Sie hier nun sagen, steht idealerweise auch als „Talking Headline" in der Überschrift. Somit ergibt sich für Ihre Zuseher ein logisches Ganzes und eine starke inhaltliche Aussage, die dann schlüssig durch die Bildinhalte bewiesen oder verstärkt wird.

Schritt 5: Resümee

Nachdem die Bedeutung und der Inhalt des Bildes von Ihnen erklärt wurde, ist es Zeit, zum nächsten Bild zu wechseln. Bevor Sie dies mit einer Ankündigung tun, fassen Sie die Inhalte des noch sichtbaren Bildes kurz zusammen:

Sie sehen also, dass die Produktgruppe B die Produktgruppe A im letzten Quartal erstmals überflügelt hat.

Damit steht fest, dass wir ehestmöglich eine Überprüfung vornehmen müssen.

Das bedeutet für uns, dass eine weitere Überprüfung der Ergebnisse nötig ist.

Schritt 6 = Schritt 1: Überleitung = nächste Ankündigung

Leiten Sie nun wieder mit einer Ankündigung zur nächsten Visualisierung über, bauen Sie für Ihre Zuseher eine Brücke, die diesen hilft, Ihnen von Gedanken zu Gedanken zu folgen. Was bedeutet, dass Sie inhaltlich verständlich und Ihre Schlussfolgerungen nachvollziehbar sind. Damit ist Schritt 6 zugleich Schritt 1 für das nächste Bild, also wieder eine Ankündigung oder Frage. Das Ganze könnte so klingen:

Was können wir nun tun, um Produktgruppe A wieder in die positiven Zahlen zu bringen?

Die Marktanalyse von Herrn Werber schlüsselt die nötigen Erfolgsschritte wie folgt auf ...

Somit ist die Seite der Forschung besprochen und wir wechseln nun in die Produktion.

Halten Sie sich beim Präsentieren mit Medien – gleich welchen – an diese Schritte. Sie stellen damit sicher, dass Ihr Publikum Ihnen zu jeder Zeit inhaltlich durch die Visualisierung folgt und über Ihre Inhalte Bescheid weiß. Das erleichtert Ihnen das Erreichen Ihres Präsentationsziels und lässt Sie während Ihres Auftritts sicher und kompetent erscheinen.

5.3 Führen Sie das Publikum aktiv durch die Slides

Ihre Bilder gehören zu Ihnen

Je näher Sie bei Ihren Bildern stehen, umso eher schaffen Sie bei Ihrem Publikum die Verbindung zwischen Ihnen und der Visualisierung und damit Ihren Aussagen. Wenn Sie zu weit weg vom Bild stehen, kommt es zum lästigen Tennismatch-Effekt: Die Augen der Zuhörer müssen ständig zwischen Ihrer Person und der Projektionsfläche hin und her springen. Vermeiden Sie diesen Effekt, es sei denn, Sie möchten Ihrem Publikum absichtlich das Verständnis erschweren.

Ein weiterer wichtiger Faktor ist die Vergrößerung des „Machtanspruchs". Wenn Sie direkt am Bild stehen, werden Sie und Ihr Bild als eine Einheit wahrgenommen – Sie wirken dadurch wesentlich größer, als Sie tatsächlich sind, und strahlen damit auch mehr Macht aus.

Inszenierung durch Blickführung

Stehen Sie aufrecht neben Ihrer Projektion und weisen Sie mit erhobener Hand ruhig und sicher auf einen bestimmten Bildpunkt, vergrößert das Ihre visuelle Präsenz und lässt Sie glaubwürdiger und kompetenter erscheinen. Es handelt sich hier übrigens um sehr wirksame und alte Verhaltensmuster: Wir plustern uns auf, setzen hohe Hüte oder Helme auf, vergrößern die Schultern und arbeiten mit weitläufiger Gestik, um den Anschein von mehr Sicherheit und Macht zu vermitteln. Das funktioniert natürlich auch in der Präsentation.

Touch – Turn – Talk

Es gehört zu den größten Mysterien beim Präsentieren: Wie schafft man es bloß, das Publikum anzusehen, mit ihm zu sprechen und gleichzeitig auf der Projektionsfläche die richtigen Begriffe oder Bilder zu zeigen – und das Ganze, ohne dass man dem Publikum ständig den Rücken zudreht?

Ja, das klingt ganz schön kompliziert, und wenn man manche Präsentatoren bei deren Präsentationen beobachtet, könnte man durchaus den Eindruck gewinnen, dass dieses koordinative Dilemma unlösbar ist. Wie aber kann man sicherstellen, dass man während des Zeigens nicht zur Wand spricht oder den Rücken zum Publikum wendet und die jeweils richtigen Begriffe an der Projektionsfläche zeigt beziehungsweise diese überhaupt findet?

Dabei hilft Ihnen die bewährte Technik „Touch (Berühren) – Turn (Umdrehen) – Talk (Sprechen)“. Diese Technik ist so einfach wie wirkungsvoll, geht mit etwas Übung rasch in Fleisch und Blut über und ist fortan eine unersetzliche Hilfe bei Ihren Präsentationen. Wie das genau funktioniert, erkläre ich Ihnen am besten anhand von Bildern. Sehen Sie sich bitte die nachstehende Fotodokumentation aufmerksam an.

1. Ankündigung – kein Bild sichtbar: *Nun werden Sie sehen, wie …*

2. Klick – Bild erscheint.

3. Touch: Berühren Sie den Punkt, den Sie nun erklären werden.

4. Turn: Drehen Sie sich zurück zum Publikum, die Hand bleibt am Bild.

5. Talk: Jetzt beginnen Sie mit der Erklärung des gezeigten Punktes: *Dieser Punkt bedeutet …*

6. Nehmen Sie die Hand nach drei Sekunden vom Bild und erklären/interpretieren Sie frei.

7. Das aktuelle Bild ist erklärt, jetzt kündigen Sie das Folgende an und beginnen von vorne.

Immer dann, wenn Sie sich zu Ihrem Bild umdrehen, unterbrechen Sie Ihre Sprache, und zwar konsequent! Suchen Sie sich auf der Projektionsfläche jene Stelle, auf die Sie zeigen wollen, und berühren Sie diese – „Touch“.

Lassen Sie Ihre Hand nun auf diesem Punkt ruhen und drehen Sie sich schweigend in Richtung Publikum – „Turn".

Und als dritten und letzten Schritt beginnen Sie nun zu sprechen, aber immer erst dann, wenn Sie bereits wieder in Richtung Publikum blicken – „Talk".

Die Hand bleibt während des „Talk" am Slide – allerdings nur für ein paar Sekunden, dann nehmen Sie sie wieder weg, sonst wirkt es unnatürlich und „hölzern".

Beim Zeigen selbst drehen Sie Ihre Hand am besten so, dass Sie mit Ihrer Handinnenseite zur Projektionsfläche zeigen. Ihre Handinnenseite hat einen sehr ausgeprägten Tastsinn, der Ihnen hilft, den Abstand zum Flipchart oder zur Wand optimal einzuschätzen. Zudem vermeiden Sie ein schlampiges „Klopfen" auf das Bild, wenn Sie den Handrücken nehmen, also die Handinnenseite zum Publikum gedreht haben.

Vorsicht: Viele Präsentatoren tendieren dazu, während des Zeigens ihren Oberkörper von der Projektion weg zu bewegen, um den Arm durchstrecken zu können. Das sieht jedoch seltsam aus. Überprüfen Sie daher Ihren Abstand und ob der Arm wirklich gestreckt sein muss.

Abb.: Achtung: schiefe Körperhaltung!

Abb.: Achtung: nicht wegdrehen!

Jede einzelne dieser Dreiersequenzen Touch – Turn – Talk dauert nur ein paar Sekunden. Diese gehören aber zu den wichtigsten bei der Präsentation eines neuen Bildes.

Ich empfehle Ihnen, diesen Ablauf eingehend zu üben, denn er ist wirklich rasch erlernbar und ermöglicht eine extreme Verbesserung beim Präsentieren mit Medien.

Die größte Überwindung besteht erfahrungsgemäß darin, nicht zu sprechen, wenn der Blick an der Wand ist, sondern diese Sekundenbruchteile wirklich still zu sein. Probieren Sie es aus, denn so stellen Sie sicher, dass das Publikum immer genau weiß, worüber Sie gerade sprechen.

Der beste Zeiger ist die Hand

Der Zeiger einer Uhr wird im Englischen als „Hand“ bezeichnet und mit diesen „Hands“ wird die Zeit „angezeigt“. Eine hervorragende Möglichkeit, Ihre projizierten Inhalte zum Leben zu erwecken, ist die Blickführung mit der Hand, direkt an der Projektionsfläche. So können Sie einzelne Worte hervorheben, Grafiken einkreisen, Gebiete abgrenzen oder ganze Linienverläufe nachzeichnen. Außerdem können Sie dabei auch etwas „Dampf“ ablassen, weil diese Bewegungen auch als Ventile für überschüssige Bewegungsenergie wirksam sind.

Fingerzeige sind nicht geeignet, weil der Finger im Vergleich zur Visualisierung zu klein und daher unsicher wirkt. Zeigen Sie also so viel wie möglich mit Ihrem natürlichen Zeiger, der Hand.

Abb.: Empfehlenswerte Handhaltungen: Die Finger zeigen geschlossen und deutlich erkennbar auf den relevanten Begriff.

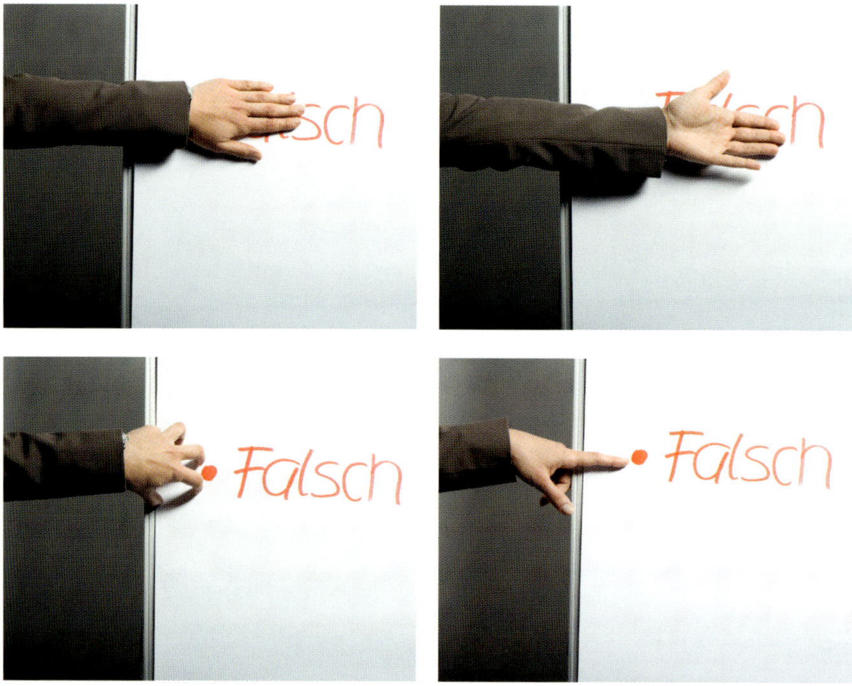

Abb.: Vorsicht: So verdecken Sie Teile des Textes oder wirken mit nur einem Finger oder Stift zu „schwach".

Alternativen zum Zeigen mit der Hand

Zeigestab: Sollten Sie ernsthaft den Einsatz eines Zeigestabes in Erwägung ziehen, entsorgen Sie diesen bitte so rasch als möglich, bevor Sie ihn tatsächlich benutzen. Dieser hat im Business und in Fachvorträgen wirklich nichts mehr verloren.

Mauszeiger: Ebenfalls ungeeignet ist der Mauszeiger Ihres Notebooks. Er ist nämlich auf der großen Leinwand viel zu rasch unterwegs und zudem zu klein und kontrastlos, um für das Publikum gut sichtbar zu sein.

Laserpointer: Der Einsatz eines Laserpointers ist punktuell in Ordnung, wenn Sie zum Beispiel einzelne Positionen in komplizierten Charts oder Tabellen herausheben müssen und mit der Hand nicht herankommen, weil die Projektion zu hoch oder zu groß ist. Bei der Anwendung gibt es aber oft Chaos und verirrte Blicke, daher möchte ich Ihnen hier einige Richtlinien zum Einsatz geben.

So setzen Sie den Laserpointer richtig ein:

	X	Y
A	3,2	5,1
B	4,2	2,0

Abb.: Kreisen Sie eine Sekunde lang um das Zielobjekt.

- Verwenden Sie ihn ausschließlich dann, wenn Sie wegen zu großem Abstand nicht mit Ihrer Hand am Slide zeigen können.
- Markieren Sie nur Punkte am Slide, wenn Sie Unklarheiten vermeiden wollen. Wenn Ihr Slide aus vier Bullets besteht, brauchen Sie nicht jedes einzelne zu markieren, es reicht zu sagen: *Nun der dritte Punkt …* Wenn es aber um einen Teil einer komplexen Grafik geht, ist der Einsatz berechtigt.
- Halten und betätigen Sie den Laserpointer mit Ihrer ruhigen Hand (Schreibhand).
- Visieren Sie zügig den Zielpunkt am Slide an und umkreisen Sie diesen kurz, etwa eine Sekunde. Kreisen Sie weniger als eine Sekunde, ist der Lichtpunkt womöglich schon wieder weg, bevor das Publikum ihn überhaupt gesehen hat – der Einsatz war also wirkungslos. Sprechen Sie während dieser Sekunde nicht, weil Sie dabei vermutlich selbst auf das Slide blicken. Drehen Sie sich dann zum Publikum und sprechen Sie weiter. Hier gilt das Prinzip Touch – Turn – Talk.
- Der Lichtpunkt braucht ausreichend Kontrast, der Laser muss also stark genug sein und sich farblich abheben (Achtung: Roter Laser auf Slides mit rötlichem Hintergrund funktioniert nicht.).

Akrobat schö-ö-ö-n?

Abb.: Eine „Abschussrampe“ als Hilfe für die Blicke des Publikums

Nicht immer sind alle Bildelemente in Reichweite Ihrer Hände oder Arme, sondern weiter weg oder auch über Ihnen. Ersparen Sie sich und Ihrem Publikum in solchen Fällen peinliche Verrenkungen und akrobatische Körperhaltungen, sondern geben Sie mit gestreckter Hand die Richtung an. Das Auge Ihrer Zuseher wird dann automatisch Ihrer Bewegung folgen. Zeigen Sie dabei möglichst präzise und bleiben Sie nahe bei der Projektionswand, denn Ihr Arm zeigt für die Zuseher links von Ihnen woanders hin als für die Zuseher rechts von Ihnen.

Soll man projizierte Bilder vorlesen?

So gut wie jedes visuelle Hilfsmittel enthält Texte in Überschriften, in Bullet-Points, als Beschriftungselemente bei Grafiken, und unweigerlich fragt man sich: Soll ich diese nun wörtlich vorlesen? Denn lesen können die Zuseher ja selbst auch, oder?

Das ist natürlich richtig, Ihre Zuseher können lesen (falls Sie die Richtlinien über Präsentationsdesign berücksichtigt haben!) und sie werden dies auch tun. Und zwar viel schneller, als Sie selbst jemals vorlesen könnten. Aus diesem Grund behelfen sich viele Präsentatoren in der Praxis mit dem kürzeren Umformulieren der Texte, die auf dem Slide zu sehen sind. Sie tun dies in dem Irrglauben, dies wirke besonders souverän.

Was passiert in so einer Situation tatsächlich mit Ihrem Publikum? Es wird leider völlig überfordert. Denn die Zuseher müssen sich zuerst Ihr Bild ansehen, außerdem die Texte auf dem Bild lesen und Ihnen gleichzeitig auch noch zuhören. Wenn nun die Texte auf Ihren Slides und Ihre Worte unterschiedlich sind, müssen die Zuhörer laufend (unbewusst) überprüfen, ob Schrift und Ton identisch sind.

Die Frage, die unweigerlich in den Köpfen Ihres Publikums auftaucht, ist, ob diese Informationen zusammengehören, ob sie ergänzend sind, ob sie absichtlich unterschiedlich sind, et cetera. Und das belastet unnötig, denn der Sinn Ihrer Präsentation ist, klare Botschaften und leicht nachvollziehbare Inhalte zu vermitteln. Daher gilt für die Präsentation von Texten:

- Geben Sie Texte wortgetreu, nicht sinngetreu, wieder.
- Führen Sie dabei entsprechend die Blicke des Publikums.
- Halten Sie sich an die Worte, die auch die Zuseher sehen, aber formulieren Sie die Wörter und Stichwortgruppen auf den Slides dabei in ganze Sätze um. Das schaffen Sie, indem Sie zum Beispiel aus Hauptwörtern Zeitwörter machen: Aus dem Wort „Empfehlung" am Bullet-Chart wird: *Wir empfehlen Ihnen Folgendes ...*
- Zu viel Text auf Ihren Slides bringt Sie bei der Live-Präsentation in Schwierigkeiten, halten Sie die Texte daher kurz und prägnant.

Wenn Sie diese Hinweise berücksichtigen, wird es Ihrem Publikum sehr leicht fallen, Ihre Botschaft zu verstehen und Ihre Inhalte zu erfassen, und es wird keine „Lesung", sondern ein lebendiger Vortrag.

5.4 Das richtige Präsentationsmedium für jeden Zweck

Die Zeiten, in denen Präsentatoren und Vortragende mit bunten und animierten PowerPoint-Präsentationen beeindruckt haben, sind längst Geschichte. Präsentationen mit PowerPoint und Datenprojektor sind Standard, als einzige Alternative dazu ist das Flipchart übriggeblieben. Overheadprojektoren hingegen stehen in den Rumpelkammern, und mit Pinnwänden und Moderationskarten wird bestenfalls noch in kleinen Workshops und Meetings gearbeitet.

Die bewusste Entscheidung für ein bestimmtes Medium kann verschiedene Gründe haben. Einerseits den ganz bewussten, didaktischen oder strategischen Einsatz einer bestimmten Präsentationsart oder aber ganz einfach auch die Tatsache, dass oft ohnehin nur ein Datenprojektor als Medium zur Verfügung steht.

Dieses Kapitel gibt Ihnen eine Übersicht über die Auswahl des richtigen Mediums, die jeweiligen Vor- und Nachteile und die bevorzugten Einsatzzwecke. Trotz der beiden Standards wie PowerPoint (was als Synonym für die Präsentation mittels Notebook und Datenprojektor steht) und Flipchart, werden Sie hier auch das Wichtigste zu allen anderen verwendeten Präsentationsmedien erfahren. Denn nur weil diese nicht standardmäßig verwendet werden, heißt das noch lange nicht, dass sie schlecht oder ungeeignet wären.

Und für den Fall, dass Sie einmal auf einer klassischen dunkelgrünen Schulschreibtafel visualisieren müssen, gibt es hier einige Grundregeln, an die Sie sich halten können. Immerhin gibt es ja auch unzählige Vortragende, die an Schulen, Fachhochschulen oder Universitäten unterrichten, was bedeutet, dass eine Reduktion auf die Business-Klassiker Flipchart und PowerPoint zwar praktisch, aber praxisfremd wäre.

Der Klassiker der Präsentationstechnik – das Flipchart

Das Flipchart ist ein äußerst sympathisches Präsentationsmedium. Einerseits kann man es nehmen, angreifen, herumschieben, umdrehen, andererseits kann man es nach Lust und Laune individuell gestalten, indem man es beschriftet, bemalt, beklebt und mit verschiedensten Farben verziert. Genau dieses „Personalisieren" macht das Flipchart so universell einsetzbar und flexibel für den Einsatz von Präsentationen, Moderationen oder Meetings.

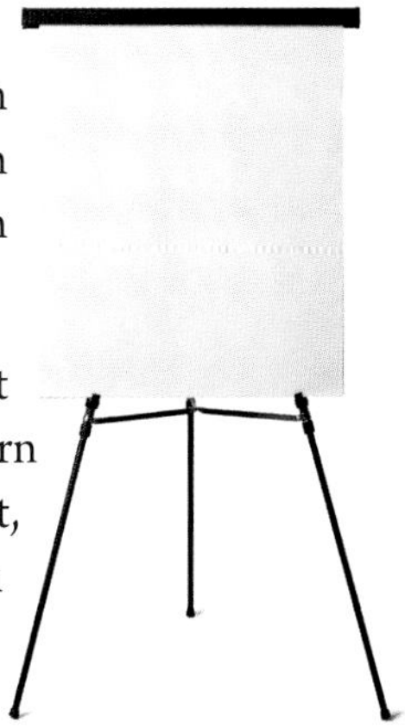

Flipcharts gibt es beinahe überall, sie sind sehr verbreitet und die Bandbreite reicht von uralten Modellen aus Stahl, die zu zweit in eine andere Position getragen werden müssen, bis zu zeitgemäßen Modellen aus Aluminium und Kunststoff, die auf gelagerten Rädern praktisch von selbst über den Boden gleiten.

Der Name des Flipcharts kommt vom Englischen und bedeutet eigentlich „Umblätter-Diagramm", also „flip" für das Umblättern der Seiten. Es hat sich als das klassische Medium herauskristallisiert, weil es schon sehr lange im Einsatz ist und neben den technischen Präsentationsmedien wie Notebook und Datenprojektor hervorragend bestehen kann und diese ergänzt.

Und gerade in dieser Ergänzung liegt auch die Stärke des Flipcharts. Es verleiht Präsentationen die persönliche Note und kann daher jederzeit zur Erläuterung von Fragen, zur Begrüßung, zum Abschluss oder zum Visualisieren von komplizierten Zusammenhängen verwendet werden. Daher ist es in der täglichen Präsentationspraxis eher unüblich, dass Präsentatoren mit 20 oder 30 vollbeschriebenen Flipchartseiten den Raum betreten und diese dann durchblättern, die meisten Präsentationen finden natürlich auf PowerPoint statt und das Flipchart wird als Ergänzungsmedium benutzt.

In folgenden Einsatzbereichen bewährt sich das Flipchart in der Praxis:

Als Starthilfe

Um Ihre Präsentation persönlicher und interaktiver zu gestalten, gibt es eine ganz einfache Möglichkeit: Starten Sie mit dem Flipchart! Dazu wird auf die erste Seite Titel oder Thema der Präsentation geschrieben. Auf die Seite zwei kommen die Ziele der Veranstaltung oder Präsentation, auf die dritte Seite der Zeitplan und auf eine eventuelle vierte Seite die Tagesordnung oder Organisatorisches. So können Sie während Ihrer Präsentation jederzeit auf die Tagesordnung, das Thema oder die Ziele zurückkommen. Und am Start erleichtert es Ihnen den Einstieg in Ihr Thema, wenn Sie die vorbereiteten vier Seiten vor dem Publikum einfach „abarbeiten". Einen einfachen, aber wirkungsvollen und persönlichen Start in eine Präsentation mit dem Flipchart finden Sie im Abschnitt „6.10 Schulungen optimal starten".

Als Blickfang und Anker

Beim Einsatz als Blickfang oder Anker lassen Sie wichtige Vortragselemente oder Inhalte während Ihres Vortrags sichtbar stehen, damit diese ständig für das Publikum präsent sind:

- das Thema: die Kernfrage, mit der Sie sich während der Präsentation beschäftigen;
- die Tagesordnung oder der Ablauf: Jedes Mal, wenn Sie einen Punkt erledigt oder besprochen haben, gehen Sie zum Flipchart, haken diesen ab und leiten zum nächsten Punkt über;
- die Ziele, die Sie vorgegeben haben oder auf die Sie sich mit Ihren Zuhörern geeinigt haben: Damit haben Sie die Möglichkeit, während Diskussionen oder Fragen jederzeit auf eine gemeinsame Basis zurückzukommen;
- Fragen, die Sie am besten und raschesten mit einer Skizze oder Visualisierung beantworten: „Wie ist die Abteilung organisiert?“, „Wie sind die Einzelteile angeordnet?“;
- Kommentare und Fragen, die Sie sammeln, um Sie im Anschluss an die Präsentation gesondert zu behandeln.

Wenn andere Medien einmal ausfallen

Die PowerPoint-Präsentation funktioniert nach dem Transfer mit dem USB-Stick nicht mehr richtig, das Notebook oder der Datenprojektor versagt den Dienst, Software kann Probleme bereiten, Strom kann ausfallen: Mit einem Flipchart können Sie in jeder dieser Situationen überleben und weitermachen. Natürlich nur, wenn Sie Ihre Präsentation so gut vorbereitet haben, dass Sie den Ablauf Ihres Bauplans jederzeit reproduzieren können. Was in solchen Fällen eine Notlösung ist, kann durchaus Charme entwickeln und zu einer hervorragenden Präsentation werden, wenn man Papier und Stifte halbwegs vernünftig benutzen kann.

Sicherheitscheck für das Flipchart

Haben Sie im Vortragsraum die Wahl aus mehreren Flipcharts, gehen Sie nach diesen Kriterien vor:

Gestell und Räder

Verzichten Sie auf schwere Metallbeine oder Metallgestelle, denn diese sind kaum zu bewegen. Besser sind leichte Aluminium-Rahmen, die auf gut rollenden Rädern stehen, sodass das Flipchart ganz leicht ohne Kraftaufwand gezogen oder geschoben werden kann. Bei diesem Ziehen oder Schieben sollte das Flipchart möglichst wenig wackeln oder rattern, was meist Rückschlüsse auf schlechte Verarbeitung zulässt. Je ruhiger und einfacher das Flipchart läuft und je stabiler dabei das Gestell bleibt, umso besser für Sie.

Stiftablage

Achten Sie auf eine ausreichend große Stiftmulde, um die jeweils nicht benötigten Flipchartstifte stets griffbereit zu haben. Es ist sehr ärgerlich, wenn diese Mulde zu schmal ist und die Stifte daher ständig rausfallen, oder wenn der Abstand zwischen der Klemmschiene oben und der Stiftmulde unten so klein ist, dass ein normaler Papierblock beinahe in die Mulde hängt und es daher unmöglich macht, dort Stifte zu deponieren.

Papieraufhängung

Ein weiteres Kriterium ist die Aufhängung, die oft nach dem Prinzip einer Mausefalle arbeitet und im schlimmsten Fall Ihre Finger genauso schmerzhaft behandelt. Besser sind hier Klemmvorrichtungen, in die Sie die Blöcke auf Stifte hängen können und deren Stifte verschiebbar oder variabel in verschiedene Löcher steckbar sind, sodass Blöcke mit verschiedenen Lochabständen auf das Flipchart passen. Das garantiert eine jeweils gute Fixierung des Papiers ohne die Gefahr des Fingerabschlagens.

Papier

Kariertes Papier ist eine angenehme Hilfe bei der Positionierung von Grafiken und der Einhaltung der jeweils richtigen Schriftgrößen. Falls die Karos zu kräftig gedruckt sind und die Seiten dadurch unruhig wirken (Hintergrundrauschen), drehen Sie den Flipchartblock einfach um, sodass die Karos durchscheinen und für Sie selbst beim Schreiben oder Zeichnen am Flipchart erkennbar sind, für das Publikum aber nicht mehr.

Stifte

Verzichten Sie auf Flipchartstifte mit runden Spitzen. Verwenden Sie grundsätzlich welche mit rechteckigen, abgeschrägten Spitzen, die einen etwa 5 Millimeter breiten, festen Strich ermöglichen. Es gibt kaum etwas Unprofessionelleres als dünne, zarte Striche auf riesigen, weißen Papierblättern. Ein starker, fester Strich verleiht den Grafiken und Texten Sicherheit und macht einen professionellen Eindruck auf die Zuseher.

Tipp
Bringen Sie eigene Stifte mit und verlassen Sie sich nie auf die – meist ausgeschriebenen, leeren und zu dünnen – Stifte in Konferenzräumen.

Gestaltungsrichtlinien für das Flipchart finden Sie im Kapitel „Erfolgsfaktor 5 – Präsentationsdesign".

Präsentationen mit Notebook und Datenprojektor

Die PowerPoint-Präsentation ist der „goldene Standard" der Präsentationstechnik. Wir verwenden den Begriff „PowerPoint-Präsentation" synonym für das Präsentieren mit Notebook und Datenprojektor, auch wenn die verwendete Software nicht unbedingt PowerPoint sein muss.

Datenprojektoren ermöglichen den Transfer von Daten direkt vom PC auf eine Projektionsfläche beliebiger Größe, sie können in Konferenzräumen oder Hotels und Büros fix montiert sein oder portabel verwendet werden. Fix montierte Datenprojektoren findet man oftmals auch an der Decke, diese sind dann starr zu einer ebenfalls starren Projektionswand gerichtet. Meistens werden jedoch kleine, portable Datenprojektoren verwendet, die man je nach Gruppengröße, Bestuhlung und Zweck der Präsentation flexibel im Raum positionieren kann.

Technische Spezifikationen – Bequemlichkeit hat Vorrang

Da es durch den technologischen Fortschritt der letzten Jahre eigentlich keine ungeeigneten Datenprojektoren mehr gibt, verzichte ich auf die Aufnahme technischer Spezifikationen. Sie finden in jedem Elektronikfachmarkt oder auf den Websites der diversen Hersteller (Sony, Sharp, LG et cetera) die jeweils aktuellen Modelle mit deren Spezifikation, was Kontrast, Auflösung und Helligkeit betrifft. Diese technischen Grundlagen sind soweit ausgereift, dass es mittlerweile wichtiger geworden ist, auf die Bequemlichkeitsfaktoren wie passende Größe, Gewicht und Lautstärke des Lüfters zu achten.

Falls Sie einen Datenprojektor für Businesszwecke anschaffen möchten, ist es durchaus sinnvoll, die verschiedenen Technologien wie LCD (Liquid Crystal Display) oder DLP (Digital Light Processing) miteinander zu vergleichen. So sind zum Beispiel für Heimkinos empfohlene Datenprojektoren mit weicheren Kontrasten ausgestattet als Business-Datenprojektoren. Das hat natürlich Nachteile bei der Präsentation von Grafiken und Tabellen, da diese nicht so scharf wiedergegeben werden können. Erkundigen Sie sich daher bei Ihrem Hersteller, ob die Geräte für den Businessbedarf optimal sind.

SOS – Ihr Notfallprogramm

Es kann immer etwas passieren, deshalb empfehle ich Ihnen, sich gerade bei wichtigen Präsentationen Notfallstrategien zurechtzulegen. Auch wenn Sie diese nicht brauchen werden, so gibt es doch ein beruhigendes Gefühl, wenn Sie wissen: Egal, was passiert, mir kann nichts geschehen!

Reservedatenträger vorbereiten

Nehmen Sie Ihre Präsentation nicht nur auf Ihrem Notebook mit, sondern auch auf einem USB-Stick, vielleicht sogar zusätzlich noch auf einer DVD. Sollte mit Ihrem Notebook etwas passieren, können Sie Ihre Daten rasch auf einen anderen PC transferieren und die Präsentation von dort laufen lassen. Diese Sicherheitsmaßnahme ist rasch erstellt und kostenlos, denn einen USB-Stick findet man in jedem Büro.

Flipchart-Strategie vorbereiten

Überlegen Sie sich, wie Sie die wichtigsten Visualisierungen aus Ihrer Präsentation im Notfall auch auf ein Flipchart übertragen könnten. Machen Sie sich ein paar Skizzen für den Fall der Fälle, dann können Sie vorbereitet einen Medienwechsel vornehmen.

Minimalvariante vorbereiten

In der Praxis passiert es recht häufig, dass man anstatt der zugesicherten zwanzig Minuten Präsentationszeit plötzlich nur noch zehn hat. Für solche Fälle sollten Sie auch eine Kurzversion (Storyline) Ihrer Präsentation vorbereitet haben. Das geht ganz einfach, wenn Sie in der Folienübersicht alle bis auf die absolut notwendigsten Slides ausblenden und die Präsentation unter dem gleichen Präsentationstitel mit dem Zusatz „Kurzversion“ neu abspeichern.

Infrastruktur prüfen

Wo gibt es Steckdosen? Wie lang sind die Kabel? Gibt es Reservekabel? Haben Sie vielleicht selbst auch ein Reservekabel, zum Beispiel ein USB-Kabel vom Notebook zum Datenprojektor, dabei? Ich habe die wichtigsten

Kabel immer auch in einer langen Variante dabei, zum Beispiel ein Verbindungskabel mit fünf Metern, so bin ich auch in Räumen flexibel, in denen die Geräte ungünstig aufgestellt werden müssen.

Verbindung Notebook–Datenprojektor funktioniert nicht

Immer wieder eine Quelle von Problemen ist das Zusammenspiel zwischen diesen beiden Geräten: kein Bild, ein verzerrtes Bild oder ein angeschnittenes Bild – alles ist möglich. Sobald Sie beide Geräte verbunden haben, prüfen Sie Folgendes:

Kein Bild

- Anschlüsse und Stecker prüfen: Sitzt alles fest?
- Richtigen Eingang am Datenprojektor mit „Eingang“, „Signal“ oder „Input“ wählen: zum Beispiel Input A, Eingang 1, PC1. Wenn Sie nicht sicher sind, welcher es ist, schalten Sie alle durch oder sehen Sie nach, was neben dem Anschluss am Projektor steht.
- Umschaltung des Notebooks auf externen Monitor aktivieren: Meistens geht das mit dem gleichzeitigen Drücken der Tastenkombination FN-F4 oder FN-F5 (falls nicht, suchen Sie nach einem kleinen stilisierten Monitor auf Ihrer Tastatur). Betätigen Sie die Kombination einmal (!) und warten Sie ein paar Sekunden. Falls nichts passiert, betätigen Sie die Kombination ein zweites Mal et cetera. Normalerweise gibt es vier Modi zum Durchschalten:
  - kein Bild, weder auf Notebook und Datenprojektor,
  - Bild nur auf Notebook,
  - Bild nur auf Datenprojektor,
  - Bild auf Notebook und Datenprojektor (ideal).

Verzerrtes oder angeschnittenes Bild

- Das deutet auf ein Problem mit der Auflösung des Bildschirms hin. Wechseln Sie in die Systemsteuerung Ihres Notebooks und passen Sie die Auflösung an den Datenprojektor an, zum Beispiel 1024 x 768, 1280 x 800.

Worst-Case-Szenarien entwickeln

Sie wissen, wer Ihre Zielgruppe ist, Sie wissen, wo Sie präsentieren, und Sie kennen den Zeitrahmen. Aus Kenntnis dieser Rahmenbedingungen können Sie sich ein paar „Was wäre, wenn?“-Szenarien inklusive Lösungsstrategien zurechtlegen.

- Was wäre, wenn die Zeit radikal verkürzt würde?
- Was wäre, wenn der Entscheidungsträger nicht käme?
- Was wäre, wenn doppelt so viele Zuseher kämen als geplant?
- Was wäre, wenn Sie plötzlich ohne Notebook präsentieren müssten?

Denken Sie diese möglichen Situationen im Kopf einmal durch, sind Sie zumindest nicht ganz neu für Sie, und Sie hätten bereits eine Lösung zu diesen eventuellen Problemen parat. Der positive psychologische Nebeneffekt: Angekündigte Katastrophen passieren nicht.

Telefonjoker

Stellen Sie sicher, dass es jemanden gibt, den Sie bei einem Notfall erreichen können. Entweder um eine auf Ihrem Datenträger verstümmelt abgespeicherte Präsentation noch einmal zu mailen oder einen Datenprojektor oder ein Ersatznotebook heranzuschaffen et cetera. Mit einem Telefonjoker in der Hinterhand haben Sie eine zusätzliche Absicherung und die Möglichkeit der Hilfe im Katastrophenfall.

Was sage ich, wenn etwas schiefgeht?

Überlegen Sie sich vor Ihrer Präsentation, was Sie sagen würden, falls es zu Problemen kommt. Können Sie es überspielen? Müssten Sie es zugeben? Würden Sie es mit Humor nehmen? Bereiten Sie sich ruhig ein paar Standardformulierungen vor, dann haben Sie diese schnell parat, falls etwas schiefgeht, zum Beispiel:

> *Flexibilität gehört zu den Stärken unseres Unternehmens, daher werde ich nun flexibel und ohne PowerPoint weitermachen.*
>
> *Stromausfälle haben in Zeiten teurer Energie durchaus Vorteile, sparen Sie daher mit mir – setzen wir am Flipchart fort.*
>
> *Statt 20 Minuten haben wir nun 10, das hat den Vorteil, dass Sie nur das Allerwichtigste hören werden.*

Der Overhead-Projektor – Dinosaurier der Präsentationstechnik

Natürlich ist der Overhead-Projektor heute nicht mehr „State of the Art", wenn es um Businesspräsentationen geht. Da aber unzählige dieser Geräte in Hotels, Unternehmen und Konferenzzentren stehen und von Zeit zu Zeit tatsächlich noch benutzt werden, möchte ich diesem Dinosaurier der Präsentationstechnik dennoch einen kurzen Abschnitt widmen.

Für welche Zwecke kann der Overhead-Projektor verwendet werden?

- Schulungen und Unterricht, wenn gemeinsam Inhalte erarbeitet oder entwickelt werden und diese für alle gut sichtbar sein müssen;
- Seminare, wenn Teilnehmer rasch Inhalte entwickeln und diese vor der Gruppe zeigen oder präsentieren;
- Besprechungen, in denen gemeinsam Themen bearbeitet oder entwickelt werden und kein Flipchart zur Verfügung steht.

Gerätecheck

Bevor Sie Ihre Präsentation mit dem Overhead-Projektor starten, sollten Sie sich mit dem Gerät vertraut machen. Da nicht allzu viel Technik dahintersteht, geht das recht zügig. Überprüfen Sie:

- **die Auflagefläche beziehungsweise Glasplatte:** Achten Sie darauf, dass diese staubfrei und fleckfrei ist, im Notfall kurz mit einem feuchten Tuch reinigen. Denken Sie daran, dass selbst kleine Flecken auf der Projektionswand riesig erscheinen.
- **Projektionsspiegel und -linsen:** Auch diese müssen staub- und schlierenfrei sein. Überprüfen Sie, ob der Abstand der Linse zur Auflagefläche beziehungsweise die Neigung des Spiegels korrekt sind, damit Ihr Bild gerade an die Projektionswand projiziert wird.
- **Aus- und Einschalter beziehungsweise Umschalter:** Machen Sie sich mit dem Aus- und Einschalter vertraut. Diesen sollten Sie rasch erreichen, um bei kurzen Unterbrechungen zu Diskussionen oder Fragen schnell ein- und ausschalten zu können. Meistens gibt es einen Umschalter, der zwei Lampen aktiviert, also eine höhere Helligkeit mit sich bringt. Testen Sie mit dem Umschalter und einer Folie, welche Helligkeit Sie benötigen.

- **Lampen:** Wenn beim Umschalten nichts passiert, können Sie davon ausgehen, dass die Ersatzlampe kaputt ist und somit nicht zur Verfügung steht. Dann sollten Sie eigentlich eine Ersatzlampe organisieren. (In der Praxis wird das meiner Erfahrung nach jedoch kaum funktionieren, da man den Projektor meist erst kurz vor der Präsentation sieht und Ersatzlampen im Regelfall nicht vorhanden oder aufzutreiben sind.)
- **Projektorhöhe adjustieren:** Steht der Projektor sehr niedrig, müssen Sie sich beim Folienwechsel relativ weit nach unten beugen. Manche Tische ermöglichen eine individuelle Einstellung der Höhe. Falls das nicht möglich ist, können Sie etwas unterschieben, um die Folienauflage nach oben zu korrigieren.

Praxistipps zur Arbeit mit dem Overhead-Projektor

Keystone-Effekt

Der Keystone-Effekt, auch „Grabstein-Effekt“ genannt, erweitert das Bild in der Breite nach oben. Sollte sich dieser Effekt zeigen, kann dieser mit einer Korrekturlinse, soweit vorhanden, korrigiert werden. Wenn nicht, neigen Sie einfach den kompletten Projektor, indem Sie etwas unterlegen, oder, wenn möglich, nur die Projektionsfläche selbst. Beide Möglichkeiten verringern diesen für die Zuseher unangenehmen Effekt.

Kabelsalat

Eigentlich ein recht banaler Hinweis, doch immer wieder die Ursache für Missgeschicke. Kleben Sie die Kabel des Overhead-Projektors wenn möglich am Boden fest und verstecken Sie Restkabel unter dem Tisch. So können Sie sicherstellen, dass niemand darüber stolpert.

Zeiger am Projektor

Für die Blickführung direkt am Projektor gibt es einfache durchsichtige Kunststoffobjekte, etwa in Pfeilform. Falls Sie keines haben, nehmen Sie am besten einen Stift, der möglichst spitz zuläuft, mit einem Clip, der verhindert, dass er wegrollt. Achtung: Normale Flipchart- oder Folienstifte sind dafür ungeeignet, weil zu dick.

Stifte und Folien

- Verwenden Sie die Folien im Querformat statt im Hochformat: Damit vermeiden Sie ein Beschneiden der Inhalte oben oder unten; das entspricht auch der Ansicht von PowerPoint.

- Stifte und Ersatzfolien: Legen Sie sich unbedingt Folienstifte in den vier Grundfarben bereit und achten Sie darauf, dass diese gut schreiben. Bereitliegende leere Folien ermöglichen Ihnen zusätzliche Erklärungen und Visualisierungen, falls nötig.
- Foliensalat vermeiden: Wenn Sie größere Folienmengen abarbeiten, nehmen Sie entweder zwei kleine Kartons oder machen sich zwei Stapel und legen Sie die Folien von einem Stapel oder einem Karton zum anderen ab. Auch ein offener Ringordner ist eine Möglichkeit, das ist aber zeitaufwendiger.

Filme und Videoclips in der Präsentation

Die Produktion von Imagefilmen oder Werbefilmen ist für Profis kein großer Aufwand und auch der Laie kann mit einer Digitalkamera einfache Abläufe oder Eindrücke in Clips festhalten.

Was vor langer Zeit das Kino war, ist seit Mitte des letzten Jahrhunderts das Fernsehen und im 21. Jahrhundert das Internet. Filme oder neue Produkte und Projekte können rasch und billig produziert werden und jeder mit durchschnittlichen Internetkenntnissen ist in der Lage, diese Filme ins Web zu stellen. Film ist ein faszinierendes Medium, denn nichts ist näher an der Realität als eine gut erzählte Geschichte mittels Ton und Bild.

Auch in Präsentationen können Filme durchaus ihren Platz haben, gerade wenn es um längere Sequenzen, zum Beispiel Imagefilme oder Werbespots geht oder um kleine Clips, die zwischendurch in die Präsentation eingespielt werden, zum Beispiel Statements aus Kundenbefragungen, der Start einer Maschine oder Ähnliches.

Film bedeutet Glaubwürdigkeit

Natürlich wissen wir rein rational, dass das, was wir in Filmen sehen, nicht die Realität ist. Tricks, spezielle Handlungsabläufe, Zeitraffer und Ähnliches ermöglichen es den Filmemachern, alles nur Erdenkliche so realistisch wie möglich darzustellen. Trotzdem sagt unser Gefühl: „Das sehe ich mit meinen eigenen Augen“, und glaubt dem, was der Film zeigt, ob es nun ein Interview mit zufriedenen Kunden ist, die perfekte Vorführung eines Produkts oder die Darstellung des Unternehmens als Vorreiter für umweltbewusstes Wirtschaften.

Film fördert das Verständnis

Um komplizierte Produktionsabläufe zu zeigen, ist der Film das optimale Medium. Nichts wäre aufwendiger, als alle potenziellen Kunden in den Betrieb einzuladen und die Fertigung vorzuzeigen oder an komplizierten Forschungsprozessen teilhaben zu lassen.

Mittels eines kurzen Films kann sehr rasch und einfach gezeigt werden, wie Dinge funktionieren, wie sie sich verändern, wo sie herkommen und wo sie hinführen. Denken Sie nur an Al Gores hervorragend produzierten Film „Eine unbequeme Wahrheit“, der ein Meilenstein in der Verbindung von Film und Präsentation ist.

Filme sind eindrucksvoll

Selbst ein recht einfacher Kurzfilm kann einen hochprofessionellen Eindruck erwecken und die Zuseher glauben lassen, dass sowohl produktionstechnisch als auch finanziell großer Aufwand dahinter steckt. Er muss aber sowohl dramaturgisch als auch in seiner Ausführung perfekt vorbereitet und geplant sein, außer es handelt sich um Live-Clips mit Handycam-Charakter, die zeigen sollen, dass sie direkt und ungeschminkt aus der Praxis kommen.

Sie können den Film zur Verankerung der zentralen Botschaft einsetzen oder zum Bewusstmachen einer bisher noch nicht bekannten Problematik. Gute Kurzfilme bedienen sich einer eingängigen Story, die natürlich auch mittels eines Bauplans erstellt wird.

Filme richtig in die Präsentation integrieren

Möchten Sie in Ihrer Präsentation mit einem längeren Filmclip arbeiten, sollten Sie diesen unbedingt in einzelnen Teilen zur Verfügung und abrufbar haben. Wenn Sie diese Filmsequenzen in Ihre PowerPoint-Präsentation einbetten, können Sie diese direkt über Hyperlinks aus den Slides ansteuern und somit immer nur die Passagen zeigen, die gerade notwendig sind. Außerdem rate ich Ihnen unbedingt zu einer interaktiven Begleitung des Films:

- Kündigen Sie die kleinen Sequenzen immer wieder extra an und fassen Sie nach dem Zeigen kurz unter dem Aspekt zusammen: *Warum das für Sie wichtig ist …*
- Frieren Sie das Bild ein und erklären Sie bestimmte Elemente genauer oder vermitteln Sie ein Praxisbeispiel dazu: *Dieser Moment ist der wichtigste des gesamten Prozesses, weil …*

- Schalten Sie den Ton weg und erläutern Sie selbst, was zu sehen ist: *Das ist nun der Moment, in dem …*
- Wechseln Sie zwischendurch das Medium, zum Beispiel in Form einer kurzen Skizze auf dem Flipchart, oder zeigen Sie ein Muster.

Sie müssen den Inhalt perfekt kennen!

Sie brauchen natürlich einen kompletten und detaillierten Überblick über sämtliche Einzelteile des Films, denn nur dann ist es möglich, den Gesprächspartner oder das Publikum aktiv durch eine Präsentation mit den Filmsequenzen zu führen. Dazu ein paar Tipps für die Praxis:

- Kündigen Sie vor dem Start des Films an, dass Sie mehrfach unterbrechen werden, um ein paar für Ihre Zielgruppe besonders wichtige Dinge zu erklären oder hervorzuheben.
- Nehmen Sie die erste Unterbrechung bereits sehr rasch vor – damit wirken Sie der Passivität der Teilnehmer von Beginn an entgegen.
- Vermitteln Sie Ihren Zusehern das Gefühl, dass durch Ihre Führung mehr Information und Zusatznutzen vorhanden sein wird. Dazu können Sie immer wieder Live-Kommentare zu den Sequenzen abgeben: *Dieser Mann da hinten links, das ist der angesprochene Produktionsleiter Herr Kenner.*

Der Präsentator bleibt als Kommentator präsent

Weder während längerer Filmsequenzen (Imagefilm) noch während kurzer Clips dürfen Sie das Publikum allein lassen. Schlüpfen Sie in die Rolle des Kommentators und werten Sie den Einsatz der Clips sowie Ihre Rolle als Präsentator damit noch weiter auf:

- **Anmoderation:** Übernehmen Sie den Vorspann, indem Sie ein paar Geschichten aus der Praxis erzählen, zum Beispiel aus der Produktion des Films, indem Sie Neugierde auf den Inhalt wecken oder ganz einfach ein paar Interna aus dem Unternehmen bekanntgeben.
- **„Na und?"-Faktor berücksichtigen:** Sagen Sie Ihren Zusehern, warum Sie den Clip zeigen und was diese davon haben: *Weil Sie in den nächsten zehn Minuten einen Einblick in die Produktion bekommen, werden Sie nachher beim Rundgang auf Anhieb verstehen, wie unsere Qualitätskontrolle funktioniert.*
- **Präsent bleiben:** Gerade wenn man einen Film schon öfter gezeigt hat, könnte man der Versuchung erliegen, kurz aus dem Raum zu gehen, während dieser läuft. Tun Sie das bitte nicht! Sehen Sie sich den Film

hochinteressiert mit Ihrem Publikum an, beobachten Sie dessen Reaktion, achten Sie auf Kommentare und zeigen Sie selbst Interesse und Begeisterung am Thema.

- **Verdauen lassen:** Nach dem Ende des Films warten Sie ruhig ein paar Sekunden, erhellen schweigend den Raum oder nehmen langsam Ihre vorherige Position wieder ein. Das ermöglicht dem Publikum, die Eindrücke zu verdauen und sich wieder auf den aktiven Teil vorzubereiten.
- **Abmoderation:** Runden Sie den Eindruck ab, indem Sie noch eine Kleinigkeit zu dem Film ergänzen oder das nun Kommende ganz klar an den Film anknüpfen. Werten Sie den Film weiter auf, indem Sie sagen: *Mit diesen wunderbaren Eindrücken gehen wir nun in die Abteilung R+D, wo Sie Herrn Müller kennenlernen werden. Herr Müller war der Herr mit dem blauen Hemd …*

Die Poster-Präsentation für wissenschaftliche Zwecke

Wissenschaftliche Poster sind ein typisches Präsentationsmedium auf Tagungen und Kongressen sowie auf Universitäten und werden von Wissenschaftlern und Studenten zur Visualisierung von Informationen verwendet. Sie enthalten einen komprimierten Überblick über eine Arbeit oder ein Forschungsprojekt auf einem Bogen Papier, üblicherweise im Format DIN A0 (84 x 119 Zentimeter) hoch oder quer. Sie werden meist zusammen mit anderen Postern in einem Raum so aufgestellt, dass der interessierte Kongressbesucher diese auch selbständig lesen und betrachten kann.

Der Präsentator wird das Poster natürlich auch aktiv präsentieren und Interessenten anhand der Struktur durch den Inhalt führen. Dabei gelten die gleichen Grundregeln für Positionierung und Blickführung, wie bereits weiter oben ausgeführt.

Der Informationsgehalt von Postern ist aufgrund der Platzbeschränkung geringer als bei der klassischen Präsentation, dafür kann der Inhalt auch noch später betrachtet und gelesen werden.

Tipps zur Poster-Gestaltung

- Ein Poster soll Aufmerksamkeit erzielen: Dies gelingt durch einen attraktiven Titel und eine appetitliche visuelle Gestaltung. Dazu gehört die übersichtliche Anordnung der Module und der Einsatz von Bildern und Farben (Achtung mit Knallfarben, diese nur punktuell und nicht vollflächig).

- Es ist keine Großversion eines Fachartikels, sondern eine kurze, prägnante und visuell unterstützte Zusammenfassung einer Arbeit.
- Klare und unterstützende Struktur für den Präsentator und Betrachter: Die Anordnung muss passend zum geplanten Kurzreferat sein und die einzelnen Module müssen klar voneinander abgegrenzt sein.
- Es soll auch für den Betrachter verständlich sein, der keine weiteren Erklärungen dazu bekommt: Talking Headlines, kurze Erklärungen der Grafiken, auch Volltext, nicht nur Telegrammstil.
- Einfacher Hintergrund (weiß oder pastell, keine Verläufe), darf nicht von den Modulen ablenken. Holen Sie rechtzeitig die Richtlinien zu Formaten et cetera vom Veranstalter ein.

Die vier Komponenten wissenschaftlicher Poster im Detail

Struktur

- Das Poster besteht aus voneinander abgegrenzten Modulen mit Überschriften, die die Struktur (den Bauplan!) wiedergeben. Typisch dafür ist: Titel – Einführung (introduction) – Methode (method) – Ergebnis (result) – Schlussfolgerung (conclusion) – Ausblick (perspective) – Referenzen (references).
- Die Kennzeichnung der Reihenfolge erfolgt durch Nummerierung (1., 2., 3., …) oder Pfeile wie in einem Strukturbild.
- Am oberen Rand des Posters befindet sich der Titel, am unteren Rand befinden sich Referenzen und das Literaturverzeichnis.

Titel

- Der Titel des Posters gibt den Inhalt wieder und soll Interesse wecken.
- Der Titel soll aus fünf Metern Entfernung lesbar sein.
- Die Obergrenze für den Titel liegt bei zehn Wörtern (zweizeilig).
- Er wird als Frage oder Zusammenfassung des Inhalts formuliert, zum Beispiel:
  - „Führen Präsentationen zu einer Beschleunigung von Entscheidungsprozessen?“
  - „Visuelle Wahrnehmung und Informationsverarbeitung“
  - „Validierung eines Tests zur Frühdiagnose von Lungenfehlfunktionen“

Text

- Maximal 50 Prozent des Posters sollten aus Text bestehen.
- Die Schriftgröße sollte circa 1 Zentimeter, die Zeilenabstände sollten mindestens 0,5 Zentimeter betragen. Das garantiert gute Lesbarkeit, auch wenn mehrere Interessenten gleichzeitig das Poster betrachten.
- Ideal ist eine Kombination aus Volltext und Bullet-Points in Stichworten und Stichwortgruppen.
- Das Plakat sollte nur zum Verständnis notwendige Texte und keine Zusatz- oder Hintergrundinformationen (Platzproblem) enthalten.
- Für Zusatzinformationen können Handouts oder Flyer aufgelegt werden.

Bilder

- Maximal 50 Prozent des Posters sollten aus Grafiken, Fotos und Diagrammen bestehen.
- Fotos wecken Interesse und müssen mit kurzen Bildtexten zur Erklärung versehen werden. Achtung auf ausreichende Druckqualität und realistische Farbgebung.
- Tabellen und Diagramme sollten möglichst einfach und selbsterklärend mit ebenfalls selbsterklärender Legende dargestellt sein. Keine komplexen Excel-Tabellen verwenden. Die Obergrenze sollte bei fünf Zeilen und fünf Spalten liegen.
- Symbole zum Hervorheben ungewöhnlicher oder besonders wichtiger Details am Poster wie Pfeile, Rufzeichen oder Fragezeichen dienen zur Blickführung und sollten sparsam und nur an wirklich wichtigen Stellen eingesetzt werden. Empfehlung: maximal ein Symbol pro Modul.

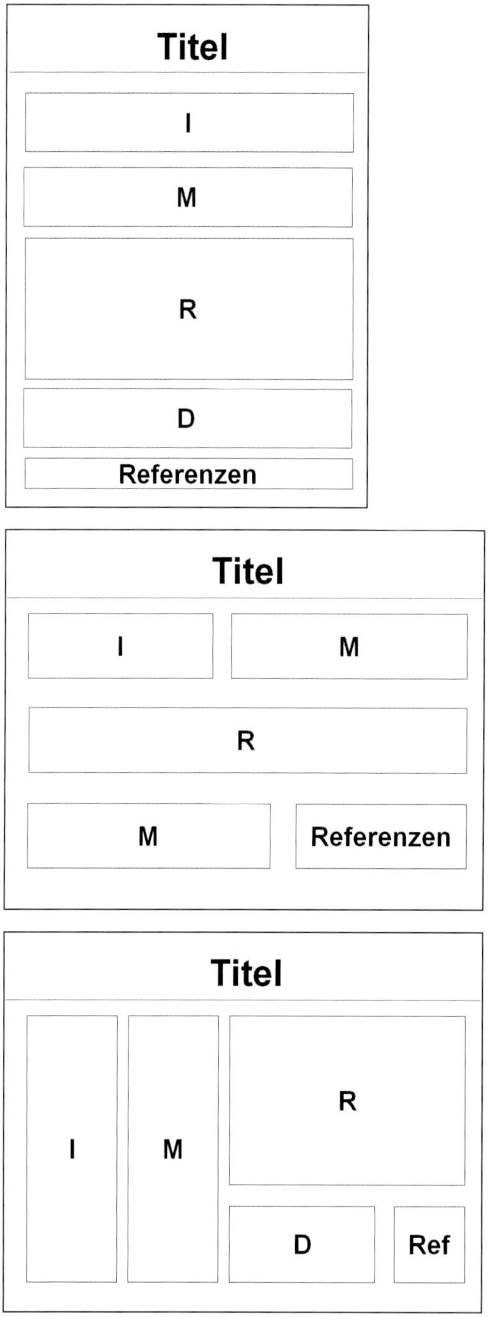

Abb.: Geeignete Anordnungen der Module für einen logischen Aufbau und gute Übersicht

Checkliste Erfolgsfaktor 5: Medien und Technik	
Tipps und Tricks	**Achtung Falle!**
Medien sind nur Hilfsmittel, am wichtigsten sind trotzdem SIE!	Nicht hinter Geräten und Technik verstecken – die persönliche Wirkung zählt!
Links vom Bild ist (fast) immer richtig: an der Projektion oder am Flipchart	Keine Position wählen, in der Sie sich unsicher fühlen
Achtung auf Vampire: Diese saugen die Aufmerksamkeit des Publikums ab.	Mehrere präsente Bilder lenken ab und erschweren die Konzentration.
Führen Sie die Blicke des Publikums mit Touch – Turn – Talk.	Ohne Blickführung
Sichtverhältnisse von allen Plätzen vor der Präsentation kontrollieren	Keine Bilder zeigen, die nicht von überall sichtbar sind
Publikum durch jedes Bild führen und Element für Element erklären	Bilder nicht erklären, bevor das Publikum verstanden hat, worum es geht
Notebook und Datenprojektor rechtzeitig einrichten und testen	Nicht auf Dritte verlassen: Bei Problemen sind SIE schuld!
Beste Wirkung: Visuelle Hilfsmittel im richtigen Augenblick zeigen – und dann wieder entfernen	Besprochene und erklärte Bilder nicht stehen lassen
Worst-Case-Szenario zurechtlegen: Was ist, wenn die Technik ausfällt?	Murphys Gesetz: Was schiefgehen kann, wird schiefgehen!
Positionen bewusst wechseln und Sicherheit signalisieren: Publikum braucht Bewegung!	Nicht wie „angenagelt" stehen bleiben und dabei die Sicht verdecken
Kontakt zum Publikum auch während der Arbeit mit den Medien behalten	Nicht zu den Medien oder zum Notebook sprechen, sondern mit dem Publikum!
Flipchart für Spontanskizzen und den Start einsetzen: wirkt persönlich und „personalisiert"	Vorsicht: Zu langes Zeichnen oder Schreiben ist langweilig für die Zuseher.

Kapitel 6

Erfolgsfaktor 6: Der überzeugende persönliche Auftritt

Viele glauben, dass ein gelungener persönlicher Auftritt 90 Prozent des Erfolgs einer Präsentation ausmacht. Diese Annahme ist aber, wie schon früher ausgeführt, leider falsch. Denn was nützt der beste Auftritt, wenn die Präsentation an den Interessen des Publikums vorbeigeht, chaotisch aufgebaut ist und von überladenen Slides begleitet wird? Der persönliche Auftritt, die Präsentation der eigenen Person, ist jedoch eine wichtige und unersetzliche Komponente zur Erhöhung der Glaubwürdigkeit und Kompetenz und zur Schaffung von Vertrauen – also für eine gelungene Präsentation.

In diesem Kapitel werden wir uns die Kriterien für einen gelungenen persönlichen Auftritt näher ansehen und uns mit Nervosität, professionellem Start und Abschluss sowie weiteren Tipps und Tricks für Ihre Praxis auseinandersetzen. Zum Abschluss gehen wir noch auf drei Spezialsituationen ein: den Vortrag vor Großgruppen, die virtuelle Präsentation und den Start von Schulungen.

6.1 Authentizität – leichter gesagt als getan

Ein gelungener Auftritt muss immer mit Authentizität verbunden sein, sonst ist er „unecht" – so die allgemeine Meinung. Was aber ist Authentizität und wann wirkt eine Person authentisch?

Von Authentizität sprechen wir, wenn rationale und emotionale, verbale und nonverbale Signale des Präsentators mit den gesendeten Informationen hundertprozentig übereinstimmen. Das resultiert in einer hohen Glaubwürdigkeit und man hat den Eindruck, dass die Präsentation stimmig, die Person zuverlässig, echt und daher vertrauenswürdig ist. Fehlt diese Authentizität, schlägt unser Gefühl früher oder später Alarm.

Sie haben das bestimmt schon selbst erlebt: Eine Präsentation ist hervorragend, die Fakten stimmen, der Präsentator verkauft sich gut – doch trotzdem – irgendetwas lässt das Ganze seltsam erscheinen. Sie sind aber nicht in der Lage, zu sagen, was es ist. Das ist ein Hinweis auf eine Unstimmigkeit zwischen dem Sender und der gesendeten Botschaft – eine Dissonanz. Spekulieren Sie also niemals damit, dass Sie Ihrem Publikum langfristig etwas vorspielen können, es sei denn, Sie haben eine professionelle Schauspielausbildung absolviert. Wachsame Zuhörer werden nämlich sehr rasch merken, dass etwas nicht in Ordnung ist, und dann mit Sicherheit auch versuchen, diese Dissonanz zu klären.

Gerade Topmanager reagieren höchst allergisch auf Blender, die mit enormer Selbstsicherheit und großer Show auftreten, aber wenig inhaltliche Substanz zu bieten haben. Hier gilt ein Sprichwort von Abraham Lincoln: *You can fool some of the people all of the time, you can fool all of the people some of the time, but you can't fool all of the people all of the time.* – Sie können manche Leute eine Zeitlang in die Irre führen, aber nicht alle Leute ständig!

Authentizität bedeutet also eine Übereinstimmung zwischen Person und Botschaft und ist – und das ist entscheidend – immer nur eine Momentaufnahme und zudem subjektiv, weil nicht messbar. Daher gilt: nicht verstellen und keine Schauspielerei.

Durch gutes Training lassen sich allerdings sehr wohl neue und professionelle Verhaltensweisen erlernen, ohne dass man dabei seine Natürlichkeit verliert.

Es ist übrigens kein Zeichen von Authentizität, wenn jemand schlampig präsentiert und das mit „authentisch, so bin ich eben" rechtfertigt. Das ist nur eines: unprofessionell!

6.2 Nervosität – die große Angst des Präsentators

„Das menschliche Gehirn ist eine großartige Sache. Es funktioniert ab der Geburt bis zu dem Zeitpunkt, wo du aufstehst, um eine Rede zu halten", so Mark Twain.

Kaum etwas weckt derart ambivalente Gefühle in uns wie die Aussicht auf einen persönlichen Auftritt in Form einer Rede oder einer Präsentation. Wie wunderbar wäre es doch, wenn man selbstsicher und ohne Nervosität vor eine Gruppe treten, diese mit klarem Blick und fester Stimme begrüßen und dann kompetent durch das Thema führen könnte! Die vielzitierte „Präsenz" zu haben, die aus einer Person eine Persönlichkeit macht, ganz natürlich und selbstverständlich, wäre das nicht toll?

Unter den zehntausenden Teilnehmern, die bisher durch unser Institut trainiert wurden, haben wir keinen erlebt, der diese Fähigkeit nicht gerne besitzen würde. Doch schon der Gedanke daran, gleich allein vor einer Gruppe zu stehen, mit sämtlichen Augen auf sich gerichtet und der latenten Gefahr, den Inhalt zu vergessen, einen Fehler zu machen oder ganz einfach eine peinliche Vorstellung zu liefern, verursacht alle möglichen – und unmöglichen – physischen und psychischen Zustände.

Störfaktoren beim persönlichen Auftritt

Klienten konfrontiere ich gerne mit der Frage: „Was stört Sie am persönlichen Auftreten eines Präsentators am meisten?" Die Antworten fallen über alle Branchen und Hierarchieebenen hinweg ähnlich aus:

- eine schlampige oder schiefe Körperhaltung,
- nervöses Auf-und-ab-Gehen,
- steifes oder emotionsloses Herumstehen,
- fehlender Blickkontakt,
- Sprechen mit dem Rücken zum Publikum,
- keine Gestik oder das Gegenteil: wildes Herumfuchteln,
- Herumspielen mit Stiften, Fernbedienung oder Manuskript,
- wörtliches Vorlesen (vom Notebook, von den Slides),
- schnelles Sprechen ohne Pausen,
- Stimme ohne Modulation,
- lange und verschachtelte Sätze.

Diese Kritikpunkte können durchaus als „universelle Fehler" beim Auftritt bei Präsentationen und Vorträgen betrachtet werden. Die gute Nachricht ist, dass alle diese Dinge relativ einfach und rasch zu beheben sind – dazu muss man allerdings zuerst wissen, dass man sie begeht. Denn bedenken Sie: Bereits einer dieser Faktoren kann ausreichen, um einen schlechten Eindruck auf Ihr Publikum zu machen und einen inhaltlich guten Vortrag zu ruinieren. Die Folge: Absagen, der Verlust von Kunden, gestoppte Projekte, gekürzte Budgets oder – im Falle des Experten – keine weiteren Einladungen und prestigefördernden Auftritte.

Die Ursache fast aller der genannten Fehler liegt in der uns eigenen Nervosität, die sich in unterschiedlicher Ausprägung und Stärke äußern kann. So gibt es Menschen, die durch Nervosität zur Salzsäule erstarren, während andere vor Adrenalinschüben beinahe „durchdrehen" und sich kaum noch unter Kontrolle haben. Aber wie kommt es eigentlich so weit?

Nervosität ist ein Zustand innerer Anspannung und Unruhe, der sich durch verschiedene Zeichen bemerkbar machen kann. Die bekanntesten Symptome sind:

- Gefühle der Angst und Unsicherheit,
- schnelle und flache Atmung,
- höhere Herzfrequenz,
- Schweißausbrüche,

- ein roter Kopf,
- weiche Knie und
- der gefürchtete Frosch im Hals.

Die Verantwortung dafür tragen bestimmte Hormone, die zur Aktivierung des vegetativen Nervensystems ausgeschüttet werden. Dieser Mechanismus ist äußerst sinnvoll und lebensnotwendig, denn er versetzt uns in Alarmbereitschaft und schärft unsere Sinne. In anderen Worten: Er bereitet uns auf Höchstleistungen vor.

Gehen wir zurück an den Beginn unserer Evolution: Ein Steinzeitmensch tritt aus seiner Höhle und hört plötzlich ein Geräusch. Sofort reagiert er: Sind es Angreifer eines feindlichen Stammes? Ist es ein Säbelzahntiger? Und in Sekundenbruchteilen ist klar: Es droht Gefahr! Im selben Moment schüttet seine Nebennierenrinde große Mengen des Stresshormons Adrenalin aus und versetzt seine Muskeln in Hochleistungsbereitschaft, damit Flucht oder Kampf möglich werden. Da unser Steinzeitmensch immer damit rechnen muss, dass das Geräusch tatsächlich von einem wilden Tier herrührt – welches wahrscheinlich zehnmal größer, schwerer und stärker ist als er –, trifft er eine instinktive Entscheidung zugunsten der Flucht und gegen den Kampf. Er tritt einen rekordverdächtigen Sprint zurück in seine Höhle an, denn das der Beinmuskulatur zur Verfügung gestellte Adrenalin versetzt diese unmittelbar in Höchstleistungsbereitschaft. Das Resultat: Gefahr gebannt, alles wieder in Ordnung.

Dieses bewährte Programm „Gefahr – Adrenalin – Energie – Flucht" läuft noch heute in unseren Körpern ab, wenn wir gefährlichen Situationen ausgesetzt sind. Und unser Unterbewusstsein sieht eine Präsentationssituation – ganz allein gegen eine Gruppe – als potenzielle Gefahr an. Kein Wunder, dass es mit rechtzeitiger Adrenalinzufuhr reagiert und uns auf die Flucht schicken will. Das Problem: Wir können nicht flüchten! Oder wollen Sie vor dem Vorstandsvorsitzenden weglaufen, nur weil Sie plötzlich nervös werden? Das ist eher nicht empfehlenswert. Daher sagt unser Verstand: „Bleib stehen!" Unser Gefühl aber sagt: „Lauf weg!" Das Ergebnis dieses inneren Kampfes: Nervosität mit vielen der genannten Symptome. – Was aber können Sie dagegen tun?

Bewährte Mittel gegen Nervosität beim Präsentieren

Sicherheit durch solide Vorbereitung

Die optimale Vorbereitung, von der Zielgruppenanalyse über die Zielformulierung, Definition des Punktes B, die Berücksichtigung des „Na und?"-Faktors bis hin zum klar strukturierten Aufbau mittels Bauplan und der passenden Visualisierung, gibt Ihnen das Gefühl der Sicherheit. Rational wissen Sie, dass alles Notwendige getan ist und Sie sich auf den Inhalt verlassen können. Selbst auf mögliche Fragen haben Sie sich vorbereitet, kritische Einwände in Betracht gezogen und die nächsten Schritte klar definiert. Zudem haben Sie Ihre Kurzpräsentation idealerweise mehrmals durchgesprochen, um auch den zeitlichen Rahmen und die wichtigsten Argumente intus zu haben. Je besser Sie diese Schritte vollzogen haben, umso weniger Chance hat die Nervosität, Sie aus der Bahn zu werfen.

Mentaltechniken zur gezielten Entspannung

Ist es überhaupt möglich, eine positive Einstellung zum Präsentieren oder Vortragen zu bekommen, wenn man grundsätzlich ein nervöser Mensch ist? Klingt es nicht wie Hohn, wenn man vollgepumpt mit Adrenalin und hochrotem Kopf hört, dass man sich auf die Präsentation freuen soll?

Ich habe die Erfahrung gemacht, dass bei den meisten Menschen die Angst vor der Nervosität viel dramatischer ist als die Angst vor der Präsentation selbst. Die Leute fragen sich: „Was mache ich denn, wenn ich nervös werde?" Oder: „Was soll ich tun, wenn ich vergesse, was ich sagen wollte?" Sie beschäftigen sich also viel mehr mit der Nervosität selbst als mit dem Inhalt der Präsentation – und hier liegt der grundsätzliche Fehler. Daher finden Sie hier drei ausführlich erprobte Mentaltechniken, die auch mit wenig Übung funktionieren. Mit welcher von den dreien es Ihnen am besten gelingt, Ihre Nervosität in den Griff zu bekommen, finden Sie am raschesten durch Ausprobieren heraus.

Ablenkung – beschäftigen Sie sich!

Falls Sie kurz vor Ihrem Auftritt merken, dass die Nervosität stärker wird, beschäftigen Sie sich zur Ablenkung mit etwas anderem: Sprechen Sie mit jemandem, telefonieren Sie oder lesen Sie etwas, aber sitzen Sie nicht da und denken: „Oh Gott, oh Gott, gleich muss ich raus ... " Spitzensportler zeigen, wie das geht: Vor dem Start von Wettkämpfen können Sie beobachten, wie jeder Einzelne sich mit etwas beschäftigt: Musik hören, Gymnastikübungen, Visualisierungsübungen (siehe unten), Gespräche oder Telefonate. Egal, was Sie tun – Beschäftigung lenkt ab und lässt damit der Nervosität wenig Chance.

Der freudige Blick ins Ziel

Eine positive Grundeinstellung ist unabdingbar: Freude auf das, was passieren wird, und das Vertrauen in die eigene Fähigkeit sowie die Visualisierung des positiven Ablaufs und Ausgangs der Präsentation:

- Stellen Sie sich (in Wort und Bild) vor, wie Sie vor der Gruppe stehen und präsentieren, sicher, überzeugend, alle hören gebannt zu. Genießen Sie es, das Gefühl zu erleben, wie alles perfekt klappt!
- Stellen Sie sich (in Wort und Bild) vor, wie die Situation nach der Präsentation sein wird, wenn Sie den Punkt B erreicht haben. Genießen Sie das Gefühl der Anerkennung, den Applaus und die angeregte Diskussion danach.

Die positive Visualisierung gehört zu den stärksten Mentaltechniken überhaupt und wird nicht umsonst von Spitzensportlern in allen Sportarten eingesetzt. Doch nicht nur im Sport, auch im Business hat sich die Visualisierung als höchst wirksam erwiesen und ist daher absolut empfehlenswert.

Autosuggestion: In vier Sätzen zur positiven Einstellung

Keine Angst, das ist nichts Esoterisches, sondern eine wissenschaftlich abgesicherte Methode, wie Sie mit einigen Sätzen oder Worten eine positive Grundhaltung erreichen können. Die vier Sätze sind Ihre persönliche Formel, die Sie immer wieder wiederholen, bevor Sie vor Ihr Publikum treten. Und so funktioniert es:

Der erste Satz, den Sie sich in Gedanken oder auch leise vorsagen:

Ich freue mich, dass ich hier bin!

Der zweite Satz zu Ihrer positiven Einstellung lautet:

Ich freue mich, dass SIE hier sind!

Der dritte Satz lautet:

Ich bin mir meiner Sache sicher!

Und **der vierte Satz** ist Ihr erster „echter“ Satz, den Sie für genau diese Situation vorbereitet haben, also die Begrüßung oder die Einleitung, zum Beispiel mit ARA:

> *Guten Morgen, meine Damen und Herren. Gestern hat unser größter Konkurrent seine Biotech-Produktoffensive gestartet ...*

Diese vier Sätze wiederholen Sie in Gedanken oder leise immer wieder, und zwar bis zur letzten Sekunde vor dem Auftritt. Wenn Ihr Moment dann gekommen ist, treten Sie mit diesen drei Sätzen in Gedanken vor Ihr Publikum, stellen Blickkontakt her und artikulieren Ihren vierten Satz laut und entsprechend positiv. Durch diese vier Sätze wird sich der vierte Satz, der Ihr erster lauter Satz ist, wie ganz selbstverständlich anfühlen und Sie werden rasch und sicher den Einstieg in Ihre Präsentation schaffen. Mehr dazu im Abschnitt „6.6 Optimaler Start“.

Vier „Energieventile“ zum Abbau überschüssiger Energie

Energieventil 1: Ortsveränderung

Ortsveränderung bedeutet nicht, dass Sie ziellos herumlaufen und während des Sprechens auf und ab wandern, sondern es geht dabei um den kontrollierten Ortswechsel. Bauen Sie bewusst Wege ein, die Ihnen helfen, auf kontrollierte Weise Energie zu verbrauchen. Um das zu erreichen, empfehle ich Ihnen, sich bereits vor der Präsentation Standpunkte zu überlegen, diese dann anzusteuern und nach wenigen bewussten Schritten auf dem jeweiligen Standpunkt stehen zu bleiben. Die Dynamik, die sich aus dem fixen, klaren Stand und den gezielten Bewegungen ergibt, wirkt kontrolliert, zielstrebig und aktiv. Wählen Sie selbst aus, wie oft Sie sich bewegen und wie viele Standpunkte Sie festlegen, denn es soll natürlich zu Ihnen passen.

Als fixe Standpunkte bieten sich folgende Positionen an:

- zentral vor der Zielgruppe, zum Beispiel beim Start und Finale,
- bei Ihren Hilfsmitteln (Flipchart ...),
- links außen oder rechts außen vor dem Publikum,
- vom Publikum aus gesehen links neben der Projektionsfläche, dem Flipchart oder der Pinnwand,
- andere Ziele (zum Beispiel Gegenstände), die Sie vorher ausgewählt haben.

Abb.: Tabellen und Grafiken erfordern manchmal einen Seitenwechsel des Präsentators. Wechseln Sie pro Bild maximal einmal die Seiten (hin und retour) und bleiben Sie dabei dem Publikum zugewandt. So halten Sie Blickkontakt und vermeiden, dass Sie vor der Endposition eine „Pirouette" drehen müssen.

Energieventil 2: Großzügige und bildhafte Gestik

Jeder von uns hat ein beachtliches Repertoire einfacher und allgemein verständlicher Arm- und Handbewegungen. Beobachten Sie Menschen, die in intensivem Dialog miteinander stehen, wie sehr diese mit Händen und Armen arbeiten. Bildhafte Gestik vermittelt Einsicht und macht aus Ihren Zuhörern Zuseher. Sie brauchen natürlich nicht zu gestikulieren wie ein sizilianischer Marktverkäufer, obwohl an diesen wunderbar zu erkennen ist, dass natürliche und großzügige Gestik ein hervorragender Wirkungsverstärker ist. Sehen Sie sich die Fotostrecke an, sie zeigt eine Auswahl aus allgemein verständlichen Gesten, die Sie selbst sehr einfach und rasch in Ihre Präsentation integrieren können.

Bleiben Sie mit Ihren Gesten in der oberen Körperhälfte und wechseln Sie zwischen einhändig und beidhändig. Bei manchen Menschen hat die Startnervosität eine unangenehme Auswirkung auf die Gestik, weil diese nahezu völlig unterbunden wird. Sollten Sie zu diesen Personen gehören, legen Sie sich für die Eröffnung Ihrer Präsentation eine großzügige und einfache Geste zurecht, die Sie dann bewusst einsetzen. Das hilft Ihnen, den Bann zu brechen und auch selbst rasch in Bewegung zu kommen. Denn es gilt der Leitsatz: Nur wer sich selbst bewegt, kann auch andere bewegen.

In der Praxis zeigt sich, dass die Gestik völlig automatisch und natürlich einsetzt, sobald ein Redner in den Fluss seiner Story kommt. Das bedeutet, wenn Sie inhaltlich sattelfest sind und den Ablauf Ihrer Präsentation optimal vorbereitet haben, wird es Ihnen auch wesentlich leichter fallen, das Gesagte mittels Gestik zu unterstreichen und zu verstärken – und zwar, ohne dass Sie sich bewusst darauf konzentrieren.

Gestik unterstützt Ihre Botschaft und erleichtert dem Publikum die Einsicht in Ihre Inhalte. Sie wirken damit sicher, kompetent und bauen überschüssige Energie ab.

Zum Beispiel: *Herzlich willkommen …*

Zum Beispiel: *Auf der einen Seite …*

Zum Beispiel: *Eine andere Möglichkeit ist …*

Zum Beispiel: *… erfordert eine präzise Definition …*

Zum Beispiel: *… eine tragfähige Lösung …*

Zum Beispiel: *Auf den Punkt gebracht …*

Zum Beispiel: *Diese Angelegenheit ist längst geklärt …*

Zum Beispiel: *Bleiben wir dabei sachlich …*

Zum Beispiel: *Drei Gründe sprechen klar dafür …*

Energieventil 3: Blickführung mit den Händen

Ein Sonderfall der Gestik, vor allem wenn Sie sich mit bildhafter Gestik (noch) etwas schwer tun. Die Frage „Was soll ich bloß mit meinen Händen machen?“ wird damit ebenfalls gleich gelöst, denn während der Präsentation können Sie Ihre Arme und Hände ausgezeichnet zur Blickführung verwenden. Wenn Sie mit Touch – Turn – Talk konsequent durch die Visualisierung auf der Projektionsfläche oder am Flipchart führen, erzielen Sie außerdem den angenehmen Nebeneffekt, dass Sie damit auch Energie und Nervosität abbauen.

Energieventil 4: Mit der Stimme Sicherheit signalisieren

Falls Sie zu den Glücklichen gehören, die von der Natur mit einer kräftigen, präsenten und lauten Stimme ausgestattet wurden, haben Sie einen großen Startvorteil – Sie wirken sicher. Sollte Ihre Stimme eher leise oder zittrig wirken, gibt es für Präsentationssituationen wahrscheinlich Handlungsbedarf. Dieser lässt sich in einem simplen Punkt zusammenfassen: Sprechen Sie laut – aber schreien Sie nicht!

Lautes Sprechen ist ein Signal von Sicherheit und verbraucht Energie, baut daher Nervosität ab. Außerdem hat es eine höchst beruhigende Wirkung auf Sie selbst, wenn Sie Ihre eigene, kräftige Stimme hören können.

Gehören Sie zur Spezies der Schnellsprecher, rate ich Ihnen dringend zu einer Tempoverringerung oder einfacher: Machen Sie Pausen, denn das hat meist unmittelbar eine präsentere und kräftigere Stimme zur Folge.

Kalibrieren

Kalibrieren Sie Ihre Lautstärke auf das Publikum, indem Sie sich stets vorstellen, zum weitest entfernten Zuhörer zu sprechen. Damit ist sichergestellt, dass alle Sie hören können.

Vor dem Start

Atmen Sie drei Mal tief durch, bevor Sie nach dem Ausatmen zu sprechen beginnen. So einfach dieser Hinweis klingt, so wirkungsvoll ist er. Schon der Volksmund riet bei Nervosität oder Aufregung: Atme tief durch, dann wirst du dich gleich besser fühlen.

Fühlen Sie Ihre Stimme

Legen Sie Ihre rechte Hand auf den Brustkorb und zählen Sie bei ansteigender Lautstärke von eins bis zehn. Ab einer gewissen Lautstärke werden Sie ein deutliches Vibrieren wahrnehmen, das Ihnen anzeigt, dass Ihre Stimme nun die nötige Resonanz für einen vollen Klang erreicht hat.

Tun Sie so, „als ob"

Stellen Sie sich vor, wie Sie präsentieren würden, wenn Sie sich absolut wohl fühlen würden, nicht nervös wären und hundertprozentig überzeugt wären von dem, was Sie sagen. Malen Sie sich vor Ihrem geistigen Auge aus, wie Sie ruhig und sicher dastehen, perfekten Blickkontakt halten und mit kontrollierter Gestik Ihre Botschaften unterstreichen. Und dann stellen Sie sich hin und imitieren das, was Sie bereits (geistig) gesehen und gehört haben. Tun Sie einfach so, als ob Sie sicher wären, und Sie wirken sicher. Tun Sie einfach so, als ob Sie überzeugend wären, und Sie wirken überzeugend. Und wenn Sie voller Selbstvertrauen wirken möchten, tun Sie, als ob Sie voller Selbstvertrauen wären. Der Körper folgt dem Geist und wird Ihnen dabei helfen, diese Vorstellung umzusetzen.

Die „Tu, als ob!“-Methode wird sehr gerne von Top-Referenten praktiziert und ist beliebt, weil sie rasch und zuverlässig funktioniert. Unerfahrene Präsentatoren haben vor solchen Zugängen meist ein wenig Angst: „Darf man denn das? Ist das nicht Schauspielerei, ist das nicht unseriös?“ Keine Sorge, es ist weder unseriös noch Schauspielerei, wenn Sie das Prinzip der Authentizität berücksichtigen und nicht versuchen, sich in eine andere Person zu verwandeln. Sie spielen sich ja selbst – nur in einer anderen Situation! „Tu, als ob“ wirkt wie ein Verstärker und hilft Ihnen dabei, sich besser zu fühlen und sicherer auf andere zu wirken.

6.3 Ihr Blick führt und steuert – und verleiht „Präsenz“

Stellen Sie sich vor, Sie führen ein Gespräch mit einem Kollegen oder Geschäftspartner. Nach einigen Sekunden stellen Sie fest, dass Ihr Gesprächspartner Sie nicht ansieht, weder, während Sie sprechen, noch, wenn er spricht. Sein Blick ist immer irgendwo anders – aber nie bei Ihnen. Und das minutenlang, bis zum Ende des Gesprächs. Das ist nicht nur höchst unangenehm, es hindert Sie auch daran, einen echten Dialog, echte Kommunikation zu führen.

Bewusster Blickkontakt ist Pflicht!

Informationen, die Sie verbal losschicken, haben keine Chance, Ihr Gegenüber wirkungsvoll zu erreichen, wenn der Blickkontakt fehlt. Trotz dieser Logik ist es immer wieder erstaunlich, wie wenig Blickkontakt Präsentatoren während ihrer Vorträge mit dem Publikum halten. Der Blick geht zur Seite, zur Projektionswand, auf den Tisch, zum Notebook oder über die Zuseher hinweg bis ans Ende des Horizonts.

Offenbar fällt es vielen Menschen schwer, in Situationen, die mit Nervosität einhergehen, bewussten Blickkontakt zu anderen Personen zu halten. Dabei ist der Blickkontakt mit Ihrem Publikum unbedingt notwendig, denn

- bewusster Blickkontakt sagt über Sie aus, dass Sie sich wohl und sicher fühlen und Vertrauen haben in das, was Sie berichten;
- das Publikum spürt das und nimmt Sie als selbstsicher und kompetent wahr – Sie erhalten dadurch „Präsenz“;
- Sie stehen in ständiger Interaktion durch den bidirektionalen Blickkontakt und sehen sofort, wie das Gesagte und Vorgetragene bei Ihren Zusehern

wirkt. Sind diese aufmerksam, gespannt, erwidern sie den Blickkontakt oder hängen sie schon angeschlagen und gelangweilt in den Seilen? Dieses nonverbale Feedback ist unerlässlich für einen erfolgreichen Vortrag.

Daher gilt: Halten Sie während der kompletten Präsentation bewussten Blickkontakt!

Blickkontakt verbessert die Kommunikation

Ein angenehmer Nebeneffekt des Blickkontakts ist, dass er bei vielen Rednern das Sprechtempo bremst und zu einer deutlicheren Sprache im Erzählstil führt. Das geschieht deshalb, weil Sie durch den aktiven Blickkontakt das Gefühl bekommen, einen Gesprächspartner vor sich zu haben, dem Sie tatsächlich etwas erzählen, und nicht nur eine gesichtslose Gruppe, in deren Richtung Sie sprechen.

Tipps für aktiven Blickkontakt

Echter Blickkontakt: Ansehen, nicht nur hinsehen!

Eine typische Situation: Der Präsentator steht vor den Zuhörern und blickt immer wieder in deren Richtung – trotzdem sieht er diese nicht, er nimmt sie nicht bewusst wahr. Er blickt durch sie hindurch und hat damit keine Chance, tatsächlich mit den Zuhörern zu kommunizieren. Bedenken Sie: Es ist ein riesiger Unterschied zwischen „hinsehen" und „ansehen"! Und nur ansehen zählt als echter, ehrlicher Blickkontakt.

Vor dem Publikum auf den Boden oder über die Köpfe der Zuseher hinweg zu starren ist ebenfalls eine sehr schlechte Idee, denn das Publikum bekommt garantiert mit, ob Sie „echten" Blickkontakt halten oder nicht: „Der sieht mich ja nicht einmal an … ". Da drängt sich natürlich die nächste Frage auf:

Wie lang darf oder soll man jemanden ansehen, während man spricht?

Fixieren Sie jeweils für einen Moment ein Augenpaar wie mit einem „Laserstrahl", etwa einen Gedanken lang – circa zwei bis drei Sekunden – und wechseln Sie dann zum nächsten. Möglicherweise kommen Ihnen in der Praxis zwei bis drei Sekunden relativ lang vor, für den Gesprächspartner ist dies aber angenehm und keineswegs zu lang. Falls der Blick nicht erwidert wird, wechseln Sie trotzdem nach Plan – zu warten, bis die Zielperson irgendwann einmal zurückblickt, ist sinnlos.

Soll ich meinen Chef öfter ansehen als andere?

Oft fragen Präsentatoren, ob es denn empfehlenswert sei, während der Präsentation Schlüsselpersonen anzublicken, zum Beispiel den Vorgesetzten, den netten Kollegen oder den besonders liebgewonnenen Kunden. Grundsätzlich gilt, dass Sie beim Blickkontakt niemanden bevorzugen sollen – zumindest nicht augenscheinlich! Denn wenn Sie Ihren direkten Vorgesetzten ständig anblicken und bei ihm länger verharren als bei anderen, wird das natürlich über kurz oder lang auffallen und möglicherweise zu Unmut unter anderen Zuhörern führen. Gerade beim Start ist es aber hilfreich, sich sehr wohl eine oder mehrere Schlüsselpersonen auszuwählen, wenn Sie wissen, dass diese positiv gestimmt sind, denn es ist natürlich angenehm, zu Beginn in freundliche und lächelnde Gesichter zu blicken.

Blickkontakt in größeren Gruppen – auch wenn Sie niemanden sehen

Direkter Blickkontakt zu jedem Einzelnen in Gruppen ab circa 25 Personen ist schwierig und wird mit zunehmender Größe unmöglich. Ein unruhiger, fahriger Blick wirkt unsicher und macht Sie auch selbst nervös – zu viel unspezifische Information prasselt dabei auf Sie ein. Legen Sie daher ein imaginäres, großes „W" über das Publikum und sprechen Sie immer einen ganzen Gedanken lang zu einem Eckpunkt dieses „W" – und wechseln Sie dann zum nächsten. Auch wenn Sie kein Gesicht direkt sehen und keinen echten Blickkontakt zustande bringen, wirkt Ihr Blick doch fester und sicherer und durch das „W" fühlt sich ein größerer Teil des Auditoriums angesprochen. An das „W" hängen Sie ein „M" an, dann wieder ein „W" und so weiter.

Und was ist mit den Skeptikern und Ja-Sagern?

Was aber ist mit denjenigen, die skeptisch blicken, gleich zu Beginn den Kopf schütteln oder Sie überhaupt nicht ansehen? Da kann ich Ihnen nur raten, diese in der ersten Phase zu ignorieren und sich lieber auf die Wohlgesonnenen zu konzentrieren. Diejenigen, die zu Beginn noch nicht so aufmerksam sind, werden sicherlich während oder nach der Startphase ihren Blick nach vorne wenden und Ihnen zuhören.

Vorsicht vor falschen Interpretationen: Nicht alle, die freundlich nicken und Ihnen zulächeln, sind auch wirklich positiv gestimmt oder entscheidungsberechtigt. Und nicht jeder, der griesgrämig dreinschaut, ist feindselig oder angriffslustig.

Notlösung – wenn Sie die Augen anderer irritieren

Ist es Ihnen wirklich unangenehm, Gesprächspartnern oder den Zuhörern direkt in die Augen zu sehen, können Sie auch den Punkt zwischen den Augen auf der Stirn anvisieren. Für Ihr Gegenüber ist nicht erkennbar, ob Sie ihm tatsächlich in die Augen blicken oder auf die Mitte der Stirn. Umgekehrt ist es hilfreich, dem Gesprächspartner, während er spricht, auf den Mund zu blicken und zu beobachten, was er sagt. Auch das wird von Ihrem Gegenüber als echter Blickkontakt empfunden und beeinflusst das Gespräch somit positiv.

Tipp

Blickkontakt lässt sich übrigens auch im privaten Kreis hervorragend trainieren, indem Sie bei Gesprächen unauffällig jedem Ihrer Partner drei Sekunden in die Augen blicken und dann wechseln – immer einer nach dem anderen. Sie werden staunen, wie intensiv Sie Ihren Gesprächspartner plötzlich wahrnehmen. Übrigens empfinden Frauen einen längeren Blickkontakt als angenehm, während dieser bei Männern durchaus auch als Provokation empfunden werden kann.

6.4 Nehmen Sie einen Standpunkt ein – inhaltlich und körperlich!

Dass Sie inhaltlich einen Standpunkt einnehmen, dafür sorgt die präzise Vorbereitung auf Ihre Präsentation und die Arbeit mit den Anleitungen in diesem Buch. Nun gilt es, diesen Standpunkt mit Ihrem Auftritt noch weiter zu verstärken, indem Sie tatsächlich „einen Standpunkt einnehmen". Unruhige Beine, wippende Füße oder der unbewusste Stepptanz vor dem Publikum verraten Ihre Unsicherheit, ohne dass Sie das beabsichtigen und Ihre Zielgruppe das anfangs bewusst registriert.

Ich empfehle Ihnen daher, sich für sich selbst eine Art „Grundstellung" für einen festen Stand zuzulegen, die sich an den unten angeführten Empfehlungen orientiert, trotzdem aber individuell auf Sie angepasst sein kann.

Die Grundstellung für festen Stand während einer Präsentation

Diese Empfehlungen verbessern Ihre persönliche Präsenz und lassen Sie sicherer wirken:

- Richten Sie Ihren Körper frontal zur Zielgruppe aus.
- Belasten Sie beide Beine gleichmäßig und stellen Sie sie etwa hüftbreit auseinander, Knie nicht durchgestreckt.
- Achten Sie auf eine gleichmäßige Belastung des Fußes, stehen Sie also nicht auf Zehen oder Fersen.
- Denken Sie an eine gerade und aufrechte Körperhaltung, Kopf hoch – nicht „Nase hoch".
- Lassen Sie die Arme frei seitlich hängen oder halten Sie sie vor dem Körper locker über der Gürtellinie.
- Setzen Sie einen freundlichen, dem Anlass angemessenen, Gesichtsausdruck auf.

Tipp
Stellen Sie sich vor einen Spiegel und variieren Sie die Stellung Ihrer Beine und die Haltung Ihres Oberkörpers, Ihres Kopfes und Ihrer Arme so lange, bis Sie einerseits den genannten Punkten entsprechen und sich andererseits auch noch gut fühlen. Wenn Sie Ihre Präsentation in dieser Haltung starten, senden Sie automatisch Kompetenz und Sicherheitssignale zu Ihrem Publikum – und das bereits ab dem ersten Wort.

Positive Beispiele

Abb.: Sichere, kompetente und offene Körperhaltung

Abb.: Starker Stand, Bewegung unterstreicht Gesagtes. Tipp: Den nicht gestikulierenden Arm nicht zu lange rechtwinkelig halten, sonst wirkt er wie eine „Gipshand".

Abb.: Kontrollierte Hände: Der Daumen der rechten Hand ruht in der linken Handinnenfläche.

Abb.: Neutrale Grundhaltung, beide Arme ruhen neben dem Körper.

Abb.: Sichere und einladende Haltung

Negative Beispiele

Abb.: Achtung: Hilflose Haltung, Kompetenzverlust

Abb.: Achtung: Arroganz, Kopf nach unten, die Hände müssen nach vorne!

Abb.: Achtung: Nervöses Herumspielen signalisiert Unsicherheit.

Abb.: Achtung: Drohgebärde mit Stift oder Zeigefinger

Abb.: Achtung: Überheblich, gleichgültig, abblockend

Spezialfall „Hosentasche“

Abb.: Beide Hände in der Hosentasche bitte vermeiden: Die Wirkung schwankt zwischen teilnahmslos und arrogant!

Abb.: Eine Hand und freundlicher Ausdruck: O.K., wenn es zum Typ und zur Situation passt (aber bitte nie, nie beim Start!)

Abb.: Hier wirkt die Haltung überheblich – es kommt also auf das Gesamtbild an, nicht nur auf die Hand in der Tasche!

Die richtige Position beim Flipchart

Abb.: Der richtige Abstand zum Flipchart ermöglicht die Blickführung mit Touch – Turn – Talk.

Abb.: Gute Positionierung und leichtes Schrägstellen des Flipcharts erleichtern dem Präsentator die Arbeit. Achtung auf einwandfreien Blick von allen Plätzen!

Abb.: Erklären und Aufschließen der Grafik beim Flipchart mit Touch – Turn – Talk

6.5 Prägnante und zuhörerorientierte Sprache

Präsentationen bestehen aus Bild und Ton und der Ton besteht aus Stimme und Sprache. Dass die Stimme kräftig, präsent und kontrolliert sein soll, haben wir bereits festgestellt. Nun geht es um die sprachliche Ausführung Ihrer Botschaft und die direkte, verbale Kommunikation mit Ihren Zuhörern. Die Empfehlungen in diesem Kapitel sind nicht nur für Präsentationssituationen geeignet, sondern auch in der täglichen Kommunikation hilfreich und anwendbar.

Tappen Sie nicht in die Ich-Falle

„Ich möchte Ihnen nun die nächste Folie zeigen." – Diese oder ähnliche Aussagen haben Sie wahrscheinlich schon unzählige Male gehört. In abgewandelter Form kennen Sie diese Phrase auch als: „Ich möchte Sie begrüßen ...", „Ich habe mir überlegt ...", „Ich habe etwas vorbereitet ...".

Obwohl inhaltlich richtig, haben alle diese Formulierungen einen gemeinsamen rhetorischen Fehler: Das Wort ICH. Sie drehen sich dadurch ausschließlich darum, was der Präsentator zu diesem Zeitpunkt gerne tun oder sagen möchte, und nehmen keinerlei Rücksicht darauf, was das Publikum interessieren könnte oder was dessen Nutzen dabei ist. Die Aussage: „Ich möchte ..." ist Präsentator-orientiert und nicht Zielgruppen-orientiert und fordert daher „Na und?"-Fragen des Publikums geradezu heraus: „Na und? Schön für Sie, aber was habe ich davon?"

Ihre Zuhörer möchten etwas Nützliches erfahren, hören, wissen, bekommen, erreichen, erzielen und so weiter. Dieses Bedürfnis müssen Sie erfüllen. Ersetzen Sie während der Präsentation das Wort „ich" daher so oft als möglich durch das Wort „Sie" und sprechen Sie davon, was die anderen interessiert:

Statt ...	**... sagen Sie**
„Ich erzähle Ihnen ..."	*Sie werden nun erfahren ...*
„Ich präsentiere nun ..."	*Sie als Chemiker wollen sicher wissen ...*
„Ich habe eine Lösung ..."	*Sie können durch folgende Lösung profitieren ...*
„Ich habe mich genau informiert ..."	*Sie als Profis erwarten klare Informationen ...*

Denken Sie immer daran: Ihr Publikum interessiert nicht, was Sie wollen, sondern was es selbst davon hat!

Für klare Empfehlungen: selbstbewusstes ICH verwenden

Das Vermeiden der Ich-Falle bedeutet natürlich nicht, dass Sie ab nun nicht mehr von sich selbst sprechen dürfen und das Wort „Ich" aus Ihrem Wortschatz streichen müssen. Im Gegenteil, denn wenn Sie eine bestimmte Meinung vertreten, aus eigener Erfahrung sprechen, einen Vorschlag machen oder eine Empfehlung abgeben, sprechen Sie natürlich sehr wohl von sich selbst. Sagen Sie dann aber auch wirklich klar und deutlich: *Ich schlage vor ...* und nicht „man" oder „wir" oder „die Firma" oder ähnliche unpersönliche Formulierungen, die keinen Rückschluss auf den Absender zulassen. Stehen Sie zu Ihrer Meinung und Ihren Aussagen und das Publikum wird Ihnen vertrauen:

Ich empfehle daher dringend ...

Ich habe die Ergebnisse ausführlich analysiert ...

Ich bin davon überzeugt, dass ...

Bildhafte Sprache verschafft Einblicke

Statt langer und abstrakter Ausführungen über theoretische Konstrukte oder Abläufe ist es besser, ein Beispiel aus der Praxis zu erzählen, das die Zuhörer nachvollziehen und verstehen können. Damit kommen Sie selbst in einen besseren Redefluss und Ihr Publikum wird viel rascher verstehen, was Sie meinen, und sich die Geschichte auch wesentlich besser merken als die theoretischen Ausführungen. Unterstützen Sie die Praxisbeispiele auch noch mit Fakten und Sie haben eine optimale Kombination. Nicht umsonst spricht man auch von „Bildern im Kopf". Bildhafte Sprache eignet sich besonders gut, um Inhalte zu emotionalisieren oder mit einer bestimmten Symbolik zu versehen. So klingt die Ankündigung „drei neue Produkte" nicht halb so attraktiv wie „Produktoffensive" oder „Produktfeuerwerk" und „die vitale Kraft der Natur" in der Medizin ist spannender als eine „alternative Behandlungsmethode".

Bei der Anwendung von Sprachbildern, Analogien und Metaphern gilt: bitte keinesfalls übertreiben, sonst hat man schnell den Ruf des Schaumschlägers. Und bitte: Nicht jede Kleinigkeit ist gleich „sensationell" oder „revolutionär".

Gerade für komplizierte und komplexe Informationen sind Analogien gut geeignet, weil sie in der Lage sind, Zusammenhänge und Dinge einfach und rasch verständlich zu machen. Umso einfacher und klarer eine Analogie ist, umso besser. Sie kennen sicher Formulierungen wie *Unser Unternehmen ist wie ein Schiff ...*, oder *Ein weiter Aufstieg zum Gipfel liegt noch vor uns ...* Analogien können Sie zu allem Möglichen herstellen: zu Gegenständen, Sportarten, Transportmitteln, dem Wetter, zu Farben, Musik und vielem mehr.

Ursprungsbereich	Sprachbild
Architektur	drei Säulen; unter einem Dach, stabiles Fundament, Ausbau, unverrückbare Basis, Planungsprozess, Personalabbau, Ausrichtung, Balken einziehen
Sport	Start und Ziel, hartes Spiel, hohes Tempo, Schleuderkurs, Wachstumsmotor, Verliererstraße, faires Spiel, Slalomkurs, wie ein Zwölfzylinder, Stärkung
Schiff und Flugzeug	Rückenwind, klar Schiff, aufs Kurs sein, navigieren durch schwere Gewässer, Gegenwind, Aufwind, Rückenwind, Kapitän, Checkliste, Turbulenzen, Klagswelle
Natur	zu den Sternen, sonnige Zeiten, Unwetter, wachsen, pflanzen, säen, ernten, Früchte der Arbeit, Servicewüste, Paragrafendschungel, Gipfel des Erfolgs
Militär	Marktoffensive, Attacke, Verteidigung, Marktanteil erobern, Schlachtfeld, flächendeckend, Expansion der Marke, dominant, Kampf, Strategie und Taktik
Andere	schwierige Operation, Skalpell (Medizin), Visionen, Gebet (Religion), Produktfamilie, verwandt (Soziales), Hauptakteure, Bühne (Theater)

Kurze Sätze

Beginnen Sie immer mit dem Hauptsatz und bringen Sie maximal einen Nebensatz pro Hauptsatz – falls Sie einen brauchen. Beginnen Sie immer wieder einen neuen Satz, wenn mehrere Erklärungen oder Ergänzungen nötig sind, und achten Sie darauf, dass Sie mit der Stimme am Satzende nach unten gehen, sonst wird das Satzende vom Zuhörer nicht als solches erkannt.

Der Richtwert für einen guten Satz während einer Präsentation liegt bei 15 Wörtern. Vermeiden Sie Schachtelsätze und Ausführungen, die mittels Beistrichen und Bindewörtern wie „und", „das heißt", „das bedeutet" zu einer langen Satz-Wurst aneinander gehängt werden. Zuhören unterscheidet sich deutlich vom Lesen. Beim Lesen kann der Leser immer wieder zum Satzanfang zurückspringen, um noch einmal von vorne zu beginnen, wenn er den Sinn nicht versteht. Bei der Präsentation ist der Satz vorbei, und wenn der Zuhörer ihn nicht verstanden hat, hat er keine Chance mehr, dieses Verständnisproblem zu lösen. Es sei denn, er fragt nach. Was in größeren Auditorien aber meist nur sehr selten passiert, weil jeder denkt, er sei der Einzige, der etwas nicht verstanden hat.

Positive Formulierungen

Bedienen Sie sich einer positiven Sprache, damit Ihr Text schnell verstanden, erfasst und verarbeitet werden kann. Statt „Wir dürfen den Einführungstermin für das neue Produkt auf keinen Fall versäumen“ sagen Sie daher: *Wir müssen den Termin zur Produkteinführung unbedingt einhalten.* Sagen Sie *Wir müssen das Ziel erreichen* statt „Wir dürfen das Ziel nicht verfehlen“. Positive Sprache wirkt aktiver und stimulierender als negative Formulierungen.

Fremdwörter, Fachausdrücke und Abkürzungen

Jede Berufsgruppe und oft auch jede Abteilung in ein und demselben Unternehmen hat ihre eigene Fachsprache mit Begriffen und Abkürzungen, die andere nicht oder nur schwer verstehen. Wenn Sie auch Nicht-Spezialisten in Ihrem Publikum haben, erklären Sie solche Begriffe, wenn Sie diese das erste Mal erwähnen – ganz beiläufig. Sagen Sie zum Beispiel:

> *Erstmals ist es gelungen, ein Fahrrad mit ABS auszustatten, ABS bedeutet – wie Sie alle wissen – Antiblockiersystem und verhindert ein Blockieren der Räder.*

Hammer home your message

Damit ist das ständige Wiederholen – einhämmern – der Kernbotschaft gemeint, die sich so beim Publikum fest verankert und einprägt. „Darf man denn das?“, fragen natürlich sofort alle Fachspezialisten, die befürchten, zu viel „Verkauf“ oder „Marketing“ zu betreiben und damit unseriös zu wirken. Ja, Sie dürfen. Präsentatoren, die bereit sind, dieser Empfehlung zu folgen und Kernbotschaften mittels „Hammer home your message“ immer wieder zu verankern, berichten begeistert von den Erfolgen bei ihren Präsentationen und den positiven Effekten beim Publikum. Wenn Sie also möchten, dass Ihre Botschaft vom Kurzzeit- ins Langzeitgedächtnis übertragen wird und dort auch hängen bleibt – trauen Sie sich!

Machen Sie Pausen

Hören Sie erfolgreichen Rednern und Präsentatoren zu und beachten Sie, wie diese ihre Pausen setzen. Die Pause gehört zu den wirkungsvollsten rhetorischen Stilmitteln. Sie gibt dem Redner Zeit zum Formulieren seiner nächsten Gedanken und dem Publikum Zeit zum Verdauen der letzten Aussagen.

Viele Präsentatoren denken, wenn sie vor einer Gruppe stehen, müssten sie reden, reden, reden, damit ja nicht der Eindruck entstünde, es sei ihnen der „Faden gerissen" oder sie wüssten nicht weiter. Dieselben Personen fühlen sich aber völlig überfordert, wenn sie selbst im Publikum sitzen und einem erbarmungslosen Dauerredner ausgesetzt sind, der ihnen keine Zeit zum Nachdenken lässt.

Pausen helfen mit, Infoschocks zu vermeiden. Sie verschaffen den Gehirnen Luft zum Atmen, Verstehen und Verarbeiten. Gerade nach besonders wichtigen Aussagen gilt: Legen Sie ein paar Sekunden Pause ein und kombinieren Sie diese Pause mit einem Blickkontakt in die Zuhörer. Mehr Nachdruck als mit dieser Methode können Sie dem Gesagten nicht verleihen.

Sie können im Übrigen ruhig zwei, drei Sekunden still sein und ins Publikum blicken, ohne dass dieser Zeitraum als zu lang empfunden würde. Ihnen selbst wird es zweifellos lang vorkommen, doch für die Zuhörer sind diese Pausen eine Wohltat. Probieren Sie es aus! Zählen Sie nach einem Statement leise bis drei und starten Sie dann erst Ihren nächsten Satz. Sie werden verwundert über den positiven Effekt dieses kleinen Tricks sein.

In folgenden Situationen sollten Sie besonders auf bewussten Einsatz von Pausen achten:

- bei der Blickführung, wenn Sie selbst kurz zur Leinwand sehen, um Ihr „Touch – Turn – Talk" auszuführen;
- wenn Sie die Positionen im Raum wechseln;
- wenn Sie etwas besonders Wichtiges herausheben möchten;
- wenn Sie Bilder oder das Medium wechseln.

Dramaturgie – das Salz in der Suppe

Stellen Sie sich vor, Sie hätten gerade eben ein Bild erklärt und sind nun am Ende des Slides angelangt. Bevor Sie den Knopf Ihrer Fernbedienung drücken und das nächste Bild erscheint, halten Sie einen Moment inne, sehen Ihr Publikum an und sagen:

Sie werden nun sehen, wie sich diese Problematik für uns in der Praxis auswirkt.

Oder als Frage formuliert:

Wie, glauben Sie, wirkt sich diese Problematik für uns nun in unserer Praxis aus?

Nach dieser Frage oder Ankündigung blicken Sie zu Ihren Zuhörern, warten eine Sekunde und schalten erst dann zum nächsten Bild weiter.

So richtig spannend wird Ihr Vortrag durch gezielt eingesetzte dramaturgische Momente vor einem angekündigten Bild, Thema oder einer Kernaussage. Das dramaturgische Moment erfolgt in Form einer Ankündigung oder einer Frage wie im obigen Beispiel. Sie erzeugen dadurch einen besonders eindrucksvollen Augenblick und fesseln Ihr Publikum an die Präsentation, indem Sie es neugierig machen und zum Mitdenken anregen.

Wichtig dabei ist, dass Sie den Inhalt nur ankündigen, aber keinesfalls vorwegnehmen. Denn sonst ist die Spannung natürlich weg und das Zeigen des nächsten Bildes erübrigt sich.

Damit eine Überleitung richtig wirken kann, wird sie komplett zu Ende gesprochen, und erst dann wird das nächste Bild gezeigt. Sollten Sie ohne Medien arbeiten, also in einer reinen Vortragssituation, können Sie das Hilfsmittel der Überleitung dafür benutzen, von einem Themenblock zum nächsten zu gelangen.

Hier noch einige praktische Beispielformulierungen für gelungene Überleitungen mittels Ankündigung, Frage oder Aufforderung:

Überleitungsankündigungen

Sie werden nun erfahren, wie ...

Der Effekt dieser Maßnahme ist gewaltig, wie Sie gleich sehen werden ...

Ihr Vorteil sieht also wie folgt aus ...

Das nun folgende Chart wird verdeutlichen, ...

Ich fasse nun zusammen ...

Ankündigungsfragen

Was bedeutet das für uns?

Warum ist das so wichtig für Sie?

Welche Maßnahmen sind also sofort zu setzen?

Wie sieht also das optimale Portfolio im Detail aus?

Welche Vorgangsweise ist nun also angebracht?

Aufforderungen

Sehen wir uns die Folgen an ...

Untersuchen wir den Grund dafür ...

Gehen wir einen Schritt weiter ...

Verbaler Selbstmord durch Wertminderungen und Weichmacher

„Geschätzte Kollegen, könnten Sie mir vielleicht ein paar Vertriebszahlen aus Ihren Bereichen, falls Sie Zeit haben, zusammenstellen und diese eventuell, wenn es sich ausgeht, bis in ein paar Tagen an mich weiterleiten? Das wäre wirklich schön, denn kann könnten wir dieses Projekt vielleicht doch noch rechtzeitig abschließen. Danke."

Was wird der Präsentator von seinen Kollegen erhalten? Wenn er großes Glück hat, das, was er wollte, eher aber – nichts. Weshalb nicht? Weil die Aufforderung derart weich und mit unzähligen Konjunktiven gespickt ist, dass für die Kollegen kaum eine Veranlassung besteht, ihm das Geforderte zu liefern – falls sie überhaupt wissen, was er von ihnen wollte.

Geschätzte Kollegen, bitte stellen Sie mir bis Freitag nächster Woche, 12 Uhr mittags, schriftlich auf maximal einer Seite A4 die aktuellsten Vertriebszahlen aus Ihren Bereichen zum laufenden Quartal zur Verfügung. Bitte per E-Mail, danke.

Mit einer klaren Anweisung wie dieser wird Herr Meier genau wissen, was er zu tun hat.

In einem Vortrag über ein hervorragendes Produkt eines Kunden habe ich nach zwanzig Minuten hochinteressanter Fachinformation in der letzten Minute folgenden Satz – mit Blick des Präsentators zum Boden – gehört: „Sehr geehrte Kunden, wir glauben, dass dieses Produkt relativ gut in Ihr Portfolio passen könnte, und sollten Sie noch etwas brauchen, würde ich gerne zur Verfügung stehen. Danke für die Aufmerksamkeit." Mit dieser Aussage wurde wertvolle Information und Überzeugungsarbeit auf einen Schlag in Frage gestellt und die Zuhörer, in diesem Fall Kunden, ohne konkreten Handlungsbedarf oder Vorschlag für die nächsten Schritte zurückgelassen. Ein unverzeihlicher Fehler, doch leider alltäglich und oft anzutreffen.

Gerade wenn bei Präsentationen Nervosität im Spiel ist, sind wir in höchster Gefahr, präzise und prägnante Sprache durch Wertminderungen und Weichmacher zu zerstören. Das Resultat: Die Botschaft wird „weichgewaschen" und verwässert beim Publikum ankommen und somit nicht ihre volle Wirkung entfalten. Sehen wir uns die beiden dafür verantwortlichen rhetorischen Fehler, Wertminderungen und Weichmacher, einmal näher an.

Abwertung

Ihre Zuhörer sitzen im Publikum, um etwas Neues, Interessantes, Wissenswertes oder Wertvolles zu erfahren. Freilich, manchmal werden diese zwar auch einfach zwangsverpflichtet. Umso mehr muss man sich dann bemühen, ihnen trotzdem etwas Nützliches zu geben. In die Kategorie der Abwertungen gehören auch Entschuldigungen und Rechtfertigungen, die sich vor allem am Start gerne in Präsentationen einschleichen. Verwenden Sie keineswegs Floskeln wie die nachstehend angeführten, denn mit diesen Aussagen signalisieren Sie dem Gehirn Ihrer Zuhörer ganz rasch: „Geh ruhig auf Standby, da kommt ohnehin nichts Wichtiges für dich."

Abwertung – Gehirn auf Standby	Klare Worte – Gehirn ist aktiv
Leider hatte ich zu wenig Zeit zum Vorbereiten, daher …	*Nun folgt in aller Kürze …*
Eigentlich bringt der nächste Abschnitt für Sie nichts Neues.	*Zum Auffrischen dieser wichtigen …*
Diese Information betrifft Sie nun nicht direkt.	*Speziell für Sie als …*
Leider bin ich keiner echter Spezialist in diesem Fachgebiet.	*Dieses spannende Thema …*
Tut mir leid, dass ich Ihre wertvolle Zeit in Anspruch nehmen muss.	*Sie werden in den nächsten Minuten …*
Entschuldigung, dass ich Sie aus Ihrem wertvollen Tagesgeschäft herausreiße.	*Danke für Ihr Kommen zu diesem interessanten …*
Sorry, dass ich Sie hier wieder mit Informationen belaste.	*Hilfreiche Info für Sie …*

Prinzipiell handelt es sich bei den Abwertungen um eine Selbstschutzmaßnahme unseres Gehirns, das es im Allgemeinen ja sehr gut mit uns meint. Sollte nämlich nach dem Vortrag jemand zu Ihnen kommen und sagen: „Herr Präsentator, das, was Sie heute erzählt haben, ist ja nun wirklich nichts Weltbewegendes", können Sie immerhin beruhigt antworten: „Na ja, ich habe Ihnen ja gesagt, dass ich nicht unbedingt der Spezialist für dieses Thema bin." Ihr Gehirn hält Ihnen also eine Hintertür offen – ohne dass Sie es dazu aufgefordert haben!

Tun Sie sich und Ihrem Publikum nicht den Gefallen einer vorzeitigen verbalen Kapitulation, indem Sie den kommenden Inhalt von vornherein in seinem Wert mindern. Sie schicken damit unmissverständliche Signale ans Unterbewusstsein der Zuhörer. Und die Präsentation, Ihr Thema und Sie selbst sind bereits von Beginn an gefährdet und stehen auf äußerst wackeligen Beinen.

Entschuldigen Sie sich nicht, rechtfertigen Sie sich nicht, es ist ja ohnehin schon zu spät: Sie stehen bereits vor dem Publikum, also machen Sie das Beste daraus!

Weichmacher

Weichmacher sind ähnlich der Wertminderung, es handelt sich dabei allerdings nicht um Sätze oder ganze Aussagen, sondern um einzelne, kritische Worte und Phrasen, mit denen Sie Konfrontationen von vornherein ausweichen, Verantwortungen abschieben oder Inhalte abwerten. Diese Weichmacher sind immer dann gefährlich, wenn Sie etwas Konkretes erreichen wollen, einen Vorschlag aussprechen, eine Genehmigung brauchen, ein Budget möchten oder eine klare Handlungsanweisung bringen.

Statt …	… sagen Sie
Die Möglichkeitsform (Konjunktiv)	
„Das würde bedeuten …"	*Das bedeutet …*
„Eine mögliche Strategie wäre …"	*Eine mögliche Strategie ist …*
„In diesem Fall könnten wir …"	*In diesem Fall gibt es …*
„Ich würde vorschlagen"	*Ich schlage vor …*
Die Leideform (Passiv)	
„Es wurde festgestellt …"	*So sehen die Fakten aus …*
„Die Meinung wird vertreten, dass …"	*Wir sind der Meinung …*
„Die anderen haben aber gesagt …"	*Die Forschung sagt Folgendes …*
Unpersönliche Konstruktionen	
„Man könnte daher also Folgendes tun …"	*Machen wir Folgendes …*
„Man hat das erst recht spät bemerkt …"	*Endlich wissen wir …*
„Es wird manchmal die Ansicht geäußert …"	*Der zweite Standpunkt lautet …*
Polsterwörter	
vielleicht, relativ, wahrscheinlich, ein bisschen, möglicherweise, unter Umständen und so weiter	*entweder weglassen oder durch Fakten und klare Aussagen ersetzen*

Vorsicht: Das heißt nicht, dass Weichmacher, Konjunktive oder Polsterwörter generell schlecht sind und Sie diese aus Ihrer Sprache verbannen müssen. Es gibt genug Fälle, wo es unbedingt notwendig ist, einer Aussage die Härte zu nehmen oder die Relativität oder Unsicherheit darzustellen. In diesen Fällen sind Weichmacher herzlich willkommen und tragen ihren Teil zu Verständnis und seriöser Information bei. Geht es aber darum, präzise und prägnant zu informieren, einen Vorschlag oder eine klare Empfehlung auszusprechen, sind sie fehl am Platz.

Vorsicht vor dem verbalen Bankrott!

„Ähhm, jetzt ist mir der Faden gerissen ... "

Sicher kennen Sie diese Aussage. Logische (gedankliche) Reaktion des Publikums: „Danke, jetzt weiß ich es auch." Ohne dieses Eingeständnis hätte wahrscheinlich niemand etwas bemerkt, und die kurze Funkstille wäre als bewusste Pause durchgegangen. Sollte der Faden tatsächlich einmal „reißen", geben Sie bitte keinen Kommentar dazu ab, sondern denken Sie in Ruhe nach, holen sich ein Stichwort von Ihrem visuellen Hilfsmittel – und sprechen dann weiter.

6.6 Optimaler Start – der gelungene Einstieg in die Präsentation

In diesem Abschnitt werden wir uns damit beschäftigen, wie Sie für Ihre Präsentation und Ihre Vorträge den optimalen Einstieg finden, somit auch Ihre eventuell vorhandene Nervosität im Griff haben und Ihre Zuschauer von Beginn an fesseln. Mit ARA haben Sie ja bereits die inhaltliche Grundvoraussetzung für den Einstieg in Ihre Präsentation parat. Nun werden wir dieses spannende Thema noch weiter vertiefen und uns ansehen, wie Sie das in einen erfolgreichen Auftritt umwandeln.

Aufmerksamkeit holen und eine Basis schaffen

Was macht eigentlich das Publikum zu Präsentations- oder Vortragsbeginn? Meistens sitzen die Zuhörer ja nicht einfach nur still da und erwarten mit hoher Spannung den Referenten – es sei denn, es ist einer der wenigen weltweiten Top-Vortragenden. Die Zuhörer einer „normalen" Präsentation sind gedanklich wahrscheinlich nicht bei Ihnen und nicht beim Thema, sondern eher mit ihren Organizern beschäftigt oder mit dem gegenseitigen Kennenlernen. Möglicherweise blättern sie auch schon die Unterlagen durch, die am Tisch liegen, sind am Telefonieren oder überlegen, ob sich wohl noch eine Zigarette vor dem Start ausgehen könnte. Jetzt ohne Vorwarnung vor Ihr Publikum zu treten und in die Präsentation einzusteigen wäre gefährlich, denn die Zuhörer sind in diesem Moment noch nicht bereit.

Um eine gemeinsame Basis zu schaffen und Ihr Publikum abzuholen, brauchen Sie einen Start, der Ihnen zur Aufmerksamkeit verhilft und die Zuhörer auf das Thema vorbereitet. Gerade weil der Anfang für viele das Schwierigste ist, muss er perfekt funktionieren. Und auch wenn es vor allem um Ihr Thema und um den Inhalt geht, möchte das Publikum einen Menschen vor sich haben und sich von ihm wertgeschätzt fühlen.

Achten Sie auf Ihr persönliches Etikett

Aus der Sicht des Publikums ist gerade zu Beginn einer Präsentation Folgendes besonders interessant:

- Wer ist der Redner und wie sieht er aus?
- Welcher Typ ist er – sympathisch, unsympathisch?
- Worum geht es hier überhaupt?
- „Na und?“

Diese Fragen – und noch viele weitere ähnliche – werden in Sekundenbruchteilen vom Unterbewusstsein der Zuhörer vollautomatisch beantwortet, und aufgrund dieser Antworten wird unverzüglich ein Etikett erstellt. Dieses Etikett wird dann gedanklich dem Präsentator umgehängt oder mittels eines virtuellen Post-its an die Stirn geklebt. Und dieses Etikett tragen Sie, der Präsentator, nun für die nächsten Minuten oder sogar den Rest der Präsentation mit sich herum. Sie können sich vielleicht vorstellen, wie schwierig es für den Vortragenden ist, wenn dieses Etikett vornehmlich negativ beschriftet ist, und wie schwierig es für die Information ist, zum Publikum durchzudringen, weil sie ja durch den Filter des Etiketts muss.

Dieses Etikett ist eigentlich ein Vorurteil. Vorurteile entstehen aus der Summe der Erfahrungen, die wir in unserem bisherigen Leben gemacht haben. So weiß zum Beispiel jeder, wie ein Polizist aussieht. Wenn wir einen Polizisten sehen, wissen wir sofort, dass es einer ist, und wir können uns in Folge daran orientieren und danach verhalten. Diese Etiketten oder Vorurteile sind meistens sogar richtig und erleichtern uns das Leben, da wir uns nicht jedes Mal ein neues Urteil bilden müssen. Und sie werden von unserem Unterbewusstsein automatisch angewendet.

Das Publikum muss sich auf Sie einlassen können

Das bedeutet für Sie als Präsentator, dass Sie am Beginn dem Idealbild eines kompetenten, selbstsicheren und vertrauenswürdigen Präsentators entsprechen sollten, da Sie sonst möglicherweise ein falsches Etikett aufgeklebt bekommen. Damit ist zwar nicht gesagt, dass dieses erste Etikett oder Vorurteil wirklich wahr oder endgültig ist, aber es beeinflusst alle darauf folgenden Wahrnehmungen. Geben Sie Ihrem Publikum in den ersten Sekunden bereits zu verstehen:

> „Ich bin kompetent und das wird heute interessant für Sie."

Dann wird sich das Publikum eher auf Sie einlassen, als wenn Sie Langeweile oder Unsicherheit ausstrahlen.

Es ist natürlich ein großer Unterschied, ob Sie mit Ihrem Team, mit dem Sie ohnehin wöchentlich zusammensitzen, eine Arbeitssitzung haben, oder ob Sie eine formelle Präsentation vor dem Management oder einem größeren Fachpublikum halten. Je informeller eine Situation ist, umso rascher und unkomplizierter kann sich eine Beziehung entwickeln. Je größer die Nähe der Anwesenden zum Thema oder Fachgebiet, umso kürzer kann eine allgemeine Einleitung ausfallen.

Die ersten Minuten – vier Schritte für den erfolgreichen Start

So wie im sportlichen Wettkampf ist auch der Start einer Präsentation mitentscheidend für deren Erfolg oder Misserfolg. Ein verpatzter Start kann zwar wieder aufgeholt und gutgemacht werden, das kostet aber Zeit und Mühe. Dabei ist es gar nicht schwierig, die ersten Sekunden und Minuten gut hinter sich zu bringen, wenn Sie die folgenden Punkte beachten.

1. Mit Schwung und Elan nach vorne

Sobald Sie an der Reihe sind, stehen Sie mit Schwung auf und gehen mit gezielten Schritten zu Ihrem Vortragsort. Das ist besonders bei Meetings und Konferenzen wichtig, denn hier ist immer wieder zu beobachten, dass, sobald ein Name fällt, zum Beispiel „Herr Huber, bitte als Nächster", Herr Huber innerlich zusammenzuckt und vor sich hin murmelt: „Oje, oje, ich hab's ja gewusst, dass ich jetzt dran bin … ". Denken Sie daran, dass Ihre Präsentation bereits beginnt, sobald Ihr Name gefallen ist, denn bereits ab diesem Moment stehen Sie unter Beobachtung des Publikums.

Kümmern Sie sich rechtzeitig darum, dass Sie sämtliches für die Präsentation notwendige Material vorbereitet haben. Das beginnt bei den Notizen auf Ihren Kärtchen und geht über eine funktionierende Fernbedienung für das hochgefahrene Notebook (Akku voll, Bildschirmschoner deaktiviert, Präsentationsmodus an) bis zu ordentlichen Flipchartstiften, ausreichend Papier, einem Notizblock, Abstimmungskärtchen und was immer Sie noch für Ihre Präsentation brauchen.

2. Bereiten Sie den Arbeitsplatz vor – er gehört jetzt Ihnen!

Platzieren Sie alles, was Sie brauchen, Notebook, Fernbedienung, Uhr, Stifte et cetera. Verzichten Sie während dieser Tätigkeit auf Kommentare oder Selbstgespräche. Die Versuchung ist groß, sich selbst wie ein Sportmoderator zu kommentieren: „So, jetzt stelle ich mein Notebook hin, hmm, hab ich das Kabel dabei … Aja, hier ist es … wo ist die Steckdose … O.K., hier ist die Steckdose, dann stecke ich hier jetzt an … schauen wir mal … ". Sie können sich dabei ruhig Zeit lassen, damit gewöhnen Sie sich an die Situation und signalisieren Gelassenheit: „ … der hat die Ruhe weg … ".

3. Die ersten Sekunden mit dem „Power Start"

Für einen kraftvollen Start brauchen Sie nur einige Sekunden: Stimmen Sie sich mental ein und gehen Sie schweigend und zügig, mit wenigen und sicheren Schritten auf die Zuhörer zu – Attacke! Bleiben Sie stehen, um die Aufmerksamkeit auf sich zu fokussieren, nehmen Sie freundlichen Blickkontakt mit der ganzen Runde auf und öffnen Sie die Arme zu einer einladenden Willkommensgeste. Nehmen Sie die Arme so weit auseinander, dass das Publikum aus Ihrer Sicht zwischen Ihre Handflächen passt – aber nicht weiter, das wäre übertrieben. Diese Geste passt immer. Keine Angst, probieren Sie es einfach aus! Und damit folgt auch der erste Satz, den Sie sich vorbereitet haben:

Guten Tag, meine Damen und Herren ...

Der optimale Start	
Positive Einstimmung	Ich freue mich, dass ich hier bin ...
Schritte nach vorne	„Attacke!"
Blicke sammeln	„Fels in der Brandung"
Willkommensgeste	Erster Satz: „Herzlich willkommen ..."
Erstes Bild	Inhaltlicher Start

4. Mit ARA einleiten und sofort Interessen ansprechen

ARA haben Sie bereits im Kapitel „Erfolgsfaktor 2" als Komponente Ihres Bauplans kennengelernt – jetzt bringen Sie die entsprechenden Sätze vor Ihren Zuhörern. ARA muss gut vorbereitet sein, denn es ist Ihre erste Chance, Interesse zu wecken und das Publikum direkt abzuholen. Beispielformulierungen für ARA finden Sie im Abschnitt 2.2.

Weitere Tipps für einen gelungenen Start

Beginnen Sie mit einem möglichst aktuellen „Aufhänger"

Sie möchten mit einem Aufhänger mit Themenbezug starten? Gute Idee, wählen Sie am besten einen aktuellen Bezug, bringen Sie eine neue Zeitung mit, lesen Sie ein aktuelles Statement einer interessanten Person vor oder zitieren Sie einen Zuhörer, mit dem Sie vorher noch gesprochen haben. Nichts schlägt Aktualität!

Testen Sie Ihren Start mit Aufhänger unbedingt vorher und sprechen Sie die erste Minute – also die logische Verbindung zwischen Aufhänger und ARA – *mehrfach* laut durch.

Stellen Sie sich vor – außer Sie sind bekannt

Im informellen Rahmen oder wenn alle Sie kennen, können Sie auf die Vorstellung natürlich auch verzichten. Falls jedoch jemand dabei ist, der Sie nicht kennt, ist es ein Gebot der Höflichkeit, sich selbst kurz vorzustellen. Eine professionelle Vorstellung bei Vorträgen und Präsentationen beinhaltet drei Punkte:

- Ihren Vornamen und Nachnamen;
- aus welchem Bereich Sie kommen, zum Beispiel Filialleiter München, Primarius für Intensivmedizin am Krankenhaus XY, Journalist für den Immobilienteil der „Times“ …;
- Ihren Verantwortungsbereich: *Ich bin verantwortlich für die reibungslose Funktion des internen Berichtswesens, … zuständig für die Betreuung der Schwer- und Schwerstverletzten …*

Vorstellung und Positionierung durch einen Moderator

Der Moderator hat die Aufgabe, Sie als Experten zu positionieren und damit das Publikum positiv einzustimmen. Er soll wenige, aber konkrete Fakten über Sie bringen und sich in dieser Phase selbst zurücknehmen. Das hat den Vorteil, dass positiv über Sie gesprochen wird, aber nicht aus Ihrem Mund, was glaubwürdiger klingt und nicht wie Schleichwerbung wirkt. Dazu gehören:

Titel, Funktionsbezeichnungen, Firmen und wichtige Positionen, Publikationen oder Artikel in Fachzeitschriften, konkretes herzeigbares Projekt, Zugehörigkeit et cetera – selbstverständlich alles wahrheitsgetreu und mit Augenmaß! Mit persönlichen Angaben bitte eher vorsichtig sein, es sei denn, sie passen zum Thema oder Publikum:

> *Frau Manderl ist begeisterte Läuferin, was Sie als Sportmediziner besonders freuen wird …*

Tipp
Bereiten Sie diese Fakten selbst vor und schicken Sie sie vorab per E-Mail oder drücken diese dem Moderator rechtzeitig in die Hand (gedruckt und gut lesbar!) – auch der Moderator wird darüber sehr froh sein.

Während der Moderator spricht, bleiben Sie seitlich stehen und warten die Vorstellung ab. Blicken Sie in dieser Phase bereits in Richtung des Publikums, um ersten Kontakt herzustellen. Nach beendeter Vorstellung reicht ein

Danke, Herr Moderator und Sie können die letzten Schritte zu Ihrem Arbeitsplatz absolvieren.

Richtig verhalten beim „fliegenden Start"

Sind Sie einer von mehreren Rednern in einem Meeting oder einer Konferenz und müssen Sie nur noch Ihr Notebook an den Datenprojektor anschließen oder ist Ihr einziges Material ein USB-Stick, den Sie in ein bereits installiertes Notebook am fertig vorbereiteten Arbeitsplatz schieben, ist das ein „fliegender Start". Vorsicht: Ein fliegender Start ist kein Staffellauf, der so rasch als möglich erfolgen muss, daher:

Kontrollieren Sie auch in diesem Fall gewissenhaft die Funktion der Medien, bevor Sie starten – auch wenn schon alle warten –, und beginnen Sie erst, wenn Sie sicher sind, dass alles funktioniert und bereit ist!

Interaktionsstrategien für den Start „für Fortgeschrittene"

Im Kapitel „Erfolgsfaktor 7" finden Sie eine praktische Auswahl von Strategien für die Interaktion, die zum Teil auch gut als Aufhänger für den Start geeignet sind. Diese müssen natürlich speziell vorbereitet und kurz und prägnant sein, damit der Einstieg nicht zu lange wird und das Publikum sich nicht langweilt.

Vorsicht – vermasseln Sie Ihren Einstieg nicht!

Gerade beim Einstieg gibt es viele Fallen und Hoppalas, die Ihnen und Ihrem Publikum das Leben schwer machen können. Hier die fünf gängigsten Fehler am Präsentationsbeginn. Den einen oder anderen haben Sie sicher auch schon live in der Praxis erlebt.

Humor – aber wenn niemand lacht?

Humor ist schon eine feine Sache, und ein Lacher ist in der Lage, auch das dickste Eis zu brechen. Doch bitte nicht zum Start! Der Witz, der vielleicht in der Kaffeepause am Stehtisch herrlich ankommt, kann im Rahmen der Präsentation zum peinlichen Rohrkrepierer werden. Bei einem Witz weiß man nie, ob und wie er funktioniert, und selbst wenn er garantiert lustig ist, wissen Sie nicht, ob sich alle trauen zu lachen. Ich rate Ihnen daher dringend von der Verwendung von Witzen am Präsentationsstart ab. Wenn Sie aber zu den Menschen gehören, für die das Motto „No risk, no fun" zur Lebenseinstellung gehört, stellen Sie zumindest sicher, dass der Witz wirklich hervorragend ist, zum Thema passt und Lacher garantiert.

Echte Anerkennung statt Schmeicheleien

Freilich, wir wollen alle geliebt werden. Sich aber deshalb beim Publikum einzuschmeicheln oder anzubiedern ist mit Sicherheit der falsche Weg. Bitte sparen Sie sich Aussagen wie „Es ist mir eine große Ehre, vor solch ausgewiesenen Spezialisten wie Ihnen referieren zu dürfen, ich bin mir sicher, dass ich mindestens so viel von Ihnen lernen kann wie Sie von mir, und dafür bin ich so dankbar und ich verneige mich ..." Bleiben Sie pragmatisch und bleiben Sie ehrlich. Wenn Sie Ihrem Publikum etwas geben möchten, versuchen Sie es mit – ehrlicher – Anerkennung:

> *Gratulation zu den ausgezeichneten Ergebnissen des letzten Geschäftsjahres. Heute geht es darum, wie diese Erfolge im neuen Jahr ausgebaut werden können ...*

Frust erstickt Kooperation im Keim

Natürlich sind nicht alle Nachrichten positiv und vor allem sind auch nicht alle Themen angenehm. Sie können Ihren Zuhörern durchaus die Wahrheit zumuten. Achten Sie allerdings auf eine „bekömmliche" Formulierung. Ein Kunde, den ich in eine Präsentation begleitet habe, eröffnete diese vor seinen Mitarbeitern so: „Herrschaften, die Zahlen des letzten Monats sind eine Frechheit, und Sie sind schuld daran." Wenn Sie so starten, können Sie Ihre Hoffnung auf konstruktive Mitarbeit gleich begraben. Besser ist:

> *Kollegen, wie Sie wissen, sind die aktuellen Ergebnisse nicht berühmt – wir werden uns daher heute ansehen, wie es dazu kam und was wir tun können, um wieder Tritt zu fassen ...*

Lieber nicht: Entschuldigungen und Rechtfertigungen

Bringen Sie zu Beginn kein „Tut mir leid, mein Stimme ist angeschlagen ...", „Ich möchte mich für meine schlechten Slides entschuldigen", „Ich konnte mich nicht vorbereiten", „Entschuldigung für den Aufwand" und Ähnliches. Fakt ist, Sie stehen vor der Gruppe und werden eine Präsentation halten. Das ist das Einzige, was in diesen Momenten zählt. Machen Sie daher das Beste daraus, denn Mitleid eignet sich ohnehin nicht zur Festigung eines kompetenten Eindrucks.

Lange Einleitungen quälen das Publikum

Der beste Rat für den Start, vor allem wenn die Situation kritisch ist oder Sie nervös sind: Steigen Sie so rasch als möglich ins Thema ein. Je länger Sie zu Beginn herumreden, umso mehr Fehlerpotenzial eröffnet sich.

Achten Sie besonders bei der Kurzpräsentation darauf, nicht zu viel Zeit mit der Einleitung zu verbringen. Diese Zeit könnte Ihnen nämlich später bei Ihrer Argumentation fehlen. Als Faustregel können Sie 10 Prozent der Vortragszeit für den Start ansetzen. Ab zwanzig Minuten Gesamtvortragslänge begrenzen Sie Ihre Einleitung auf zwei Minuten, denn länger sollte diese auf keinen Fall dauern.

Der Start mit einem Zitat

Achtung beim Einsatz von Zitaten: Die Klassiker von Shakespeare, John F. Kennedy, Schiller oder Goethe kann sich jeder in Sekundenschnelle aus dem Netz laden – damit macht man heute keinen Eindruck mehr. Eine bessere Alternative dazu bietet die Umwandlung klassischer Zitate für die eigenen Bedürfnisse. So könnten Sie angelehnt an die erste Mondlandung sagen:

> *Das ist nur einer kleiner Schritt für uns, aber er wird reichen, um dem Mitbewerb einen großen Schritt voraus zu sein.*

Aktuelle Zitate hingegen sind hervorragend geeignet, um Ihren Vortrag zu starten. Zitieren Sie aus einer Pressemitteilung oder bringen Sie ein Kundenstatement:

> *Frau Paulsen von unserem größten Kunden Supercorp hat neulich gesagt: „Wenn wir Ihren Service nicht hätten, dann … “*

Zitate müssen unbedingt zu Ihrem Thema und Ihrem Präsentationsziel passen, daher bieten sich insbesondere Zitate aus der Wirtschaft und Wissenschaft an.

> *Die Fachzeitschrift Popular Mechanics schrieb 1949: „In Zukunft könnte es Computer geben, die weniger als 1,5 Tonnen wiegen … “*
>
> *„Ein Experte ist jemand, der in einem begrenzten Bereich schon alle möglichen Fehler gemacht hat.“ Das sagte der Nobelpreisträger Nils Bohr und es entspricht exakt unserem Motto …*

6.7 Das Finale – der letzte Eindruck zählt

Dass der erste Eindruck bei einer Präsentation wichtig und entscheidend ist, steht außer Frage. Wie aber steht es mit dem letzten Eindruck? Ist der ebenfalls wichtig?

Stellen Sie sich vor, Sie waren gestern Abend im Kino und haben sich einen neuen Film angesehen. Der Film war spannend und interessant und bot Ihnen erstklassige Unterhaltung, das Ende war allerdings gänzlich unbefriedigend und Sie hätten sich viel lieber einen anderen Ausgang gewünscht. Nach diesem enttäuschenden Schluss verließen Sie das Kino und haben mit Ihrem Partner noch lange über das Ende geschimpft. Heute morgen fragt Sie Ihr Kollege: „Und? Wie war der Film gestern Abend?" Was werden Sie jetzt vermutlich antworten? Werden Sie über die 90 hervorragenden Minuten sprechen oder über den enttäuschenden Schluss? Meistens, das zeigt die Erfahrung, bleibt der enttäuschende Schluss hängen, überdeckt den Rest und frustriert noch lange über das Ende hinaus.

Ein professionelles Finale birgt große Chancen

Ziehen wir nun eine Parallele zu Präsentationen, sehen wir, dass ein gutes und befriedigendes Finale unbedingt zu einer gelungenen Präsentation gehört. Es ist der letzte Eindruck, den Ihr Publikum mitnimmt, und dieser bleibt daher stark im Gedächtnis verhaftet.

Gerade am Ende wird jedoch oft vieles falsch gemacht. Leider wird den letzten Sekunden von den meisten Vortragenden wenig Aufmerksamkeit geschenkt. Viele Präsentatoren konzentrieren sich voll und ganz auf den Hauptteil und die inhaltlichen Argumente.

Diese brauchen aber einen wirkungsvollen Rahmen, nämlich den Start und das Finale. Widmen viele dem Start meist doch noch einiges an Aufmerksamkeit, sieht es beim Finale leider oftmals trist aus. Die übliche Entschuldigung: keine Zeit zum Vorbereiten. Häufig enden Präsentationen daher mit Gestammel: „So ... äh ... das wär's nun eigentlich gewesen ..." oder „Im Prinzip war's das jetzt mal ...".

Keiner weiß an dieser Stelle, ob es nun tatsächlich zu Ende ist oder ob noch etwas kommt. Die Zuhörer sind verunsichert und es bleibt ein komisches Gefühl zurück. Manchmal hat man auch den Eindruck, dass der Vortragende selbst überrascht ist, plötzlich am Ende des Vortrags zu sein. Dann kommt das beliebte „Danke für die Aufmerksamkeit“ und stellt zumindest klar, dass es nun – endlich – doch vorbei ist.

Das Finale braucht auf jeden Fall noch einmal Ihren erhöhten Einsatz. Die Möglichkeiten, die Ihnen ein interessanter und richtiger Abschluss bietet, sind nämlich äußerst vorteilhaft: Die Zuhörer hören noch einmal konzentriert zu, die Aufmerksamkeitskurve steigt noch einmal an. Und das passiert genau dann, wenn Sie ankündigen, dass der Abschluss bevorsteht.

Nutzen Sie die erhöhte Aufmerksamkeit, um noch einmal die wichtigsten Punkte in Erinnerung zu rufen – natürlich mit EssA!

Vier Schritte für das gelungene Finale

Die folgenden Schritte enthalten alles, was Sie und Ihr Publikum am Schluss Ihres Vortrags brauchen – kurz und kräftig.

1. Ankündigung: „Bevor wir zum Schluss kommen …"

Stimulieren Sie Ihr Publikum am Ende, indem Sie klar und deutlich ansprechen, dass Ihr Vortrag oder Ihre Präsentation nun gleich zu Ende sein wird. Mit einer Formulierung, die auf das Ende deutet, heben Sie die Aufmerksamkeit noch einmal an. Enttäuschen Sie Ihr Publikum aber nicht, indem Sie dann noch 20 Minuten weitersprechen. Der Teil nach dieser Ankündigung sollte nicht länger als eine bis drei Minuten dauern. Natürlich exklusive einer eventuellen Diskussion. Beispiele dazu:

Ich komme jetzt zum Schluss …

Fassen wir abschließend zusammen …

Bevor wir uns nun zum Buffet begeben …

Als letzten Punkt werden Sie eine Zusammenfassung …

Zum Abschluss meiner Präsentation …

2. EssA – Essenz oder Zusammenfassung und der Appell

EssA kennen Sie bereits aus dem Kapitel „Erfolgsfaktor 2“. In diese Phase gehört nun nichts Neues mehr hinein, nur bereits Gesagtes, das als Essenz des Inhalts noch einmal auf den Punkt gebracht wird. Das verstärkt die Botschaft beim Publikum und stellt sicher, dass alle wissen, worum es geht.

Bei Präsentationen, die länger als zehn Minuten dauern, brauchen Sie außerdem eine kurze Zusammenfassung in maximal fünf Sätzen und bei längeren Vorträgen ab 20 Minuten eine ausführlichere Zusammenfassung mit den wichtigsten Inhalten, zum Beispiel mit Hilfe der Agenda.

Beispiele für eine kurze Essenz

Unser Problem ist also ...

Unser Vorschlag für die Positionierung von Produkt A lautet daher ...

Um unser Ergebnis also wieder in die schwarzen Zahlen zu bringen, müssen wir ...

Beispiele für eine lange Essenz

Fassen wir die Situation noch einmal im Überblick zusammen ...

Sehen wir uns die fünf notwendigen Schritte noch einmal an ...

Gehen wir die Ergebnisse noch einmal kurz durch ...

Anschließend formulieren Sie Ihren Appell, die Aufforderung zur Action oder im wissenschaftlichen Fachvortrag den Ausblick. Das „A“ von EssA ist essentiell, denn wenn Sie es vergessen, wird wahrscheinlich nichts passieren, der Punkt B wird nicht erreicht und Ihre Präsentation verpufft. Daher: Sprechen Sie unbedingt Ihre Handlungsaufforderung freundlich, aber klar und deutlich aus.

In dieser kritischen Phase sind Sie besonders wichtig, daher sollten Sie sich zentral positionieren und dieses Anliegen mit festem Stand und sicherer Stimme formulieren. Vorsicht an dieser Stelle vor Weichmachern, Konjunktiven und Rechtfertigungen.

Beispiele für den Appell

Ich ersuche Sie daher, dem notwendigen Budget zuzustimmen ...

Mein Anliegen an Sie ist, bis Ende nächster Woche die Zustimmung ...

Ich appelliere daher an Sie ...

Klären Sie das bitte umgehend mit Ihren Teams ...

Ich bitte Sie um Ihre Entscheidung bis Ende des Monats ...

Als nächsten Schritt schlage ich daher ein Meeting am 25.10. vor. Ist das in Ordnung für Sie?

3. Brücke zur Diskussion

Nicht jede Entscheidung kann aufgrund einer Kurzpräsentation getroffen werden und nicht jede Information ist nach dem Vortrag zu 100 Prozent klar. Es werden auch kaum alle Fragen während der Präsentation beantwortet werden, doch es kann ein wertvoller Prozess in Gang gesetzt werden. Genau dieser Prozess oder diese Anregung kann nun in eine Diskussion oder Fragerunde münden. Wie viel Zeit Sie dieser Diskussion oder Fragerunde einräumen, ist eine Entscheidung, die Sie bereits vorher treffen müssen, abhängig von der Größe des Publikums sowie der Komplexität des Themas.

Wir haben jetzt 15 Minuten für die Diskussion eingeplant. Ich freue mich auf Ihre Fragen!

In den nächsten 10 Minuten stehe ich für Ihre Fragen zur Verfügung …

Während der Diskussion oder Fragerunde ist Ihre Führung nötig, denn nur dadurch können Sie vermeiden, dass das Thema ausufert oder die Diskussion in die falsche Richtung führt. Um gleich von vornherein das Spielfeld abzugrenzen, können Sie sagen:

Ich schlage vor, wir konzentrieren uns zuerst auf den Bereich Berichtswesen, weil dieser zum jetzigen Zeitpunkt der wichtigste ist und uns alle betrifft. Sind Sie damit einverstanden?

Holen Sie sich hier wieder die Zustimmung der Gruppe (Commitment), denn falls die Diskussion abdriftet, können Sie sich darauf berufen, dass Sie diesen Teilbereich vereinbart hatten.

4. Noch ein kurzes Schlusswort – wertschätzend und ohne Floskel

Nun sind Sie tatsächlich am Ende des Vortrags angelangt und schließen diesen formal ab. Falls es Ihnen ein Bedürfnis ist, sich beim Publikum zu bedanken, tun Sie es. Bitte aber nicht banal und floskelhaft für die Aufmerksamkeit, Geduld, für die Mühen der Anreise oder gar das „Opfern“ der wertvollen Arbeitszeit danken – dann lieber gar nicht. Bedanken Sie sich ehrlich und mit Wertschätzung: für die angeregte Diskussion, für die konstruktiven Beiträge, das Interesse, die geleistete Vorarbeit et cetera. Bleiben Sie auch bei der Verabschiedung kurz und prägnant. Hier drei Beispiele:

Danke für Ihre Beiträge – viel Erfolg bei der Umsetzung, auf Wiedersehen!

Ich wünsche euch eine sichere Heimreise – bis bald!

Noch einen schönen Tag und bis zum nächsten Mal!

Das tatsächliche Ende Ihrer Präsentation unterstreichen Sie zusätzlich mit Ihrer Position, indem Sie nach Ihrem Schlusswort zur Seite treten, ein paar Schritte nach hinten machen oder zumindest aus dem Zentrum des Raums gehen. Erst diese Bewegung wird eindeutig signalisieren, dass es nun tatsächlich zu Ende ist.

Manche Referenten verabschieden sich – machen dann aber keinen Schritt zur Seite, sondern bleiben einfach stehen. Darauf macht sich stets allgemeine Verunsicherung breit und die Leute fragen sich: „Kommt noch etwas? War es das? Sollen wir klatschen oder nicht? Was passiert nun, sind wir fertig?“ Ersparen Sie sich und Ihren Zuhörern diese Unsicherheit mit einer Bewegung, die ganz klar signalisiert: Ende!

Das gelungene Finale	
Ankündigung	„Bevor wir zum Ende kommen ...“; „Zum Abschluss ...“
EssA	„Die Herausforderung liegt also darin ...“; „Ich ersuche Sie daher ...“
Brücke	„Wir haben jetzt zehn Minuten für Ihre Fragen ...“
Schlusswort	„Danke für Ihre Beiträge, auf Wiedersehen ...“

6.8 Bühne frei – die Präsentation vor der Großgruppe

Sie präsentieren vor mehr als fünfzig Personen? Dann erwartet Ihre Zuhörer keine „normale“ Businesspräsentation oder ein Vortrag, sondern eine Großgruppenpräsentation. Diese unterscheidet sich von der klassischen Businesspräsentation durch den Rahmen und die besondere Inszenierung. Großgruppenpräsentationen finden nur dann im eigenen Unternehmen statt, wenn es einen ausreichend großen Saal dafür gibt, ansonsten in Konferenzzentren oder Hotels, die entsprechende Kapazität und Technik bieten. Und gerade dieses ungewohnte Umfeld, das größere Publikum und die ungewohnte Atmosphäre erfordern zusätzlich zu den allgemein gültigen Regeln für den persönlichen Auftritt einige spezielle Maßnahmen bei der Inszenierung, Visualisierung, Bewegung, Blickführung und Sprache.

Rechtzeitig da sein ist überlebenswichtig!

Das ist natürlich immer wichtig, hier aber überlebensnotwendig! Sehen Sie sich den Ort der Präsentation vor der tatsächlichen Präsentation an oder kommen Sie zumindest am Tag der Präsentation lange vor dem Beginn in die Räumlichkeiten. Gehen Sie auf die Bühne und bewegen Sie sich, stellen Sie sich dabei vor, dass der Saal bereits gefüllt ist. Nur so haben Sie die Möglichkeit, den Raum kennenzulernen, sich mit den Gegebenheiten vor Ort vertraut zu machen und die Bühne auch aus der Publikumsperspektive zu beobachten. Nehmen Sie sich Zeit für den Technikcheck und überlassen Sie das nicht nur den Technikern allein. Wissen Sie selbst, wie die Technik funktioniert, entwickeln Sie ein besseres Verständnis für Positionierung, Sprache und Visualisierung. Zusätzlich dazu sollten Sie bereits vor dieser ausführlichen Überprüfung an Ort und Stelle Skizzen oder Fotos des Raumes anfordern.

1. Inszenierung – führen Sie selbst Regie

Da Sie für den Erfolg Ihrer Präsentation selbst verantwortlich sind, sollten Sie auch die Verantwortung für die Inszenierung übernehmen und nicht dem Veranstalter überlassen. Natürlich nur, wenn das möglich ist; doch meist sind die Veranstalter ohnehin recht dankbar für hilfreiche Hinweise, sie wollen ja selbst, dass alles optimal läuft:

- Besetzen Sie die zentrale Position, damit signalisieren Sie Ihre Wichtigkeit. Allerdings nicht diktatorisch exakt in der Mitte, sondern am besten aus Sicht des Publikums nach links versetzt.
- Ab 100 Personen ist ein Rednerpult empfehlenswert. Idealerweise ein „leichtes“ Modell und kein massives Eichenpult. Es dient als Auflagefläche für Manuskript oder Notebook. Der Blick auf Ihre Beine sollte allerdings frei sein. Die Begrüßung erfolgt neben dem Pult!
- Der Abstand vom Podium bis zur ersten Sitzreihe muss genügend Raum zur Bewegung für Sie und genügend Abstand zur Vermeidung möglicher „Bedrohungen“ der ersten Reihe durch Nähe bieten. Da Sie stehen und die Zuhörer wahrscheinlich sitzen, gilt als Faustregel für den Abstand zwischen Redner und erster Reihe: wenn möglich, mindestens Ihre doppelte Körpergröße.
- Testen Sie die Sicht aus dem Auditorium – auch von den schlechten Plätzen!

Abb.: Rednerpulte dienen als Ablage für Ihr Manuskript und Ihre Unterlagen, aber auch als „Stütze" für unsichere Redner. Beachten Sie, dass ein Pult immer auch eine Barriere darstellt und – gewollte oder ungewollte – Distanz zum Publikum schafft. Sicherer Stand und freie Gestik auch hinter dem Pult signalisieren Sicherheit, Kompetenz und Offenheit.

Abb.: Verwenden Sie das Pult nicht als Stütze, damit signalisieren Sie Gleichgültigkeit, Desinteresse und Inkompetenz.

Inszenierung des Starts: Es geht los!

Erwarten Sie nie, dass alle gespannt auf den Stuhllehnen sitzen und Ihre Ankunft erwarten, schon gar nicht bei einer Großgruppe. Treffen viele Menschen zusammen, wird diskutiert, gelacht, telefoniert und herumgelaufen. Oft bis zum direkten Start der Präsentation. Um dem Publikum zu signalisieren, dass es losgeht, haben Sie verschiedene Möglichkeiten:

Musik wird leiser: Falls eine Hintergrundbeschallung mittels Musik erfolgt, kann diese kurz vor dem Start leiser gedreht werden, bis sie schließlich völlig weg ist. Auch ein abruptes Abschalten ist möglich – und wird sofort verstanden: Es geht gleich los.

Beleuchtung verändern: Ob von normaler Beleuchtung auf sehr hell, von sehr hell auf normale Beleuchtung oder eine Abdunkelung: Beleuchtungsveränderung zeigt dem Publikum, dass etwas passieren wird. Entscheidend ist die Veränderung, nicht die tatsächliche Lichtstärke.

Start der Projektion: Sobald der Datenprojektor das Startbild auf die Großleinwand projiziert, wird dem Publikum der Beginn signalisiert. Falls von Anfang an ein Bild projiziert wird, kann die Veränderung zu einem neuen Bild den kommenden Start signalisieren, indem der Titel und Ihr Name statt dem Logo oder abwechselnden Stimmungsfotos eingeblendet wird.

Videoclip: Manche Großpräsentationen starten mit einem Videoclip – dreißig bis sechzig Sekunden lang –, der mit Musik untermalt ist. Dieser Videoclip soll die Aufmerksamkeit des Publikums nach vorne bündeln und auf den bald kommenden Sprecher vorbereiten.

Startposition einnehmen: Sie gehen zielstrebig bis auf drei Schritte zu Ihrer Startposition heran und sammeln Blicke – dann die letzten drei Schritte mit dem Power-Start und Action!

Backup der Inszenierung – die Technik prüfen

Besprechen Sie mit der Technik vor Ort, was für das Backup getan wurde. Sind Reservebatterien für das Funkmikrofon da oder ein zweiter Sender beziehungsweise Empfänger? Gibt es ein Ersatznotebook? Wie lange dauert es bei einem technischen Gebrechen oder Stromausfall, bis die Technik wieder funktionsfähig ist? Gibt es zu erwartende Störungen, zum Beispiel den Lärm einer Parallelveranstaltung im Nebensaal? Besprechen Sie außerdem die nonverbale Kommunikation mit den Technikern, zum Beispiel Handzeichen zur Regulierung der Lautstärke, zum Verändern der Beleuchtung oder zum Korrigieren einer unglücklichen Position auf der Bühne zwecks idealer Kameraposition.

2. Visualisierung – klar und deutlich

Je größer die Gruppe ist, desto weniger digitale Information wie Worte, Ziffern und Tabellen sollten Sie vermitteln, denn diese sind schwierig vor einer großen Gruppe zu präsentieren. Verwenden Sie stattdessen mehr Bilder wie Fotos, Diagramme, Karten, Symbole et cetera.

Visualisierungen müssen groß, deutlich und in klaren Farben dargestellt und professionell gelayoutet sein. Schließlich wollen Sie ja einen perfekten Eindruck hinterlassen und sich als Profi positionieren. Rechnen Sie auch damit, dass die Bilddiagonale nicht wie gewohnt rund 1,5 bis 3 Meter beträgt, sondern durchaus 5 bis 10 Meter betragen kann, was einen völlig anderen visuellen Eindruck hinterlässt. Wählen Sie einen dunklen Hintergrund, wenn der Raum nicht taghell beleuchtet ist, das verstärkt die Wirkung der Visualisierung. (Detaillierte Anleitungen zur Visualisierung finden Sie im Kapitel „Erfolgsfaktor 4“.)

3. Eine große Bühne verlangt Bewegung

„Wer andere bewegen will, muss sich selbst bewegen!" Das gilt vor großem Publikum noch viel mehr. Achten Sie daher darauf, dass keine Blockaden und Fallen (Kabel!) vorhanden sind.

Während Sie bei der Businesspräsentation im kleinen Rahmen schweigen, während Sie ein paar Schritte gehen, sprechen Sie vor der Großgruppe auch beim Gehen – aber langsam und deutlich und immer wieder mit Blick (M – W!) ins Publikum.

Gehen Sie gezielt auf einzelne Positionen zu und „ankern" Sie auf diesen für einige Sekunden. Bewegen Sie sich links und rechts soweit nach außen, bis Sie den Rand des Publikums erreicht haben. Die zentralen Botschaften sprechen Sie aber aus der Mitte.

Bei ausreichend Platz ist auch die Bewegung zum Publikum und wieder zurück möglich. Empfehlung dazu: ein paar Schritte nach vor für persönliche Erlebnisse und Beispiele – zurück zur Projektion für Blickführung und Fakten.

Achten Sie darauf, den Blick nicht zu verstellen, denn die Blickwinkel aus dem Publikum sind extremer als bei Kleingruppen. Sprechen Sie dabei nur, wenn Sie nach vorne gehen – die Schritte nach hinten nutzen Sie als Pause.

Achtung: Bei starker Bühnenbeleuchtung und abgedunkeltem Raum „verschwindet" das Publikum für den Sprecher und Sie haben das Gefühl, gegen eine „schwarze Wand" zu sprechen. Behalten Sie trotzdem Ihren ruhigen Blickkontakt in das Publikum bei – denn für die Zuseher wirkt alles ganz normal.

Große Gestik für große Wirkung

Gestik vergrößert die Präsenz, zieht Aufmerksamkeit auf Sie und lässt Sie die Bühne besser „einnehmen". Durch die Inszenierung, die Sie zentral, möglicherweise auch erhöht vor dem Publikum positioniert, kommt Ihre Körperhaltung und Gestik sehr klar und deutlich für alle zum Ausdruck. Überlegen Sie daher genau, welche Aussagen und Sätze Sie unterstreichen und selektiv verstärken möchten. Führen Sie diese Gesten dann großzügig und deutlich mit der Handinnenfläche nach oben aus – das wirkt offen und positiv.

Fuchteln Sie keinesfalls hektisch in der Gegend herum und laufen Sie nicht auf und ab wie der Löwe im Zwinger – auch wenn das Adrenalin Sie antreibt.

Halten Sie den Oberköper kontrolliert gerade, wenn Sie die Arme bewegen, sonst „wackeln“ Sie.

Vorsicht: Mikrofon und Fernbedienung können Ihre Gestik einschränken, daher Headset (siehe weiter unten) und eine möglichst kleine Fernbedienung verwenden – in der Hand, mit der Sie weniger gestikulieren.

Sonderfall Live-Bild – der Vortragende unter der Lupe

Falls mit Doppelscreen oder Livescreen gearbeitet wird, werden Ihr Gesicht, Ihr Oberkörper oder Ihr ganzer Körper überlebensgroß live projiziert. Das bedeutet, jede noch so kleine Bewegung und jeder Gesichtsausdruck ist für das Publikum deutlich sichtbar. Achten Sie umso mehr auf den ständigen Blick ins Publikum und starren Sie weder zum Boden noch an die Decke.

Testen Sie das unbedingt vorher in einem Probelauf und ersuchen Sie die Techniker, dazu die Kamera inklusive der Liveprojektion einzuschalten. Positionieren Sie sich dann mit dem Rücken zur Kamera auf der Bühne und Sie sehen Ihre Silhouette und können Ihre Gestik zumindest von hinten live am Screen beobachten und so selbst einen Eindruck der Dimension und Wirkung erhalten. Stellen Sie dann jemand anderen auf die Bühne und gehen Sie im Konferenzraum ganz nach hinten. Ersuchen Sie die Person, sich vorne zu bewegen und auf und ab zu gehen. Das verschafft Ihnen einen Eindruck der tatsächlichen Wirkung und des Bewegungsspielraums auf der Bühne – und zwar dieses Mal aus der Publikumsperspektive.

4. Blickführung lenkt das Publikum

Bei der Über-Kopf-Projektion oder extrem großen Bilddiagonalen (Big-Screen, Double-Screen) haben Sie oft keine Möglichkeit, mit Touch – Turn – Talk die Zeilenanfänge und Bilder zu berühren. Ich rate Ihnen trotzdem davon ab, einen Laserpointer zu benutzen. Der lächerlich kleine Punkt geht in der Riesenprojektion völlig unter und schafft es nicht, Informationen auf der großen Bildwand hervorzuheben.

Übrigens gilt auch hier natürlich der Grundsatz: Links vom Bild ist immer richtig!

Um die Blicke des Publikums zum richtigen Punkt auf Ihren Slides zu führen, haben Sie zwei Möglichkeiten: Bildaufbau und Bewegung.

Blickführung durch Bildaufbau

Mit Schlagzeilen: Interessante, provokante und ungewöhnliche Talking Headlines binden die Blicke für einige Sekunden. Neue Slides also unbedingt kurz wirken lassen, weil die Zuseher Sie ohnehin nicht ansehen würden, und erst dann erklären.

Mit Animation: Nicht den kompletten Inhalt auf einmal zeigen, sondern immer nur bis zu dem Punkt, über den Sie gerade sprechen. Erfolgt die Animation synchron zum Gesagten, brauchen Sie keine zusätzliche Blickführung.

Alternativ dazu: Hervorhebungen: Der Teil, über den Sie gerade sprechen, wird hervorgehoben, vergrößert oder mit Farbe hinterlegt. Die gerade nicht benötigten Informationen werden abgeschwächt, zum Beispiel aufgehellt oder ganz ausgeblendet.

Mit Pfeilen: Diese stellen eine sehr einfache, aber effektive Möglichkeit zur Blickführung dar. Gut sichtbare Pfeile auf einem wichtigen Punkt in einer Grafik oder Verbindungspfeile zwischen zwei Elementen führen die Zuseher durch das Bild. Klicken Sie die Pfeile aber wieder weg, wenn sie ihren Zweck erfüllt haben, sonst gibt es ein Durcheinander.

Blickführung durch Seitenwechsel

Bewegen Sie sich auf der Bühne und die Blicke des Publikums folgen Ihnen. Bewusst eingesetzt, können Sie so natürlich auch gut steuern und dem unangenehmen „Tennismatch“ zwischen Präsentator – Bild – Präsentator – Bild entgegenwirken. Gehen Sie zur rechten Seite des Bildes, um über etwas zu sprechen, was sich dort befindet – und die Zuseher werden Ihnen folgen und beides im Blickfeld haben: Sie und Ihr Bild.

Blickführung durch „Vorbildwirkung"

Oft befindet sich die Projektionsfläche ein paar Schritte oder sogar einige Meter hinter dem Vortragenden. Umdrehen und zurückblicken ist für diesen natürlich tabu, denn er würde den Kontakt verlieren. Und es ist äußerst unprofessionell, dem Publikum wiederholt den Rücken zuzudrehen.

In einer Gruppe, und als solche kann das Publikum bezeichnet werden, hat ein Präsentator eine nicht zu unterschätzende „Vorbildwirkung“, die uns nun zu

Hilfe eilt. Wenn der Redner für alle erkennbar und *deutlich* zu einer bestimmten Stelle im Raum blickt – nämlich in die Richtung der Projektion –, werden ihm die Blicke des Publikums folgen.

Die folgende Blickführung ersetzt daher das klassische Touch – Turn – Talk:

Neues Slide (oder Bullet et cetera) erscheint – Präsentator blickt deutlich (Kopf bewegen, bei großer Bühne sogar mit leichter Körperdrehung) in Richtung Projektion, ohne zu sprechen (Touch) – nach etwa einer Sekunde Pause dreht er den Kopf wieder zurück zum Publikum (Turn) und beginnt dann zu sprechen (Talk).

Das Notebook als „Mini-Teleprompter"

Ist es für den Präsentator nicht möglich, Inhalte mit Touch – Turn – Talk von der Projektionsfläche zu holen, weil diese zu weit hinter ihm oder zu hoch ist, hilft ausnahmsweise der Einsatz eines Notebooks als „Mini-Teleprompter".

Dazu platzieren Sie das Notebook so, dass Sie den Inhalt zumindest grob (Wechsel auf neues Slide, Animationsschritt) mitverfolgen können – blicken Sie aber keinesfalls zu oft hinein, um zu lesen! Die ideale Position des Notebooks: auf einem Tischchen (Rednertisch, Pult) mit dem Bildschirm zu Ihnen gedreht oder sogar frontal vor Ihnen, in der ersten Sitzreihe auf dem Schoß eines Kollegen.

Das Notebook darf nicht so weit seitlich stehen, dass Sie Ihren Blick auf eine Stelle außerhalb des Publikums richten müssen. Es soll aus Ihrer Sicht „im" Publikum stehen – also mit dem „M – W"-Blickmuster erfassbar sein.

Achten Sie auch auf die Höhe: Ihr Blick sollte keinesfalls nach unten gehen – das Notebook also auf Augenhöhe platzieren.

Testen Sie diese Variante mit dem optimalen Blickfeld unbedingt ausführlich, denn das Publikum sollte gar nicht bemerken, dass Sie mit Ihrem Notebook „schwindeln".

5. Sprache und Inhalt

Kurze und klare Sätze, viele Pausen und das klare Hervorheben und Wiederholen Ihrer Kernbotschaften führt Sie vor der Großgruppe zum Erfolg. Schnelles Sprechen wirkt hektisch und unsicher und mit Schachtelsätzen oder langen Erklärungen machen Sie sich garantiert unbeliebt.

Auch Erzählungen und Praxisbeispielen, also bildhafter Sprache, kommt vor der Großgruppe eine höhere Bedeutung zu als vor kleineren Auditorien. Lockern Sie Ihren Vortrag dadurch auf, dass Sie mindestens eine Geschichte oder ein praktisches Beispiel pro drei Minuten Präsentationszeit einbauen.

Geben Sie zwischendurch immer wieder Orientierung: Wo sind wir? Was kommt als Nächstes? Fassen Sie zusammen, formulieren Sie prägnante, einprägsame Botschaften.

Für den guten Ton – bestehen Sie auf einem Headset

Wenn Sie die Wahl haben, entscheiden Sie sich für ein Headset. Das erspart Ihnen das Vorbeireden am Mikrofonkopf und Ihre Stimme ist immer gleich gut hörbar. Müssen Sie mit einem Handmikrofon arbeiten, sprechen Sie aus geringstmöglicher Entfernung direkt in den Mikrofonkopf, so als ob Sie ein Glas Wasser zum Trinken ansetzen.

Denken Sie daran, bei einer Kopfdrehung zur Seite auch die Hand mit dem Mikrofon mitzudrehen, sonst sprechen Sie ins Leere und der Ton reißt ab.

Ansteckmikrofone sind nur eine Notlösung, weil sie relativ empfindlich bei Bewegungen und Drehung sind. Achten Sie daher beim Anstecken darauf, dass es bei Bewegungen nicht raschelt und dass das Mikrofon nicht von Kleidungsstücken verdeckt wird, wenn Sie große Gesten ausführen.

Stimmen Sie die Lautstärke unbedingt rechtzeitig mit der Technik ab und beachten Sie, dass sich die Akustik bei vollem Saal anders verhält als bei leerem – in einem gefüllten Raum wird der Schall geschluckt.

6.9 Virtuell präsentieren

Für ein einziges Verkaufsgespräch nach London fliegen? Einen ganzen Tag Reisezeit wegen einer zwanzigminütigen Präsentation in einer anderen Stadt opfern? Ein Team-Meeting oder eine Besprechung mit der Filiale in Chicago abhalten?

Das alles ist aufwendig, zeitraubend und planungsintensiv. Da kommt es uns gerade recht, dass sich in den letzten Jahren eine neue Form der Kommunikation etabliert hat: Webconferencing, Onlinemeetings und die virtuelle Präsentation über PC und Internet, ergänzt durch das (Internet-)Telefon.

Die virtuelle Präsentation ist die Kombination von klassischem Präsentations-Know-how mit moderner Technologie und ermöglicht es, ohne physische Anwesenheit Informationen auszutauschen und zu präsentieren. Es handelt sich dabei aber nicht um eine Videokonferenz oder eine reine Telefonkonferenz, sondern Sie sitzen in Ihrem Büro und präsentieren über Ihren PC, PowerPoint und ein Telefon an drei, zehn oder sogar 50 Zuhörer an verschiedenen Orten rund um die ganze Welt. Sie gehen Slides durch, laden Daten hoch, sprechen miteinander und markieren wichtige Punkte live, in Echtzeit am Bildschirm.

Das hat natürlich eine Reihe von Vorteilen, denn Sie sparen damit Unsummen an Reisekosten und Reisezeit. Und mit steigenden Energiepreisen und der nie endenden Forderung nach Flexibilität und Schnelligkeit im Business wird die virtuelle Präsentation in Zukunft garantiert an Popularität gewinnen.

Einsatzbereiche der virtuellen Präsentation

Diese Art der virtuellen Kommunikation beschränkt sich natürlich nicht nur auf die klassische Präsentation, sondern ist auch für Meetings, Seminare, Workshops, Demos, klassisches Training oder gemeinsame Arbeit an einem Projekt geeignet. Beispiele für Präsentationssituationen:

- Einzelpersonen: Kollegen, Kunden, Partner et cetera;
- kleine Gruppen bis maximal zehn Personen für Projektbesprechungen, Verkaufspräsentationen oder kurze Abstimmungen;

- mittelgroße Gruppen bis maximal 30 Personen, zum Beispiel für Trainingszwecke (Webinar – Online-Seminar übers Web), Marketing oder Vertriebspräsentationen. Eine namentliche Registrierung und ein Log-in mit Passwort ist empfehlenswert;
- große Gruppen mit Teilnehmerzahlen bis zu mehreren hundert Personen für Pressebriefings, große Produktlaunches, firmenweite Ankündigungen. Meist ohne namentliche Registrierung mit freiem Zugang.

So funktioniert eine virtuelle Präsentation

Telefonkonferenzen sind Standard in so gut wie allen größeren Unternehmen und jedenfalls in allen internationalen Unternehmen. Die virtuelle Präsentation fügt zum klassischen Telefonieren noch das bisher schmerzlich vermisste visuelle Element hinzu und bleibt trotzdem interaktiv, billig, einfach und schnell. Im Prinzip handelt es sich um eine Kombination von drei bekannten Technologien:

- Telefon oder Voice-over-IP zur akustischen Verständigung,
- PowerPoint, Keynote oder andere Präsentationsprogramme zur Visualisierung,
- eine Präsentationssoftware wie Livemeeting oder WebEx oder ein normaler Internetbrowser mit einer Plattform wie Callistra, je nach technischen Voraussetzungen.

Die Einladung der Teilnehmer erfolgt mittels Telefon oder E-Mail. Über eine zugesandte Webadresse loggen die Teilnehmer sich mittels Passwort oder Code in die virtuelle Präsentation ein. Der Präsentator lädt entweder bereits vorher seine PowerPoint-Präsentation auf einen externen Server hoch oder stellt eine Verbindung zum Speicherort der Präsentation her. Die telefonische Verbindung erfolgt mittels klassischer Konferenzschaltung oder über ein (automatisches) Callcenter, das die Leitungen firmenintern oder extern zusammenführt.

Sobald der Präsentator die Präsentation auf seinem Kontrollbildschirm startet, erscheint auf den Bildschirmen des Publikum das erste Slide. Der Präsentator führt nun mittels Mausklicks oder Richtungstasten die Präsentation weiter, kann vor und zurück springen oder Slides in einer eingeblendeten Übersicht direkt anwählen. Außerdem hat er die Möglichkeit, mittels einer Textmarkerfunktion Worte mit Farben zu hinterlegen, und er kann auf Grafiken etwas einkreisen, durchstreichen oder ergänzen.

All das sieht das Publikum in Echtzeit. Möchte der Präsentator den Zusehern die Möglichkeit zur Beteiligung geben, kann er die sogenannten Zeichenwerkzeuge auch für die Zuhörer freischalten. Um zu vermeiden, dass es drunter und drüber geht, kann er diese Elemente aber auch jederzeit wieder deaktivieren beziehungsweise für einzelne Teilnehmer sperren oder aufheben.

Geht die Telefonverbindung über einen gemeinsamen Server, kann der Präsentator mit der Telefonleitung ähnlich verfahren. Er kann Teilnehmer per Mausklick akustisch zuschalten oder wegschalten, also Feedback einfordern oder bewusst unterbinden. Eine weitere Möglichkeit wäre das Freischalten einer Kommentarfunktion über die Computer der Teilnehmer, sodass Fragen oder Kommentare über die Tastatur eingetippt werden können, die dann beim Präsentator aufscheinen – wie bei einem Chat. Dieser kann die Kommentare verbal oder ebenfalls mit kurzen Textnotizen beantworten.

Die Präsentation selbst unterliegt den gleichen Anforderungen wie die Live-Präsentation: Alles, was Sie bisher in diesem Buch über Zielgruppenanalyse, Struktur, Visualisierung, Rhetorik und Interaktion gelernt haben, gilt uneingeschränkt auch hier.

Erst passiv testen!

Wenn Sie selbst noch nie eine virtuelle Präsentation durchgeführt haben, sehen Sie sich unbedingt eine als Teilnehmer an, bevor Sie selbst eine halten. Loggen Sie sich zu einem Webinar (Web-Seminar), einer Produktpräsentation oder einer Besprechung ein und achten Sie genau darauf, was Sie anspricht und was Sie stört.

Machen Sie unbedingt einige Probeläufe, damit Sie ein Gefühl dafür entwickeln, wie Sie mit Stimme und Blickführung ohne direkt sichtbaren Gesprächspartner arbeiten können.

Vorbereitung auf die virtuelle Präsentation

Die Kunst bei der virtuellen Präsentation liegt darin, beim Publikum präsent zu sein, ohne selbst physisch anwesend zu sein. Steuerung, Führung und Interaktion über die Stimme und den visuellen Reiz am Bildschirm sind also die einzigen Möglichkeiten, die Ihnen zur Verfügung stehen. Berücksichtigen Sie bei Ihrer Vorbereitung die folgenden Punkte:

- Definieren Sie das Ziel Ihrer virtuellen Präsentation, den Punkt B und den „Na und?“-Faktor genauso, wie Sie es bei einer realen Präsentation machen.

- Stellen Sie sicher, dass Sie die Namen und Funktionen aller Beteiligen parat haben – wenn diese nicht eingeblendet sind, auf einem Blatt Papier , um diese jederzeit persönlich ansprechen zu können: *Anja, Sie haben doch sicher ...*
- Vergessen Sie nicht auf einzelne Zuhörer, nur weil diese sich still und „unsichtbar“ im Hintergrund halten.
- Starten Sie auf jeden Fall mit einer ARA und der dazugehörenden ausführlichen Agenda und beenden Sie die Präsentation mit EssA und einer Zusammenfassung. So stellen Sie bereits zu Beginn sicher, dass der Inhalt für alle passt, und haben am Ende die Chance, Wichtiges noch einmal zu wiederholen.
- Als Absicherung empfehle ich Ihnen, sich die Präsentation als Folienübersicht auszudrucken und neben sich auf den Tisch zu legen. Das erleichtert Ihnen das Springen zu bestimmten Slides (Nummern) und die Orientierung, an welcher Stelle der Präsentation Sie sich im Moment befinden.
- Legen Sie den genauen Zeitrahmen fest und halten Sie sich penibel daran. Rechnen Sie unbedingt 10 Prozent Reserve ein, um Spielraum für Fragen und Ergänzungen zu haben.
- Interaktion so früh wie möglich: Fast alle Programme bieten die Möglichkeit des Polling. Polling ist eine Abfrage über die Meinungen, die Vorkenntnisse oder die Zusammenstellung der Gruppe. So könnten Sie zum Beispiel zu Beginn abfragen, wer bereits Erfahrung mit dem Thema hat und wer nicht. Das verschafft Ihnen einen besseren Eindruck Ihres Publikums und hilft Ihnen, die Präsentation möglichst teilnehmerorientiert zu halten. Die Abfrageergebnisse sind speicherbar und können am Ende in ein Meetingprotokoll oder ein Präsentationsprotokoll mit aufgenommen werden.

Blickführung ohne Blickkontakt – eine Herausforderung

Ihre Gesprächspartner sitzen möglicherweise allein vor einem Bildschirm mit dem Telefon oder Headset am Ohr – umgeben von unzähligen Vampiren: Unterlagen, Notizen, andere Programme, E-Mail, Kollegen et cetera. In der realen Präsentation sorgen Sie selbst dafür, dass die Vampire weg sind, und erledigen die professionelle Blickführung mit Touch – Turn – Talk. Im virtuellen Raum haben Sie weder die Vampire der Zuhörer im Griff, noch können Sie diese mit Touch – Turn – Talk durch die Slides führen. Sie müssen Ihr Publikum also mit anderen Mitteln bei der Stange halten.

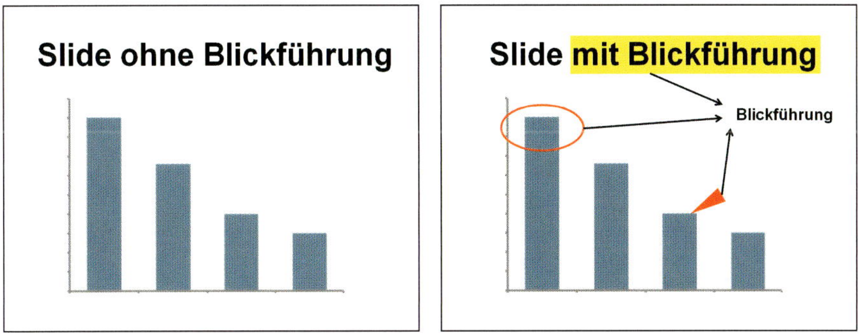

Abb.: Mit Hervorhebungen, Pfeilen und Markierungen betonen Sie einzelne Punkte Ihres Slides und steuern damit den Blick der Gesprächspartner.

Wie also stellen Sie es an, dass Ihr Gesprächspartner dort hinsieht, wo Sie wollen, und nicht nebenbei Zeitung liest oder E-Mails verschickt?

- Nutzen Sie die Zeige- und Markierungsinstrumente der Programme sparsam, aber punktgenau. Mit Pfeilen, Markern, Farben oder Kreisen heben Sie hervor, worüber Sie gerade sprechen, und führen Ihr Publikum so durch die Slides. Entfernen Sie nicht benötigte Marker wieder, sonst verliert das Publikum die Übersicht.
- Lassen Sie die Zuhörer selbst mitarbeiten. Fragen Sie zum Beispiel: *Antonio, was sehen Sie auf der aktuellen Folie?* Schalten Sie die Zeigewerkzeuge frei, damit die Zuhörer selbst Punkte anstreichen können.
- Sprechen Sie langsam und präzise und führen Sie mit genauen Anweisungen. Statt: „Wie Sie auf dieser Folie sehen …“ sagen Sie: *Sie sehen links oben im zweiten Punkt …* und *Bitte markieren Sie mit dem Stift nun das Wort „Leistung“*.
- Zeigen Sie Grafiken, Charts oder Tabellen, nutzen Sie die Möglichkeit, Linien zu zeichnen, Begriffe zu umkreisen oder verbindende Pfeile zu setzen. Das erzeugt einen interaktiven Effekt und verdeutlicht, was Sie sagen.

Die Macht der Stimme – mehr Präsenz in der virtuellen Präsentation

Telefone übertragen nur einen Teil des tatsächlichen Frequenzbandes Ihrer Stimme. Sie klingen dadurch weniger lebendig, als Sie wirklich sind, und gerade bei längeren Präsentationen oder Meetings ist der Effekt der Stimme am anderen Ende der Leitung sehr monoton – gefährlich für die Aufmerksamkeit. Die folgenden Tipps werden Ihnen dabei helfen, auch mit Ihrer Stimme das Präsenzdefizit auszugleichen:

- Überzeugen Sie nicht Ihren Bildschirm, sondern Ihre Gesprächspartner! Sie blicken ständig auf den Schirm und telefonieren gleichzeitig, wodurch die Sprache immer monotoner wird. Setzen Sie sich so hin, dass Sie geradeaus sprechen – niemals nach unten! Rufen Sie sich in Erinnerung, dass Sie mit Menschen sprechen. Und auch, wenn dieser Tipp lächerlich klingen mag: Konferieren Sie mit einer extrem wichtigen Person virtuell, kleben Sie sich ein Foto dieser Person in Augenhöhe auf den Bildschirm und sprechen Sie zum Foto. Wenn die Software das Einblenden von Fotos ermöglicht, nutzen Sie diese Möglichkeit für Sie selbst und Ihren Gesprächspartner.
- Wenn Sie gelangweilt sprechen, wirken Sie gelangweilt, und wenn Sie begeistert sprechen, wirken Sie begeistert. Ihre Stimme braucht Emotion, vor allem über das Telefon – und Sie haben sicher schon selbst folgende Erfahrung gemacht: Ein Lächeln spürt man am anderen Ende der Leitung.
- Kontrollieren Sie Ihre Atmung, bleiben Sie ruhig, reduzieren Sie Ihr Sprechtempo. Damit wird die Tonhöhe etwas fallen und Ihrer Stimme mehr Sicherheit geben. Variieren Sie dazu die Lautstärke und nehmen Sie hin und wieder einen Tempowechsel vor, wird man Ihnen schon wesentlich lieber und interessierter zuhören.
- Denken Sie an Radiowerbungen oder an die Art und Weise, wie professionelle Sprecher im Radio agieren. Mit dem bewussten Einsatz der Stimme werden Bilder erzeugt, Botschaften und Inhalte herausgehoben, unterstrichen und verstärkt.
- Beachten Sie auch Ihre Körperhaltung. Wenn Sie nachlässig in Ihrem Bürostuhl lümmeln, wird sich das auf die Stimme übertragen. Meine Empfehlung für eine gelungene virtuelle Präsentation: Stehen Sie auf! Ihre Stimme klingt stehend präsenter und besser als sitzend. Falls Sie diese Möglichkeit nicht haben, weil Sie von Ihrem Desktop präsentieren müssen, achten Sie darauf, dass Sie möglichst aufrecht und gerade sitzen. Blicken Sie geradeaus nach vorne, während Sie sprechen, und nicht nach unten.
- Benutzen Sie ein Headset. Ihre Hände bleiben frei für die visuelle Blickführung mittels Maus oder Tastatur, und das Headset liefert einen besseren Klang an Ihr Publikum als ein Telefonhörer. Ein gutes Headset kostet nur ein paar Euro, bringt aber eine wesentliche Verbesserung der Sprachqualität.

Tipp
Testen Sie, ob die Stimme wirkt! Ersuchen Sie dazu einen Kollegen, hinter einer Pinnwand Platz zu nehmen, damit er nur Ihre Stimme hört, Sie aber nicht sieht, während Sie virtuell präsentieren. Fragen Sie nach ein paar Minuten, wie Ihre Stimme klingt, ob Sie lebendig wirken, ob Sie einschläfern und ob Tempo und Modulation in Ordnung sind.

Feedback im virtuellen Raum

Als Präsentator wissen Sie, dass Sie Feedback der Zuhörer brauchen. Das Beobachten des Publikums und das Reagieren auf Fragen, Kommentare und Bedenken ermöglicht die genaue Abstimmung des Inhalts auf die jeweilige Zielgruppe auch während einer Präsentation. Auch bei der virtuellen Präsentation gibt es einige sehr gut funktionierende Feedbackfunktionen. Leider muss ich in der Praxis immer wieder feststellen, dass diese viel zu wenig genutzt werden und die Präsentatoren damit ständig das Risiko eingehen, dass ein Teil des Publikums nicht mehr an der Präsentation partizipiert oder nur noch ganz nebenbei zusieht.

Milestone-Polling

Die Abfrage des Publikums zu Beginn einer Präsentation haben wir bereits angesprochen. Ich empfehle Ihnen, auch immer wieder zwischendurch zu pollen. Holen Sie nach einzelnen Modulen der Präsentation kurzes Feedback ein oder überprüfen Sie, ob ein besonders wichtiger Punkt von allen verstanden wurde. Leiten Sie Ihr Polling jeweils so ein:

> *Um sicherzustellen, dass die Problematik allen bewusst ist, ersuche ich Sie, mir ein „JA“ zu geben, wenn Sie bereit sind für den nächsten Teil.*

Die Summe der Ja-/Nein-Klicks erscheint sofort auf Ihrem Bildschirm, wenn Sie möchten, auch zugeordnet für jeden Teilnehmer.

Checkfragen

Für die Interaktion mit dem Publikum sind drei Dinge entscheidend: Checken, Checken, Checken!

Die Checkfrage holt das Publikum immer wieder zur Präsentation zurück, fordert aktiv Feedback ein und regt zum Nachdenken an. Es ist neben der aktiven Blickführung Ihre stärkste Waffe im Kampf gegen das Präsenz-Defizit und dessen Folgen.

Bei der virtuellen Präsentation sollten keine drei Minuten vergehen, in denen die Teilnehmer oder das Publikum nicht die Möglichkeit erhalten, Feedback zu geben.

Laden Sie das Publikum immer wieder ein, Fragen zu stellen und Kommentare abzugeben. Ein Teilnehmer, der eine Frage hat, kann das über die Software signalisieren, sodass Sie ihn zu sich freischalten können. Sobald Sie sich die Frage angehört oder sie gelesen haben, können Sie die Frage noch einmal für alle wiederholen und dann beantworten.

Virtuelle Präsentationen sind auf dem Vormarsch

Noch ist die virtuelle Präsentation nicht in allen Unternehmen anzutreffen und viele haben noch niemals eine erlebt, weder als Teilnehmer noch als Präsentator. Dazu kommt auch noch die Scheu, es aktiv auszuprobieren. Die technischen Voraussetzungen sind beinahe überall vorhanden, sie sind leicht bedienbar und kosten wenig. Die wirkliche Herausforderung bei der virtuellen Präsentation liegt aber nicht in der Bedienung der Software oder der technischen Umgebung – das ist einfach erlernbar –, sondern in der Kommunikation mit Menschen, die Sie nicht sehen. Präsentationstechnisch gilt alles, was Sie in diesem Buch bisher gelesen haben, auch für die virtuelle Präsentation. Ganz besonders erfolgsentscheidend ist die Interaktion! Lernen Sie die entsprechende Software kennen und halten Sie sich an die Grundregeln aus diesem Kapitel, dann steht einer erfolgreichen virtuellen Präsentation nichts im Weg.

6.10 Schulungen optimal starten

Sind Sie Spezialist für ein bestimmtes Thema, einen bestimmten Fachbereich? Dann werden Sie vielleicht hin und wieder die Ehre haben, Ihr Fachwissen an andere Personen, unternehmensintern oder unternehmensextern in einer Schulung weiterzugeben.

Meist dauern Schulungen dieser Art zwischen zwei Stunden und einem ganzen Tag und sind für Menschen, die keine pädagogische Ausbildung oder Trainerausbildung genossen haben, eine Herausforderung. Dieser Abschnitt soll Ihnen eine Hilfestellung dabei geben, denn gerade als Referent mit weniger Erfahrung ist der gelungene Start wichtig und ein unübersehbares Zeichen von Kompetenz und Sicherheit.

Für diese Gelegenheit empfehle ich den Start mit dem „TRAINER-Strukt“, einem Arbeitsblatt, das den Einstieg erleichtert und das Ihnen bei der Planung der ersten Minuten mit vier vorbereiteten Flipchart-Blättern, an die Sie den Ablauf delegieren, zur Hand geht.

Vier Flipchart-Blätter als Struktur für den Einstieg

Sie werden sich jetzt vielleicht fragen: „Wieso Flipchart? Slides sind doch prima!“ Das Flipchart bietet die Möglichkeit, Persönlichkeit und Abwechslung durch selbst Geschriebenes und etwas „Angreifbares“ ins Spiel zu bringen. Außerdem bleiben die Blätter ständig parat und Sie können sich jederzeit wieder darauf beziehen – einfach aufblättern! Diese vier Blätter beinhalten nämlich alles, was Sie und das Publikum am Start brauchen, bevor Sie mit der tatsächlichen Schulung starten.

Sehen wir uns zuerst die vier Blätter im Detail und im Anschluss den kompletten Ablauf des Starts an.

Blatt 1: Ihr „Start-Plakat“

Das Start-Plakat ist eine attraktiv und in Farbe gestaltete Titelseite, die folgende Informationen enthält:

- Titel oder Thema der Schulung möglichst interessant formuliert, zum Beispiel: „Energieverbrauch senken – Haushaltsbudget erhöhen!“,
- Ihren Namen (Vorname, Nachname) und Titel,
- ein passendes Bild oder Symbol: aufgeklebt oder einfach gezeichnet,
- eventuell ein kleines Logo (rechts unten) und/oder Ihre Unterschrift.

Diese Seite ist von Beginn an im Raum präsent und sichtbar.

Blatt 2: Der Leitfaden durch die Schulung

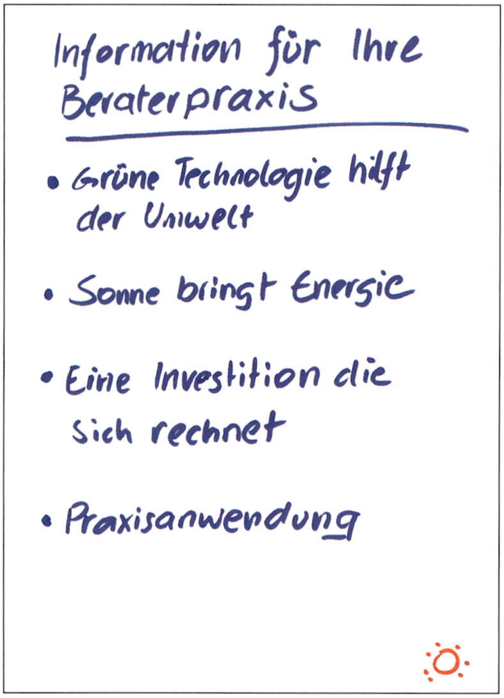

Das zweite Blatt ist eine einfache Inhaltsübersicht – die Agenda – mit den wichtigsten drei bis fünf Themen oder Zielen der Schulung, ebenfalls interessant und appetitanregend formuliert:

Statt ...	... schreiben Sie
„Kosten“	*Eine Investition, die sich rechnet*
„Technologie“	*Grüne Technologie hilft der Umwelt*
„Forschungsergebnisse“	*Die Forschung bestätigt den Nutzen*

Bringen Sie die Punkte der Agenda, wenn möglich, in einen Bezug zu den Teilnehmern:

Gerade dieser Teil wird für Sie, Frau Winzer, besonders interessant sein, weil …

Auf diese Inhaltsübersicht berufen Sie sich immer wieder auch im Laufe der Schulung – sie ist Ihr Leitfaden.

Blatt 3: Der Zeitplan als Orientierung

Auch bei Kurzschulungen ist der Zeitplan absolut notwendig, denn neben dem Thema interessiert alle, wie lange es dauert, wann die nächste Kaffeepause ist und wann es etwas zu essen gibt.

Schreiben Sie diese Dinge daher in Ihren Zeitplan, damit stecken Sie den Rahmen professionell ab. Geben Sie die Pausenzeiten exakt an, damit es später keine Diskussion darüber gibt.

Planen Sie Ihren Zeitrahmen eher komfortabel, denn Sie brauchen Pufferzeiten. Möchten Sie um 18.00 Uhr schließen, geben Sie als geplantes Ende 18.30 Uhr an. So sind Sie selbst dann pünktlich fertig, wenn Sie eigentlich überzogen haben, und machen Ihren Teilnehmern auch noch eine Freude damit.

Blatt 4: Organisatorische Checkliste – auch mündlich möglich

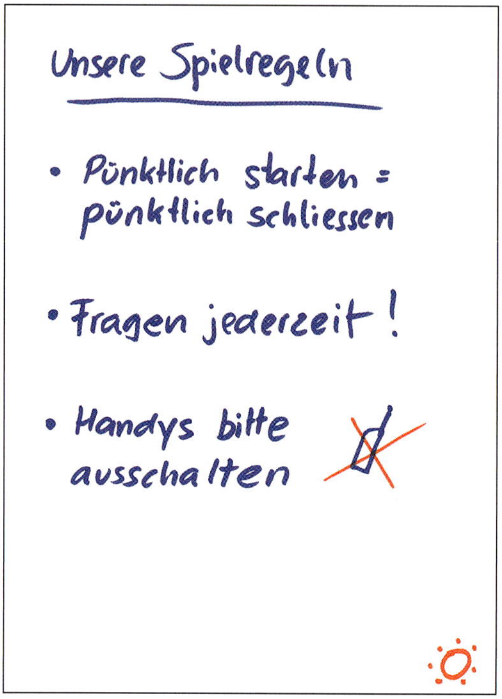

Hier erwähnen Sie alle organisatorischen Details, die für die Teilnehmer wichtig sind. Das reicht vom simplen

Bitte die Mobiltelefone ausschalten!

bis zu Ortsangaben, wo der Gruppenraum für die Gruppenarbeiten ist, wann gefragt werden kann.

Außerdem geben Sie hier bekannt, wann welche Hilfsmittel verwendet werden und welches Material benötigt wird:

Die Notebooks brauchen wir erst am Nachmittag, bitte jetzt noch geschlossen halten, danke.

Bereiten Sie eine Checkliste mit den wichtigsten Details rechtzeitig vor und gehen Sie mit der Gruppe durch die einzelnen Punkte.

TRAINER-Strukt

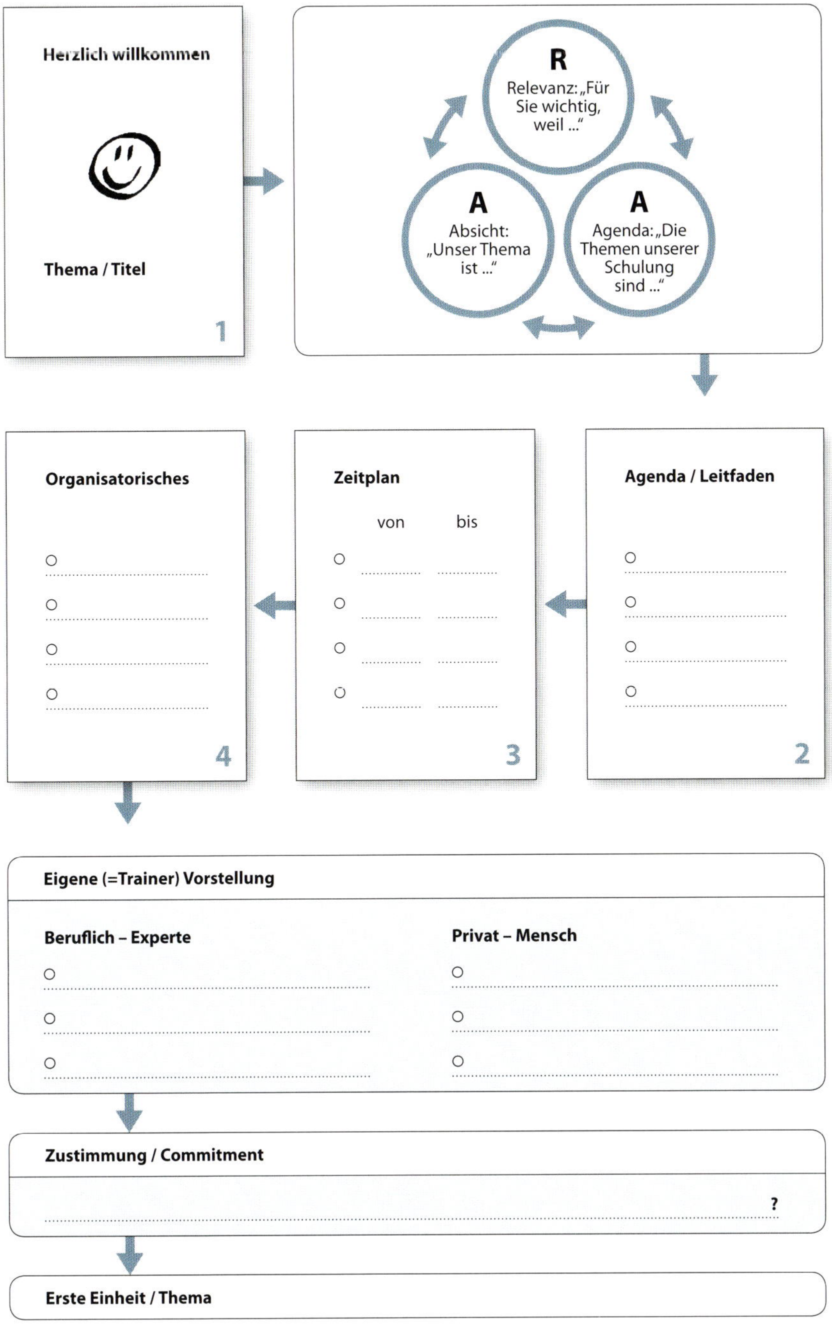

Vom „Guten Tag" zur ersten Einheit: Der Start in zehn Schritten

Schritt 1

Beginnen wir mit der Begrüßung: Falls Sie bereits vor dem Start ein PowerPoint-Slide mit dem Schulungstitel projizieren, schalten Sie dieses nun ab und begrüßen Sie das Publikum von zentraler Position so einfach wie möglich: *Willkommen zur heutigen Schulung mit dem Thema „Energieverbrauch senken – Haushaltsbudget erhöhen"!*

Schritt 2

Gehen Sie anschließend zügig zum vorbereiteten Flipchart oder ziehen Sie das Flipchart an sich heran (wenn möglich).

Schritt 3

Starten Sie jetzt mit der Formulierung von ARA:

Absicht: *Sie werden heute Methoden und Wege kennenlernen, wie man mit einfachen Mitteln den Energieverbrauch in Haushalten signifikant senken kann.*

Schritt 4

Relevanz: *Für Sie als Eigenheimbesitzer ist das deshalb so wichtig, weil die Rohstoffe knapper werden, die Preise immer weiter steigen und schon kleine Senkungen Ihres Verbrauchs Ihr Haushaltsbudget rasch und spürbar entlasten können ...*

Schritt 5

Agenda: *Sehen wir uns gleich an, welche Schwerpunkte und Themen Sie erwarten ...* Jetzt blättern Sie auf die zweite Flipchartseite und erklären der Reihe nach kurz die Themen, Schwerpunkte oder Ziele.

Schritt 6

Zeitplan: *Wie sieht der genaue Zeitplan für den heutigen Tag aus?* Jetzt auf die dritte Flipchartseite mit dem Zeitplan blättern und diesen ebenfalls kurz erklären.

Schritt 7

Organisatorisches: *Damit alles reibungslos abläuft, hier noch einige organisatorische Hinweise für Sie.* Jetzt Aufblättern der vierten Flipchartseite und Erklärung dazu, zum Beispiel: *Bitte nach den Pausen immer pünktlich sein, sonst verzögert sich der Ablauf, Notebooks bitte geschlossen halten, die brauchen wir erst am Nachmittag …*

Schritt 8

Ihre Vorstellung als Experte: Weshalb Sie diese Schulung halten können, Ihre Ausbildung und Erfahrung in diesem Bereich – am besten in drei Sätzen. Sagen Sie ruhig klar, was Sie können – aber übertreiben Sie nicht! *Mein Name ist Alfred, ich bin seit vier Jahren in diesem Bereich tätig …*

Ihre Vorstellung als Mensch: ein paar persönliche Informationen, was Sie mit den Teilnehmern gemeinsam haben und weshalb Sie sich auf die Schulung freuen. Ebenfalls kurz und prägnant in maximal drei Sätzen. *Genau wie Sie bin auch ich Eigenheimbesitzer – und damit ist auch schon mein liebstes Hobby beschrieben …*

Schritt 9

Zustimmung und Commitment einholen: *Sind Sie mit dieser Vorgangsweise einverstanden, haben Sie noch Fragen, ist das soweit O.K. für Sie?*

Das Einholen des Commitments bietet mehrere Vorteile: Sie haben die erste Interaktion angeregt, die Teilnehmer fühlen sich integriert und das ist etwas, was Menschen schätzen – und Sie können sich, falls später etwas nicht klappt, auf dieses geschlossene Commitment berufen.

Warten Sie nach der Frage auf eine aktive Reaktion wie ein deutliches „Ja“ oder klar erkennbares Kopfschütteln aller Teilnehmer. Sollten Sie bemerken, dass jemand zögert oder Sie ignoriert, holen Sie sich aktiv das O.K. auch von dieser Person.

Schritt 10

Gut, starten wir gleich mit der ersten Einheit; dem ersten unserer Ziele; dem ersten Thema …

Starten Sie nun Ihre erste Schulungs- oder Trainingseinheit und wechseln Sie wenn nötig auf Notebook und Datenprojektor.

6.11 Vortrag mit Manuskript

Bereitet jemand Reden für Sie vor oder schreibt diese, brauchen Sie für Ihren Vortrag ein Manuskript. Auch bei internationalen Vorträgen mit Übersetzung ist ein Manuskript hilfreich oder immer dann, wenn es sich um eine lange und komplexe Rede handelt und Sie diese selbst schreiben. Das langsame Durchsprechen des Manuskripts ermöglicht eine realistische Zeitplanung (ohne Diskussion, Zwischenfragen oder Fragerunde) und erleichtert das Handling der Manuskriptblätter im Ernstfall.

Beachten Sie die folgenden Praxistipps, falls Sie mit einem Manuskript arbeiten:

- Das Manuskript sollte in einer gut lesbaren Schrift formatiert sein: Times New Roman ist ideal, weil die Serifen „Halt“ geben.
- Die Schriftgröße sollte zwischen 14 und 18 Punkt betragen.
- Verwenden Sie Druckschrift, keine Blockschrift.
- Die Blätter sollten nicht geheftet oder gebunden, sondern lose sein. So können Sie zwei Stapel bilden und das jeweils beendete Blatt einfach nach rechts schieben, ohne zu blättern oder zu drehen.
- Rechnen Sie jeweils eine Minute Sprechzeit für 20 Zeilen Text.
- Rechnen Sie mit einer durchschnittlichen Sprechgeschwindigkeit von 130 bis 160 Wörtern pro Minute.
- Nutzen Sie „rhetorische Marker“ für Betonungen und Pausen, wie in der Abbildung dargestellt.
- Schreiben Sie die ersten drei bis fünf Worte der Folgeseite unten auf die vorhergehende Seite, damit die Überleitung während des Seitenwechsels fließend erfolgen kann.

Kurze Zeilen sind leichter mit einem Blick zu erfassen.

Seitenzahlen oben

1

Ich möchte dabei nochmals kurz das Gesagte
aufgreifen:

Neuer Gedanke, neuer Absatz

Der Marshall-Plan war ein großes Programm zur
Wirtschaftshilfe / für das unter den Kriegsfolgen
leidende Europa. // Hintergrund des Plans / war die
Absicht der Vereinigten Staaten, / Westeuropa zu
stabilisieren / und eine weitere Ausbreitung des
sowjetischen Machtbereichs zu verhindern.

Zeilenabstand: 1,5 bis 2 Zeilen

Genau in dieser Grundidee / steckt eine wichtige
Lehre der Geschichte, / die auch für uns heute gilt: //
Wer politische Stabilität will, / muss zuerst den
wirtschaftlichen Erfolg möglich machen. //

1 Strich = kurze Pause im Satz, Doppelstrich = Pause am Satzende

Vor und nach wichtigen Sätzen kommt eine Pause als „Rahmen".

Dort, wo die Wirtschaft schlecht läuft, / und breite
Bevölkerungsschichten nicht am Wohlstand
teilhaben, / wo die Arbeitslosenzahlen steigen, / dort
ist die Gefahr politischer und sozialer Instabilität
allgegenwärtig. // Eine Lehre aus der Geschichte, / die
auch heute nichts von ihrer Gültigkeit verloren hat.

Besondere Betonung!

Jede Seite endet mit einem Punkt. Aufzählungen immer auf einer Seite halten!

Links ausgerichtet, kein Blocksatz

Checkliste Erfolgsfaktor 6: Persönlicher Auftritt	
Tipps und Tricks	**Achtung Falle!**
Freuen Sie sich auf Vortrag und Zuhörer – Sie haben etwas Wichtiges zu sagen!	Denken Sie nicht negativ, glauben Sie nicht, das Publikum sei Ihr Feind!
Mit dem Power-Start klappt Ihr Einstieg sicher und kompetent.	Starten Sie nie ohne vorbereiteten Einstieg.
Halten Sie von Beginn an maximalen Kontakt zum Publikum: keine Barrieren!	Verstecken Sie sich nicht hinter Tischen oder Barrieren.
Nutzen Sie Energieventile gegen die Nervosität vor dem Start.	Warten Sie nicht, bis die Nervosität von selbst vergeht – das tut sie nämlich nicht.
Der bewusste Blickkontakt gehört zu den wichtigsten Erfolgsrezepten überhaupt!	Blicken Sie nicht auf den Boden, über die Köpfe oder nach hinten zur Projektion.
Großzügige Gestik unterstreicht Gesagtes und baut Energie ab.	Zappeln Sie nicht nervös herum und „sperren" Sie Ihre Hände nicht ein.
Nützen Sie Ihre Kompetenz und Persönlichkeit.	Versuchen Sie nicht, andere zu imitieren oder zu schauspielern.
Sprechen Sie präzise, in kurzen Sätzen und mit bewussten Pausen.	Vermeiden Sie gekünstelte Sprache, Weichmacher und Rechtfertigungen.
Nehmen Sie inhaltlich und körperlich einen Standpunkt ein.	Laufen Sie nicht nervös auf und ab wie ein Löwe im Zwinger.
Sprechen Sie das Publikum direkt an: SIE sind wichtig!	Achtung – Ich-Falle: Reden Sie nicht über sich selbst!
Eine laute Stimme signalisiert Sicherheit und nimmt Ihnen Nervosität.	Leises Murmeln frustriert die Zuhörer und kratzt an Ihrer Kompetenz.
Kündigen Sie das Finale an und nutzen Sie erhöhte Aufmerksamkeit für Botschaften.	Verlassen Sie sich nicht darauf, dass das Finale schon „irgendwie" klappen wird.
Schließen Sie kräftig und mit einem klaren Appell oder Schluss-Statement.	Verenden Sie nicht kraftlos und mit einer einfallslosen Allerweltsfloskel.

Kapitel 7

Erfolgsfaktor 7: Interaktion schafft Kontakt zum Publikum

Präsentationen und Vorträge beinhalten immer auch eine Portion Interaktion, also Wechselbeziehung, zwischen Vortragendem und Publikum. Diese wird oft dem Zufall überlassen oder nach dem Motto „Das wird sich schon irgendwie ergeben" in der Planung vernachlässigt. Das ist aber nicht nur schade, denn die Interaktion bietet enorme Chancen, sondern vor allem brandgefährlich, weil Risiken, ein falscher Punkt B oder Ablehnung zu spät oder vielleicht gar nicht erkannt werden.

Interaktion ist der professionelle Umgang mit Fragen, Einwänden, Störungen, Pannen – oder Müdigkeit im Publikum. Alles Faktoren, die den Erfolg Ihrer Präsentation erheblich gefährden können. Und Sie würden möglicherweise nicht einmal feststellen, woran es liegt, wenn Sie in diesen Fällen keine Interaktion mit den Zuhörern hätten. Die Beschäftigung mit diesem Kapitel ist also äußerst wichtig und hilfreich.

7.1 Aktivierung des Publikums bei Müdigkeit und Langeweile

„Ich hätte so viel zu tun, so viel zu überlegen und zu planen und nun muss ich auch noch in dieser Präsentation sitzen." So geht es täglich unzähligen Zuhörern vor der x-ten Businesspräsentation, dem x-ten Fachvortrag in Folge. Der Anfang ist ja meist noch ganz interessant und hat einen gewissen Neuigkeitswert, aber dann …

Rechnen Sie damit, dass nach drei bis fünf Minuten, spätestens aber nach zehn Minuten die Aufmerksamkeit dramatisch abnimmt. Als Zuseher haben wir uns dann auf den Vortragenden, das Thema und seinen Präsentationsstil eingestellt. Natürlich hält uns das sachliche Interesse wach – muss es ja auch –, aber bereits ohne konzentrierte Aufmerksamkeit und Willenskraft. Diese mobilisieren wir noch einmal, wenn wir merken, dass der Schluss nahe ist – wir wollen ja schließlich nichts versäumen –, aber das war's dann auch. Noch schlimmer wird es, wenn sich echte Müdigkeit hinzugesellt. Dann hilft auch das spannendste Thema nichts mehr, die Augenlider werden schwerer und schwerer.

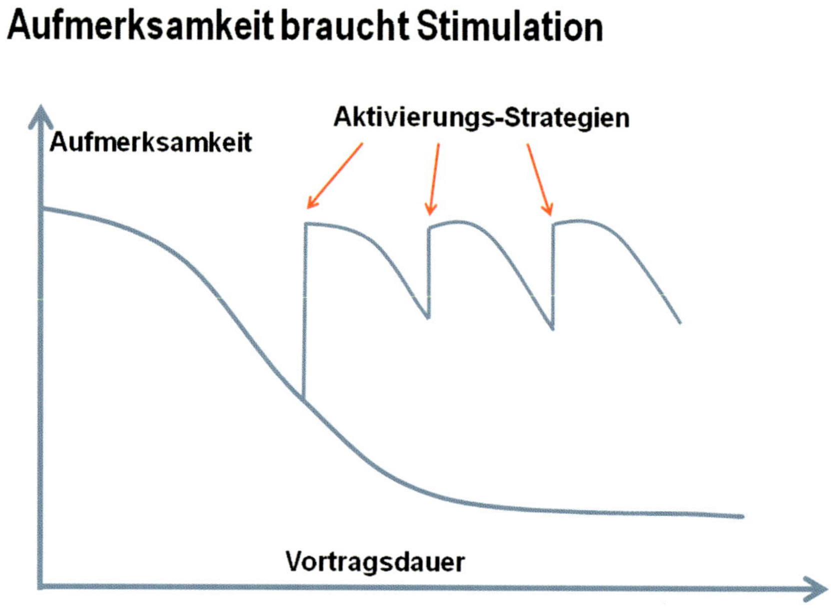

Abb.: In längeren Vorträgen ist permanente Stimulation gegen abnehmende Aufmerksamkeit und Müdigkeit erforderlich.

Für die Müdigkeit des Publikums können Sie nichts – und das Publikum selbst auch nicht. Müdigkeit ist kein aggressiver Akt, über den Sie böse sein sollten, sondern an langen und intensiven Arbeitstagen ganz normal. Bei offensichtlich einsetzender Müdigkeit im Publikum gilt deshalb:

Grundregel 1: Niemals persönlich nehmen.

Grundregel 2: SOFORT etwas dagegen unternehmen.

Erinnern Sie sich an den Start und das professionelle Finale einer Präsentation im letzten Kapitel: Platzieren Sie wichtige Aussagen schon möglichst bald und auf jeden Fall noch einmal am Ende. Das ist bereits ein wirkungsvolles Mittel für erhöhte Aufmerksamkeit, aber schließlich haben Sie ja auch Wichtiges für den Hauptteil vorbereitet – daher muss das Publikum auch während dieser Zeitspanne „wach" bleiben.

Obwohl David Copperfield sicher mehr Möglichkeiten hat, die Aufmerksamkeit des Publikums zu erhöhen, stehen auch Ihnen viele geeignete und wirkungsvolle Methoden für die Interaktion mit dem Publikum zur Verfügung. Ganz ohne Feuerwerk und Zauberei, dafür durch akustische, visuelle und verbale Aktivierungsstrategien für erhöhte Aufmerksamkeit.

Akustische Aktivierungsstrategien für mehr Aufmerksamkeit

Lautstärke

Variieren Sie so oft als möglich! Das heißt natürlich nicht, dass Sie immer lauter werden sollen, ganz im Gegenteil: Ein plötzliches Zurücknehmen des Stimmvolumens wirkt genauso stark wie das Anheben der Stimme. Wichtig ist die Variation – dadurch erhält der Zuhörer immer wieder neue Reize.

Pausen

„Wenn du willst, dass jemand zuhört, hör auf zu sprechen." Wir haben die Pause schon als starkes rhetorisches Gestaltungsmittel kennengelernt, sie steigert aber auch die Aufmerksamkeit des Publikums. Stille bringt Spannung – besonders wenn Sie durch gleichzeitigen ruhigen Blickkontakt signalisieren, dass Sie keineswegs den Faden verloren, sondern etwas sehr Wichtiges zu verkünden haben. Dies funktioniert übrigens am besten vor oder nach besonders wichtigen Aussagen.

Akustisches Signal

Riskieren Sie bei passender Gelegenheit einmal einen (moderaten) Schlag auf das Flipchart oder auf das Pult – nicht als cholerischen Wutausbruch, sondern einfach zum Unterstreichen Ihrer Worte. Das laute Testen des Mikrofons kann auch als „Weckruf" funktionieren, genauso wie der Lärm beim Aufbau oder Medienwechsel. Also, hauen Sie notfalls ruhig einmal auf den Tisch – aber bitte mit Maß und Ziel.

Verbale Aktivierungsstrategien für mehr Aufmerksamkeit

Vorteilswörter

Auch wenn uns damit schon unzählige Male etwas versprochen wurde: Wir lieben diese Vorteilswörter! Denn es gibt für den Menschen nichts Schöneres als zu gewinnen, zu profitieren, etwas Neues zu erfahren, einen Vorteil zu haben, etwas zu bekommen et cetera. Holen Sie die Aufmerksamkeit zurück durch Formulierungen wie:

Sie profitieren dadurch in den folgenden ...

Jetzt erfahren Sie, worauf es wirklich ankommt ...

Die folgende Information ist völlig neu ...

Achtung! Hier kommt es oft zu kostspieligen Missverständnissen.

Und jetzt das für Sie besonders Interessante ...

Aktivierungsphrasen

Damit sprechen Sie einzelne oder alle Zuhörer direkt an und stimulieren sie dadurch zu größerer Aufmerksamkeit. Die Formulierung einer Aktivierungsphrase wird ähnlich eingeleitet wie die *Relevanz* bei ARA – das Publikum wird dabei direkt angesprochen:

Sie, Frau Huber, haben sicher auch schon folgende Erfahrung gemacht ...

Die Damen, die das erste Mal ein Steuerseminar besuchen ...

Was bedeutet dieses Gesetz nun für Sie als Rechtsanwälte?

Stellen Sie sich vor, wir haben die folgende Versuchsanordnung ...

Emotionen

Zeigen Sie, wie es Ihnen gefühlsmäßig geht oder in einer bestimmten Situation gegangen ist. Auch und gerade in besonders rationalen Vorträgen mobilisieren Sie damit eine zusätzliche Dimension: den Vortragenden als Mensch. Mit diesen Formulierungen betreten Sie neues Terrain und machen das Publikum sofort neugierig:

Ich bin wirklich erschüttert, Sie werden auch gleich erfahren warum.

Das folgende Problem hat mich einige schlaflose Nächte gekostet.

Als ich die Ergebnisse zu sehen bekam, war ich völlig verblüfft. Hier sind die Daten: ...

Konkrete Analogien

Nehmen Sie einen Gegenstand in die Hand, halten Sie ihn hoch und beginnen Sie:

Herr Schreiber, darf ich mir bitte einen Moment Ihre Füllfeder ausborgen? Danke. Diese Füllfeder funktioniert, Herr Schreiber hat gerade noch damit geschrieben. Was aber nützt eine Füllfeder, wenn die Tinte verbraucht ist? Sehen Sie, genauso verhält es sich mit ...

Natürlich könnten Sie dazu auch Ihre eigene Füllfeder nehmen, mit dem Publikum geht es aber noch besser.

Persönliche Ansprache

Herr Gruber, ... Wenn Sie sehen, dass jemand mit dem Schlaf kämpft – oder nicht mehr bei der Sache ist, beziehen Sie ihn möglichst mittels Namensnennung – vorsichtig – in die Argumentation mit ein. Stellen Sie ihn dabei aber nicht bloß, sondern formulieren Sie eine nette „Einladung“ oder beziehen Sie sich auf eine Gemeinsamkeit. Allein der Klang seines Namens wird rasch Wirkung zeigen:

> *Herr Gruber, Sie haben doch eine ähnliche Situation, könnten wir da zum Beispiel ... ?*
>
> *Herr Gruber und ich hatten darüber auch in der Pause vorhin gesprochen ...*

Knapp vorbei

Es hilft alles nichts: Herr Gruber schwankt. Der wichtigste Ihrer Ansprechpartner droht einzunicken. Eine direkte Ansprache wollen Sie nicht riskieren – was tun? Sprechen Sie den Nebenmann an und versuchen Sie, von diesem eine Antwort zu bekommen. Der Klang einer Stimme aus nächster Nähe wird Ihre Zielperson wahrscheinlich diskret wecken, ohne dass diese sich ertappt oder blamiert vorkommt. Sollte das auch nicht klappen, versuchen Sie es mit einem dezenten Hinweis an den Sitznachbarn. Meist reicht ein entsprechender Blickkontakt zu diesem aus, damit er ihn freundlich und sanft kneift.

Unbekannte oder überraschende Fakten

Diese Variante bietet eine ausgezeichnete Möglichkeit für einen Überraschungseffekt und funktioniert umso besser, je ungewöhnlicher die Information ist. Auch sehr gut für den kurzen und interessanten Einstieg geeignet:

> *Das heutige Thema ist die Rhetorik und deren richtiger Einsatz im Business. Wussten Sie, dass 71 Prozent aller amerikanischen Manager angeben, schon einmal während einer Präsentation eingeschlafen zu sein?*
>
> *Heute ist der 10. Juli und seit vier Wochen ist es endlich soweit: Sie alle arbeiten wieder für sich selbst. Sie fragen sich, weshalb? Nun, bis zum 9. Juni, 23.30 Uhr, haben Sie für den Staat gearbeitet. Nichts von dem, was Sie seit Jänner bis dorthin verdient haben, gehörte Ihnen. Genau das bringt uns zu unserem heutigen Thema, nämlich – Steuern sparen.*

Erlebnisse, Beispiele und Geschichten

Erlebnisse und *kurze* Erzählungen aus der Praxis sind hervorragend geeignet, die Aufmerksamkeit des Publikums zu stimulieren – schließlich lieben wir Geschichten. Diese Methode eignet sich auch gut für den Start, aber bitte nur kurze und themenrelevante Geschichten! Es handelt sich dabei im Prinzip um eine sehr simple und effektive Vorgangsweise, um auch bei abstrakten, komplexen oder „langweiligen" Themen das Publikum bei Laune zu halten. Viele wirklich gute Redner haben eine perfekte Methode für Aufmerksamkeit auf ständig hohem Niveau: Sprich nie länger als drei Minuten über Fakten – dann wieder ein kurzes Erlebnis, ein Beispiel oder eine Geschichte.

Hier zwei Beispiele, eines aus dem Geschäftsleben und eines aus dem sozialwissenschaftlichen Umfeld.

> *Letzte Woche besuchte ich unsere Filiale in Berlin und sprach mit dem dortigen Filialleiter über die Vertriebszahlen des letzten Quartals. Dabei erwähnte er beiläufig, dass das von uns vorgeschlagene Merchandisingprogramm in dieser Filiale zu meinem großen Erstaunen nicht umgesetzt wurde. Stattdessen ließen sich die dortigen eigensinnigen Mitarbeiter eigene Vertriebsaktivitäten einfallen und konnten zu meinem großen Erstaunen das Ergebnis um über 20 Prozent steigern, während der Durchschnitt aller anderen Filialen bei 4 Prozent liegt. Das ist der fünffache Zuwachs aller anderen Filialen, die mit unserem normalen Programm gearbeitet haben. Sie können sich vorstellen, dass ich rasch und genau wissen wollte, wie das funktioniert. Und damit auch Sie erfahren, was diese Filiale so derartig erfolgreich macht, sehen wir uns nun deren Aktivitäten im Detail an.*

> *In meiner Tätigkeit als Berater in der Bildungskommission durfte ich miterleben, wie wichtig Bildung ist und wie sehr man sie vermisst – gerade wenn man sie nicht hat! Ich habe Menschen kennengelernt, die nach ihrer Pensionierung ein Studium begonnen haben – aus Sehnsucht nach der Bildung, die ihnen ihr Leben lang aus verschiedensten Gründen verwehrt blieb: Eine Dame begann mit 62 Jahren ein Medizinstudium und promovierte mit 69 – nun arbeitet sie unentgeltlich als Kinderärztin. Sehen wir uns nun an, wie wir in Zukunft sicherstellen können, das Bildung in unserem Land wirklich zum Allgemeingut mit Zugang für alle wird …*

Spezialfall: Frage ans Publikum

Fragen stimulieren, regen zum Nachdenken an und eignen sich daher hervorragend als „Anlasser“ für Interaktion, Aktivierung oder den Start einer Präsentation. Stellen Sie eine interessante, themenrelevante Frage in den Raum oder fragen Sie das Publikum oder eine Person direkt. Wir unterscheiden zwischen drei Möglichkeiten für Fragen zur Interaktion:

Rhetorische Frage

Eine rhetorische Frage ist eine Frage, die vom Publikum nicht beantwortbar ist oder auf die Sie keine Antwort erwarten. Natürlich haben Sie selbst die Antwort und werden Sie auch im Laufe der Präsentation geben. Mit der rhetorischen Frage wecken Sie allerdings jetzt schon Interesse darauf:

Was ist das Ergebnis der aktuellen Forschungen und wie können wir diese in unser Projekt integrieren?

Um wie viel mehr Ertrag könnte unser Unternehmen haben, wenn wir unsere Kostenstruktur um 10 Prozent reduzieren?

Woher kommen die plötzlichen Probleme im zweiten Quartal tatsächlich?

Ich frage mich nun ernsthaft, was die Ursache dafür sein könnte …

Es kann aber auch eine Frage sein, deren Antwort so selbstverständlich und logisch ist, dass keine „echte“ Antwort nötig ist, weil sowieso alle gleich antworten würden, also eine No-na-Frage:

Sind Sie an einer Lösung unserer Probleme interessiert?

Möchten Sie wieder zurück auf die Erfolgsspur?

Wollen Sie wissen, wie das geht?

„Echte“ Frage

Die echte Frage provoziert „echte“ Antworten aus dem Publikum, entweder weil Sie wirklich etwas wissen möchten oder auch nur als Checkfrage. Vielleicht sollen die Antworten sogar bewusst unterschiedlich ausfallen, sodass von Beginn an klar wird, dass es keine einheitliche Meinung gibt und Sie derjenige sind, der die Lösung dazu verkünden wird. Sie können die Antworten auf „echte“ Fragen für den Start einer Diskussion nutzen, ganz einfach mit einem „Danke“ quittieren oder auch sammeln und auf einem Flipchart festhalten. Die Interaktion ist dabei der entscheidende Faktor, sie holt die Zuhörer an das Thema heran. Die Antworten könnten durchaus auch Nebensache sein, weil das Thema ja ohnehin von Ihnen abgehandelt wird:

Was ist das Wichtigste am Start bei einer Präsentation?

Wie lange reicht der Ölvorrat auf der Erde noch aus?

Wie könnten wir dieses Problem nun endlich in den Griff bekommen?

Herr Karl, wie würden Sie sich in dieser Situation verhalten?

Wie funktioniert das in Ihrem Team?

Quantifizierungsfrage

Die Quantifizierungsfrage verschafft Ihnen einen Überblick über Ihr Publikum und regt es zu Aktivität an. Diese Fragen sollten Sie allerdings mit Vorsicht einsetzen, vor allem dann, wenn der Anlass kritisch ist und Sie wenig oder keinen Bezug zu Ihrem Publikum haben. Zudem sollte die Quantifizierungsfrage die Antwort provozieren, die Sie sich erhoffen, da Sie ansonsten in Erklärungsnotstand geraten würden. Wichtig ist, dass Sie mit den Antworten auch tatsächlich weiterarbeiten, diese also verwenden.

Wer von Ihnen glaubt, dass der Umweltschutz in den kommenden Jahren immer wichtiger wird?

Wie viele von Ihnen haben schon einmal an einer Präsentation oder einem Vortrag teilgenommen?

Das Problem zieht sich schon seit einem Jahr dahin, wer ist an einer Lösung interessiert?

Wer von Ihnen hat schon einmal/kennt/weiß ... ?

Wer kennt das? Bitte heben Sie Ihre Hand ...

Visuelle Aktivierungsstrategien für mehr Aufmerksamkeit

Ein neues Bild

Neuigkeiten bringen zwangsläufig Aufmerksamkeit. Bei einer langen PowerPoint-Präsentation mit vielen Slides nützt sich der Effekt des Bilderwechsels allerdings auch irgendwann ab. Trotzdem gibt es immer wieder kleine Spannungsmomente, wenn das nächste Bild erscheint – nützen Sie das, indem Sie die wichtigen Botschaften möglichst unmittelbar nach der Erklärung des Bildinhaltes bringen. Und arbeiten Sie mit Überleitungen: ankündigen, fragen, auffordern.

Medienwechsel

Schalten Sie den Datenprojektor auf Schwarzbild, bewaffnen Sie sich mit einem Stift und gehen Sie ans Flipchart. Sofort entsteht für die Zuschauer eine neue Situation, die wiederum Aufmerksamkeit mobilisiert. Wenn Sie nur ein Medium verwenden, erklären Sie zwischendurch ohne Bilder und treten Sie dabei zentral vor die Zuhörer – auch das ist eine willkommene Abwechslung.

Bewegung

Denken Sie an Kinder – alles, was sich bewegt, ist für sie toll. Bewegte Objekte sind interessant und ziehen unsere Aufmerksamkeit auf sich. Diesen Mechanismus nützen wir bereits mit der Gestik und der Blickführung. Als Aufmerksamkeitsstimulans brauchen wir größere, dramaturgisch noch wirksamere Bewegungen: Wechseln Sie die Seiten, gehen Sie auf Ihr Publikum zu, gehen Sie ans hintere Ende des Vortragsraumes. Aber bitte immer bewusst und gezielt.

Spontanes Ereignis

Präsentationen bestehen zum großen Teil aus fertigen Slides. Für punktuelle Aufmerksamkeit brechen Sie dieses Schema und erschaffen Sie ein Bild – jetzt und hier, ganz neu und nur für Ihre Zuseher – exklusiv! Voraussetzung ist natürlich, dass Sie dieses Bild bereits fertig in Ihrem Kopf haben und genau wissen, wie und wie rasch Sie es realisieren können (eventuell sogar vorgezeichnet, mit bestimmten Farben, in einer bestimmen Größe et cetera).

Demonstration

Eine aktuelle Vorführung ist stärker als jedes Bild – besonders wenn Sie Ihre Zuhörer dabei mit einbeziehen können. Das geht am besten mit spontanen (oder scheinbar spontanen) Vorführungen und Demonstrationen:

Ach, was rede ich, ich zeige Ihnen ein paar Fotos vom Labor …

Kommen Sie bitte kurz zu mir, dann sehen Sie die Funktion noch besser …

Ich führe Ihnen das gleich mal vor …

Unterbrechung

Es gibt Situationen, wo es einfach wirklich schon zu viel ist oder in denen Sie zwangsläufig sehr viele Informationen zur Vorbereitung auf den eigentlichen Höhepunkt geben müssen. Scheuen Sie sich in dieser Situation nicht, eine kurze Pause einzuschieben mit dem Hinweis, dass das Wichtigste erst kommt. Oder Sie bemerken, dass tatsächlich nichts mehr geht und das Publikum einfach eine kurze Pause braucht. In diesem Fall: Schenken Sie fünf Minuten Unterbrechung, die Dynamik nach einer Pause ist eine völlig neue und alle sind wieder frisch dabei.

Was tun, wenn das Publikum sich langweilt?

Langeweile ist ein echtes Problem, denn im Gegensatz zur Müdigkeit ist nun sehr wohl der Vortragende schuld, auch wenn dieser sich vielleicht auf das „langweilige Thema“ ausredet. Langeweile erkennen Sie, wenn das Publikum eine offensichtliche „Unlust“ an den Tag legt und nicht wie bei Müdigkeit einfach physisch nicht mehr kann. Wenn es Ihrer Zielgruppe langweilig wird, haben Sie wahrscheinlich irgend etwas falsch gemacht: die falschen Leute eingeladen, sich nicht genügend über deren Interessen den Kopf zerbrochen, den „Na und?“-Faktor“ missachtet, einen Infoschock ausgelöst, keinen klaren Punkt B definiert, nicht genügend visualisiert und Ähnliches. Sicher, beim nächsten Mal werden Sie es besser machen – aber was tun Sie jetzt? Hier einige Möglichkeiten, die Langeweile der Zuhörer in den Griff zu bekommen:

Tempo erhöhen

Das heißt nicht, dass Sie schneller sprechen sollen, sondern dass Sie Inhalte weglassen, straffen und sich nur noch auf das wirklich absolut Notwendige konzentrieren. Ziehen Sie den Abschluss vor und wiederholen Sie die Kernaussage noch einmal nachdrücklich. Greifen Sie auf die Strategien für Kurzpräsentationen aus dem Kapitel „Erfolgsfaktor 2“ zurück – das kann jetzt sehr hilfreich sein.

Kommunikation

Ist die Langeweile nicht gleichmäßig verteilt, versuchen Sie, den oder die besonders Gelangweilten speziell einzubeziehen. Lassen Sie sich von Erfahrungen berichten, werten Sie diese auf und sprechen Sie diese Personen gezielt an. Beziehen Sie sich immer wieder auf das Präsentationsziel und den Nutzen, schenken Sie der gelangweilten Person oder Personengruppe aber nicht plötzlich so viel Aufmerksamkeit, dass der Rest beginnt, sich zu langweilen!

Keine Entschuldigung

Mit der Aussage „Es tut mir leid, wenn ich Sie langweile, aber … " erklären Sie den totalen Bankrott. Sie zeigen, dass Sie das Problem nicht lösen können, obwohl Sie es erkannt haben, und machen den paar vielleicht noch Interessierten endgültig klar, dass es sich um eine langweilige Veranstaltung handelt – selbst wenn diese bisher gar nicht dieser Meinung waren. Kämpfen Sie bis zum Ende, es lohnt sich!

7.2 Umgang mit Einwänden und Fragen

Achtzig Prozent aller Fragen und Einwände sind bei ausreichender Vorbereitung grundsätzlich vorhersehbar, das vereinfacht die Sache beträchtlich. Wenn Sie diese Tatsache ignorieren, muss Ihnen bewusst sein, dass Sie russisches Roulette spielen: „Hoffentlich fragt mich keiner, wie wir auf diese Prognose kommen … ". Sie würden ein enormes Risiko eingehen und die Präsentation könnte trotz guten Verlaufs am Ende doch noch schiefgehen. Doch wenn Sie Ihre Zielgruppenanalyse gewissenhaft erledigt und sich intensiv mit Ihrer Zielgruppe und deren Bedürfnissen beschäftigt haben, minimieren Sie dieses Risiko entscheidend. Dann müssen Sie nur noch wählen, ob Sie gewisse Fragen und Einwände vorwegnehmen und selbst ansprechen oder nur vorbereiten, um im Fall der Fälle gerüstet zu sein. Ich werde in der Folge nicht mehr auf eine Unterscheidung von Fragen und Einwänden eingehen, weil die Handhabung seitens des Präsentators identisch ist und Einwände immer auch Fragen sind und entsprechend behandelt werden sollten. Bei der Vorbereitung auf Fragen und Einwände orientieren Sie sich an drei Kategorien von Bedürfnissen:

Funktionale Bedürfnisse

Funktioniert der Vorschlag oder das Konzept? Erbringt das Gerät die Leistung, die der Betrieb braucht? Wie soll die Maßnahme durchgezogen werden? Stimmt die Qualität des Produkts? Ist die Methode verlässlich?

Finanzielle Bedürfnisse

Ist das Preis-Leistungs-Verhältnis in Ordnung? Gibt es billigere Lösungen? Aus welchen Quellen wird es finanziert? Wie hoch ist das finanzielle Risiko? Wie vergleicht sich das Ergebnis mit anderen finanziellen Kennzahlen? Können wir uns das leisten? Was können wir verlieren?

Sicherheitsbedürfnisse

Kann ich mich darauf verlassen? Gibt es Erfahrungswerte dazu? Wer garantiert für den Erfolg? Wie können wir das Risiko begrenzen? Wurden alle Gefahren vernünftig abgewogen?

Wenn Sie gefragt werden – Fragen kurz wiederholen

Die Wiederholung von Fragen, bevor Sie antworten, bietet in gewissen Situationen Vorteile und kann je nach Situation eingesetzt werden.

Bei großem Publikum stellen Sie damit sicher, dass alle Teilnehmer die Frage verstehen, akustisch wie auch inhaltlich. In einer kleinen Gruppe werten Sie den Fragesteller auf und zollen ihm damit Anerkennung. In einer kritisch-feindseligen Atmosphäre hingegen benutzen Sie die Wiederholung, um negative Fragen durch Umformulierung zu entschärfen:

Frage: „Die Qualität Ihrer Produkte ist skandalös. Wann tun Sie endlich etwas dagegen?" – Wiederholung der Frage:

Was tun wir also für unsere Produktqualität? Das ist einfach erklärt …

In einer heiklen Situation oder wenn Sie spontan keine Antwort wissen, gibt Ihnen die Wiederholung zumindest Zeit zum Nachdenken. Wiederholen Sie aber nur gezielt und machen Sie es sich nicht zur Routine, automatisch jede Frage zu wiederholen. Erstens wirkt es eingelernt und insbesondere in kleinen, informellen Gruppen erwarten die Zuhörer eine rasche, präzise Antwort.

Kritische Fragen selbst vorwegnehmen

Eine gewissenhafte Zielgruppenanalyse wie im Kapitel „Erfolgsfaktor 1" beschrieben hat garantiert auch Fragen aufgeworfen, an die Sie vielleicht sonst nicht gedacht hätten. Entscheiden Sie rechtzeitig, ob Sie diese Fragen bereits während des Vortrags vorwegnehmen und beantworten oder ob Sie eine Antwort zwar vorbereiten, aber offenlassen. Nehmen Sie eine Frage vorweg, wenn Ihr Vorschlag Risiken oder Unsicherheiten aufweist und Sie diese Unsicherheit nicht wie eine drohende, schwarze Wolke – die zum Unwetter werden könnte – über dem Vortrag schweben lassen wollen. Dasselbe gilt für Einwände, die auf der Hand liegen, und Punkte, die Sie bewusst nur ganz kurz abhandeln wollen – packen Sie den Stier bei den Hörnern und bringen Sie diese Fragen gleich selbst ins Spiel:

> *Sie werden sich sicher fragen, ob wir das überhaupt finanzieren können. Genau aus diesem Grund …*
>
> *Ich kann mir vorstellen, dass Sie dabei gewisse Bedenken haben, und deshalb …*
>
> *Die Gefahr bei dieser Vorgangsweise ist natürlich offensichtlich: …*
>
> *Natürlich gibt es dabei das Risiko, dass …*
>
> *Mir ist klar, dass Sie bei diesem Preis und Aufwand schlucken werden, daher …*
>
> *Dass Sie hier zögern werden, ist nur natürlich, umso mehr werden wir …*

Behandeln Sie grundsätzlich alles als Frage – auch klare Einwände. Bleiben Sie dabei immer konstruktiv, denn auch Einwände sind Fragen, hinter denen gewisse Interessen stehen, und genau diese sind interessant.

Einwand: „Diese Vorgangsweise wird uns in den Ruin treiben!"

Ihre Reaktion darauf: *Ihre Frage nach der richtigen Vorgangsweise ist berechtigt und sieht folgendermaßen aus …*

Einwand: „Das wird niemals klappen!"

Antwort: *Sie wollen wissen, wie das funktionieren wird …*

7.3 Professionelle Fragerunden und Diskussionen

Die Interaktion nach der Präsentation

Eine gelungene Präsentation endet oft mit einer Fragerunde oder einer Diskussion. So stellen Sie sicher, dass wirklich alle Themen behandelt wurden, alle Fragen beantwortet sind und die nächsten Schritte veranlasst werden können.

Die Fragerunde oder Diskussion nach einem Vortrag soll den positiven Gesamteindruck abrunden und verstärken – sie kann ihn aber auch zerstören. Daher kann und muss auch dieser Teil geplant und gut vorbereitet werden. Mit verhältnismäßig wenig zusätzlichem Aufwand können Sie dieser kritischen Phase beruhigt entgegensehen.

Die Wahl des richtigen Zeitpunktes

In vielen Präsentationssituationen ergibt sich das ganz automatisch durch die Situation: In einem sehr kleinen, informellen Kreis wird zwischendurch ganz einfach gefragt, bei einem Fachvortrag vor hundert Leuten wäre das eher kontraproduktiv. In jeder Situation haben Sie aber zumindest etwas Gestaltungsspielraum – und den sollten Sie nützen. Nehmen Sie den Punkt einfach mit auf die Agenda und kündigen Sie bereits bei der Einleitung an, wie Sie genau vorgehen möchten – Fragen gleich während der Präsentation oder erst im Anschluss daran. Wenn Sie die Diskussion nach dem Vortrag geplant haben:

Und im Anschluss stehe ich dann sehr gerne für Ihre Fragen zur Verfügung.

Nach der Präsentation haben wir noch zehn Minuten für eine Diskussion eingeplant.

Möchten Sie die Fragen des Publikums gleich während des Vortrags beantworten, was für Verständnisfragen zu empfehlen ist, haben Sie unterschiedliche Möglichkeiten:

Falls Sie Fragen haben, stellen Sie diese bitte immer gleich, damit stets alle den gleichen Wissensstand haben.

Sie können mich jederzeit gerne unterbrechen, falls Sie Fragen haben.

Wenn Sie eine Frage haben, ersuche ich um ein Handzeichen.

Im Anschluss haben wir noch Zeit für eine kurze Diskussion; Verständnisfragen beantworte ich selbstverständlich sofort während des Vortrags.

Der Einstieg in die Diskussion und Fragerunde

Erinnern Sie sich an die „Brücke“, die vom Vortrag zur Diskussion führt? Nun ist es soweit, die Diskussion kann beginnen. Der Moment ist allerdings nicht ganz unkritisch und hängt von einigen wichtigen Faktoren ab. Bitte beachten Sie: Mit Ihrer Körperhaltung, Ihrer Stimme und Ihren Worten stimulieren oder bremsen Sie potenzielle Fragesteller. Sind Sie ernsthaft an den Fragen des Publikums interessiert, fragen Sie bitte nicht so:

„Haben Sie noch Fragen?“ – „Ist alles klar?“ – „Sonst noch was?“ – „War's das?“

Mit dieser Art der Fragestellung, womöglich noch kombiniert mit einem hektischen Blick auf die Uhr, zur Tür oder mit verschränkten Armen, wird sich niemand eingeladen fühlen, eine Frage zu stellen. Das kann natürlich durchaus gewünscht sein – etwa wenn Sie in Gefahr sind, den letzten Flieger nach Hause zu verpassen – Sie verschenken damit aber vielleicht auch eine große Chance.

Wenn Sie hingegen Fragen bekommen möchten, fragen Sie:

Welche Fragen interessieren Sie noch?

Was möchten Sie zu diesem Thema noch wissen?

Wie kann ich Ihnen dazu noch weiter behilflich sein?

Auch Aufforderungen sind zum Einstieg möglich:

Bitte stellen Sie jetzt Ihre Fragen zu diesem Thema ...

Ich ersuche nun um Ihre Beiträge ...

Jetzt sind Sie an der Reihe, bitte stellen Sie Ihre Fragen ...

Dazu ein freundliches Gesicht, einladende, offene Gestik, und das Publikum wird sich wirklich eingeladen fühlen und somit eher initiativ die Fragerunde eröffnen.

Stimulation – und was, wenn keiner fragt?

Tja, das kann natürlich passieren, daher sollten Sie sich immer auf diesen Fall vorbereiten – es sei denn, sie sind froh darüber und nutzen die Gelegenheit gleich zum Abschluss. Wenn Sie sich ausreichend Zeit für Ihre Zielgruppen-analyse genommen haben – Sie wissen, 80 Prozent aller Fragen sind vorher-sehbar –, haben Sie ohnehin ein paar Fragen identifiziert, die mit hoher

Wahrscheinlichkeit kommen könnten. Jetzt ist es an der Zeit, eine davon zu nehmen und diese an sich selbst zu richten.

Was ich in diesem Zusammenhang oft gefragt werde, ist ...

Meistens fragen gerade Techniker, wie ...

Was ich oft gefragt werde, ist zum Beispiel ...

Sie werden sich jetzt vielleicht fragen, wie ...

Eine Frage, die in diesem Zusammenhang oft im Raum steht, ist ...

Falls keine Fragen kommen, widerstehen Sie bitte der Versuchung, sofort nach der Wirkung Ihrer Präsentation zu fragen, indem Sie sagen: „Und, wie gefällt Ihnen mein Vorschlag?" oder „Was halten Sie von diesem Konzept?" Mit diesen Fragen können Sie sich ganz rasch ins Aus manövrieren, nämlich dann, wenn nun wieder keine Antwort kommt oder die Zuhörer zu diesem Zeitpunkt einfach noch keine Meinung abgeben können, weil es zu früh dazu ist.

Regeln für Diskussion und Fragerunde vorgeben

Bei kleinen Gruppen: Holen Sie Zustimmung ein

Bei der Bekanntgabe der Vorgangsweise ist es meist einfach, eine formelle Zustimmung der Teilnehmer zu dieser Vorgehensweise zu erhalten: *Ist das O.K. für Sie?* Das ist deshalb wichtig, weil Sie damit Zwischenfragen während des Vortrags unter Hinweis auf die getroffene Vereinbarung einbremsen können (*WIR hatten vereinbart ...*).

Grenzen Sie die Diskussion ein

Bei Ihrer Überleitung (Brücke) in die Diskussionsphase spezifizieren Sie, auf welche Punkte sich die Diskussion beschränken soll oder in welcher Reihenfolge die Themen „zerpflückt" werden sollen. – Holen Sie sich dazu ebenfalls die Zustimmung Ihrer Zielgruppe.

Pochen Sie auf Disziplin

Damit nicht alle gleichzeitig und durcheinander losfragen und Sie damit heillos überfordern, ist an dieser Stelle unbedingt Disziplin nötig. Sie haben die Führung in der Hand, laden Sie das Publikum daher aktiv ein:

Ich ersuche Sie jetzt um Ihre Fragen!

Zeigen Sie vor, in welcher Form die Wortmeldungen erfolgen sollen, und heben Sie selbst eine Hand als Beispiel. Damit signalisieren Sie, in welcher Form Sie Fragen erwarten und der Reihenfolge nach akzeptieren werden. Fordern Sie Disziplin ein – höflich, aber bestimmt.

Konsequente Abwicklung

Erteilen Sie ausschließlich das Wort an Personen, die sich entsprechend zu Wort gemeldet haben. Beiträge ohne die von Ihnen „verordnete" Wortmeldung lehnen Sie höflich, aber bestimmt ab:

Entschuldigen Sie, Herr Sprecher, aber Frau Zeiger hat sich zu Wort gemeldet.

Und dazu wiederholen Sie Ihre Wortmeldungsgeste. Wenn mehrere hintereinander die Hand heben, signalisieren Sie, dass Sie die Reihenfolge verstanden haben, damit die Fragenden ihre Hände wieder senken können und trotzdem Gewissheit haben, als Nächste an die Reihe zu kommen.

Blitzartiger Zugriff auf benötigte Slides in der Fragerunde

Eine häufige Szene: Um eine Frage aus dem Publikum zu beantworten, braucht der Präsentator ein bestimmtes Slide. Er weiß genau, dass er es hat, aber leider nicht, wo, und sucht daher nervös in seiner Präsentation nach der Nummer, während das Publikum schon ungeduldig wird.

Sorgen Sie für solche Fälle besser vor: Drucken Sie die komplette Präsentation im Handzettel-Format aus (9 Slides pro Seite) und nummerieren Sie die Slides auf dem Handzettel gemäß der vorgesehenen Reihenfolge durch. Achtung auf ausgeblendete Slides, nummerieren Sie diese ebenfalls, sonst kommen Sie durcheinander, falls Sie eines davon brauchen.

Wenn Sie nun zur Beantwortung einer Frage ein Slide brauchen, finden Sie dieses auf einen Blick und ohne aus dem Präsentationsmodus zu wechseln auf Ihrem Ausdruck. Nun geben Sie nur noch die betreffende Nummer des Slides in das Notebook ein und drücken „Enter": Voilà, hier ist direkt das gewünschte Bild! Nach Beantwortung der Frage schalten Sie den Projektor wieder auf Schwarzbild oder drücken die Taste „B" oder „S" (Block beziehungsweise Schwarz) am Notebook.

7.4 Diskussionssteuerung für den reibungslosen Ablauf

Beziehen Sie stets alle Teile Ihres Auditoriums gleichmäßig in die Diskussion ein und lassen Sie sich nicht durch einen besonders aktiven Teil des Publikums dazu verführen, eher ruhige oder abwartende Teilnehmer zu vernachlässigen. Dabei helfen folgende Tipps:

Wortmeldungen steuern und im Mittelpunkt bleiben

Gerade bei heiklen Themen und engem Zeitplan müssen Sie immer wieder steuernd und korrigierend eingreifen. Versuchen Sie im Mittelpunkt zu bleiben, Fragen sollten an Sie gerichtet und auch von Ihnen beantwortet werden. Wenn sich Wortmeldungen und Fragen überschneiden, greifen Sie sofort steuernd ein.

Einen Moment noch, Herr Dümpelfried – Frau Schwab ist mit ihrem Beitrag noch nicht zu Ende.

Falls das Thema abdriftet, holen Sie es aktiv zurück:

Herr Doppler, ich verstehe Ihr Interesse an diesem Punkt, darf ich Sie trotzdem ersuchen, beim aktuellen Thema zu bleiben? Danke.

Falls alle gleichzeitig reden wollen:

Danke, Frau Bastler, Sie kommen als Nächste, dann Sie, Herr Hurtig, und dann Frau Grobian. Bitte, Frau Bastler, ich ersuche um Ihre Frage.

Steuerung mit Blickkontakt

Geben Sie stets jedem Fragesteller Ihre volle Aufmerksamkeit, und signalisieren Sie das nicht nur durch Blickkontakt, sondern auch durch Zuwendung und wenn möglich sogar durch Zugehen. Während eine Frage gestellt wird, ist ausschließlich der Fragesteller wichtig. Während Sie die Frage laut wiederholen, ist Ihr Blick im Publikum. Die Antwort richten Sie ebenfalls an alle und natürlich auch an den Fragesteller selbst. Wichtig ist Ihr letzter Blick: Bleiben Sie beim Fragesteller, wenn Sie sichergehen wollen, dass er mit der Antwort zufrieden ist, und stellen Sie eine Checkfrage:

Ist Ihre Frage damit beantwortet, Frau Karoline?

Wenn Sie nicht riskieren wollen, dass der Fragesteller eine Anschlussfrage stellt, beenden Sie Ihre Antwort mit Blick an eine andere Stelle im Publikum und führen die Diskussion fort.

Wenn möglich, Namen der Zuhörer verwenden

Das funktioniert natürlich nur in der Kleingruppe. Die Ansprache mit dem Namen ist immer ein Zeichen der Wertschätzung und stimmt positiv – ein uraltes Erfolgsrezept guter Verkäufer. Aber Vorsicht: Sie müssen dieses Rezept durchhalten, sonst frustrieren Sie den nicht namentlich Angesprochenen: „Und nach Frau Dr. Hohenstein jetzt bitte der Herr da in der dritten Reihe."

Kein Lob für Fragesteller

„Das ist eine ausgezeichnete Frage." Dieses Lob steht Ihnen einerseits oft gar nicht zu, andererseits ist es unfair gegenüber anderen Fragestellern: Waren deren Fragen etwa schlechter? Wenn Sie hingegen stets alle Fragen loben, glaubt Ihnen erst recht niemand mehr. Vermeiden Sie es, Fragen zu werten, aber anerkennen Sie Beiträge mit einer entsprechenden Begründung:

> *Diese Frage verrät eine Menge Fachwissen.*

Oder:

> *Diese Frage bringt uns zu einem Punkt, der oft vernachlässigt wird.*

Oder einfach:

> *Danke. Dazu Folgendes …*

Beiträge notieren

Offene Fragen und Anregungen notieren Sie für alle sichtbar, zum Beispiel am Flipchart. Das wertet den Fragesteller auf und demonstriert, wie wichtig Sie den Beitrag nehmen. Natürlich können Sie dabei wieder etwas umformulieren – mit der Begründung, Stichworte würden reichen.

Kompetent bleiben

Bleiben Sie in Ihrem Fachbereich. Lassen Sie sich nicht zu Antworten verleiten, für die Sie nicht zuständig sind. Ein Verkäufer muss nicht alle Leistungskriterien kennen, ein Techniker nicht die Lieferfristen. Notieren Sie die Frage und den Namen des Fragestellers, versprechen Sie Antwort. Fragen Sie alle anderen, ob sie ebenfalls an der Antwort interessiert sind, und versprechen Sie, ihnen diese zukommen zu lassen.

Vorsicht vor Dialogen im Publikum

Bei größerem Publikum sind Sie dafür verantwortlich, dass von der Diskussion alle gleichmäßig profitieren. Lassen Sie sich deshalb nicht von einem besonders eifrigen Zuhörer in die „Dialogfalle" treiben. Akzeptieren Sie maximal eine Anschlussfrage an eine bereits beantwortete Frage. Bei einer kleinen Runde wichtiger Entscheidungsträger müssen Sie dagegen jede Frage restlos klären. Stellen Sie zur Sicherheit jeweils eine Checkfrage:

Ist Ihre Frage damit geklärt?

Hammer home your message

Auch in der Fragerunde gibt es genug Gelegenheit zum Verstärken und Wiederholen Ihrer Botschaften.

Danke, die Frage bestätigt noch einmal die Wichtigkeit des Themas, nämlich ...

Es sollte allerdings keinesfalls penetrant wirken wie bei der Platzierung von politischen Botschaften in TV-Diskussionen.

Kondensat am Ende der Diskussion

Nützen Sie die Gelegenheit, am Ende der Fragerunde oder Diskussion die Ergebnisse so zusammenzufassen, dass damit die zentrale Botschaft Ihrer Präsentation nochmals verstärkt und verankert wird. Damit rücken Sie auch am Ende wieder ins Zentrum und verstärken Ihre Expertenrolle. Bleiben Sie dabei fair und berücksichtigen Sie auch kritische oder negative Kommentare im Kondensat, sonst könnte man Ihnen Ignoranz oder Praxisferne unterstellen.

Die Fragerunde hat einige zusätzliche Aspekte aufgezeigt, nämlich ...

Wir haben die offenen Punkte also geklärt und nun ...

Ihre Beiträge waren wichtig – danke – und nun …

Danke für die angeregte Diskussion. Damit können wir diesen Punkt abhaken und wir kommen somit zum nächsten Teil …

Danke für Ihre Fragen, zur Abrundung gebe ich Ihnen …

Diskussion und Fragerunde	
Kleine Gruppe, Entscheider bekannt, Sachthema	**Große Gruppe, Publikum gemischt**
Ziel	
alle Fragen beantworten; Unklarheiten sofort klären; fachlich überzeugen	Publikum einbinden; wichtigste Fragen beantworten; persönlich überzeugen
Probleme	
Fragen bleiben offen; werden verschoben; mangelnde Wortdisziplin	zu lange Fragen und Beiträge; Abgleiten auf Nebenschauplätze; mangelnde Wortdisziplin
Strategien	
zu Fragen ermuntern; immer wieder zurück zum Thema führen; Fragen wiederholen; Bestätigung einholen	Fragen für alle wiederholen; entschärfen durch Umdeuten; lange Beiträge stoppen; Anschlussfragen kontrollieren

Übersicht: Die Größe der Gruppe, der Anlass und die teilnehmenden Personen haben Einfluss auf die geeignete Strategie in der Fragerunde.

7.5 Der Präsentator im Kreuzfeuer

Stellen Sie sich vor, Sie stehen mit Ihrer Präsentation vor dem CEO, dem gesamten Vorstand oder einer auserkorenen Riege von Fachexperten in Ihrem Bereich und werden mit Fragen gelöchert, die nur auf eines abzielen: Lücken, Fehler, Schwächen und Risiken in Ihrem Konzept oder Ihrem Vorschlag aufzudecken. Diese Fragen kommen aber leider nicht liebenswürdig und nett wie „Würden Sie uns bitte noch etwas ausführlicher erklären, welche Risiken es gibt? Vielen Dank … “, sondern eher kurz und direkt: „Was kostet das?“ – „Wie kommen Sie darauf?“ – „Was kann schiefgehen?“ – „Na und?“

Gehen Sie ruhig davon aus, dass die Zuhörer in diesem Fall wesentlich weniger Ahnung davon haben, worüber Sie sprechen, denn schließlich ist es ist ja Ihr Fachgebiet. Trotzdem treffen diese Personen die Entscheidung und es liegt in Ihrer Verantwortung, diese Entscheidung perfekt vorzubereiten und in kurzer Zeit alles, was dazu notwendig ist, zu präsentieren. Wenn Sie dadurch dazu beitragen, Ihren Führungskräften den Job einfacher zu machen und Entscheidungen zu erleichtern, haben Sie schon fast gewonnen. Wie ein befreundeter CEO gerne zu sagen pflegt: „Ich ertrinke in Information und dürste nach Wissen."

Gut vorbereiten!

Beim Kreuzfeuer ist es eine Katastrophe, wenn Sie nicht perfekt vorbereitet sind und Fragen nicht beantworten können – es ist aber eine enorme Chance, wenn Sie es sind! Präzise Fragen zu stellen ist die Pflicht des Topmanagements oder der obersten Entscheidungsträger und Experten. Damit Sie sich darauf einstellen können, was Sie im Kreuzfeuer erwartet, sehen wir uns einmal genauer an, was Entscheidungsträger bewegt und wie diese denken. Die folgenden Punkte sollten Sie berücksichtigen, wenn Sie vor Top-Executives und Top-Experten präsentieren. Typische Executives und Experten

- sind hochsensibel für Risiken,
- sind Meister im Durchblick,
- sind immer extrem ungeduldig,
- sind ständig in Zeitnot,
- wollen nur mit Profis zu tun haben,
- hassen die 3 Bs: Blender, Bluff und Bubbles,
- sind misstrauisch,
- brauchen 100 Prozent Commitment,
- sind eitel und imagebewusst.

Tipp
Es gibt immer eine oder mehrere Fragen, vor denen man so richtig Angst hat und mit denen man sich am liebsten gar nicht auseinandersetzen würde: „Hoffentlich werde ich nicht gefragt, wie …". Das ist ein klares Indiz dafür, dass Sie sich unbedingt damit beschäftigen müssen! Denn es weist auf offensichtliche Schwachpunkte und Risiken hin und muss daher thematisiert werden. Wenn Sie es merken, merkt der Top-Experte es auch. Und wenn Sie die Frage im Ernstfall dann vielleicht doch gar nicht bekommen: Allein durch die Vorbereitung darauf haben Sie viel für Ihr Selbstvertrauen getan!

So verhalten Sie sich richtig

Für Sie bedeutet das natürlich, dass Sie diese Punkte bereits in der Zielgruppenanalyse berücksichtigen müssen. Halten Sie sich daher an die folgenden Richtlinien:

- Sprechen Sie Schwachpunkte und Gefahren selbst an und räumen Sie diese aus oder relativieren Sie sie.
- Wenn Sie etwas nicht wissen: Versprechen Sie rasche Aufklärung, bluffen Sie nicht und spielen Sie nicht auf Zeit, es funktioniert nicht.
- Ihre Schlüsselinformationen und wichtigsten Kennzahlen müssen Sie im Kopf haben.
- Stehen Sie hinter dem, was Sie sagen. Zeigen Sie 100 Prozent Commitment!
- Bleiben Sie ruhig und sachlich.
- Geben Sie einem CEO etwas, das ihm seinen Job vereinfacht.
- Geben Sie einem Top-Experten etwas, das nur er als Top-Experte versteht.
- Zeigen Sie Vorteile und Nutzen klar auf, aber übertreiben Sie nicht.
- Sagen Sie ihm auch, was *er* davon hat.

Spezielle Fragerunden, Diskussionen und Fachgespräche

Es gibt noch eine Reihe anderer Situationen, die ähnlich wie ein Experten- oder CEO-Kreuzfeuer ablaufen. Zum Beispiel Prüfungen mit Diskussion einer Projektarbeit, Anhörungen, Fachgespräche zur Promotion oder Habilitation. Dass 80 Prozent aller Fragen vorhersehbar sind, gilt auch in diesen Situationen. Laufen Sie also nicht sehenden Auges ins Messer, sondern bereiten Sie *alle* Antworten auf die typischen Fragen der oberen Führungsriege oder Experten vor. Mit diesen (oder ähnlichen) Fragen sollten Sie auf jeden Fall rechnen:

Vor dem CEO	Vor dem Fachexperten
Na und? Was haben wir/das Unternehmen davon?	Was hat unsere Organisation davon?
Wie passt das zu unserer Strategie/Position/ Vision?	Wie passt das zu unserer Lehrmeinung?
Was kostet das? Wie wird es finanziert?	Welcher Aufwand ist nötig, Kosten?
Welche Alternativen gibt es?	Welche Alternativen haben Sie untersucht?
Was sagen die Anwälte/Steuerberater dazu?	Was sagen andere Experten dazu?
Was werden die Mitbewerber/Medien/Kunden dazu sagen?	Was werden Medien und andere Experten dazu sagen?
Wie sieht das Worst-Case-Szenario aus?	Worst Case? Was, wenn Sie etwas übersehen haben?
Bis wann müssen wir entscheiden und warum?	Welches Risiko gehen wir ein?
Halten Sie Ihren Kopf dafür hin?	Wer unterstützt Sie dabei?
Warum sollten wir uns auf Sie verlassen?	Was macht Sie so sicher?
Und denken Sie an die Hidden Agenda: „Na und, was habe ICH (der CEO oder der Fachexperte) persönlich davon?“	

Auch hier ist die penible Vorbereitung auf die Fragerunde unerlässlich und das Mitbringen von Zusatzmaterial wie Statistiken, Zahlen, Marktanalysen immer empfehlenswert.

Nirgends sind die Fragen erbarmungsloser, nirgends geht es um mehr Geld als bei Investitionsentscheidungen professioneller Investoren. Aber auch bei richtig teuren Großprojekten, die vor dem Topmanagement oder wichtigen Kunden präsentiert werden, ist die Gangart eine Spur schärfer als bei „normalen" Businesspräsentationen.

Sollten Sie einen Businessplan an Investoren präsentieren, als CEO auf Roadshow gehen, Megaprojekte an internationale Gremien oder heikle Topkunden präsentieren, haben Sie mit wirklich harten und schwierigen Fragen zu rechnen. Schwierig aber auch hier nur dann, wenn Sie nicht perfekt auf die Fragerunde vorbereitet sind. Die Fragen werden meist sehr rasch hintereinander (Zeit ist Geld!) gestellt, zum Antworten bleibt wenig Zeit. Die Investitionsentscheidung wird ohnehin kaum sofort getroffen, aber es muss Interesse für einen Folgetermin, ein ausführliches Meeting oder ein konkretes Vertragsgespräch geweckt werden.

Unternehmensgründer haben auf speziellen Gründermessen oft nur drei Minuten Zeit, um mit einem Elevator-Pitch und anschließendem Kurz-Kreuzfeuer ihr Konzept zu verkaufen. Da ist Prägnanz gefragt! Auf sämtliche unten angeführte Fragen, die direkt aus der Praxis stammen, müssen Sie daher Antworten parat haben: kurz, informativ und glaubwürdig. Nutzen Sie diese Checkliste zur Vorbereitung – der Aufwand lohnt sich allemal und kann durchaus ein Vermögen wert sein.

Lieblingsfragen kritischer Zielgruppen	Investoren	Management	Topkunden
Na und, wer soll davon profitieren?	x	x	
Warum sollten wir in SIE investieren?	x	x	x
Wer garantiert, dass es klappt?	x	x	x
Ab wann wird Geld verdient?	x	x	
Die drei größten Risiken – und was haben Sie dagegen unternommen?	x	x	x
Wie generieren Sie Einkünfte?	x	x	
Welche Investoren gibt es bereits?	x		
Wer ist das Managementteam und was kann es?	x		x
Wie ist die Kapitalstruktur?	x	x	
Welche Rendite erwartet uns?	x	x	x

Was können Sie besser als der Mitbewerb?	x		x
Welches Problem lösen Sie?	x	x	x
Warum sollten Kunden Ihr Produkt/Ihre Lösung kaufen?	x	x	
Welche Kunden/Referenzen gibt es schon?	x		x
Warum sind Ihre Prognosen schlüssig?	x	x	x
Was ist Ihr USP (Alleinstellungsmerkmal)?	x		x
Wie ist das Verhältnis von Risiko zu Ertrag (risk-reward)?	x	x	
Wie wird das Unternehmen wachsen?	x		
Wie schnell können Sie/Ihre Idee kopiert werden?	x	x	
Was hält den Mitbewerb davon ab, Sie zu kopieren?	x		
Wer sind die Kunden/der Markt?	x	x	
Wie werden Sie bei den Kunden bekannt?	x		
Wie viel Geld brauchen Sie und wozu?	x	x	
Bitte nur drei Sätze: Worum geht's?	x	x	x

Checkliste: Mit diesen Fragen müssen Sie rechnen, bereiten Sie sich gut darauf vor.

7.6 Mit Pannen professionell umgehen

In einem Interview wurde David Copperfield gefragt, wie er es anstellt, dass in seinen Shows immer alles klappt. Seine Antwort: „Sie haben ja keine Vorstellung, es gibt eigentlich keine Show, bei der alles klappt, denn irgend etwas läuft immer schief. Das Publikum wird es aber nie bemerken, weil wir immer einen Plan B haben.“ Der Interviewer wollte daraufhin wissen, was passiert, wenn auch der Plan B danebengeht. Copperfield: „Oh, auch das passiert ständig, dann greifen wir aber auf Plan C zurück.“ Und ergänzte dann lächelnd: „Übrigens haben wir auch einen Plan D, falls C nicht funktionieren sollte.“

Diese Geschichte ist deshalb bemerkenswert, weil sie zeigt, mit welchem Grad an Professionalität gearbeitet werden kann. Fakt ist – und das gilt auch im kleinen Umfeld der Businesspräsentation: Auch wenn etwas schiefgeht, bedeutet das noch lange nicht, dass das Publikum es bemerkt! Es ist sogar die normalste Sache der Welt, dass etwas nicht exakt so läuft, wie Sie es geplant haben. In unzähligen eigenen Vorträgen, Seminaren und Präsentationen habe ich vor allem eines festgestellt: Obwohl fast immer irgend etwas schiefgeht, merken die Zuhörer in 95 Prozent der Fälle gar nichts davon. Und: Die Angst vor Pannen ist viel gefährlicher als Pannen selbst.

Vorträge und Präsentationen sind durch die Verwendung visueller und technischer Hilfsmittel natürlich ein magischer Anziehungspunkt für Pannen aller Art. Absturz des Notebooks, technische Bedienungsfehler, zu wenig Papier, extreme Nervosität oder rhetorische Pannen wie Versprecher, „Faden gerissen" und vieles mehr. Vieles davon ist vorhersehbar, manches fällt unter höhere Gewalt: Stromausfall, Entscheidungsträger krank et cetera. Ganz nach „Murphys Gesetz": Alles, was schiefgehen kann, wird auch schiefgehen.

Murphys Gesetz ist aber durchaus zu schlagen, denn die weitaus meisten Pannen können Sie mit einer guten Vorbereitung verhindern: Sie werden nichts vergessen, Sie wissen, wo Ihre Unterlagen sind, und Sie haben die Routinechecks mit den Geräten durchgeführt. Mit richtigen visuellen Hilfsmitteln sind Sie sicher vor einer „Mattscheibe" und dank eines echten Probelaufes wissen Sie auch, wo Sie wann was aufhängen, ablegen und so weiter.

Das Publikum geht davon aus, dass jeder Vorfall geplant ist und keine Panne. Das kommt daher, dass jeder normale, also nicht ausgesprochen sadistische oder schadenfrohe Mensch mitleidet, wenn ein anderer in eine peinliche Lage gerät. Deshalb wollen Ihre Zuhörer allfällige Pannen auch so schnell wie möglich vergessen und nicht mehr daran erinnert werden. Das können Sie sich wunderbar zunutze machen.

Pannen, die nur Sie bemerken

Üblicherweise wissen nur Sie selbst, was an welcher Stelle zu passieren hat und was nicht. Wenn etwas nicht nach Plan geht, so weiß das momentan außer Ihnen selbst niemand. Denn niemand außer Ihnen kennt Ihren Plan! Beschließen Sie deshalb, dass für Ihre Vorträge grundsätzlich gilt:

Alles ist geplant!

Das betrifft einen Punkt, den Sie vergessen haben, genauso wie ein Bild, das zu früh oder zu spät auftaucht. Mit ein wenig Routine sind Sie in der Lage, ein Missgeschick zu einem vorbereiteten Ereignis umzudrehen:

> *Sie werden sich fragen, was dieses Bild aus Abschnitt B hier zu suchen hat. Es soll uns noch einmal daran erinnern, dass ..*

Oder:

> *Sie sehen, dass die Grafik noch nicht beschriftet ist, das ermöglicht uns nun wunderbar die gemeinsame Erarbeitung.*

Aber meistens ist nicht einmal das notwendig. Erklären Sie das Bild einfach so, als ob es die selbstverständlichste Sache der Welt wäre.

Pannen, die alle bemerken

In einem noblen Wiener Palais habe ich während eines Vortrags das uralte, unsäglich schwere und gefährlich wackelnde Flipchart aus Stahl mit einem Riesenknall umgeworfen. Tja, was kann man da viel tun? Ein umgefallenes Flipchart ist nun einmal eine Panne und für viele Pannen gilt das einfache Prinzip: Schweigend reparieren und weitermachen!

Nachdem nun einmal etwas passiert ist, wollen wir den unerfreulichen Zustand so rasch wie möglich beseitigen und verhindern, dass er sich einprägt und zum Hauptthema wird. Stellen Sie das Flipchart auf, stellen Sie die unterbrochene Kabelverbindung wieder her, starten Sie PowerPoint neu – alles ohne dabei zu sprechen.

Widerstehen Sie dem Bedürfnis, die Reparaturzeit dadurch zu überbrücken, dass Sie weitersprechen, als ob nichts geschehen wäre. Diese Worte würden ohne Blickkontakt gesprochen und durch die viel interessanteren Reparaturbewegungen überlagert sein, und Sie selbst wären beim zügigen Arbeiten behindert. Auch Live-Sportkommentare bitte wieder unterlassen: „So, jetzt überprüfe ich den Anschluss ... oh, das geht leider auch nicht ... nun, dann werde ich jetzt ... “.

In meinem Fall musste ich sogar Hilfe aus dem Publikum in Anspruch nehmen, da ich das prähistorische Flipchart allein gar nicht hochhieven konnte. Auch das ist in Ordnung, wenn Sie ganz selbstverständlich damit umgehen.

Was Sie auf keinen Fall tun sollten, ist, sich zu entschuldigen. Dagegen spricht nämlich das eiserne Gesetz über die Verantwortung des Vortragenden:

§ 1: Der Vortragende ist an allen Dingen selbst schuld.

§ 2: Falls er genau erklären kann, warum er selbst nicht schuld ist, tritt automatisch § 1 in Kraft.

§ 3: Falls er es nicht erklären kann, warum, tritt ebenso § 1 in Kraft.

Sparen Sie sich also alle Erklärungen, warum das eigentlich nicht hätte passieren dürfen und was Sie alles unternommen haben, um es zu verhindern. Bestenfalls ernten Sie Mitleid – und Mitleid ist ein schlechter Verbündeter für den Vortragenden. Auch Schuldzuweisungen helfen Ihnen nicht: „Der Organisator hat mir aber zugesagt, dass die Fenster schalldicht sind.“ Stellen Sie sich auf die Situation ein, machen Sie das Beste daraus, aber beklagen Sie nicht Ihr Schicksal. Abbrechen im äußersten Notfall können Sie noch immer.

Wenn Sie es als Vortragender geschafft haben, ein kleines Missgeschick zu reparieren – gratuliere! Aber erinnern Sie Ihre Zuschauer nicht am Ende Ihrer Präsentation noch einmal daran: „Für den technischen Fehler von vorhin möchte ich mich noch einmal bei Ihnen entschuldigen ...“. Tun Sie das nicht, die Panne ist ohnehin schon längst vergessen.

Wenn die Technik versagt

Was aber, wenn zum Beispiel wirklich der PC abstürzt und nicht mehr hochfährt? Oder der Akku seinen Geist aufgibt und Sie bemerken, dass das Ladegerät zuhause liegt? Möglicherweise haben Sie sogar ein Ersatzgerät vorbereitet, aber auch das muss erst aufgebaut werden.

Gehen wir von einem Normalfall aus: Die Technik lässt Sie im Stich, es gibt keine Ersatzgeräte und ein Vertagen ist nicht möglich. Auf diesen Fall müssen Sie vorbereitet sein! Denken Sie bereits vorher darüber nach, was Sie in dieser Situation tun würden, wenn sie an verschiedenen Stellen Ihres Vortrags auftritt. Gehen Sie gedanklich ein „Worst-Case-Szenario“ durch. Abhängig davon und von der Art Ihrer visuellen Hilfsmittel wird vermutlich eine der folgenden Möglichkeiten für Sie in Betracht kommen:

Reparieren

Wenn Sie mit der Technik so versiert sind, dass Sie sich zutrauen, Fehler rasch zu lokalisieren und zu reparieren, starten Sie einen Versuch. Nach maximal einer Minute sollten Sie den Reparaturversuch aber abbrechen.

Ausweichen

Weichen Sie auf Flipchart oder Pinnwand aus. Vorausgesetzt, Sie haben Ihre Bilder im Kopf, können Sie mit einfachen Mitteln sehr viel retten. Und Ihre Zuhörer werden beeindruckt sein, wie souverän Sie in diesem Fall reagieren.

Pause

Wenn es der Zeitplan erlaubt, machen Sie eine Pause. In einer kurzen Pause können Sie entweder das Problem beheben oder die weitere Vorgangsweise vorbereiten.

Diskussion oder Fragerunde

Dazu rekapitulieren Sie kurz den letzten Abschnitt, denn die Beschäftigung mit der Panne verhindert bei den Zuhörern, dass das knapp davor Gesagte in das Langzeitgedächtnis übernommen wird, und eröffnen dann eine Diskussion.

Nur im Notfall: Abbrechen

Das werden Sie als letzte Möglichkeit immer dann überlegen, wenn Ihre Bilder zentrale Informationen beinhalten, die anders nicht transportierbar sind. Lassen Sie sich in so einem Fall nicht dazu drängen, in kurzen Worten den Inhalt „schnell" zu skizzieren!

Verbale Panne – der Versprecher

Viele Präsentatoren wollen wissen: „Wenn ich mich verspreche, muss oder darf ich das dann korrigieren?"

Versprecher, die den Sinn des Gesagten nicht stören, brauchen Sie nicht zu korrigieren. Ihre Zuhörer haben den Versprecher entweder ohnehin gar nicht mitbekommen oder sofort wieder vergessen, weil sie auf den Inhalt Ihrer Aussage konzentriert sind. Am besten ist, Sie sprechen weiter, als wäre nichts gewesen. Und wenn Sie sich doch korrigieren müssen, tun Sie es einfach, indem Sie das Wort ganz selbstverständlich korrekt wiederholen. Sie müssen sich jedenfalls nicht dafür entschuldigen.

Auch das Vertauschen der Reihenfolge, das zu späte Hinzufügen einer Information oder Ähnliches muss Sie nicht aus der Ruhe bringen. Sie tragen kein Gedicht vor, das jeder nachlesen oder kontrollieren kann. Wenn Sie in Schillers „Glocke" die Verse vertauschen, wird es dem Kenner auffallen. Nicht aber, wenn Sie in Ihrem eigenen Inhalt etwas vertauschen. Was Sie sagen, ist ohnehin neu, und niemand weiß, was Sie „eigentlich" sagen wollten. Korrigieren Sie sich daher, indem Sie ganz selbstverständlich weitersprechen und Dinge hinzufügen, die Sie vergessen hatten, oder Aufzählungen und Standpunkte ganz einfach wiederholen. Dieses Mal aber korrekt.

7.7 Störende Fragen und Sabotage entschärfen

Als Vortragender stehen Sie möglicherweise unter Stress, fühlen sich unsicher und angreifbar. Das könnte feindlich gestimmte Zuhörer dazu verleiten, Sie anzugreifen oder zu versuchen, Sie aus dem Sattel zu heben. Aber auch wenn Sie besonders sicher auftreten, sind Sie nicht vor Attacken gefeit, denn genau Ihr starker Auftritt könnte das Publikum dazu verleiten, Sie etwas härter anzufassen. Unter dem Motto: „Das muss er schon aushalten!"

Tatsache ist, dass die Behandlung von Einwänden und der Umgang mit Angriffen und Störungen immer wieder zu Problemen führt. Wir sind als Vortragende einfach sehr empfindlich und interpretieren zu schnell irgendwelche Äußerungen als feindselig oder gar als persönlichen Angriff. Was wiederum sofort zur Verteidigung, Rechtfertigung oder sogar zum Gegenangriff führt. Beherzigen Sie daher zunächst zwei Grundregeln, wenn es um „Störungen" Ihrer Präsentation geht:

1. Nichts persönlich nehmen!

2. So rasch wie möglich weitermachen!

Spielen Sie Störfaktoren keineswegs hoch. Ihre Reaktionen und Antworten sollten immer so sachlich, kurz und präzise wie möglich sein. Ganz schlechte Reaktionen sind Entschuldigungen und Rechtfertigungen, der Einstieg in Dialoge oder gar direkte Konfrontationen mit den Störenden.

Strategien gegen störende Fragen

Ignorieren: Sie müssen nicht auf alles eingehen (außer der CEO oder eine andere Schlüsselperson fragt!).

Quittieren: Oft genügt schon ein Nicken oder ein Blickkontakt. Bestätigen Sie den Empfang der Frage oder des Einwandes – ohne gleich zu antworten. Wenn Sie ganz demonstrativ quittieren wollen, notieren Sie den Beitrag am Flipchart, das wirkt sehr plakativ – könnte aber auch als provokant aufgefasst werden.

Kurz behandeln und sofort zum Thema zurückkehren: Nehmen Sie den Faden wieder auf, wo Sie beendet hatten, am besten über den letzten besprochenen Punkt der Visualisierung.

Verschieben: Vertrösten Sie auf später, auf die Diskussion oder die Fragerunde. Ersuchen Sie eventuell um Einverständnis damit, und notieren Sie den Punkt.

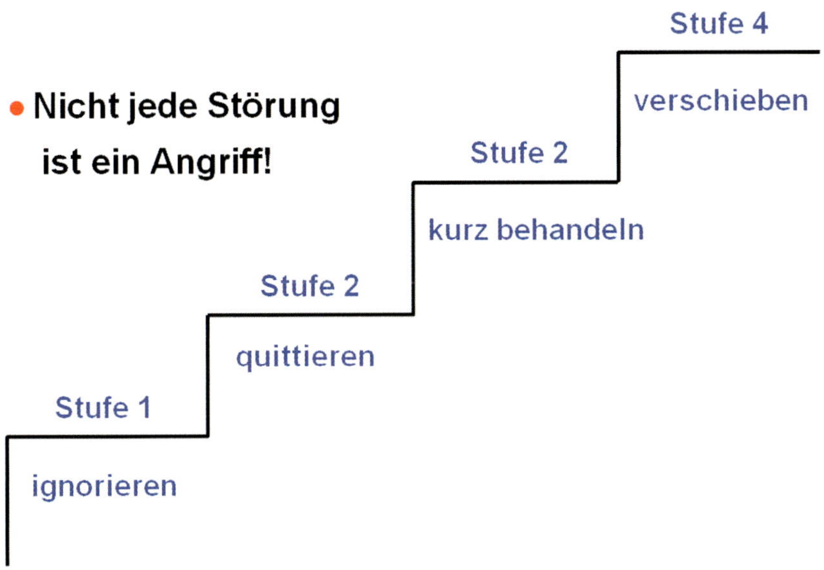

Anti-Störungs-Strategien

Die Präsentationssituation, die Zielgruppe und Ihr Präsentationsziel (offizielle und „Hidden" Agenda) entscheiden, wie Sie sich bei einer Störung verhalten. Können Sie es sich leisten, Störungen zu ignorieren, oder erfordert der Rahmen es, auf absolut alles einzugehen? Wichtig ist daher auf jedem Fall, dass Sie rasch herausfinden, worum es in der Situation konkret geht:

- Geht es um die Verantwortung für den Großteil der Zuhörer und die ganze Veranstaltung?
- Oder um die Befriedigung der Bedürfnisse einzelner, starker oder prominenter Zuhörer?

Störungen bei großem Publikum

Bei einer größeren Veranstaltung mit einem inhomogen zusammengesetzten Publikum sind Sie in erster Linie für die Veranstaltung verantwortlich und nicht für absolute Harmonie mit jedem einzelnen Teilnehmer. Dazu dürfen und müssen Sie Ihre Autorität als Vortragender einsetzen. Aber Achtung:

Wer diese Autorität zu früh ins Spiel bringt, wird zum Schulmeister und hat statt eines einzelnen Störenfriedes plötzlich das Auditorium geschlossen gegen sich.

Bei Störungen empfehle ich Ihnen deshalb ein schrittweises Vorgehen. Der kritische Moment ist der, wenn Sie selbst zwar genau erkannt haben, dass hier jemand stört und Konfrontation sucht, der Rest der Zuhörer das aber noch nicht begriffen hat oder kein Problem damit hat oder noch schlimmer – sich sogar daran belustigt.

Hier müssen Sie so lange gute Miene zum bösen Spiel machen, bis das Publikum bereit ist, sich mit Ihnen zu solidarisieren. Diesen Prozess können Sie unterstützen, indem Sie fragen:

Wer interessiert sich sonst noch für diese Frage?

Wen betrifft dieses Problem sonst noch?

Möchten Sie alle diesen Punkt näher diskutieren? Das bedeutet nämlich, dass wir für die Punkte X, Y und Z weniger Zeit haben/den Zeitplan überziehen/in die Pause arbeiten/eine Produktvorführung auslassen müssen. Wollen Sie das?

Wenn es ein einzelner Störer ist, wird das Publikum sich auf Ihre Seite schlagen, da es ja selbst durch die Person belästigt wird. Wenn aber alle über den Punkt diskutieren wollen, haben Sie ohnehin Handlungsbedarf durch rasche Aufklärung. Ein Übergehen des Publikums wäre in diesem Fall höchst kontraproduktiv.

Störungen bei kleinem Publikum

Sie können es sich kaum leisten, einzelne Entscheidungsträger zu brüskieren oder kurz und knapp abzufertigen. Sehen Sie Störungen daher auch als Signale an – wie Fragen und Einwände – die möglicherweise wertvolle Hinweise auf die Interessen Ihrer Partner geben.

Deshalb gilt: Störungen haben Vorrang. Wenn sie nicht behandelt werden, werden sie zum Vampir.

Das bedeutet aber nicht, dass Sie jede kleine Äußerung sofort aufgreifen müssen. Wenn Sie das Gefühl haben, eine Reaktion Ihrerseits sei angebracht, tun Sie das auch. Hier finden Sie einige bewährte Strategien zur Behandlung von Störungen.

Der ungebetene Kommentar

Ein Zuhörer ergreift das Wort und beginnt ausführlich seine Meinung kundzutun. Bei allem Verständnis für den Profilierungswunsch eines Teilnehmers: Er darf nicht auf Ihre Kosten gehen. Wenn möglich, rasch unterbrechen:

Was ist bitte Ihre Frage?

Wenn eine Unterbrechung weder möglich noch sinnvoll ist, ausreden lassen und abschließend feststellen:

Ich danke für den Kommentar.

Danach weitermachen oder dem nächsten Fragesteller das Wort erteilen. Gehen Sie auf den Kommentar selbst nicht weiter ein, Sie werten ihn sonst noch zusätzlich auf.

Die dumme Frage

Jemand beginnt eine Frage mit: „Ich habe da eine ganz dumme Frage … “. Vorsicht – besonders, wenn es sich um einen Fachmann oder einen Zyniker handelt. Geben Sie freundlich Anerkennung und ignorieren Sie die (versteckte) Provokation einfach:

Das ist ein sehr wichtiger Punkt …

Oft wird mit einer solchen Formulierung ein Angriff auf eine fundamentale Aussage eingeleitet. Versuchen Sie durch eine kurze Wiederholung Ihrer Kernbotschaft die Sache aufzulösen und klarzustellen und lassen Sie sich nicht auf eine Grundsatzdiskussion ein.

Drei Fragen auf einmal

Wenn Sie merken, dass jemand eine ganze Kette an Fragen produziert, stoppen Sie den Fragesteller – wenn möglich gleich nach der ersten Frage. Ist das nicht möglich, beantworten Sie nur jene Frage, die Ihnen am sympathischsten ist oder wo die Antwort am kürzesten ausfällt. Sie können die Auswahl aber auch dem Fragesteller überlassen, indem Sie sagen:

Welche der drei Fragen soll ich Ihnen (zuerst) beantworten?

Die endlose Frage

Eine Frage, die länger dauert als etwa zehn Sekunden und oft schon in eine Kurzpräsentation des Fragenden ausartet, inklusive Abgabe eigener Meinungen und Urteile, ist für die anderen Zuhörer ärgerlich. Unterbrechen Sie in diesem Fall freundlich, aber bestimmt, noch während des Redeschwalls:

Bitte versuchen Sie Ihre Frage möglichst kurz zu fassen – es gibt noch so viele andere Wortmeldungen.

Danke, darf ich jetzt um Ihre Frage bitten?

Der hilfreiche Antwortgeber

Ein Zuhörer beantwortet eine Frage, die eigentlich an Sie gerichtet war. Das ist gefährlich, denn auch wenn er durchaus in Ihrem Sinn antwortet, er nimmt Ihnen das Heft aus der Hand. Greifen Sie auf jeden Fall ein, entweder indem Sie zum Antwortgeber treten und ihn überschatten oder indem Sie seine Antwort umformulieren, wiederholen oder vielleicht etwas Wichtiges – was er natürlich völlig vergessen hat – dazu ergänzen. Bleiben Sie trotzdem positiv:

Frau Korb hat langjährige Erfahrung in der Umwelttechnik und ihre Ergänzungen sind sehr nützlich, danke. Der zentrale Punkt ist …

Privatdiskussion zwischen zwei oder mehreren Teilnehmern

Dieser Fall erfordert Ihre Reaktion, und zwar dann, wenn die Diskussion für mehrere Zuhörer bemerkbar ist. Ihr Eingriff soll keinen dominanten Charakter haben, muss aber trotzdem bestimmt sein. Sprechen Sie einen der beiden Teilnehmer mit dem Namen an und ersuchen Sie ihn, die Diskussion für alle zugänglich zu machen:

Herr Störer, bitte lauter für uns alle, danke!

In einem kleineren Kreis können Sie zusätzlich zu den Diskutierenden hinzutreten und damit Ihre Anrede verstärken. Ansonsten bleibt nur die Möglichkeit, den Vortrag oder die Beantwortung einer anderen Frage zu unterbrechen und so lange zu warten, bis die Nachbarn der Störer für Sie die Diskussion der beiden beenden. Sie können das elegant beschleunigen, indem Sie sagen:

Frau Schwätzer, Ihre Nachbarn verstehen kaum noch etwas, danke.

Das funktioniert sehr gut, denn wer möchte schon seine Nachbarn gegen sich haben?

Fakten werden bezweifelt

Es muss nicht unbedingt böse Absicht dahinterstecken, vielleicht hat der Zweifler einfach andere Zahlen und möchte wissen, wieso diese von Ihren abweichen. Bevor Sie Ihre Zahlen verteidigen, lassen Sie sich zuerst die angeblich abweichenden Daten und Quellen nennen. Oft klärt sich bereits dann der Sachverhalt.

Beharrt Ihr Kritiker auf der Unstimmigkeit, müssen Sie Ihr Zahlenmaterial verteidigen, besonders wenn es sich um ein Fundament Ihrer Argumentation handelt. Ist das sofort möglich, tun Sie es. Wenn nicht, versprechen Sie rasche und schriftliche Aufklärung. Tun Sie so, als ob die Angelegenheit damit erledigt wäre, und fahren Sie ganz selbstverständlich fort.

„Wenn ich Sie also richtig verstanden habe …"

Eine kritische Formulierung, denn wer seine Frage so einleitet, will Ihnen wahrscheinlich gerade etwas in die Schuhe schieben oder eine Ihrer Aussagen recht freizügig interpretieren. Ist das der Fall, korrigieren Sie die Formulierung ganz selbstverständlich wieder in ihre Urform und wiederholen bei dieser Gelegenheit in aller Ruhe auch gleich noch einmal Ihren Standpunkt beziehungsweise Ihre Informationen. Das reicht, näher müssen Sie nicht darauf eingehen.

Die absurde oder peinlich-dumme Frage

Nach Ihrer ausführlichen Präsentation über die Entwicklung des Produktportfolios fragt ein Teilnehmer: „Was ist denn eigentlich ein ‚Portfolio'?"

Auch wenn es Ihnen in diesem Moment schwerfällt – unterlassen Sie alles, was zu einem Gesichtsverlust des Fragestellers führen könnte, obwohl Sie ihn am liebsten nach Hause schicken würden. Formulieren Sie die Frage gelassen so um, dass Sie Ihnen ins Konzept passt und Ihre Botschaft verstärkt. Nehmen Sie dazu ein passendes Wort heraus:

> *Und genau das ist der springende Punkt: Die Zusammenstellung des Portfolios. Unsere Produktpalette muss unbedingt so positioniert werden, dass …*

Oder:

> *Ja, das Portfolio ist in diesem Zusammenhang das Wichtigste. Denn im Gegensatz zur Finanzwelt, wo das Prinzip der Streuung gilt, gilt es bei uns, das Portfolio so eng und konzentriert wie nur möglich zu halten. Daher …*

Ein wirklich „dummer“ Fragesteller wird sich geschmeichelt fühlen, dass Sie ihm so eine intelligente Frage zugetraut haben, und wird kaum widersprechen. Das restliche Publikum wird ebenfalls zufrieden sein. War die Frage tatsächlich höchst intelligent und Sie haben es einfach nicht kapiert – auch kein Drama. Der Fragesteller wird seine Frage notfalls neu formulieren, ohne sich von Ihnen angegriffen zu fühlen. Das verschafft Ihnen zumindest etwas Zeit zum Nachdenken.

Negative Fragen umformulieren		
Wie Sie negative Beiträge …	**… entschärfen, neutralisieren …**	**… oder „umdrehen“**
Ihr Produkt ist ungeeignet!	Wie entspricht unser Produkt den Anforderungen?	Wieso glaube ich, dass unser Produkt geeignet ist?
Diese Lösung ist unverhältnismäßig teuer!	Wie begründen wir den finanziellen Auwand?	Welche Leistungen rechtfertigen diesen Preis?
Sind Sie zu so einer Aussage qualifiziert?	Was qualifiziert mich zu dieser Aussage?	Welche Erfahrungen/ Informationen bringe ich mit?
Konnten Sie kein besseres Ergebnis aushandeln?	Was war unser Ziel/unsere Strategie bei der Verhandlung?	Was macht unsere Verhandlung zu einem beachtlichen Erfolg?
Diese Zahlen sind doch Unsinn!	Weshalb sind diese Zahlen so interessant?	Woher kommen diese Zahlen?
Bei uns ist das völlig anders!	Wie können Sie davon profitieren?	Weshalb ist das auch für Sie relevant?

Fragen außerhalb der Fragerunde

Jetzt macht es sich bezahlt, wenn Sie zu Beginn Ihres Vortrags Einverständnis darüber erzielt haben, dass nicht zwischendurch, sondern zum Beispiel blockweise und nur in der Fragerunde gefragt wird. Auf dieses Einverständnis können Sie jetzt verweisen und die Frage zurückstellen. Reine Verständnisfragen sollten Sie allerdings jederzeit zulassen, wie bereits im Abschnitt über die Fragerunde empfohlen.

Persönlicher Angriff

Vor dieser Situation haben die meisten Präsentatoren Angst. „Was ist, wenn mich jemand persönlich attackiert?" Ein persönlicher Angriff liegt dann vor,

- wenn Sie beleidigt werden;
- wenn Ihre Intelligenz oder Integrität offen angezweifelt werden;
- wenn Ihnen Lügen unterstellt werden;
- wenn Sie beschimpft werden.

Als erfahrener und kampferprobter Präsentator haben Sie mehrere Möglichkeiten – vom Abbruch bis zum Gegenangriff:

Gerade SIE sagen das, Herr Gneisser?

Doch für den „normalen" Präsentator gelten vor allem wieder die zwei Grundregeln vom Anfang des Kapitels. Nehmen Sie den Angriff also nicht persönlich, auch wenn es schwerfällt, und machen Sie so rasch wie möglich weiter. Leiten Sie auf die sachliche Ebene über, also auf den Inhalt der Präsentation. Sprechen Sie über Fakten, nicht über Befindlichkeiten, und beginnen Sie keine Diskussion auf persönlicher Ebene. Meinungen brauchen Sie nicht zu diskutieren, Fakten hingegen schon. Zum Beispiel:

Auf sachlicher Ebene auflösen

Attacke: „Sie reden jetzt aber einen ordentlichen Unsinn, Frau Forscher!"

Antwort: *Was an den genannten Fakten sagt Ihnen nicht zu, Herr Störer?*

Attacke: „Wie üblich haben Sie nicht begriffen, worum es hier eigentlich geht!"

Antwort: *Wie würden Sie selbst die Ausgangslage beurteilen, Frau Karl?*

Umdeuten

Attacke: „Sie haben ja keine Ahnung, ich glaube Ihnen kein Wort!"

Antwort: *Ich verstehe Ihre Bemerkung so, dass die Fakten …*

Im Notfall anhalten und auflösen

Attacke: „Sie lügen!"

Antwort: *Ich muss sagen, das trifft mich nun persönlich. Eigentlich möchte ich darauf nun nicht weiter eingehen. Sind Sie einverstanden, dass wir uns die Fakten noch einmal ansehen?*

Checkliste Erfolgsfaktor 7: Interaktion	
Tipps und Tricks	**Achtung Falle!**
Behandeln Sie jeden Einwand als Frage und Chance zu Aufklärung.	Vermuten Sie nicht hinter jeder Frage eine Störung oder Attacke auf Sie.
Helfen Sie dem Publikum mit Aktivierung: akustisch, verbal und visuell.	Vermeiden Sie zu lange Sequenzen, wenn die Zuhörer offensichtlich müde sind.
80 Prozent aller Fragen sind vorhersehbar – bereiten Sie die Antworten vor.	Aber sagen Sie nicht: „Ha, genau darauf habe ich gewartet ...“
Wenden Sie sich dem Fragesteller zu: mit Blick, Körper und Bewegung.	Blicken Sie nicht desinteressiert und mit fertig formulierter Antwort in die Runde.
Steuern Sie die Fragerunde, indem Sie die Richtung vorgeben oder selbst eröffnen.	Sagen Sie nicht „Gibt es noch Fragen?“ mit abwehrendem Blick und abwehrender Haltung.
Wiederholen Sie Fragen, um Zeit zu gewinnen und alle mit einzubeziehen.	Aber bitte nicht jedes Mal aus Prinzip, sondern gezielt.
Nutzen Sie Fragerunde und Diskussion zum Verstärken Ihrer Botschaften.	Aber nicht penetrant, sondern ruhig und pragmatisch.
Wiederholen Sie auch nach einer heftigen Diskussion Ihre Botschaften.	Das letzte Wort gehört Ihnen, lassen Sie es sich nicht nehmen!
Unterbrechen Sie Kettenfragen und zu lange Statements freundlich, aber bestimmt.	Lassen Sie einzelnen Zuhörern nicht zu viel Raum zu Selbstdarstellung: Das frustriert den Rest.
Wenn ein Kreuzfeuer zu erwarten ist, bereiten Sie penibel ALLE Antworten inklusive Hintergrundinformationen vor.	Glauben Sie nicht, Sie könnten Topmanager und Top-Experten täuschen oder vertrösten.
Persönliche Angriffe und „dumme“ Fragen umdeuten und beantworten.	Steigen Sie nicht auf Provokationen und bewusste Störungen ein: Bleiben Sie immer sachlich.

Literaturempfehlungen

Biehl, Brigitte: Business is Show-Business, Campus Verlag 2007

Birkenbihl, Michael: Train the Trainer, mi-Wirtschaftsbuch, 19. Auflage 2008

Hierhold, Emil: Verkaufsfaktor „P“, Redline Wirtschaft 2001

Kosslyn, Stephen M.: Clear and to the Point: 8 psychological principles for compelling PowerPoint Presentations, Oxford University Press 2007

Minto, Barbara: Das Prinzip der Pyramide. Pearson Studium 2005

Reynolds, Garr: Presentation Zen, Addison-Wesley 2008

Roam, Dan: Auf der Serviette erklärt, Redline Verlag 2009

Schulz von Thun, Friedemann: Miteinander reden, Band 1 bis 3, Rowohlt 2008

Tufte, Edward R.: The Visual Display of Quantitative Information, Second Edition, Graphics Press 2001

Weissmann, Jerry: Presenting to Win, Financial Times Prentice Hall 2008

Williams, Robin: Design & Typografie, Addison-Wesley 2008

Präsentationstipps online

www.hps-training.com/at/tipps/praesentationtipps.html

Stichwortverzeichnis